“十二五”国家重点图书出版规划项目
先进制造理论研究与工程技术系列

METAL CUTTING MACHINE TOOLS

金属切削机床

(第2版)

主　编　黄开榜　张庆春　那海涛

哈爾濱工業大學出版社

内容提要

全书共十三章。包括：绪论、机床的运动分析、车床、齿轮加工机床、数控机床、其他机床、机床主要技术参数的确定、传动设计、主轴组件、支承件、导轨、机床的控制和操纵、总体设计。

本书可作为普通高等学校、成人教育学院、职业教育学院等机械类专业的教材，也可供有关专业工程技术人员参考。

图书在版编目(CIP)数据

金属切削机床/黄开榜等主编. —2 版. —哈尔滨：哈尔滨工业大学出版社，2006.8(2018.9 重印)

ISBN 978-7-5603-1233-0

Ⅰ.金…　Ⅱ.黄…　Ⅲ.金属切削-机床
Ⅳ.TG502

中国版本图书馆 CIP 数据核字(2006)第 089036 号

责任编辑　王桂芝　黄菊英
封面设计　卞秉利
出版发行　哈尔滨工业大学出版社
社　　址　哈尔滨市南岗区复华四道街 10 号　邮编 150006
传　　真　0451-86414749
网　　址　http://hitpress.hit.edu.cn
印　　刷　肇东市一兴印刷有限公司
开　　本　787mm×1092mm　1/16　印张 16.25　字数 391 千字
版　　次　1998 年 8 月第 1 版　2006 年 9 月第 2 版
　　　　　2018 年 9 月第 10 次印刷
书　　号　ISBN 978-7-5603-1233-0
定　　价　34.00 元

第2版前言

《金属切削机床》自出版以来，承蒙广大师生的厚爱，在教学实践中发挥了应有的作用。根据广大读者的反馈意见、最新教学大纲的要求和我们多年教学实践的体会，对本书进行了修订，以期能更好地满足教学的需求。

这次修订仍保留了原书的体系和特色，在内容上作了必要的更新和增删，突出其实用性，强调能力的培养和技能的训练。

本次修订主要进行了以下几方面的工作：

(1)根据新国标，重写了“金属切削机床型号的编制方法”之内容，并对全书中涉及新国标的内容均作了修改；

(2)对原书中的文字、插图等错误进行了改正；

(3)对原书中的部分内容进行了充实、调整、补充和删节；

(4)增加了习题和思考题，以使读者更好地掌握其内容。

本书第一～六章属“概论”内容，主要阐述机床的工作原理、技术性能、传动、结构和调整；第七～十三章属“设计”内容，主要阐述机床各主要部件的设计特点和方法。关于机床的总体设计一章，受篇幅限制，仅做了概略的介绍。

本书可作为高等工业院校以及高等专科学校机制专业的教材，也可作为职业大学、业余大学、职工大学、职业技术学院、电视大学、函授大学以及其他高等工业院校机械专业的教材，还可供有关工程技术人员参考。

参加本书编写的有：张庆春(第一章的1.1,1.2、第四章、第九章)、黄海龙(第一章的1.3,六章中的6.7)、刘亚忠(第二章、第三章)、那海涛(第五章)、付云忠(第六章的6.6、第十二章)、张先彤(第六章的6.1、6.2、6.3、6.4、6.5)、黄开榜(第八、十、十一章)、黄海峰(第十三章，各章的习题与思考题)。

本书由黄开榜、张庆春、那海涛主编，由全国机械设计及制造专业教材编写指导委员会副主任贾延林主审。

在本书编写过程中，得到了哈尔滨工业大学机电学院机械制造及自动化系全体教师的热情帮助与大力支持，在此一并表示感谢。

限于编者水平，书中疏漏和不妥之处在所难免，敬请读者指正。

编　者

2006年7月

目　　录

第一章　绪　论

1.1　金属切削机床及其在国民经济中的地位

1.1.1　金属切削机床概述

金属切削机床是用切削的方法将金属毛坯加工成机器零件的机器，也可以说是制造机器的机器，所以又称为“工作母机”或“工具机”，习惯上简称为机床。在机械制造工业中，切削加工是将金属毛坯加工成具有一定尺寸、形状和精度的零件的主要加工方法，尤其是对于精密零件，目前主要还是依靠切削加工来达到所需的加工精度和表面粗糙度。所以，金属切削机床是加工机器零件的主要设备，它所担负的工作量，在一般情况下约占机器的总制造工作量的40%～60%，它的先进程度直接影响到机器制造工业的产品质量和劳动生产率。

1.1.2　金属切削机床在国民经济中的地位

机械工业肩负着为国民经济各部门提供各种先进技术装备的任务，而机床工业则是机械工业的重要组成部分，是为机械工业提供先进制造技术和装备的工业。机床的拥有量、产量、品种和质量，是衡量一个国家工业水平的重要标志之一。因此，机床工业在国民经济中占有极其重要的地位。机床工作母机的属性，决定了它与国民经济各工业部门之间的关系。机床工业可以生产出各种各样的基础机械产品、专用设备和机电一体化产品，为能源、交通、农业、轻纺、石油化工、冶金、电子、兵器、航空航天和矿山工程等各种行业部门提供先进的制造技术与优质高效的工艺装备，从而推动这些行业的发展。机床工业对国民经济和社会进步起着重大的作用。

我国正在重点发展能源、交通、水利、原材料与通讯等行业。这些行业的发展都直接或间接地依赖于机床工业。

1.2　机床发展概况和我国机床工业的现状

我国的机床工业是在新中国成立后建立起来的。在旧中国，基本上没有机床制造工业。直至解放前夕，全国只有少数几个机械修配厂生产结构简单的少量机床。解放后50多年来，我国机床工业获得了高速发展。目前我国已形成了布局比较合理相对完整的机床工业体系。机床的产量与质量不断上升，机床产品除满足国内建设的需要外，还有一部分已远销国外。我国已制定了完整的机床系列型谱。生产的机床品种也日趋齐全，能生产上千个品种。现在已经具备了成套装备现代化工厂的能力。如：我国汽车工业中东风集团的设备80%以上是我国机床行业装备的。目前我国已能生产从小型仪表机床到重型机床的各种机床，也能生产出各种精密的、高度自动化的以及高效率的机床和自动线。我国机床的性能也在逐步提高,有些机床已经接近世界先进水平。我国数控技术近年也有较快的发展,目前已能生产上百种数控机床。

我国机床工业已经取得了很大成就,但与世界发达国家相比,还有较大差距。主要表现在机床产品的精度、质量稳定性、自动化程度以及基础理论研究等方面。

1.3　机床的分类和机床型号的编制方法

1.3.1　金属切削机床的分类

金属切削机床的种类繁多,为了便于区别、使用和管理,有必要对机床进行分类。根据需要,可以从不同的角度对机床进行分类。

1.按机床的工作原理分类

我国机床分为11大类:车床、钻床、镗床、磨床、齿轮加工机床、螺纹加工机床、铣床、刨插床、拉床、锯床和其他机床。这是主要的机床分类方法。

2.按机床的通用程度分类

(1) 通用机床。通用机床是可以加工多种工件、完成多种工序、使用范围较广的机床。例如,卧式车床、卧式铣镗床和立式升降台铣床等。通用机床的加工范围较广,结构往往比较复杂,主要适用于单件、小批生产。

(2) 专用机床。专用机床是用于完成特定工件的特定工序的机床。例如,加工箱体某几个孔的专用镗床。专用机床是根据特定工艺要求而专门设计、制造和使用的,一般来说,生产率较高,结构比通用机床简单,适合于大批量生产。组合机床实质上也是专用机床,它的大部分零、部件采用了通用的和标准的零、部件。

(3) 专门化机床。专门化机床是用于完成形状类似而尺寸不同的工件的某一种工序的机床。例如,凸轮轴车床、曲轴连杆颈车床和精密丝杠车床等。它们的特点介于通用机床和专用机床之间,既有加工尺寸的通用性,又有加工工序的专用性,生产率较高,适用于成批生产。

3.按机床的精度分类

在同一种机床中,根据加工精度不同,可分为普通机床、精密机床和高精度机床。

此外按机床质量不同,可分为仪表机床、中型机床、大型机床、重型机床和超重型机床;按机床自动化程度的不同,可分为手动、机动、半自动、自动机床;按机床运动执行件的数目不同,可分为单轴的与多轴的、单刀架的与多刀架的机床等。

1.3.2　金属切削机床型号的编制方法

机床型号是指按一定的规律赋予每种机床一个代号,以便于机床的管理和使用。我国机床型号的编制,是采用汉语拼音字母加阿拉伯数字按一定规律组合而成的,它可简明地表达出机床的类型、主要规格及有关特征等。

我国从1957年开始已对机床型号的编制方法作了规定。随着机床工业的不断发展,至今已经变动了多次,现将1994年制定的GB/T 15375－94《金属切削机床　型号编制方法》介绍于后。此标准规定了金属切削机床和回转体加工自动线型号的表示方法,它适用于新设计的各类通用及专用金属切削机床、自动线,但不包括组合机床、特种加工机床。

1.通用机床型号

通用机床型号由基本部分和辅助部分组成,中间用"/"隔开,读作"之"。前者需统一管理,后者纳入型号与否由企业自定。型号构成如下:

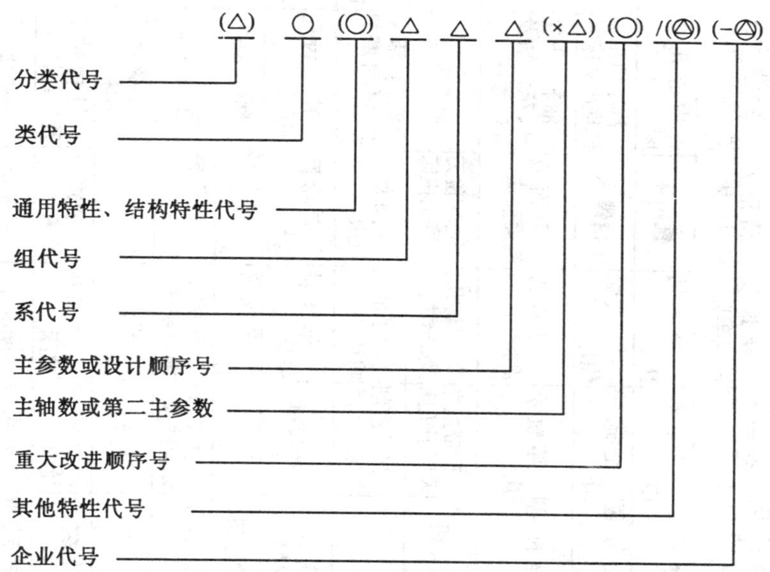

其中,①有"( )"的代号或数字,当无内容时,则不表示。若有内容时,则不带括号;

②有"○"符号者,为大写的汉语拼音字母;

③有"△"符号者,为阿拉伯数字;

④有"◎"符号者,为大写的汉语拼音字母或阿拉伯数字或两者兼有之。

(1) 机床类、组、系的划分及其代号。机床的类代号用大写的汉语拼音字母表示。例如,"车床"的汉语拼音是"Che chuang",所以用"C"表示。必要时,每大类可分为若干分类。分类代号用阿拉伯数字表示,并居于类代号之前,作为型号的首位,但第一分类前的"1"省略,例如,磨床类分为M、2M、3M三类。机床的类和分类代号及其读音如表1.1所示。

表1.1 通用机床的类和分类代号

类别	车床	钻床	镗床	磨 床			齿轮加工机床	螺纹加工机床	铣床	刨插床	拉床	锯床	其他机床
代号	C	Z	T	M	2M	3M	Y	S	X	B	L	G	Q
读音	车	钻	镗	磨	二磨	三磨	牙	丝	铣	刨	拉	割	其

机床的组和系代号各用一位数字表示。在同一类机床中,主要布局或使用范围基本相同者,即为同一组。每类机床按此原则分为10个组,用数字0~9表示。每组机床又分若干个系,系的划分原则是:主参数相同、主要结构和布局形式相同的机床,即划为同一系。组代号位于类代号或通用特性代号、结构特性代号之后。系代号位于组代号之后。机床的类、组划分详见表1.2。

(2) 机床的特性代号。机床的特性代号表示机床具有的特殊性能,包括通用特性和结构特性。当某类型机床除有普通型外,还具有如表1.3所列的某种通用特性,则在类别代号之后加上相应的特性代号予以区分。例如"CK"表示数控车床。如在一个型号中,同时具有

表 1.2　金属切削机床统一名称和类、组划分表

类别＼组别		0	1	2	3	4	5	6	7	8	9
车床类 C		仪表车床	单轴自动车床	多轴自动、半自动车床	回轮、转塔车床	曲轴及凸轮轴车床	立式车床	落地及卧式车床	仿形及多刀车床	轮、轴、辊、锭及铲齿车床	其他车床
钻床类 Z			坐标镗钻床	深孔钻床	摇臂钻床	台式钻床	立式钻床	卧式钻床	铣钻床	中心孔钻床	其他钻床
镗床类 T				深孔镗床		坐标镗床	立式镗床	卧式铣镗床	精镗床	汽车拖拉机修理用镗床	其他镗床
磨床类	M	仪表磨床	外圆磨床	内圆磨床	砂轮机	坐标磨床	导轨磨床	刀具刃磨床	平面及端面磨床	曲轴、凸轮轴、花键轴及轧辊磨床	工具磨床
	2M		超精机	内圆珩磨机	外圆及其他珩磨机	抛光机	砂带抛光及磨削机床	刀具刃磨及研磨机床	可转位刀片磨削机床	研磨机	其他磨床
	3M		球轴承套圈沟磨床	滚子轴承套圈滚道磨床	轴承套圈超精机		叶片磨削机床	滚子加工机床	钢球加工机床	汽门、活塞及活塞环磨削机床	汽车、拖拉机修磨机床
齿轮加工机床类 Y		仪表齿轮加工机床		锥齿轮加工机床	滚齿及铣齿机	剃齿及珩齿机	插齿机	花键轴铣床	齿轮磨齿机	其他齿轮加工机	齿轮倒角及检查机
螺纹加工机床类 S					套丝机	攻丝机		螺纹铣床	螺纹磨床	螺纹车床	
铣床类 X		仪表铣床	悬臂及滑枕铣床	龙门铣床	平面铣床	仿形铣床	立式升降台铣床	卧式升降台铣床	床身铣床	工具铣床	其他铣床
刨插床类 B			悬臂刨床	龙门刨床			插床	牛头刨床		边缘及模具刨床	其他刨床
拉床类 L				侧拉床	卧式外拉床	连续拉床	立式内拉床	卧式内拉床	立式外拉床	键槽轴瓦及螺纹拉床	其他拉床
锯床类 G				砂轮片据床		卧式带锯床	立式带锯床	圆锯床	弓锯床	锉锯床	
其他机床类 Q		其他仪表机床	管子加工机床	水螺钉加工机		刻线机	切断机	多功能机床			

两种或三种通用特性，则可用两个或三个代号同时表示，一般按重要程度排列顺序。如“MBG”表示半自动、高精度磨床。如某类型机床仅有某种通用特性，而无普通形式者，则通用特性不必表示。如C 1107型单轴纵切自动车床，由于这类自动车床没有“非自动”型，所以不必用“Z”表示通用特性。

表1.3 机床的通用特性代号

通用特性	高精度	精密	自动	半自动	数控	加工中心（自动换刀）	仿形	轻型	加重型	简式或经济型	柔性加工单元	数显	高速
代号	G	M	Z	B	K	H	F	Q	C	J	R	X	S
读音	高	密	自	半	控	换	仿	轻	重	简	柔	显	速

为了区分主参数相同而结构和性能不同的机床，在型号中加结构特性代号予以区分。

根据各类机床的具体情况，对某些结构特性代号，可以赋予一定含义。但结构特性代号不像通用特性代号那样，具有统一的固定含义，而且在各类机床中表示的意义相同。即结构特性代号在型号中没有统一的含义，仅在同类机床中起区分机床结构、性能不同的作用。结构特性代号，用汉语拼音字母（通用特性代号已用的字母和“I、O”两个字母不能用）表示，当单个字母不够用时，可将两个字母组合起来使用，如AD，AE…或OA、EA…例如，CA 6140型卧式车床型号中的“A”，可理解为这种型号车床在结构上区别于C 6140型车床。

(3) 机床主参数、主轴数、第二主参数和设计顺序号。机床主参数代表机床规格的大小，用折算值（主参数乘以折算系数）表示，位于系代号之后。当折算值大于1时，则取整数，前面不加“0”，当折算值小于1时，则取小数点后第一位数，并在前面加“0”。

某些通用机床，当无法用一个主参数表示时，则在型号中用设计顺序号表示。设计顺序号由1起始，当设计顺序号小于10时，则由01开始编写。

第二主参数（多轴机床的主轴数除外）一般不予表示，如有特殊情况，需在型号中表示，应按一定手续审批。在型号中表示的第二主参数，一般以折算成两位数为宜，最多不超过三位数。以长度、深度值等表示的，其折算系数为1/100；以直径、宽度值等表示的，其折算系数为1/10；以厚度、最大模数值等表示的，其折算系数为1。当折算值大于1时，则取整数；当折算值小于1时，则取小数点后第一位数，并在前面加“0”。

对于多轴车床、多轴钻床、排式钻床等机床，其主轴数应以实际数值列入型号，置于主参数之后，用“×”分开，读作“乘”。单轴可省略，不予表示。

(4) 机床的重大改进顺序号。当机床的性能和结构有更高的要求，并需按新产品重新设计、试制和鉴定时，才按改进后的先后顺序选用A、B…汉语拼音字母（但“I、O”两个字母不得选用），加在型号基本部分的尾部，以区别原机床型号。凡属局部的小改进，或增减某些附件、测量装置及改变装夹工件的方法等，其型号不变。

(5) 其他特性代号。其他特性代号主要用于反映各类机床的特性，如：对于数控机床，可用来反映不同的控制系统等；对于加工中心，可用来反映控制系统、自动交换主轴头、自动交换工作台等；对于柔性加工单元，可用来反映自动交换主轴箱；对于一机多用机床，可用以补充表示某些功能；对于一般机床，可以反映同一型号机床的变型等。所谓变型机床是指根据不同的加工需要，在基本型号机床的基础上仅改变机床的部分性能结构而形成。

其他特性代号可用汉语拼音字母（“I、O”两个字母除外）表示，并置于辅助部分之首。而同一型号机床的变型代号，一般又应放在其他特性代号之首位。当单个字母不够用时，可将两个字母组合起来使用，如 AB，AC，AD，…，或 BA，CA，DA，…。其他特性代号也可用阿拉伯数字或用阿拉伯数字和汉语拼音字母组合表示。当用汉语拼音字母表示时，应按汉语拼音字母读音，如有需要，也可用相对应的汉字字意读音。

(6) 企业代号。企业代号由型号管理部门统一规定，并只允许该单位使用。凡无代号或新建的单位，如需用代号也不得自行规定，应向型号管理部门申请。企业代号包括机床生产厂（含兼产机床的厂）和机床研究单位代号。前者由大写的汉语拼音字母和阿拉伯数字组成。其中：字母取机床生产厂名称中的一个或两个或三个字母；数字取机床生产厂名称中的序号，如“Q2”代表齐齐哈尔第二机床厂，读作“齐二”。后者一般由该单位中的三个大写汉语拼音字母组合表示，如“JCS”代表北京机床研究所，读作“机床所”等。企业代号置于辅助部分之尾部，用“-”分开，读作“至”。若辅助部分中仅有企业代号，则不加“-”。

企业代号详见 GB/T 15375—94 附录 A。

综上述通用机床型号的编制方法如下例所示。

例 1

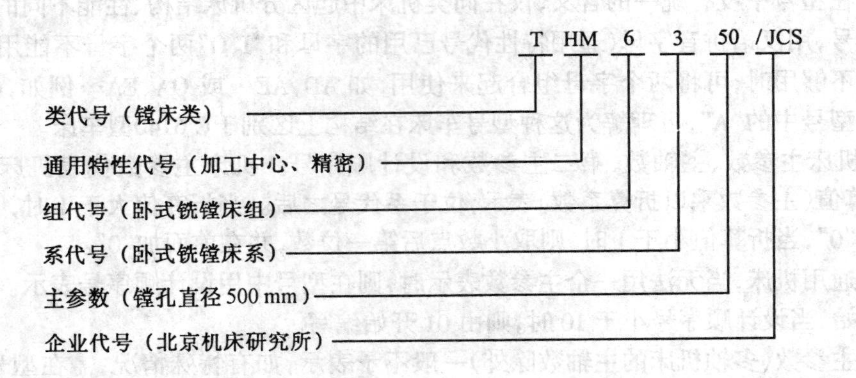

例 2

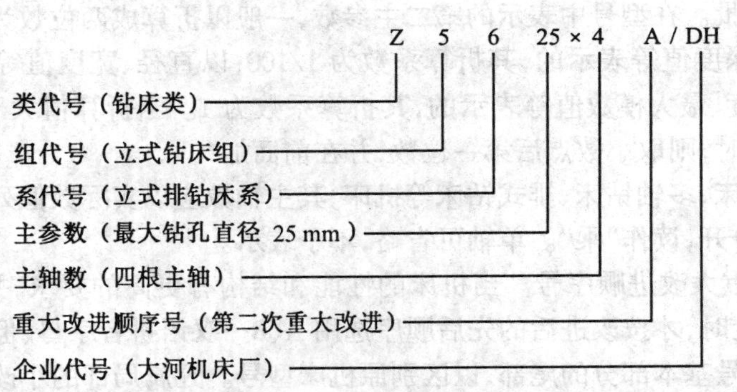

即该机床是大河机床厂生产的经第一次重大改进，其最大钻孔直径为 25 mm 的四轴立式排钻床。

2. 专用机床型号

专用机床的型号一般由设计单位代号和设计序号组成。型号构成为

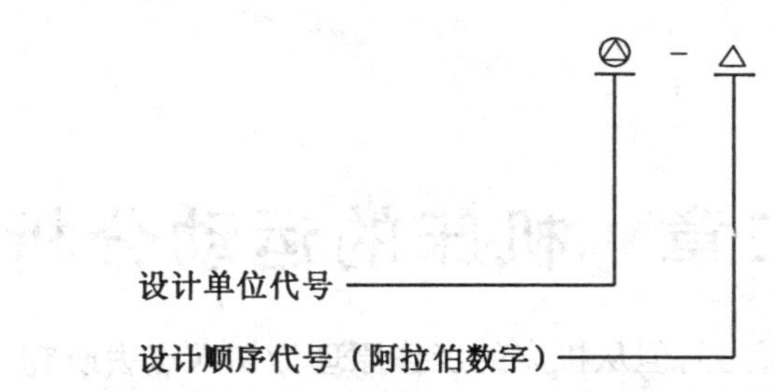

(1) 设计单位代号。单位代号采用附录A(GB/T 15375—94)中规定的企业代号。

(2) 设计顺序号。按设计单位的设计顺序排列，由001起始，位于设计单位之后，并用“-”隔开，读作“至”。例如，北京第一机床厂设计制造的第100种专用机床为专用铣床，其型号为：B1-100；上海机床厂设计制造的第15种专用机床为专用磨床，其型号为：H-015；沈阳第一机床厂设计制造的第一种专用机床为专用车床，其型号为S1-001等。

3.机床自动线型号

机床自动线型号构成为

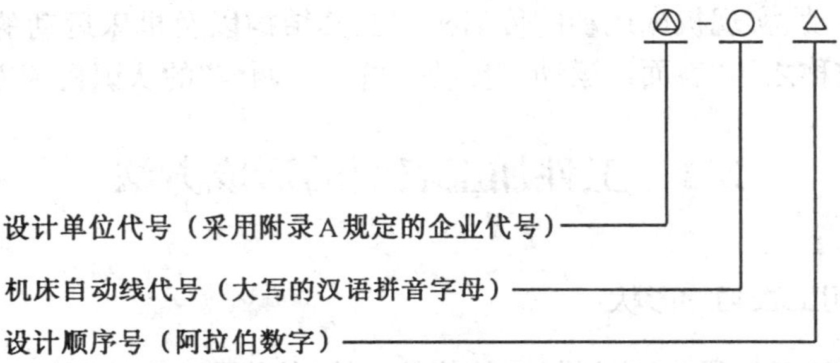

由通用机床或专用机床组成的机床自动线，其代号为：“ZX”(读作“自线”)，位于设计单位代号之后，并用“-”分开，读作“至”。

机床自动线设计顺序号的排列与专用机床的设计顺序号相同，位于机床自动线代号之后。例如，北京机床研究所以通用机床或专用机床为某厂设计的第一条自动线，其型号为：JCS-ZX001。

第二章　机床的运动分析

机床的种类繁多、结构各异，但从机床的工作原理为切入点去研究、认识机床，应该是一种快捷、科学的方法。

在机床上加工各种工件表面是通过工件和刀具的相对运动来实现的，不同种类的机床不过是几种基本运动类型的组合与转化。本章重点讲述机床运动分析的基本概念和基本方法，使学者能利用这些知识去分析、比较各种机床的传动系统，以掌握机床的运动规律，从而达到合理地使用机床和正确地设计机床的传动系统。

机床的运动是为了加工出所需要的工件表面，因此，首先应分析工件加工表面及其形成方法，在此基础上分析机床必须具备的运动以及这些运动的性质，然后再进一步了解实现机床运动所必备的传动、实现机床运动的传动机构及其结构以及机床运动的调整方法。这个运动分析的过程被称之为"表面－运动－传动－机构－调整"的认识机床方法。

2.1　工件加工表面的形成方法

2.1.1　工件加工表面的形状

工件在被切削加工过程中，通过机床的传动系统，使机床上的工件和刀具按一定规律作相对运动，通过刀具的切削刃对毛坯的切削作用，将毛坯上多余的金属切掉，从而得到所需要的表面形状。图 2.1 所示的是机器零件上常用的各种表面。这些表面大都采用那些可以在机床上加工的既经济、又能获得所需精度的表面，如平面(图 2.1(a))、圆柱面、圆锥面(图 2.1(b))、球面和成形表面(图 2.1(d))等。

2.1.2　工件加工表面的形成

从几何观点来看，任何表面都可以看做是一条线沿另一条线运动的轨迹。如图 2.2 所示。直线 1 沿直线 2 运动形成了平面(图 2.2(a))；直线 1 沿圆 2 运动则形成了圆柱面(图 2.2(c))。线 1 被称为母线，线 2 被称为导线，母线和导线统称为形成表面的发生线。

有些表面的母线和导线可以互换，则称这些表面为可逆表面。如圆柱面的两条发生线可以互换，因此是可逆表面。但有些表面的两条发生线不能互换，这样的表面叫不可逆表面。如螺旋面，它的母线为 V 形线 1，导线为螺旋线 2(图 2.2(g))，这两条发生线不能互换，因此螺旋面则是不可逆表面。在有些情况下，相应的两条发生线完全相同，只因母线和导线的相对位置不同形成了不同的表面。在图 2.2(c)和图 2.2(d)中，它们的母线皆为直线 1，导线均为圆 2，轴心线也相同，只是由于前者母线和导线所在的平面相互垂直而形成了圆柱面，后者的母线和导线所在平面不垂直，其夹角为锐角而形成了圆锥面。

母线和导线的运动轨迹形成了工件表面，因此分析工件加工表面的形成方法关键在于分析发生线的形成方法。

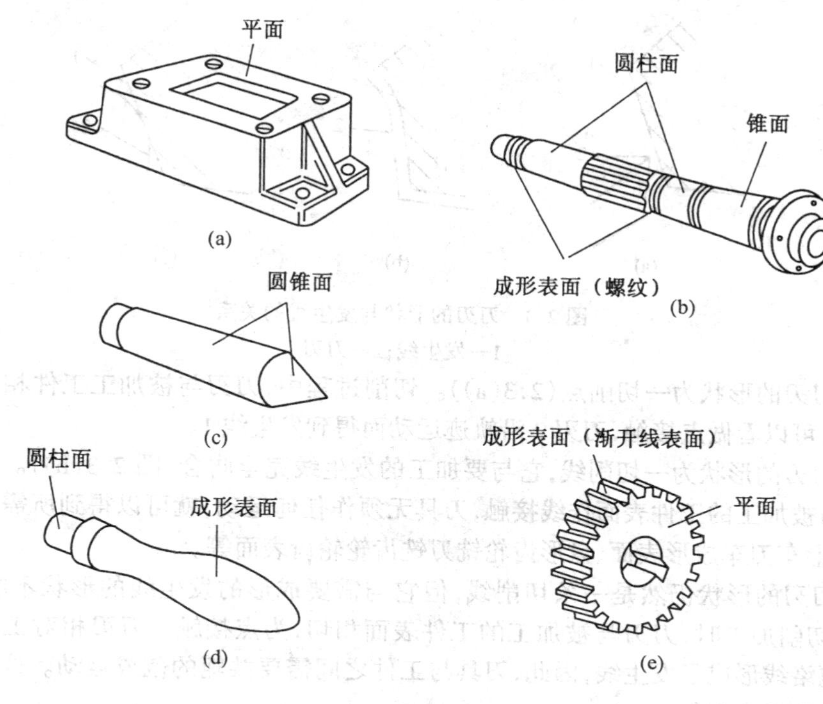

图 2.1　机器零件上常用的各种表面

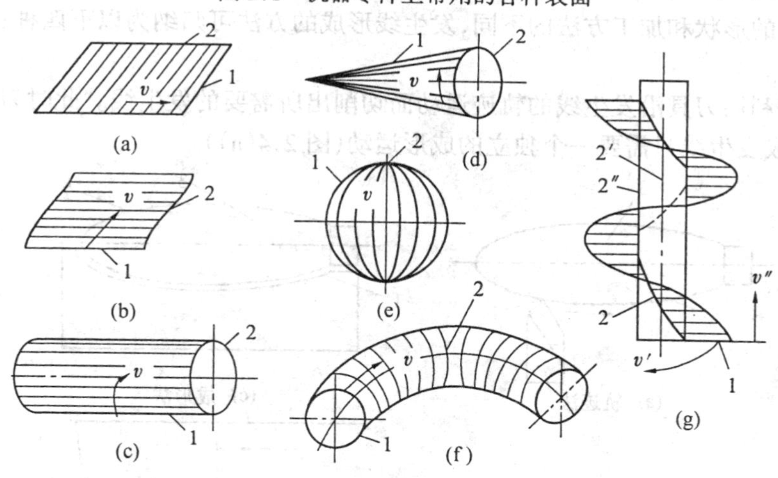

图 2.2　组成工件轮廓的几种几何表面

2.1.3　发生线的形成方法

工件加工表面的发生线是通过刀具的切削刃与工件接触并产生相对运动得到的。因此,机床在切削加工时,刀具切削刃和工件成形表面接触部分的形状与工件表面成形有着密切的关系。可见,有必要对切削刃的形状(指刀刃与工件成形表面接触部分)以及与发生线的关系进行研究。

从外观上看,刀刃的形状是一个切削点或一条切削线,但是根据刀刃形状和需要成形的发生线的关系,却可以分为以下三种情况(图 2.3):

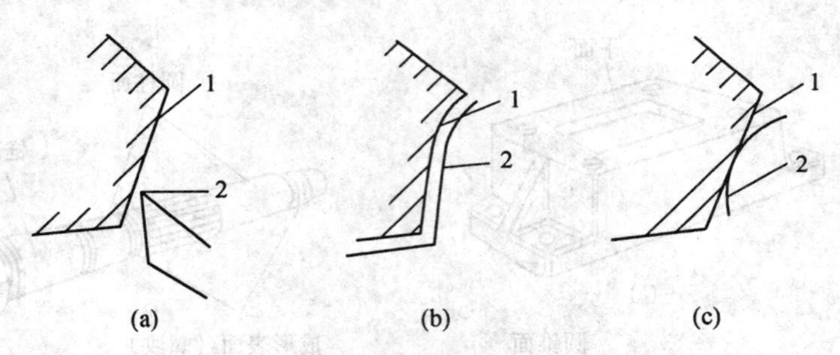

图 2.3　刀刃的形状与发生线的关系

1—发生线;2—刀刃

(1) 刀刃的形状为一切削点(2.3(a))。切削过程中,刀刃与被加工工件相接触部分的长度很短,可以看做点接触,刀刃 2 沿轨迹运动而得到发生线 1。

(2) 刀刃的形状为一切削线,它与要加工的发生线完全吻合(图 2.3(b))。在切削加工时,刀刃与被加工的工件表面作线接触,刀具无须作任何运动,就可以得到所需形状的发生线。如成形车刀车成形表面、盘形齿轮铣刀铣齿轮轮齿表面等。

(3) 刀刃的形状仍然是一条切削线,但它与需要成形的发生线的形状不吻合(图 2.3(c))。在切削加工时,刀刃与被加工的工件表面相切,为点接触。刀刃相对工件作范成运动,它的包络线形成了发生线,因此,刀具与工件之间需要共轭的范成运动。这类刀具有齿条刀、滚刀和插齿刀等。

由于刀刃的形状和加工方法的不同,发生线形成的方法可归纳为以下四种:

1.轨迹法

轨迹法是利用刀具沿发生线的轨迹运动而切削出所需要的发生线。此时刀刃的形状为一切削点,形成发生线只需要一个独立的成形运动(图 2.4(a))。

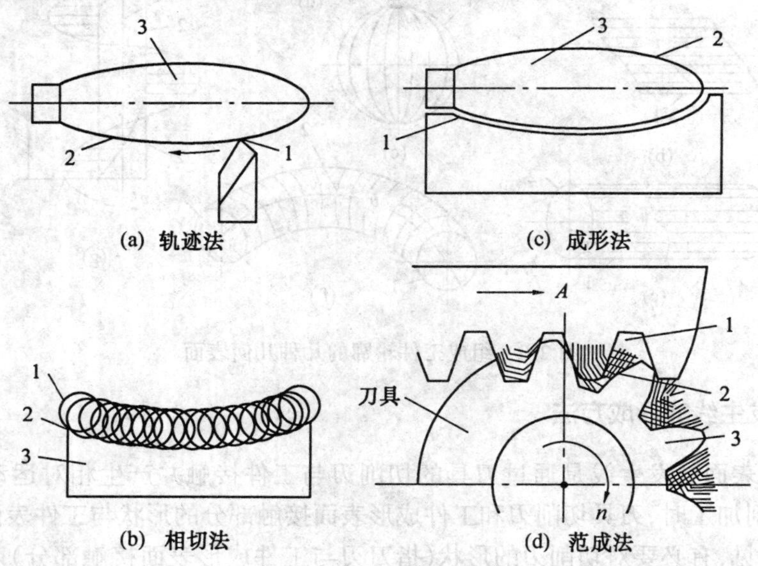

图 2.4　形成发生线的 4 种方法

1—刀刃;2—发生线;3—工件

2.相切法(旋切法)

相切法是利用刀具边旋转边沿发生线的轨迹运动而切削出所需要的发生线。此时刀具为旋转刀具,刀刃的形状为一切削点,刀具作旋转运动,刀具的中心沿发生线的轨迹运动,切削点运动轨迹的相切线就形成了发生线。此时需要两个独立的成形运动(图2.4(b))。

3.成形法(仿形法)

成形法是利用和发生线的轨迹形状相同的成形刀具对工件进行切削加工而形成所需要的发生线。此时刀刃的形状为一切削线,故不需要独立的成形运动(图2.4(c))。

4.范成法

范成法是利用刀具和工件作范成运动而切削出所需要的发生线。此时刀刃的形状为一切削线,但它与发生线的形状并不吻合。切削线在发生线上作无滑动的纯滚动,发生线即是切削线在切削过程中连续位置的包络线(图2.4(d))。因此,采用范成法形成发生线只需要一个独立的成形运动。

2.2 机床运动的种类

为了加工出所需要的工件表面形状,机床上需要有多种运动。其中通过加工出母线和导线而形成工件表面形状的运动被称为机床的成形运动,它是机床最基本的运动。除成形运动外,机床还有多种辅助运动。

2.2.1 成形运动

成形运动是保证得到工件所要求的表面形状的运动。在机床上,刀具和工件一般是分别安装在机床主轴、刀架或工作台等机床的执行部件上(简称为执行件)。如果一个独立的成形运动只要求执行件作旋转或直线运动,而这两种运动最简单,也最容易得到,因而称这个成形运动为简单的成形运动。如用普通车刀车外圆,工件的旋转运动产生母线(圆),刀具的直线运动产生导线(直线),这两个成形运动都属于简单的成形运动,即形成外圆柱表面共需两个简单的成形运动;如果一个独立的成形运动,在机床上实现起来比较困难,需分解为几个简单的运动来完成,则称这个成形运动为复合成形运动。如用螺纹车刀(成形刀具)车削它的母线不需要成形运动,它的导线为螺旋线,由轨迹法生成。由于这种方法只能是车刀在不动的工件上作空间螺旋运动,在机床上实现起来难度很大,因此,需要将形成螺旋线的运动分解为工件的匀速旋转运动和刀具的匀速直线运动,而这两个运动的位移又必须保持严格的比例关系,这是一个复合成形运动,即用螺纹车刀车削螺纹需要一个复合成形运动。

复合的成形运动虽然是由两个或两个以上简单运动组合而成,但在形成表面的过程中,它们之间必须保持严格的相对运动关系,是相互依存的,其中任何一个简单运动都不是独立运动,只有复合成形运动本身才是一个独立的运动。

母线和导线是形成零件表面的两条发生线,因此,形成表面所需要的成形运动就是形成其母线和导线所需要的成形运动的总和。下面举例说明形成工件表面所需要的成形运动。

例1 用普通车刀车削外圆柱表面(图2.5(a))。

母线——圆:由轨迹法生成,需要一个简单成形运动 n;导线——直线:由轨迹法生成,需要一个简单成形运动 f。因此,用普通车刀车削工件形成外圆柱面共需两个简单的成形运

动 n 和 f。

例 2　用成形车刀车削外圆柱表面(图 2.5(b))。

母线 —— 直线：由成形法生成，不需要成形运动；

导线 —— 圆：由轨迹法生成，需要一个简单成形运动 n。因此，用成形车刀车削工件形成外圆柱面只需一个简单成形运动 n。

例 3　用螺纹车刀车削螺纹(图 2.5(c))。

母线 —— 螺纹的螺旋线横向剖面轮廓形状：由成形法生成，不需要成形运动；

导线 —— 螺旋线：由轨迹法生成，需要一个复合成形运动，即由工件的旋转运动 n_1 和螺纹车刀的直线运动 n_2 复合而成。因此，用螺纹车刀车削工件形成螺纹面需要一个复合成形运动 n_1n_2。

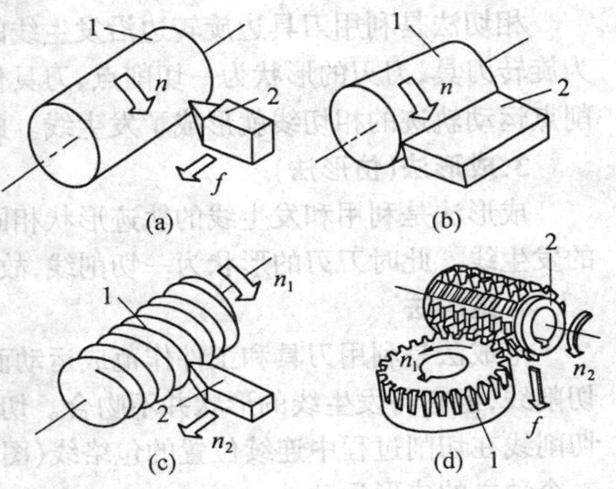

图 2.5　形成所需表面的成形运动

1— 成形表面；2— 刀具

例 4　用齿轮滚刀加工直齿圆柱齿轮的齿面(图 2.5(d))。

母线 —— 渐开线：由范成法生成，需要一个复合成形运动，即由滚刀 2 的旋转 n_2 和工件 1 的旋转 n_1 复合而成；

导线 —— 直线：由相切法形成，需要一个简单成形运动 f。因此，用齿轮滚刀进行加工形成直齿圆柱齿轮齿面共需两个成形运动。一个为简单成形运动 f，一个为复合成形运动 n_1n_2。

成形运动按其在加工中所起的作用不同，又可分为主运动和进给运动。

主运动是实现切削最基本的运动，故又称为切削运动。例如，车床主轴带动工件的旋转、钻床主轴带动钻头的旋转、牛头刨床滑枕带动刨刀的往复直线运动等都是主运动，它的特点是速度高，所消耗的动力大。

主运动可由工件实现，也可由刀具来实现，它可以是旋转运动，也可以是直线往复运动。主运动是旋转运动时通常用 n 来表示。

进给运动是保证切削连续进行的运动，它的特点是速度较低，所消耗的动力也较少。根据刀具相对于工件被加工表面运动方向的不同，进给运动可分为纵向进给、横向进给、切向进给和径向进给等。进给运动通常用 f 来表示。

主运动和进给运动可以是单独的简单成形运动，也可以是合成的复合成形运动。例如，用普通车刀车削外圆柱面，机床的主运动和进给运动就为两个简单的成形运动，而用成形车刀车削螺纹时，主运动和进给运动就合成为一个复合成形运动。一个切削加工过程有且只有一个主运动，当成形运动仅有一个运动时，则只有主运动而无进给运动，如用成形刀车削圆柱体以及用拉刀拉削圆柱孔等。当成形运动有两个或两个以上运动时，其中一个为主运动，其余均为进给运动。

2.2.2　非成形运动

机床上除了表面成形运动外，还需要一些非成形运动来完成与工件加工有关的各种工作。非成形运动的种类较多，主要有分度运动、切入运动、辅助运动和控制运动等。

1.分度运动

分度运动是当在工件上加工若干个完全相同的均匀分布表面时，为使表面成形运动得以重复进行而由一个表面过渡到另一个表面所作的运动。例如，车削多头螺纹，在车完一条螺纹后，工件相对于刀具要回转 $360°/k$（k 为螺纹头数），再车下一条螺纹。这个工件相对于刀具的旋转运动即为分度运动。

2.切入运动

切入运动是使刀具切入工件从而保证工件被加工表面获得所需要尺寸的运动。一个表面切削加工的完成一般需要数次切入运动。

3.辅助运动

辅助运动是为切削加工创造条件的运动。它虽不参加切削过程，但在加工工件的过程中也是必须的。如刀架和工作台在进给前后的快进或快退运动、工件和刀具的夹紧和松开、把机床的有关部件转移到要求的位置等。辅助运动多为快速运动，它可通过手动或专门机构来实现。

4.控制运动

控制运动是接通或断开某个传动链，从而改变运动部件转速、速度或方向的运动。控制运动一般为简单的回转或往复运动，在普通机床上多为手动，在半自动机床、自动机床和某些齿轮机床上则为自动。

2.3　机床的传动

2.3.1　机床的传动联系

在机床上为实现加工过程中所需的各种运动，必须具备以下三个基本组成部分：

1.动力源

动力源（简称动源）是提供运动和动力、实现机床上执行件运动的动力来源。普通机床大多数常采用交流异步电动机、少数采用直流电动机，数控机床常用直流或交流调速电动机、交、直流伺服电动机和步进电动机等。机床上可以有一个或多个动源。

2.执行件

执行件是指机床上直接与工件发生联系和对工件质量有直接影响的组件，如主轴组件、导轨、刀架和工作台等。它的任务是带动刀具或工件完成一定形式的运动，并保持准确地运动轨迹。

3.传动装置

传动装置是将动源的运动和动力按要求传递给执行件或把一个执行件的运动和动力按要求传递给另一个执行件的装置。传动装置通常还包括改变传动比、改变运动方向和运动形式（由旋转运动改变为直线运动）等机构。

将这三个基本组成部分有机地联系起来，即：动源—传动装置—执行件或执行件—传动装置—执行件，构成了机床的传动联系。

2.3.2 机床的传动链

在机床上,为了得到所需的运动,需要通过一系列的传动件将执行件和动源(如主轴和电动机)或者将执行件和执行件(如主轴和刀架)以及将运动部件和动源(如刀库和电动机,见第五章的 JCS-081 型立式加工中心)连接起来,以构成传动联系。前者是成形运动所必需的,后者为非成形运动所必备。构成一个传动联系的一系列传动件的总和被称为“传动链”。根据传动联系的性质,传动链可以分为内联系传动链和外联系传动链两类。

外联系传动链的作用是给机床的执行件提供动力和转速,并能改变执行件运动速度的大小和方向。例如在通用车床上用轨迹法车削圆柱面时,从电动机到主轴之间由一系列零、部件构成的传动链就是外联系传动链,其传动比的变化,只影响生产率或工件的表面粗糙度,不影响发生线的性质。因此,外联传动链不要求动源与执行件间有严格的传动比关系,可以采用皮带和皮带轮等摩擦传动件或采用链传动。

内联系传动链是联系复合运动各个分解部分之间的传动链,因此传动链所联系执行件之间的相对关系(相对速度和相对位移量)有严格的要求。例如在通用车床上用螺纹车刀车削螺纹,主轴和刀架的运动就构成了一个复合成形运动。为了保证所加工螺纹的导程,主轴(工件)每转一转,车刀必须移动一个导程。所以联系主轴和刀架之间由一系列零、部件构成的传动链就是内联系传动链。设计机床内联系传动链时,各传动副的传动比必须准确,不应有摩擦传动(带传动)或瞬时传动比变化的传动件(如链传动)。

非成形运动的传动链,一般均为外联系传动链。

2.3.3 传动原理图

为了便于研究表面成形运动和机床的传动联系,常用一些简单的符号把动源和执行件或不同执行件之间的传动联系表示出来,这就是传动原理图。它主要表示了与机床有直接关系的运动及其传动联系。因此,采用它作为工具来研究机床的传动联系,重点突出,简洁明了,能比较容易分析机床的传动系统,尤其对那些运动较为复杂的机床(如齿轮机床)来说,利用传动原理图则更有必要。在机床的传动链中包括各种传动机构,如带传动、齿轮副、齿轮齿条、丝杠螺母、蜗轮蜗杆、滑移齿轮、离合器、交换齿轮等有级变速机构,以及各种电的、液压的和机械的无级变速机构等。在画原理图时,不必考虑各种机构的具体结构,但可把各种传动机构分为两大类:传动比不变的定比传动机构和传动比可变的换置机构。前者有齿轮副、丝杠螺母副以及蜗杆蜗轮副等,后者有变速箱,挂轮架和数控机床中的数控系统等。图 2.6 为传动原理图中常使用的一部分符号,其中表示执行件的符号还没有统一规定,一般可用较直观的简单图形来表示。

下面以用螺纹车刀在卧式车床上车削螺纹为例,说明卧式车床传动原理图的画法(图 2.7)。

第一步,画出机床上的执行件和动源。该机床的执行件共有两个,范成运动的两末端件-主轴(夹持工件)与螺纹车刀。而为运动提供动力的是交流异步电动机。

第二步,画出相应的换置机构,并标出相应的传动比。由于机床上可以加工不同导程的螺纹,因此,在主轴和刀具之间应有一换置机构 i_x;由于刀具和工件的材料、尺寸不同以及加工时所要求的精度和表面粗糙度不同等因素的影响,范成运动的速度也是不一样的,因此,

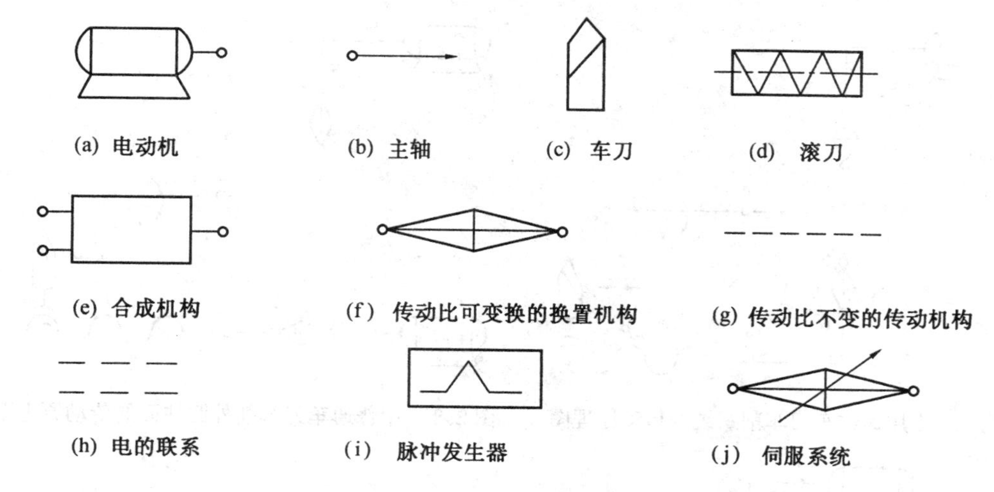

图 2.6 传动原理图中的常用符号

在电动机和主轴之间也应有一换置机构 i_v。

第三步，用代表传动比不变的虚线将执行件和换置机构之间相关联的部分连接起来。如在电动机至 i_v、i_v 至主轴、主轴至 i_x、i_x 至丝杠之间的传动用虚线连接起来。

由于其他的中间传动件一概不画，所得到的传动原理图简单明了，表达了机床传动最基本的特征。对于同一种类型的机床来说，不管它们在具体结构上有多大的差别，它们的传动原理图却是完全相同的。因此，用它来研究机床的运动时，很容易找出不同类型的机床之间最根本的区别。

在图 2.7 中，主轴旋转 B 和车刀的纵向移动 A 之间有严格的比例关系要求，主轴转一转，刀架要移动一个导程，因此，B 和 A 就构成了一个复合的成形运动。联系这两个运动的传动链 4—5—i_x—6—7 是复合成形运动内部的传动链，所以是内联系传动链。电动机和主轴之间的传动链 1—2—i_v—3—4 属于外联系传动链。

图 2.8 是在卧式车床上用普通车刀车削外圆柱面的传动原理图。由于主轴的旋转 B 和车刀的纵向移动 A 之间没有严格的比例关系要求，因此，这两个运动是独立的、简单的成形运动，可以用两台电动机分别驱动。为了简化机构，两个成形运动可以用一台电动机来驱动，此时的传动原理图类似于图 2.7，不过图中的 i_x 应为 i_f，传动链 4—5—i_f—6—7 属于外联系传动链。

图 2.9 为数控车床的传动原理图。与卧式车床相比，主运动传动链完全一样，属于外联系传动链。而在进给运动传动链中则用电的联系代替了机械联系。车削螺纹时，联系主轴与刀架之间的传动链 4—5— 脉冲发生器 —6—7—i_{c1}—8—9—M_1(伺服电动机)—10—11— 纵向丝杠 —A_1，属于内联系传动链。A_1— 纵向丝杠 —11—10—M_1—9—8—i_{c1}—7—6— 脉冲发生器 —12—13—i_{c2}—14—15—M_2(伺服电动机)—16—17— 横向丝杠 —A_2 也属于内联系传动链。由脉冲发生器发出的脉冲同时控制 A_1 和 A_2，以车削成形曲面。车削圆柱面时，B、A_1 和 A_2 是三个独立的简单运动，因此联系主轴和刀架之间传动链属于外联系传动链。

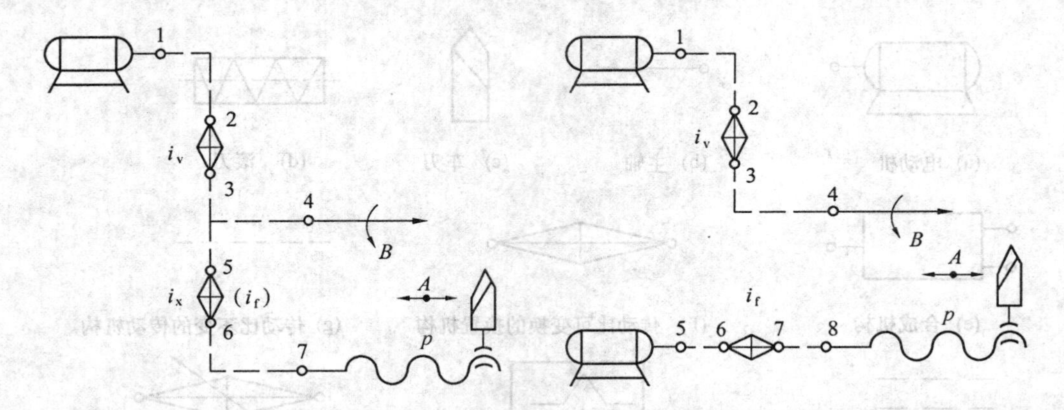

图 2.7　用螺纹车刀车削螺纹的传动原理图　　图 2.8　用普通车刀车削外圆柱面的传动原理图

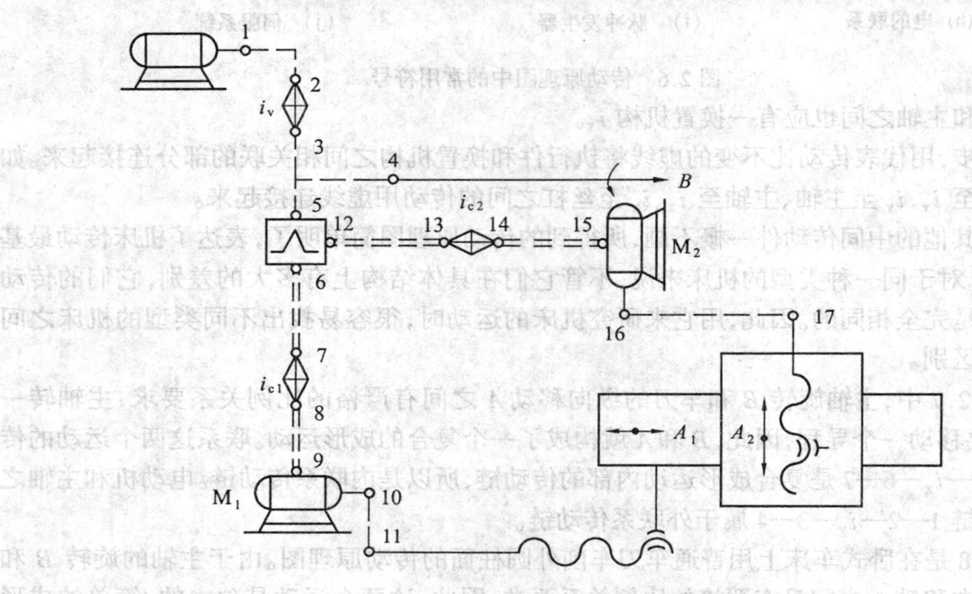

图 2.9　数控车床的传动原理图

2.3.4　传动链中换置机构

在同一台机床上，使用不同材料、结构的刀具，加工不同材料、尺寸和精度要求的工件时，机床上执行件运动的参数（轨迹、速度和方向等）便需要进行调整，以满足加工的要求。传动链中用来改变运动参数的机构被称为换置机构。在机床的传动原理图中，必须具备一个与成形运动各参数相应的换置机构。如用来改变运动速度和方向参数的换置机构常为齿轮变速箱、交换齿轮和离合器等。除此之外，还有液压式、电气式和数字控制式换置机构。

在传动链中正确地选择换置机构的种类、数量和安排它们在传动原理图中的位置，是设计传动原理图的主要任务之一，也是设计新机床时最原始的依据。如用普通车刀车削外圆柱表面时，需两个简单的表面成形运动（图 2.8），则需要将两个换置机构放在刀具、工件和各自的电动机之间，对刀具的移动和工件的转动速度进行调整；用螺纹车刀车削螺纹时，也需要两个换置机构，但其中一个换置机构必须放在刀具和工件之间，它不是用来改变运动的速度参数，而是用来改变运动的轨迹参数的。

有时换置机构放在不同的位置虽然都可以调整所需要的运动参数，但在实用性方面却不一样。例如滚齿机的传动原理图。它有两条内联系传动链，它们的换置机构 i_x 和 i_y 可以放在不同的位置上，图 2.10 表示了三种设计方案。在图(a)、(b) 中，差动挂轮传动比 i_y 的计算公式中含有被加工齿轮的齿数，在加工一对相啮合的斜齿轮时，必须根据每个齿轮的齿数重新选配差动挂轮，致使所加工的两个斜齿轮的螺旋角很难完全相等，从而使啮合状态变坏。在图 2.10(b) 中，由于分齿挂轮传动比 i_x 的计算公式中含有无理数，选配挂轮时不容易得到准确齿数的挂轮。在图(c) 中，i_x 的计算公式中不含无理数，而在 i_y 的计算公式中不含被加工齿轮的齿数，因此，避免了图 2.10(a)、(b) 方案的缺点，故图 2.10(c) 的设计方案已被广泛采用。

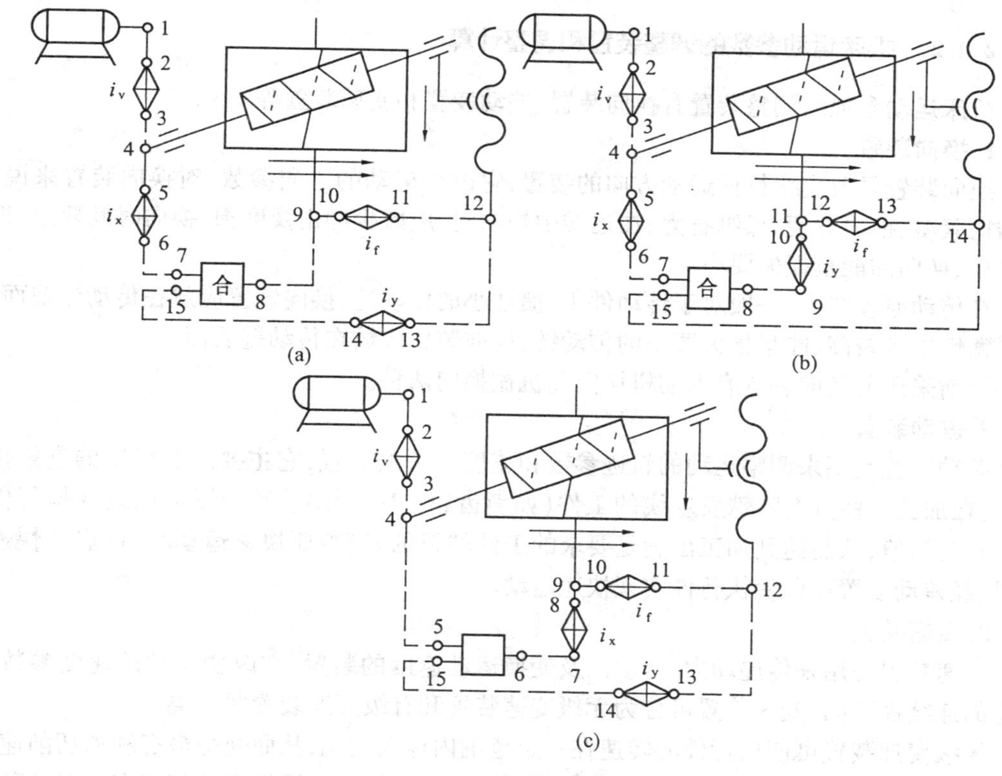

图 2.10 滚齿机换置机构的三种布局方案

2.4 机床的调整

2.4.1 确定机床运动的五个参数

机床上的每一个独立的运动都需要五个参数来确定，这五个运动参数是：

① 运动的轨迹；② 运动的速度；③ 运动的方向；④ 运动的起点；⑤ 运动的行程。

只有在这五个运动参数都确定之后，一个独立的运动才能确定。机床工作时，由于加工对象的不同，机床上各执行件的某些运动参数需要改变，必须进行机床的调整，使机床上所有独立的运动都得到确定。所谓机床的调整，就是调整每个独立运动的五个参数，其中包括换置挂轮、调整某些行程挡铁和控制程序等。但是有些参数是由机床本身的结构来保证的。例如，轨迹为圆或直线的运动参数，通常由轴承和导轨来保证；运动的起点和行程的大小通常由机床上的行程挡铁来控制，有的由操作人员控制。例如，在普通车床上车削螺纹时，只需要一个复合成形运动来形成发生线的导线。要确定这个成形运动，就必须确定这个运动的五个参数。对这个成形运动来说，运动的轨迹是通过调整螺旋线的旋向和导程来确定的。导程的大小由传动链中的换置机构的传动比 i_x 来确定；螺纹的旋向由传动链中的变向机构来确定。运动的速度是由主运动传动链中的换置机构的传动比 i_v 来确定。主运动传动链中的换向机构是用来确定成形运动方向的，即对同一条螺旋线，确定它成形时是由"左到右"或是由"右到左"。而成形运动的起点和行程参数则由操作人员或使用行程挡铁来确定。

2.4.2 机床运动参数的调整装置和调整计算

机床运动参数的调整装置有换向装置、差动装置和变速装置等。

1. 换向装置

换向装置是改变执行件运动方向的装置，它改变运动的方向参数。对换向装置来说，需要结构紧凑、换向方便、操纵省力；在运转中换向时，应减少冲击及磨损，换向时间要短、换向要平稳、换向的能量损失要小。

在传动原理图中，一般对于传动件小、惯性小的传动链，换向装置应放在传动链前面；对于平衡性要求较高、能量损失要小的传动链，换向装置应放在传动链后面。

目前采用的换向装置有电动机换向和机械换向两种。

2. 差动装置

差动装置是用来调整运动的轨迹参数和速度参数的装置，它主要用在机床的进给传动链中。在加工一些具有特殊发生线的工件(如斜齿轮)时，利用差动装置可以改变执行件之间的相对转速，从而达到加工出满足要求的工件的目的。当需要快速运动时，可启动快速电动机，经差动装置可以使执行件实现快速运动。

3. 变速装置

变速装置是用来传递动力、运动以及变换运动速度的装置，它改变运动的速度参数。按变速的连续性不同，变速装置可分为无级变速装置和有级变速装置两大类。

无级变速装置可使执行件的转速在一定范围内连续变化，从而获得最有利的切削速度。同时，它能在运转中变速，便于变速的自动化等。机床中常用的无级变速装置有以下几种：

(1) 机械无级变速装置。机械无级变速装置有钢球式、宽带式等多种结构，它们都利用摩擦力来传递转矩，通过连续改变摩擦传动副的工作半径来实现无级变速。它主要用于小型车床和铣床中。

(2) 液压无级变速装置。液压无级变速装置是利用油液为介质来传递动力，通过连续地改变输入液压机(或油缸)的油液流量来实现无级变速。它主要应用于刨床、拉床等执行件为直线运动的机床中。

(3) 电气无级变速装置。电气无级变速装置是通过连续改变电动机的转速来实现无级变速。它主要应用于大型机床和数控机床中。

有级变速装置是通过滑移齿轮、交换齿轮、离合器等变速传动副使执行件实现速度的改变。该装置传递的功率大、变速范围广、传动比准确、工作可靠；但有转速损失，传动不够平稳。它主要应用于通用机床，特别是中、小型通用机床中，有时和无级变速装置串联使用。

在机床进行切削加工前，首先要根据加工方法、刀具的材料和尺寸以及工件的材料、加工的精度和表面粗糙度等来确定各传动链中执行件的运动参数，然后再根据各传动链中执行件之间相对运动的关系计算出变速机构的传动比，从而选定合适的传动齿轮副。以上的计算过程就是机床运动参数的调整计算。其一般步骤如下：

(1) 根据传动原理图，确定各传动链两端的末端件。由图 2.7 所示的普通车刀加工螺纹的传动原理图可以看出，外联系传动链两末端件为电动机和主轴，内联系传动链两末端件为主轴和刀架。

(2) 计算两末端件的位移量。本例中电动机和主轴的计算位移量为电动机 1 450 r/min— 主轴 $n_{主}$ r/min；主轴和刀架的计算位移量为主轴 $1r$— 刀架移动 S mm(S 为工件的导程)。

(3) 列出相应的运动平衡式。

本例中外联系传动链的运动平衡式为：$1\ 450\ i_{1-2} i_v i_{3-4} = n_{主}$。

内联系传动链的运动平衡式为：$1 i_{4-5} i_x i_{6-7} p = S$。

式中 i_{1-2}，i_{3-4} 为外联系传动链的固定传动比，i_{4-5}，i_{6-7} 为内联系传动链的固定传动比，p 为车床丝杠的导程(mm)。

(4) 导出传动链的换置公式，求出变速机构的传动比。

外联系传动链的换置公式为：$i_v = n_{主} / 1\ 450\ i_{1-2} i_{3-4}$。

内联系传动链的换置公式为：$i_x = S / 1 i_{4-5} i_{6-7} p$。

求出 i_v 和 i_x 的值后，用 i_v 和 i_x 的值确定主轴箱和进给箱中变速齿轮的齿数和挂轮架配换齿轮，从而确定机床的运动参数。

习题与思考题

1. 切削加工时，机械零件表面是如何成形的？在机床上通过刀具刀刃和毛坯的相对运动形成母线或导线，可以有哪几种方法？

2. 举例说明什么叫表面成形运动、分度运动、切入运动和辅助运动？什么叫简单运动、复合运动？用相切法形成生线时需要两个成形运动是否就是复合运动？为什么？

3. 试用简图分析用下列方法加工所需表面时的成形方法，并标明所需的机床运动。

(1) 用成型车刀车外圆；

(2) 用普通外圆车刀车外圆锥体；

(3) 用圆柱铣刀铣平面；

(4) 用(窄) 砂轮磨(长) 圆柱体；

(5) 用滚刀滚切直齿圆柱齿轮；

(6) 用插齿刀插削直齿圆柱齿轮；

(7) 用钻头钻孔；

(8) 用丝锥攻螺纹；

(9) 用盘铣刀铣螺旋槽；

(10) 用螺纹铣刀铣螺纹。

4. 试分析下列几种车螺纹时的传动原理图各有何优缺点(题图 2.1)?

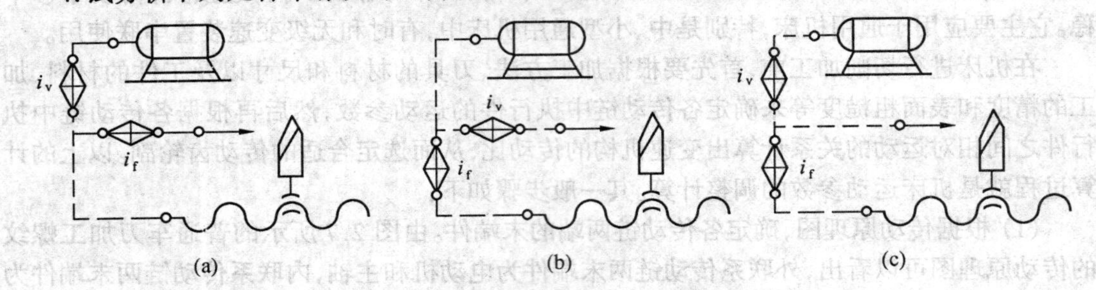

题图 2.1　三种卧式车床原理图

5. 为什么在机床传动链中需要设置换置机构?机床传动链的换置计算一般可分为几个步骤?在什么条件下,机床传动链可不必设置换置机构。

6. 机床传动链中的换置机构是否可以放置在传动链中的任何位置?试比较图 2.10 所示的几种滚切斜齿圆柱齿轮的传动原理图的方案,选择出最好方案。

提示:先推算出不同方案的换置机构传动比 i_x、i_y 的换置计算公式,然后逐个因素进行分析比较。

第三章 车 床

3.1 车床的类型和用途

车床可以加工各种回转表面、成形表面和端面,有的车床还能车削螺纹面。车床使用的刀具主要是各种车刀,有些车床还可以使用各种孔加工刀具(如钻头、扩孔钻、绞刀等)和螺纹刀具(如丝锥、板牙等)。

由于大多数机器零件都具有回转表面,车床的通用性又较广,因而在一般机器制造厂中,车床的应用较为广泛,在金属切削机床中所占的比重最大,约占金属切削机床总台数的20%~35%。车床的种类很多,按其结构和用途的不同,主要有卧式车床、落地车床、立式车床、转塔仿形车床、仿形车床、多刀车床、单轴自动车床和多轴自动、半自动车床及各种专门化车床。

3.1.1 卧式车床和落地车床

卧式车床是一种功能较全的车床,它适用于加工各种轴类、套筒类和盘类零件上的回转表面,如切削内外圆柱面、圆锥面、环槽及成形回转表面;切削端平面及各种常用的公制、英制、模数制和径节制螺纹;还能够完成钻孔、扩孔、绞孔和滚花等工作。另外,它对细长轴件的车削,是其他机床所不能代替的。卧式车床适用于单件、小批生产,是车床类中应用最广泛的一种,约占车床总台数的60%左右。卧式车床的结构和传动将在本章3.2节中详细叙述。

为了适应一些特殊零件的加工,在落地及卧式车床组中还有马鞍车床、卡盘车床等。马鞍车床(图3.1)和卧式车床的主要区别在于马鞍车床的床身,在靠近床头箱一端有一段可卸式导轨(形似马鞍),卸去马鞍后就可使所车削工件的最大直径加大。卡盘车床主要用于加工盘套类工件,它的床身较短,无尾架及车螺纹系统,并具有可装卸的马鞍。

如果在车床上经常加工大直径盘套类零件,使用卧式车床不能充分发挥床身和尾座的作用。另外,在这类零件上通常没有大直径的螺纹,用大型卧式车床加工这类零件在经济上和效率上都不合适。为此可以大大缩短床身,去掉丝杠,进而可以完全不要床身,把主轴箱、刀架、尾座直接安装在地基或落地平台上,这种车床称落地车床(图3.2)。为了加大所要加工工件的直径,在车床的花盘下方可以挖出地坑。

3.1.2 立式车床

把落地车床的主轴竖立起来,就演变为立式车床,这是为了适应加工大型盘状零件而设计的。例如,直径10~20 m的水轮机蜗壳,要是在落地车床上加工,车床的中心高就得10 m多,这种车床制造起来很困难,使用时工件装夹在花盘的立面上,装夹、找正费时,而且不方便。更不利的是主轴及其轴承承受很大的弯矩,易变形,磨损快,难以长期地保持工作精度。

如果把主轴竖立起来，工件就可以在水平面内旋转，不仅工件的装卸、观察方便，而且主轴及其轴承不受工件、花盘产生的弯矩作用，工件和工作台的质量由导轨和推力轴承承担。因此，立式车床和落地车床相比，立式车床更能长期地保持工作精度。

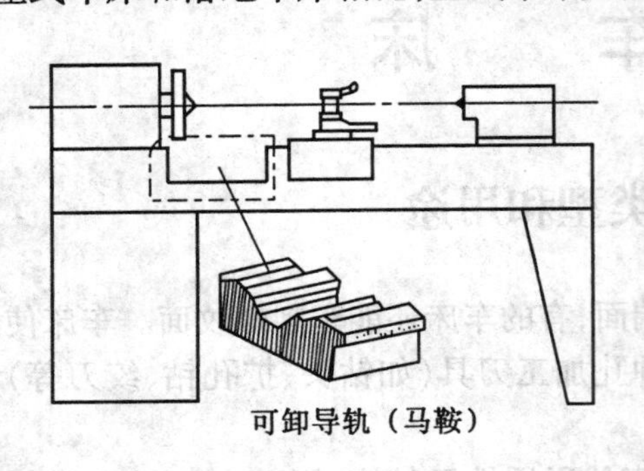

图 3.1　马鞍车床

图 3.2　落地车床

立式车床组中有单柱立式车床和双柱立式车床，单柱立式车床只用于加工直径不太大的工件。图 3.3 所示为双柱立式车床，工作台 2 装在底座 1 上，工件装夹在工作台上并由工作台带动作主运动。进给运动由垂直刀架 3 和侧刀架 5 实现。侧刀架 5 可在立柱 4 的导轨上垂直移动，还可在滑座的导轨上水平移动。垂直刀架 3 能在横梁 6 的导轨上作横向进给移动，并沿其滑座的导轨作垂直进给移动。横梁 6 可根据工作要求沿立柱导轨调整刀架的高低位置。

立式车床的垂直刀架通常带有回转刀架，在回转刀架上可以安装几组刀具(一般为 5 组)，供轮流使用。

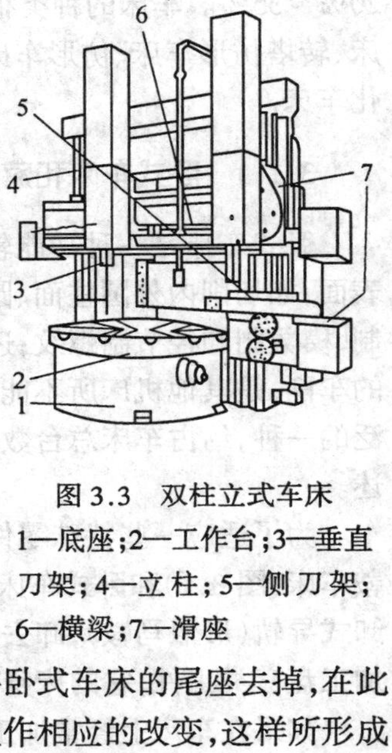

图 3.3　双柱立式车床

1—底座；2—工作台；3—垂直刀架；4—立柱；5—侧刀架；6—横梁；7—滑座

3.1.3　转塔车床

卧式车床的使用范围广、灵活性大，但是能安装的刀具较少，尤其是孔加工刀具。在成批生产中，加工形状比较复杂的工件时，为了增加安装刀具的种类和数量，减少更换刀具的时间，将卧式车床的尾座去掉，在此处安装可以纵向移动多工位刀架(转塔刀架)，并在传动及结构上作相应的改变，这样所形成的车床就是转塔车床。转塔刀架包括塔头和床鞍，转塔头有立轴式和卧轴式两种。

在转塔车床上，根据工件的加工工艺要求，预先将所用的全部刀具安装在机床上，并调整妥当。每组刀具的行程终点位置由可调整的挡铁加以控制。加工每个工件时时不必再反复地装卸刀具和测量工件尺寸，只需刀具轮流进行切削即可。为了进一步提高加工生产率，在转塔车床上尽可能使用多刀同时加工。

图 3.4(a)所示为带有立轴式转塔头的转塔车床，它除了有前刀架 1 外，还有一个转塔刀架 2。前刀架可作纵向或横向进给，用于切削大直径外圆柱面及加工内、外端面和沟槽；转塔刀架一般为六角形，可装六组刀具，只能作纵向进给，主要用于切削外圆柱面及对内孔进行钻、扩、绞、镗等加工。图 3.4(b)所示为带有卧轴式转塔头的转塔车床，它没有前刀架，只有一个轴心线与主轴中心线相平行的回轮刀架。回轮刀架的端面上有 12 或 16 个安装刀具

的孔，可以安装12或16组刀具。当刀具孔转到最上端的位置时，恰与机床主轴中心同心，这时便可对装夹在主轴上的工件进行孔加工。回轮刀架除转动外，还能沿床身作纵向进给运动。当刀具进行切槽或切断时，需作横向进给。横向进给是通过刀架的缓慢转动来实现的。带有卧轴式转塔头的转塔车床主要用于加工直径较小的工件，其毛坯通常为棒料。

转塔车床在成批加工形状比较复杂的零件时能有效地提高生产率，但在预先调整时要花费较多时间，不适合于单件、小批生产。在大批、大量生产中，自动车床和半自动车床具有更高的生产率，因此常用它们来代替转塔车床。

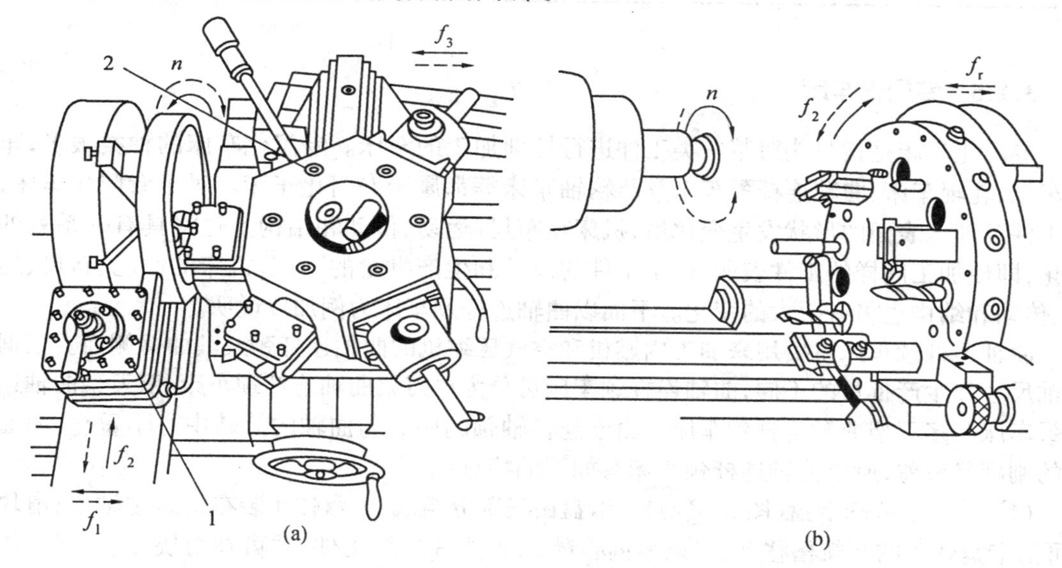

图3.4 转塔车床

3.1.4 自动车床和半自动车床

机床调整好以后，无须工人参与操作便能自动地、连续地完成预定的工作循环，这种车床被称为自动车床；若机床能完成预定的工作循环，但装卸工件仍由工人完成，即不能自动重复工作循环而能自动完成一次加工的车床称为半自动车床。

采用自动或半自动车床，主要决定于毛坯的形状和生产批量。根据毛坯形状和加工工艺方法的不同，加工时所使用的自动车床和半自动车床的主要类型如表3.1表示。从表中可以看出，加工棒料毛坯适宜采用自动车床；加工件料毛坯适宜采用半自动车床。对于批量较大的件料毛坯加工，可以在半自动车床上增加装卸料装置，使之变为自动车床。

多轴自动或半自动车床由于可对多个工件同时进行加工，所以适合在大批、大量生产中使用。横切式自动车床由于刀具一般只能作横向进给，所以主要用于加工形状简单、尺寸较小的销轴类零件；纵切式自动车床由于刀具一般只作纵向进给，所以主要用于加工细长轴和盘套类零件；复合式自动车床主要用于加工形状复杂、需要多把刀具顺序进行加工的零件。

采用自动或半自动车床，显著地减少了辅助运动所耗费的时间，为多刀、多工位同时加工创造了有利条件，并为减轻工人劳动强度、提高劳动生产率开辟了途径。目前自动或半自动车床已广泛地用于大批、大量生产中，有时对于批量不太大的生产，为了使加工稳定或改善工人的劳动条件，也采用了自动或半自动车床进行加工。

表 3.1　自动和半自动车床主要类型分类表

毛坯形状 \ 机床类型		横切式		纵切式		复合式	
		半自动	自动	半自动	自动	半自动	自动
棒料	单轴		▽		▽		▽
	多轴		▽				▽
件料	单轴			▽		▽	
	多轴			▽		▽	

3.1.5　专门化车床

专门化车床是指只能对某一类工件进行切削加工的车床。专门化车床的种类很多，车轮车床、轧辊车床、曲轴连杆颈车床及凸轮轴车床等都属于专门化车床。对于专门化车床，当工件及加工表面的形状发生变化后，机床在布局、运动、传动和结构上也将具有一系列的变化，即使加工同样的工件表面，由于工件的尺寸和生产批量的不同，机床的性能、布局、运动、传动和结构也将有很大的变化。下面以曲轴连杆颈车床为例加以说明。

曲轴连杆颈车床主要用来加工内燃机和空气压缩机的曲轴连杆颈及其曲臂侧面。根据曲轴尺寸和生产批量的不同，曲轴连杆颈车床可分为单刀架曲轴连杆颈车床、双刀架曲轴连杆颈车床和多刀架曲轴连杆颈车床。由于连杆轴颈的中心与曲轴的旋转中心不重合，而曲轴的刚度又较差，所以曲轴连杆颈车床有如下的特点：

(1) 采用了特殊卡盘(图 3.5(a))。卡盘由三部分组成：卡盘体 1 装在机床主轴上；滑块 2 可沿卡盘体 1 的凸轨槽移动，以调整偏心量 e；夹头 3 夹持工件，并可在滑块 2 上转位(绕夹头 3 的中心 O)。

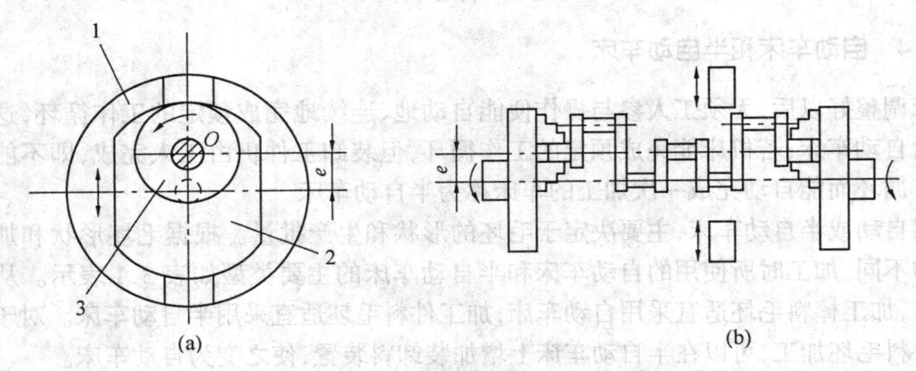

图 3.5　单刀架曲轴车床示意图

1—卡盘体；2—滑块；3—夹头

(2) 两端驱动。机床左右两端有相同的主轴箱，被加工曲轴的旋转运动是由左右两端的主轴同步传动，从而减少了曲轴在切削时的扭转变形。

(3) 为了提高劳动生产率，在大批、大量生产中，常采用多刀架曲轴连杆颈车床。它可以同时加工曲轴的各个连杆轴颈及其相邻侧面，并将曲轴全部连杆轴颈的加工一次完成。

3.1.6 仿形车床

能自动按照样板(或靠模)加工出形状相同的工件的车床叫仿形车床。仿形车床的仿形控制主要有机械式、液压式和数控式仿形三种。机械式仿形车床是利用闭式靠模进行直接仿形。闭式靠模固定在床身上,仿形刀架装在车床的纵向溜板上,仿形刀架上的滚轮插在靠模的槽中。纵向溜板移动时,刀架在靠模的作用下,在工件表面车出与靠模曲面相同的形状。液压式仿形车床的切削力不直接作用在靠模上,而是由液压装置承受。溜板纵向移动时,仿形触头按靠模的形状作横向运动,通过液压控制装置,使刀架严格地跟随仿形触头作步调一致的横向运动。图 3.6 为液压式仿形车床的控制原理图,液压控制装置由伺服阀和工作油缸组成。图中,触头 2 以一定的压力紧靠在机床的样板 1 上,当刀架 5 带动触头和刀具从右向左纵向移动时,触头的运动轨迹便反馈给刀具,从而加工出和样板形状相同的工件来。液压式仿形车床主要用来加工各种阶梯轴和具有特形曲面的轴,由于它可以用较大的切削用量进行加工,所以生产率较高。数控式仿形车床是把样板的形状变为数字信号,最后通过数码控制来确定刀具与工件运动的顺序和轨迹。它的特点是通用性强、加工精度和加工生产率高、质量稳定,可用于各种台阶、锥面、圆弧、螺纹等表面的加工。

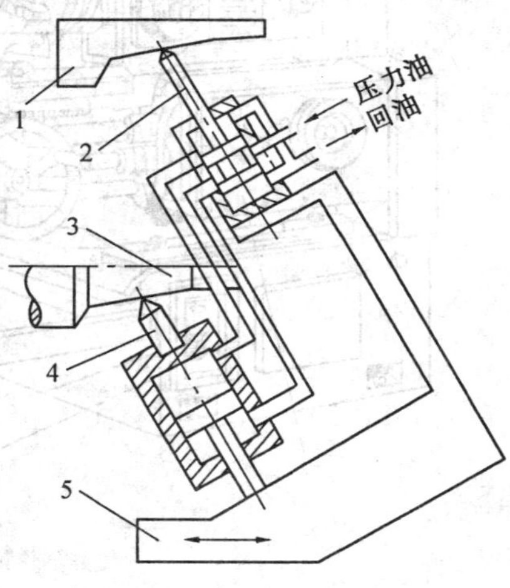

图 3.6 液压式仿形车床控制原理图
1—样板;2—触头;3—工件;
4—车刀;5—刀架

3.2 CA 6140 型卧式车床

3.2.1 机床的工艺范围和布局

CA 6140 型卧式车床是普通精度级中型车床。此车床能进行内外圆柱面、圆锥面、端面和螺纹表面的加工,切环形槽和滚花,还能进行钻孔、扩孔和铰孔。适用于单件小批生产及维修车间。此车床所能达到的加工精度为:精车外圆的圆柱度是 0.01/100 mm;精车外圆的圆度是 0.01 mm;精车端面的平面度是 0.02/300 mm;精车螺纹的螺距精度是 0.04/100 mm;精车表面的粗糙度是 1.25 ~ 2.5 μm。

CA 6140 型卧式车床床身上最大工件回转直径为 400 mm,最大的工件长度为 750 mm、1 000 mm、1 500 mm、2 000 mm,最大的切削长度为 650 mm、900 mm、1 400 mm、1 900 mm,主轴的内孔直径为 48 mm,主电动机功率为 7.5 kW。

图 3.7 为 CA 6140 型卧式车床的外形图。它由主轴箱、刀架、尾座、进给箱、溜板箱和床身等部件组成。其中主轴箱固定在床身的左端,它的作用是支撑并传递电动机的动力,实现主运动;刀架装在床身的中部,可沿床身上的导轨作纵向移动,它的作用是装夹刀具,并使之作纵向、横向或斜向运动;尾座装在床身的尾座导轨上,可在导轨上作纵向调整移动,它的作用是支承工件和安装孔加工刀具;进给箱固定在床身的左前侧,它的作用是改变被加工螺纹

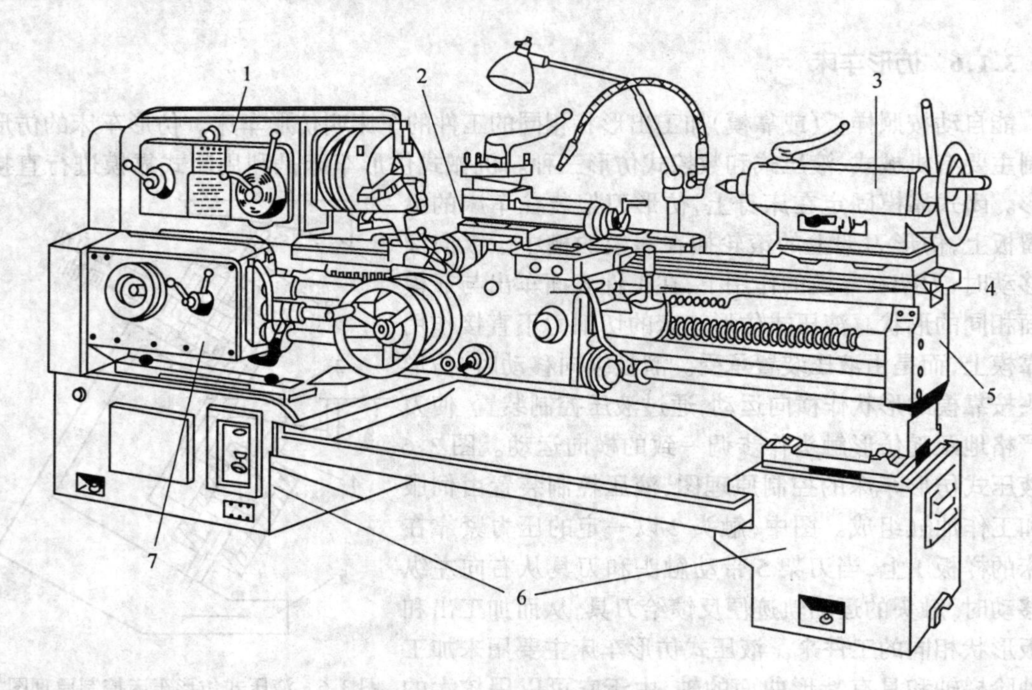

图 3.7 CA 6140 型卧式车床外形图

1—主轴箱;2—刀架;3—尾座;4—溜板箱;5—床身;6—床腿;7—进给箱

的导程或机动进给的进给量;溜板箱固定在刀架的底部,可与刀架一起作纵向运动,它的作用是使刀架实现纵向和横向进给、快速移动或车螺纹;床身固定在两个床腿上,它的作用是支撑各主要部件,使它们保持准确的相对位置。

3.2.2 机床的传动系统

从第二章卧式车床的传动原理图中可以看到,它共有两条传动链:一条是从主电动机到主轴的外联系传动链,在传动系统图中体现为主运动传动链;另一条是从主轴到刀架的传动链,根据被加工工件的不同,它可以是内联系传动链或外联系传动链,这条传动链在传动系统图中体现为进给运动传动链。为了更具体地对机床的传动情况进行分析,通常采用机床的传动系统图。传动系统图中各传动元件是按照运动传递的先后顺序,用简单的规定符号(规定符号见机械制图《GB/T 4460—1984》)以展开图的形式画出来,并且还注明了齿轮及蜗轮的齿数、带轮的直径、丝杠的导程和头数、电动机的转速和功率、传动轴的编号等。在对传动系统进行分析时,应先根据传动原理图确定各传动链中有哪些执行件,工作时有哪些运动,各执行件的相互运动关系,然后再根据传动系统图确定执行件之间的传动结构和传动关系。图 3.8 是 CA6140 型卧式车床的传动系统图。

1.主运动传动链

主运动传动链的两执行件为电动机和主轴。它的作用是把电动机的运动和动力传给主轴,使主轴带动工件旋转,并满足主轴转速和换向的要求。

主运动从电动机开始,经过三角带轮传给第一轴,再通过摩擦离合器、一组双联滑移齿轮(56/38,51/43)或反转齿轮副(50/34 × 34/30)传给轴Ⅱ(前者使主轴正转,后者使主轴反向

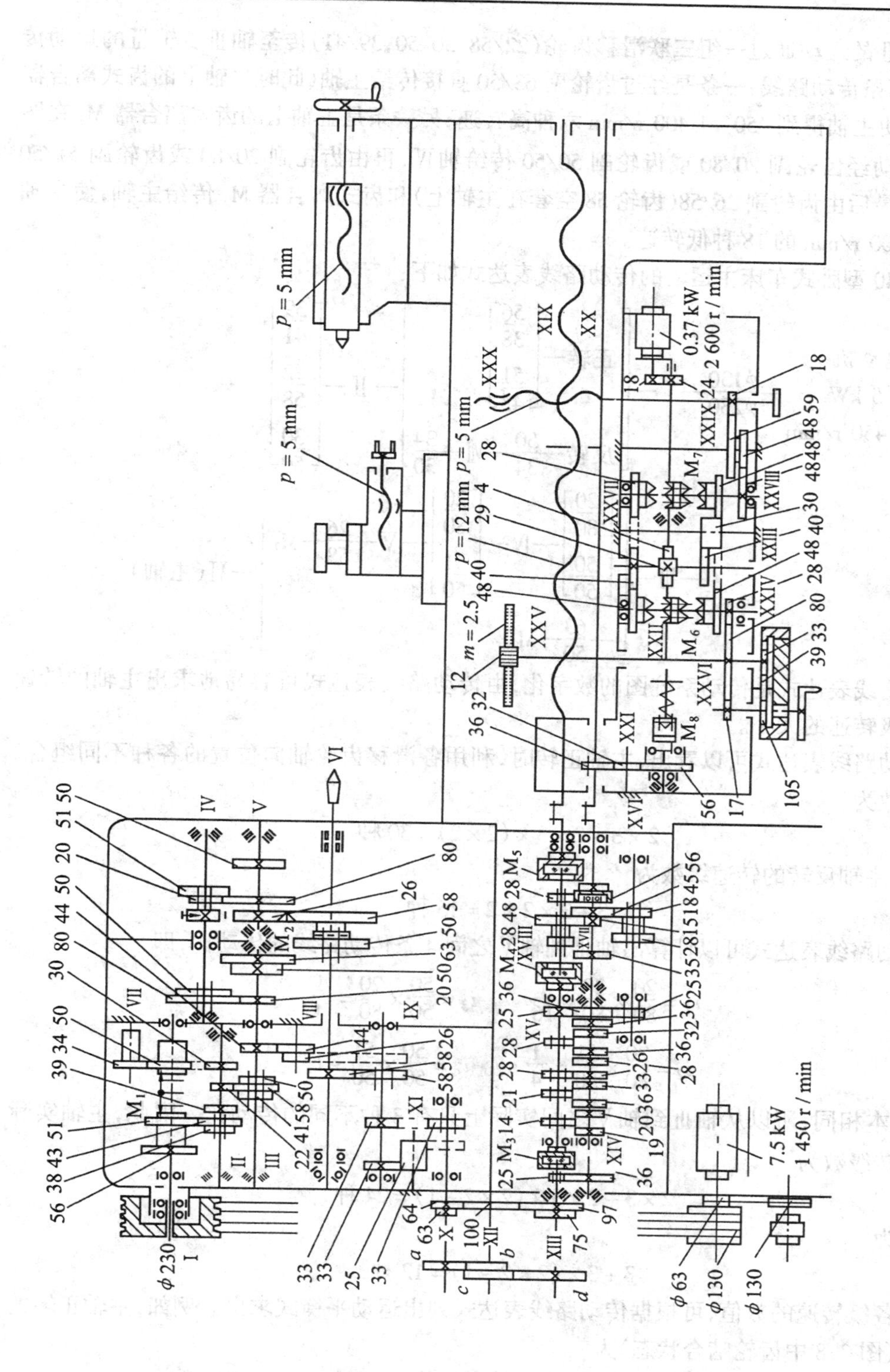

图 3.8 CA6140 型卧式车床传动系统图

回转)。轴Ⅱ的运动通过一组三联滑移齿轮(22/58,30/50,39/41)传至轴Ⅲ。轴Ⅲ的运动传到主轴有两条传动路线:一条是经过齿轮副 63/50 直接传给主轴(此时主轴上的齿式离合器 M_2 左移),使主轴得到 450 ~ 1 400 r/min 六种高转速;另一条是主轴上的齿式离合器 M_2 在图示位置,运动经齿轮副 20/80 或齿轮副 50/50 传给轴Ⅳ,再由齿轮副 20/80 或齿轮副 51/50 传给轴Ⅴ,最后由齿轮副 26/58(齿轮 58 空套在主轴上)和齿式离合器 M_2 传给主轴,使主轴获得 10 ~ 500 r/min 的 18 种低转速。

CA 6140 型卧式车床主运动的传动路线表达式如下:

$$\begin{matrix}\text{电动机}\\ 7.5\ \text{kW}\\ 1\,450\ \text{r/min}\end{matrix} — \frac{\phi130}{\phi230} — \text{Ⅰ} — \begin{bmatrix} \text{正转} — \begin{bmatrix}\dfrac{56}{38}\\[2mm] \dfrac{51}{43}\end{bmatrix} \\[6mm] \text{反转} — \dfrac{50}{34} — \text{Ⅶ} — \dfrac{34}{30}\end{bmatrix} — \text{Ⅱ} — \begin{bmatrix}\dfrac{39}{41}\\[2mm] \dfrac{22}{58}\\[2mm] \dfrac{30}{50}\end{bmatrix}$$

$$— \text{Ⅲ} — \begin{bmatrix} \begin{bmatrix}\dfrac{20}{80}\\[2mm] \dfrac{50}{50}\end{bmatrix} — \text{Ⅳ} — \begin{bmatrix}\dfrac{20}{80}\\[2mm] \dfrac{51}{50}\end{bmatrix} — \text{Ⅴ} — \dfrac{26}{58} — M_2 \\[6mm] — \dfrac{63}{50} — M_2 \end{bmatrix} — \text{Ⅵ(主轴)}$$

传动路线表达式是传动系统图的数字化,由传动路线表达式可容易地求出主轴的转速级数和各级转速的大小。

由传动路线表达式可以看出,主轴正转时,利用各滑移齿轮轴向位置的各种不同组合,其转速级数为

$$2 \times 3 + 2 \times 3 \times (2 \times 2) = 30\ \text{种}$$

同理,主轴反转的转速级数为

$$3 + 3 \times 2 \times 2 = 15\ \text{种}$$

由传动路线表达式可以计算出轴Ⅲ到轴Ⅴ之间 4 条传动路线的传动比,即

$$i_1 = \frac{20}{80} \times \frac{20}{80} = \frac{1}{16} \qquad i_3 = \frac{50}{50} \times \frac{20}{80} = \frac{1}{4}$$

$$i_2 = \frac{20}{80} \times \frac{51}{50} = \frac{1}{4} \qquad i_4 = \frac{50}{50} \times \frac{51}{50} \approx 1$$

i_2 和 i_3 基本相同,所以从轴Ⅲ到轴Ⅴ之间实际上只有 3 种不同的传动比。因此,主轴实际得到的正转级数为

$$2 \times 3 + 2 \times 3 \times (2 \times 2 - 1) = 24\ \text{种}$$

反转级数为

$$3 + 3 \times (2 \times 2 - 1) = 12\ \text{种}$$

主轴各级转速的数值,可根据传动路线表达式列出运动平衡式求出。例如,主轴正转的最低转速(图 3.8 中齿轮啮合状态)为

$$n_{主} = 1\,450 \times \frac{130}{230} \times \frac{51}{43} \times \frac{22}{58} \times \frac{20}{80} \times \frac{20}{80} \times \frac{26}{58} = 10\ \text{r/min}$$

主轴反转通常不用于切削,而是用于车螺纹,在完成一次车削后使车刀沿螺纹线退回,

防止下一次车削时发生乱扣现象。为了节省退回时间，主轴反转的转速比较高。

2. 进给运动传动链

进给运动传动链是使刀架实现纵向或横向进给运动的传动链。进给运动传动链的两执行件为主轴和刀架，当车床车削螺纹时，主轴和刀架之间有严格的运动比例关系，传动链属于内联系传动链；当车床车削圆柱面和端面时，主轴和刀架之间无须严格的运动比例关系，传动链属于外联系传动链。

CA6140 型卧式车床的进给运动（图 3.8）由主轴Ⅵ开始，经齿轮副 58/58（或扩大螺距机构）到轴Ⅸ，再经轴Ⅹ、挂轮机构传至轴ⅩⅢ，然后进入进给箱。从进给箱传出的运动，一条传动路线是经丝杠ⅩⅨ带动溜板箱使刀架纵向运动，这是切削螺纹的传动路线；另一条传动路线是经光杠ⅩⅩ和溜板箱内一系列传动机构，带动刀架作纵向或横向的进给运动，这是一般机动进给的传动路线。

(1) 车削螺纹的进给运动。CA 6140 型卧式车床可以车削公制、模数制、英制和径节制四种标准的螺纹，还可以车削加大螺距、非标准螺距及较精确螺距的螺纹。它既可以车削左螺纹，也可以车削右螺纹。进给传动链的作用，在于获得上述四种标准螺纹。

标准螺纹的螺距是按分段等差数列或分段调和数列排列的，且各段数列的差值相互成倍数关系。因此，在进给传动系统中安排了“基本变速组”、“增倍变速组”和“移换机构”。基本变速组是由轴ⅩⅣ和ⅩⅤ之间的变速机构组成，可变换 8 种不同的传动比

$$i_{基1}=\frac{26}{28}=\frac{6.5}{7}\quad i_{基2}=\frac{28}{28}=\frac{7}{7}\quad i_{基3}=\frac{32}{28}=\frac{8}{7}\quad i_{基4}=\frac{36}{28}=\frac{9}{7}$$

$$i_{基5}=\frac{19}{14}=\frac{9.5}{7}\quad i_{基6}=\frac{20}{14}=\frac{10}{7}\quad i_{基7}=\frac{33}{21}=\frac{11}{7}\quad i_{基8}=\frac{36}{21}=\frac{12}{7}$$

这些传动比值成分段等差数列的规律排列。

增倍变速组是由轴ⅩⅥ和轴ⅩⅧ之间的变速机构组成，可变换 8 种不同的传动比

$$i_{倍1}=\frac{18}{45}\times\frac{15}{48}=\frac{1}{8}\qquad i_{倍2}=\frac{28}{35}\times\frac{15}{48}=\frac{1}{4}$$

$$i_{倍3}=\frac{18}{45}\times\frac{35}{28}=\frac{1}{2}\qquad i_{倍4}=\frac{28}{35}\times\frac{35}{28}=1$$

这些传动比值成倍数关系排列。

轴ⅩⅢ与轴ⅩⅣ之间的齿轮副 25/36、齿式离合器 M_3 及轴ⅩⅤ、ⅩⅣ、ⅩⅥ上的齿轮副 25/36 × 36/25 和 36/25 组成了进给传动的移换机构，通过它来变换基本变速组的传动路线（对换主动、被动轴的位置），使机床实现对螺距是按等差数列或调和数列排列螺纹的切削。

为了实现对大螺距螺纹的切削，传动系统还设计了扩大螺纹螺距机构。其传动路线表达式为

$$主轴Ⅵ—\frac{58}{26}—Ⅴ—\frac{80}{20}—Ⅳ—\begin{bmatrix}\frac{80}{20}\\ \frac{50}{50}\end{bmatrix}—Ⅲ—\frac{44}{44}—Ⅷ—\frac{26}{58}—Ⅸ—$$

传动经扩大螺纹螺距机构后，将所加工螺纹的螺距增加了 4 ~ 16 倍，以便车削大螺距螺纹，它实质上也是增倍组。但必须注意，由于扩大螺纹螺距机构的传动齿轮实际上就是主运动的传动齿轮，因此，当主轴转速确定后，螺距可能扩大的倍数也就确定了，不可能再变动。

车螺纹进给运动的传动路线表达式为

$$\text{主轴}-\begin{bmatrix}\text{正常螺距}\dfrac{58}{58}\\ \text{扩大螺距机构}\end{bmatrix}-[\text{挂轮机构}]-[\text{基本变速组}]-[\text{移换机构}]$$

$$-[\text{增倍变速组}]-M_5-\text{丝杠(车螺纹)}$$

车削螺纹时的运动平衡式为

$$1\times i_0 i_x P_{丝}=kP=S$$

式中 i_0——传动链中传动比不变的总传动比；

i_x——传动链中传动比可变的总传动比；

$P_{丝}$——机床丝杠的导程(等于螺距)，$P_{丝}=12$ mm；

k——被加工螺纹的头数；

P——被加工螺纹的螺距(mm)；

S——被加工螺纹的导程(mm)。

车床车削不同的螺纹时，进给运动链中的 i_x 是不一样的。下面具体分析车削公制、模数制、英制和径节制四种标准螺纹的传动路线。

① 车削公制螺纹。公制螺纹是我国常用的螺纹，它的标准螺距数列是按分段等差数列排列，各段数列之间的差值相互呈倍数关系。CA 6140 型卧式车床可以加工的公制标准螺纹螺距排列见表 3.2。

表 3.2 公制螺纹标准螺距表

段数	螺距值/mm							螺距差值/mm	和上段比值
1	1	1.25	1.5	1.75	2	2.25		0.25	
2	2.5	3	3.5	4	4.5	5	5.5	0.5	2
3	6	7	8	9	10	11	12	1	2
4	14	16	18	20	22	24		2	2
5	28	32	36	40	44	48		4	2
6	56	64	72	80	88	96		8	2
7	112	128	144	160	176	192		16	2

车削公制螺纹时，进给箱中的齿式离合器 M_3 和 M_4 脱开，M_5 接合，运动经换向机构、挂轮 63/100×100/75 传给进给箱，然后经 25/36、基本变速组、移换机构齿轮副 25/36×36/25、增倍变速组、离合器 M_5 传至丝杠 XIX。当溜板箱中的开合螺母与丝杠相啮合时，就可带动刀架车削公制螺纹。

根据进给运动的传动路线表达式，就可写出车削公制螺纹(非加大螺距)时的运动平衡式

$$1\times\frac{58}{58}\times\frac{33}{33}\left(\frac{33}{25}\times\frac{25}{33}\right)\times\frac{63}{100}\times\frac{100}{75}\times\frac{25}{36}\times i_{基}\times\frac{25}{36}\times\frac{36}{25}\times i_{倍}\times 12=S\ \text{mm}$$

式中 $i_{基}$——基本变速组的传动比；

$i_{倍}$——增倍变速组的传动比。

将上式化简后，可得

$$S=7i_{基}\,i_{倍}$$

由上式可知,合理选择 $i_{基}$ 和 $i_{倍}$ 的值,就可车削出 1 ~ 12 mm 各种螺距的公制螺纹。$i_{基}$ 和 $i_{倍}$ 的组合关系见表 3.3。

表 3.3　车削公制螺纹时 $i_{基}$ 和 $i_{倍}$ 组合关系

$i_{倍}$ \ $i_{基}$	$i_{基1}$	$i_{基2}$	$i_{基3}$	$i_{基4}$	$i_{基5}$	$i_{基6}$	$i_{基7}$	$i_{基8}$
$i_{倍1}$			1			1.25		1.5
$i_{倍2}$		1.75	2	2.25		2.5	3	
$i_{倍3}$		3.5	4	4.5		5	5.5	
$i_{倍4}$		7	8	9		10	11	12

② 车削模数制螺纹。模数制螺纹是用模数 m 表示螺距大小的螺纹。它主要用于公制蜗杆中,个别情况下,某些丝杠的螺距也是模数制的,例如 Y3150E 型滚齿机的垂直进给丝杠就采用了模数制螺纹。由于公制蜗杆的齿距为 πm,故模数螺纹的螺距 P_m 为

$$P_m=\pi m\ \text{mm}$$

螺纹的导程为

$$S_m=kP_m=k\pi m\ \text{mm}$$

标准模数制螺纹的模数 m 值是按分段等差数列排列的。它的螺距排列规律和公制螺纹一样,只是螺距和导程值不一样,在导程 $S_m=k\pi m$ mm 中包含有特殊因子 π。所以车削模数螺纹的传动路线与车削公制时基本相同,惟一的差别是加工模数制螺纹的传动路线中使用了 64/100 × 100/97 的挂轮,以造成 π 这个特殊因子。在 CA6140 型卧式车床上可加工 $m=0.5\sim48$ mm的各种常用模数制螺纹。根据进给运动的传动路线表达式,就可写出车削模数制螺纹时的运动平衡式

$$1\times\frac{58}{58}\times\frac{33}{33}\left(\frac{33}{25}\times\frac{25}{33}\right)\times\frac{64}{100}\times\frac{100}{97}\times\frac{25}{36}\times i_{基}\times\frac{25}{36}\times\frac{36}{25}\times i_{倍}\times12=S_m\ \text{mm}$$

式中 $\frac{64}{100}\times\frac{100}{97}\times\frac{25}{36}\approx\frac{7\pi}{48}$ 代入后,简化得

$$S_m=\frac{7\pi}{4}i_{基}\,i_{倍}$$

由于 $S_m=k\pi m$,代入上式得

$$m=\frac{7}{4k}i_{基}\,i_{倍}$$

改变 $i_{基}$ 和 $i_{倍}$,就可车削出按分段等差数列排列的各种模数的螺纹。对于大导程的模数制螺纹,在加工时可使用扩大螺距机构。

③ 车削英制螺纹。英制螺纹是以每英寸长度上的螺纹扣数 a(扣/in)来表示的螺纹。其中螺纹扣数 a 值也是按分段等差数列排列的。英制螺纹在采用英制的国家(美国、英国、加拿大等)中应用较广泛,我国的部分管螺纹目前也采用英制螺纹。在 CA 6140 型卧式车床上能加工的英制螺纹为:2、3、$3\frac{1}{4}$、$3\frac{1}{2}$、4、$4\frac{1}{2}$、5、6、7、8、9、10、11、12、14、16、18、19、20、24(扣/in),是按分段的调和数列排列的。

由于此机床的丝杠采用公制螺纹,所以必须对被加工的英制螺纹的螺距进行换算,以"mm"表示。即:

英制螺纹的螺距为:$P_a = 1/a\ \text{in} = 25.4/a\ \text{mm}$;

英制螺纹的导程为:$S_a = kP_a = k \times 25.4/a\ \text{mm}$。

由于英制螺纹的标准值 a 是按分段等差数列排列的,故用"mm"单位表示的螺距,P_a 是按分段调和数列排列的,因此在此车床上车削英制螺纹时,由于要使基本变速组的主动轴和被动轴对调,进给箱中的离合器 M_3 和 M_5 啮合,M_4 脱开,同时轴ⅩⅥ左端的滑移齿轮 25 移至左面位置,与固定在轴ⅩⅣ的齿轮 36 相啮合,其他传动路线与车削公制螺纹时一样。由于(63/100)×(100/75)×(36/25)约等于(25.4/21),保证了传动链中含有特殊因子 25.4。切削英制螺纹的运动平衡式为

$$1 \times \frac{58}{58} \times \frac{33}{33}\left(\frac{33}{25} \times \frac{25}{33}\right) \times \frac{63}{100} \times \frac{100}{75} \times \frac{1}{i_{基}} \times \frac{36}{25} \times i_{倍} \times 12 = S_a\ \text{mm}$$

将$\frac{63}{100} \times \frac{100}{75} \times \frac{36}{25} \approx \frac{25.4}{21}$代入,得

$$S_a = \frac{4}{7} \times 25.4\frac{i_{倍}}{i_{基}} = k\frac{25.4}{a}$$

因此

$$a = \frac{7k}{4} \times \frac{i_{基}}{i_{倍}}$$

采用适当的 $i_{基}$和 $i_{倍}$,就可车削出按分段等差数列排列的各种以 a 表示的英制螺纹。对于大导程的英制螺纹,在加工时可使用扩大螺距机构。

④ 切削径节制螺纹。径节制螺纹主要应用于英制蜗杆中,它用每一英寸分度圆直径上的齿数(牙/in)来表示,一般称为径节 DP($DP = Z/D$,Z 为齿轮齿数,D 为分度圆直径,单位为 in)。实际上,DP 是英制蜗杆的轴向齿距。因此径节制螺纹的螺距为

$$P_{DP} = \frac{\pi}{DP}(\text{in}) = \frac{25.4}{DP}\pi\ \text{mm}$$

径节制螺纹径节 DP 也是按分段等差数列排列的,因此它的螺距是分段的调和数列。径节制螺纹的螺距排列规律和英制螺纹一样,只是螺距值不同,在螺距中包含有特殊因子 π。所以车削径节制螺纹的传动路线与车削英制螺纹时基本相同。但使用的挂轮和车削模数制螺纹时相同,使用了$\frac{64}{100} \times \frac{100}{97}$。

在 CA 6140 型卧式车床上能切削 $DP = (1 \sim 90)$牙/in 径节制螺纹。

⑤ 车削非标准螺距螺纹。车削非标准螺距螺纹时,利用上述传动路线无法得到所需要的螺距。这时,须将离合器 M_3、M_4、M_5 全部啮合,使进给箱中的轴ⅩⅢ、ⅩⅤ、ⅩⅧ与丝杠连成一体,进给运动由挂轮直接传到丝杠,被加工螺纹的导程完全依靠挂轮的传动比 $i_{挂}$ 来实现。

加工非标准导程螺纹的运动平衡式为

$$1 \times \frac{58}{58} \times \frac{33}{33} \times i_{挂} \times 12 = S$$

将上式简化后,得挂轮的换置公式

$$i_{挂} = \frac{a}{b} \times \frac{c}{d} = \frac{S}{12}$$

其中,a、b、c、d 为四个挂轮的齿数,S 为螺纹的导程。

应用此换置公式，适当的选择挂轮的齿数，就可车削出所需要的导程 S。由于此时进给传动链的传动路线缩短，减少了传动误差对被加工导程精度的影响，如选用较精确的挂轮，就能加工出比一般方法更精确的螺纹。

（2）车削圆柱面和端面的进给运动。车削圆柱面和端面时，进给运动传入进给箱后，再通过基本变速组、移换机构、增倍变速组传到轴 XⅧ。这时将进给箱中的离合器 M_5 脱开，使轴 XⅧ 的齿轮 28 与轴 XX 左端的齿轮 56 相啮合，运动由进给箱传出后，经光杠传至溜板箱，使刀架实现纵向机动进给（车圆柱面）或横向机动进给（车端面）。其传动路线表达式为

$$\text{主轴 VI}-\left\{\begin{matrix}\text{(4 种)}\\ \text{加工螺纹的传动路线}\end{matrix}\right\}-\text{XVIII}-\frac{28}{56}-\text{光杠 XX}-\frac{36}{32}-\text{XXI}-\frac{32}{56}-$$

$$\text{超越离合器和安全离合器 } M_8-\text{XXII}-\frac{4}{29}-\text{XXIII}-\left[\begin{matrix}\text{纵向进给}\rightarrow\\ \text{横向进给}\rightarrow\end{matrix}\right.$$

$$\text{接纵}-\begin{bmatrix} M_6\uparrow & \frac{40}{48}\\ M_6\downarrow & \frac{40}{30}\times\frac{30}{48}\end{bmatrix}-\text{XXIV}-\frac{28}{80}-\text{XXV}-\text{齿轮 12 齿条}$$

$$\text{接横}-\begin{bmatrix} \frac{40}{30}-\text{XXVII}-\frac{30}{48}-M_7\downarrow\\ \frac{40}{48}-M_7\uparrow\end{bmatrix}-\text{XXVIII}-\frac{48}{48}-\text{XXIX}-\frac{59}{18}-\text{横向丝杠 XXX}$$

为了避免发生事故，刀架的纵向移动、横向移动和车螺纹三种传动路线同时只允许接通一种，这是由操纵机构和互锁机构来保证的。

① 纵向机动进给。主轴转一转时，机床的纵向机动进给可以由四条传动路线产生 64 种不同的进给量。

当运动经正常螺距的公制螺纹传动路线时，由机动进给运动传动路线表达式可得运动平衡式为

$$1\times\frac{58}{58}\times\frac{33}{33}\times\frac{63}{100}\times\frac{100}{75}\times\frac{25}{36}\times i_{基}\times\frac{25}{36}\times\frac{36}{25}\times i_{倍}\times\frac{28}{56}\times\frac{36}{32}\times$$
$$\frac{32}{56}\times\frac{4}{29}\times\frac{40}{30}\times\frac{30}{48}\times\frac{28}{80}\times 2.5\times 12=f_{纵}$$

化简后可得

$$f_{纵}=0.711\,i_{基}\,i_{倍}\ \text{mm/r}$$

改变 $i_{基}$ 和 $i_{倍}$ 的值，就可以使刀架得到从 0.08 ~ 1.22 mm/r 的 32 种正常进给量。

当运动经扩大螺距机构和公制螺纹的传动路线，且主轴以高转速（450 ~ 1 500 r/min，其中 500 mm/r 除外）运转，$i_{倍}$ 为 1/8 时，可得

$$f_{纵}=0.315\ i_{基}\ \text{mm/r}$$

这时刀架可得 0.028 ~ 0.054 mm/r 的 8 种细进给量。

当运动由正常螺距的英制螺纹的传动路线传动，且 $i_{倍}$ 为 1 时，可得

$$f_{纵}=1.474\,\frac{i_{倍}}{i_{基}}\ \text{mm/r}$$

这时刀架可得 0.86 ~ 1.59 mm/r 的 8 种较大的纵向进给量。

当运动经扩大螺距机构和英制螺纹的传动路线传动，且主轴处于 10 ~ 125 mm/r 的 12

级低转速时,刀架可获得从 1.71~6.33 mm/r 的 16 种加大进给量。

② 横向机动进给。由于机床的横向机动进给的传动路线除在溜板箱中从轴ⅩⅩⅢ以后有所不同外,其余的则与纵向机动进给的传动路线一致,因此,机床的横向机动进给可使刀架获得 64 种横向进给量,其值为相应的纵向进给的一半。

(3) 刀架的快速移动。为了减轻工人的劳动强度和缩短辅助运动的时间,CA 6140 型卧式车床设计了刀架快速移动传动链,它属于外联系传动链。快速移动传动链的两末端件为快速电动机和刀架。

当刀架需要快速移动时,按下快速移动按钮,使快速电动机启动。其运动经齿轮副 18/24 传动,使轴ⅩⅫ高速转动(图 3.8),再经蜗轮副 4/29 传到溜板箱内的传动机构,使刀架实现纵向或横向的快速移动。

为了节省时间及操作,在齿轮 Z56 与轴ⅩⅫ之间装有超越离合器,使刀架快速移动过程中光杠仍可继续转动,不必脱开进给运动传动链。超越离合器的工作原理及结构将在"机床的主要结构"中介绍。

3.2.3　机床的主要结构

1.主轴箱

机床的主轴箱是一个比较复杂的部件,在分析主轴箱中各传动件的结构和装配关系时,一般采用展开图。图 3.9 为 CA 6140 型卧式车床的主轴箱展开图,它是按主轴箱中各传动轴传递运动的先后顺序,沿其轴心线剖开,并将其展开在一个平面上而形成的图。展开图反映了各传动件(轴、齿轮、离合器等)的传动关系、各传动轴有关零件的结构形状、装配关系和尺寸以及主轴箱体有关部分的轴向结构和尺寸。但是要清楚表示出主轴箱内各传动件的空间位置关系,仅有展开图是不够的,还须有必要的向视图和剖面图。图 3.10 为 CA 6140 型卧式车床主轴箱的一个向视图和一个剖面图。

(1) 主轴组件:

① 主轴的结构。CA 6140 型卧式车床的主轴是一个空心的阶梯轴,主轴的内孔可用来通过棒料,拆卸顶尖,也可用于通过气动、电动或液压夹紧装置的机构。主轴前端的内锥孔为莫氏 6 号锥度,用来安装前顶尖或心轴,主轴后端的内锥孔为工艺孔。

主轴的前端采用短圆锥法兰式结构,用来安装卡盘或拨盘,如图 3.11 所示。主轴前端的短圆锥面是安装卡盘或拨盘的定位面,法兰上凹形孔中的端面键用来传递转矩。安装拨盘或卡盘时,首先通过双头螺柱 5 及螺母 6 将拨盘或卡盘 4 和卡口垫(锁紧盘)2 连接,再用螺钉 1 固定卡口垫(锁紧盘)。主轴前端的这种结构有利于提高主轴组件的刚度,且装卸卡盘或拨盘方便,工作可靠,定心精度高,所以得到了广泛的应用。

② 主轴的支承。近年来,CA 6140 型卧式车床的主轴组件已由原来的三支承结构改为两支承结构,这种结构不仅可以满足刚度和精度方面的要求,而且使结构简化,降低了成本。主轴的前支承是 P5(旧标准 D)级精度的 NN3021K(旧标准 3182121)型双列圆柱滚子轴承,用于承受径向力。这种轴承具有刚性好、精度高、承载能力大等优点。轴承的内环很薄,而且与主轴的配合面有 1:12 的锥度,因此当内环与主轴有相对的轴向位移时,内环产生径向弹性膨胀,从而调整了轴承径向间隙或预紧的程度。调整妥当后用螺母锁紧。为了减小振动,提高加工精度,在主轴前支承的内侧安装了阻尼套筒。套筒由内、外套组成,内套与主轴一

起转动，外套固定在主轴箱前支承座上，内、外套之间有 0.2 mm 的径向间隙，并充满润滑油。

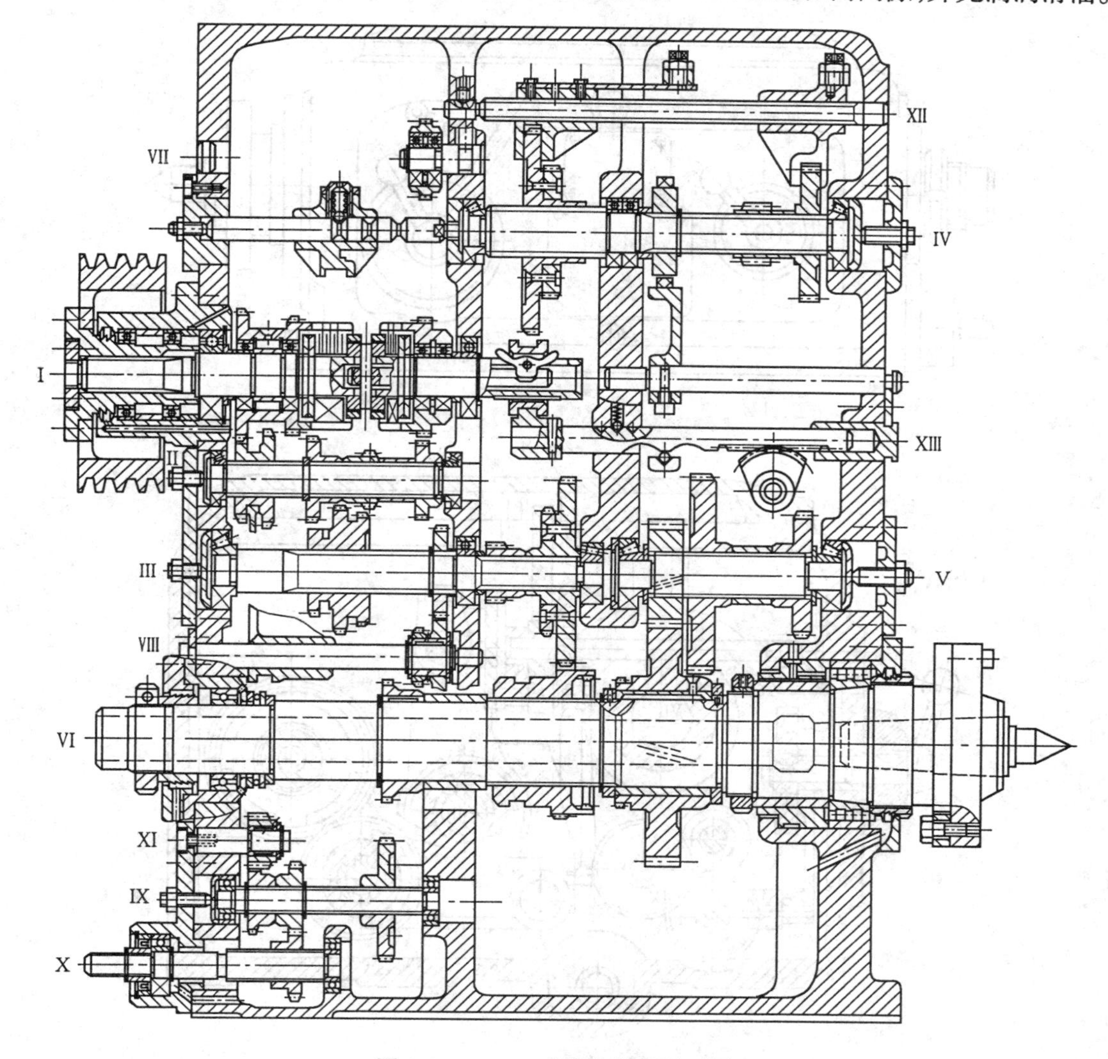

图 3.9　CA6140 车床主轴箱展开图

主轴的后支承是由一个 P5（旧标准 D）级精度的角接触球轴承和一个 P5（旧标准 D）级精度的推力球轴承组成，前者承受径向力和向右方向的轴向力，后者承受向左方向的轴向力。后支承的两个轴承也需要调整间隙和施加预紧力，推力球轴承需调整轴向间隙和施加轴向预紧力，角接触球轴承需调整径向间隙和施加轴向、径向预紧力。两个轴承的调整均由后部的螺母同时进行。

主轴前后支承的润滑都是由油泵供油，润滑油通过进油孔对轴承进行充分的润滑，并带走主轴旋转所产生的热量。主轴前后两端采用了油沟式密封，油沟为轴套外表面上锯齿形截面的环形槽。主轴旋转时，由于离心力使油液沿着斜面被甩回，经回油孔流回箱底，最后流回到床腿内的油池中。

③ 主轴上的传动齿轮。主轴上共装有三个齿轮，其中右端的斜齿圆柱齿轮空套在主轴上。采用斜齿轮传动可以使主轴的运动比较平稳，而且由于在传动时该齿轮作用在主轴上

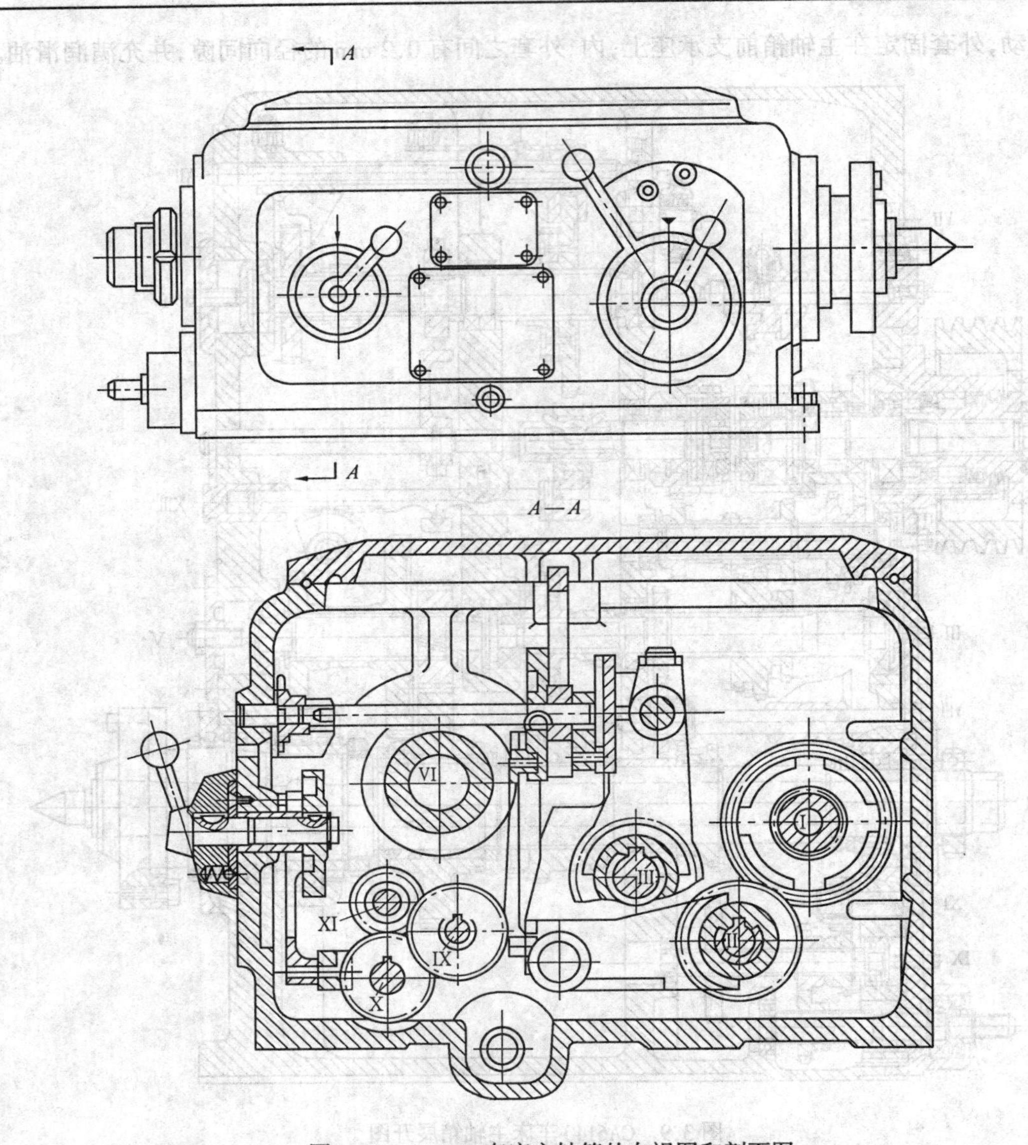

图 3.10　CA6140 车床主轴箱的向视图和剖面图

的轴向分力与切削时的轴向分力方向相反，还可以减少后支承推力球轴承所受的轴向载荷。主轴上中间的齿轮可以在主轴的花键上滑移，共有三个位置。当该齿轮在中间位置时，主轴空档，此时可以用手转动主轴来测量主轴的旋转精度及装夹、找正工件；当该齿轮在右边位置时，通过内齿离合器与斜齿轮连在一起，使主轴得到 18 种中、低转速；当该齿轮处于左位时，运动由第Ⅲ轴直接传给主轴，使主轴得到 6 种高转速。主轴上左端的齿轮通过平键及挡圈固定在主轴上，用于将运动和动力传动进给传动链。

(2) 双向多片式摩擦离合器及其操纵机构。双向多片式摩擦离合器(图 3.12)装在主轴箱中的轴Ⅰ上，由内摩擦片 3、外摩擦片 2、止推片 10、11、压套 8 和空套齿轮 1 等组成。离合器右部分使主轴反转，主要用于退刀，传递的转矩小，所以片数较少。图 3.12(a)所示为摩擦离合器左面的一部分，图中内摩擦片 3 的内孔为花键孔，与轴Ⅰ的花键啮合，随轴Ⅰ一起转动；外摩擦片 2 空套在轴Ⅰ上，它的外圆上有四个凸爪，嵌在空套齿轮 1 凸缘的缺口槽中，能带动齿轮 1 转动。当内外片压紧时,轴Ⅰ的转动通过内外片的摩擦力传给了齿轮 1,再经过其他的传动齿轮使主轴正转。同理,当右离合器内外片压紧时,轴Ⅰ的转动便传给了轴Ⅰ右端的齿轮(图 3.9),从而使主轴反转。当左、右离合器都处于脱开状态,这时轴Ⅰ虽然转动,但主轴却处于停止状态。

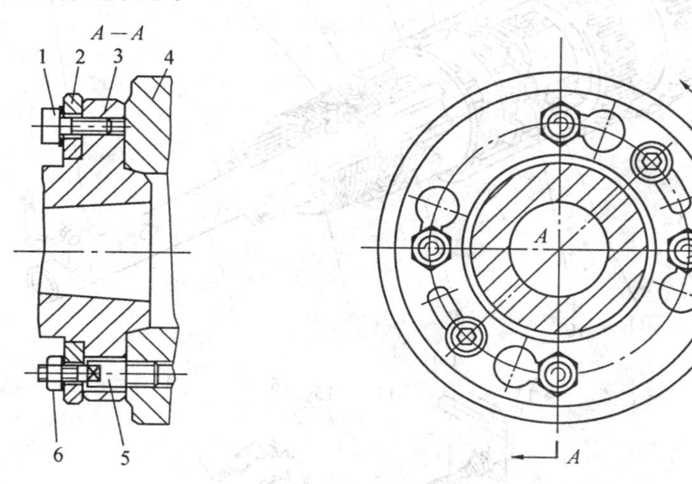

图 3.11 主轴前端结构

摩擦离合器的工作是由手柄 18 来操纵的(图 3.12(b))。当手柄 18 向上扳动时,连杆 20 向外移动,通过曲柄 21、扇形齿轮 17、齿条 22 使滑套 12 向右移动,将元宝销 6 的右端向下压,元宝销 6 下端推动轴Ⅰ内孔中的拉杆 7 向左移动,带动压套 8(图(a))向左压紧,于是,左离合器开始传递运动。同理,将手柄 18 扳至下端位置时,右离合器接合而传递运动。当手柄 18 处于中间位置时,左、右离合器全部脱开,主轴停止转动。

摩擦离合器除了传递运动和转矩外,还能起过载保护作用。摩擦片之间的压紧力是根据离合器应传递的转矩来确定的。当机床过载时,摩擦片打滑,就可避免损坏机床。图 3.12(a)中的螺母 9 是用来调整压紧力的大小,它由调整销 4 定位。

制动器(刹车装置)安装在轴Ⅳ上(图 3.12(b)),由制动盘 16、制动带 15、调节螺钉 13 和杠杆 14 等件组成。制动器的作用是在左、右离合器全部脱开时,使主轴迅速地停止转动,以缩短辅助时间。为了使用方便和安全操作,摩擦离合器和制动器采用联合操纵,两套机构都由手柄 18 来控制。当左或右离合器接合时,杠杆 14 的凸起与齿条轴 22 的左侧或右侧的凹槽相接触,使制动带 15 放松,此时制动器不起作用;当左或右离合器都脱开时,齿条 22 处于中间位置,杠杆 14 的凸起与齿条轴 22 上的凸起相接触,杠杆 14 向逆时针方向摆动,将制动带 15 拉紧,制动带和制动盘之间的摩擦力使主轴迅速地停止转动。制动带 15 为一钢带,为增加摩擦系数,在它的内侧固定一层酚醛石棉。

(3) 变速操纵机构。主轴箱中共有 7 个滑移齿轮,其中 5 个用于改变主轴的转速,1 个用于车削左右螺纹的变换,1 个用于正常螺距与扩大螺距的变换。改变主轴转速的 5 个滑移齿轮由两套操纵机构控制,另 2 个滑移齿轮由一套操纵机构控制。

图 3.13 所示为控制轴Ⅱ和轴Ⅲ上滑移齿轮的变速操纵机构。轴Ⅱ上有 1 个双联滑移齿轮 A 需有两个啮合位置,轴Ⅲ上有 1 个三联滑移齿 B 需有三个啮合位置(图 3.9),这 2 个滑移齿轮由一个装在主轴箱前侧面的手柄同时操纵。手柄通过链传动使轴 4 转动,在轴 4

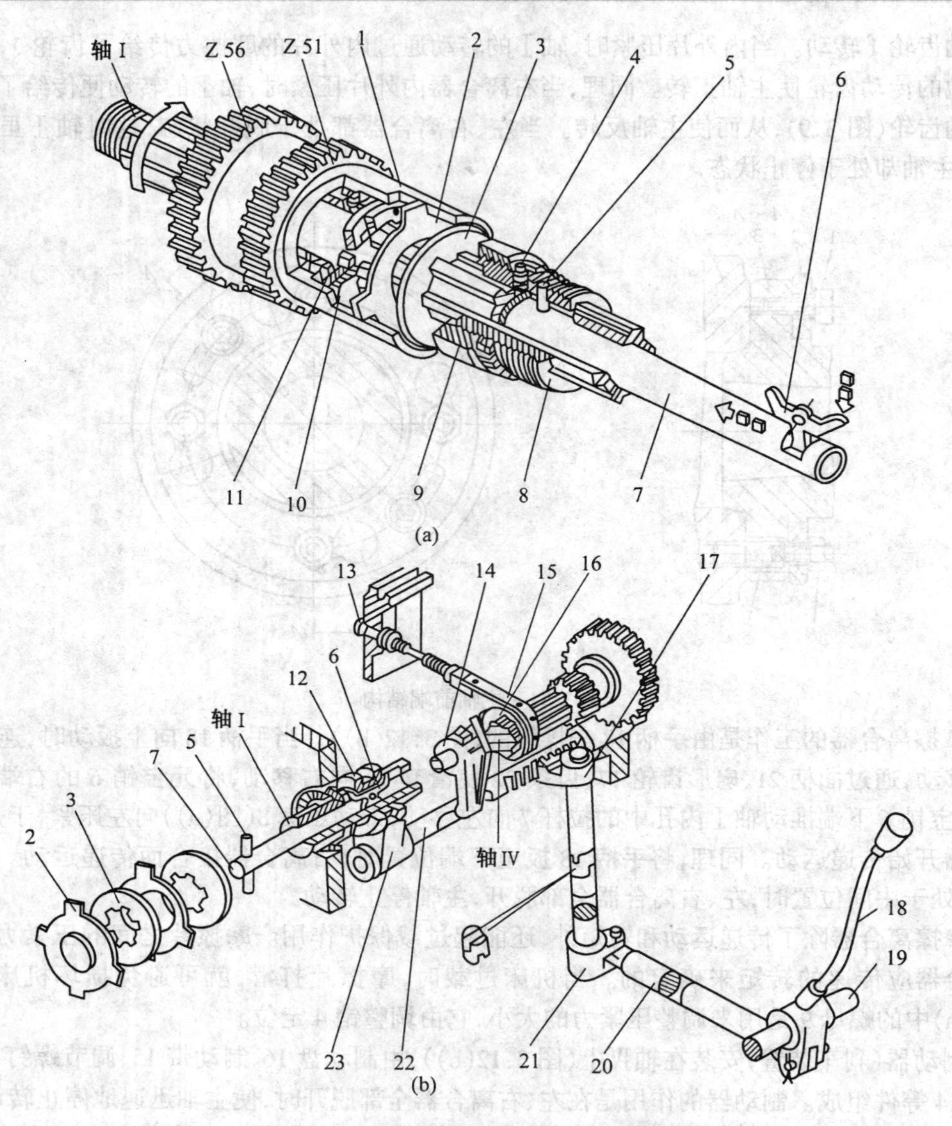

图 3.12　摩擦离合器、制动器及其操纵机构

1—双联齿轮;2—外片;3—内片;4—调整销;5—销;6—元宝销;7—拉杆;8—压套;9—螺母;10、11—止推片;12—滑套;13—调节螺钉;14—杠杆;15—制动带;16—制动轮;17—扇形齿轮;18—手柄;19—轴;20—连杆;21—曲柄;22—齿条;23—拨叉

上固定有盘形凸轮 3 和曲柄 2。凸轮 3 有 6 个不同的变速位置(如图中以 1 ~ 6 标出的位置),当杠杆 6 的滚子中心处于凸轮曲线的大半径时,轴Ⅱ上的双联滑移齿轮在左端位置,同时,曲柄 2 通过拨叉操纵轴Ⅲ上的滑移齿轮,使该齿轮处于左、中、右三种不同的轴向位置。同理,当杠杆 5 的滚子中心处于凸轮曲线的小半径时,轴Ⅱ上的双联滑移齿轮在右端位置,同时,轴Ⅲ上的滑移齿轮仍有左、中、右三种不同的轴向位置。当手柄转一圈时,靠曲柄 2 和凸轮 3 曲线的配合,使轴Ⅲ得到 6 种不同的转速。滑移齿轮移至规定位置后,都必须可靠地定位。该操纵机构中采用了钢球定位装置。

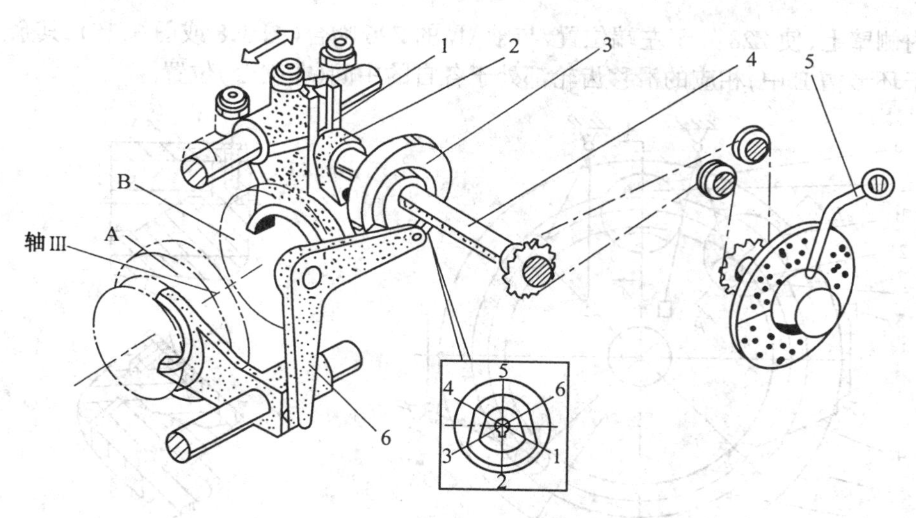

图 3.13 轴Ⅱ和轴Ⅲ上滑移齿轮的操纵机构

1—拨叉;2—曲柄;3—盘形凸轮;4—轴;5—操纵手柄;6—杠杆

2.进给箱

进给箱是进给传动系统的一个重要组成部分。在 CA 6140 型卧式车床上的进给箱中安装有基本变速组、增倍变速组、移换机构、丝杠和光杠的转换机构及对它们进行控制的操纵机构。

图 3.14 所示为进给箱的展开图。图 3.15 是进给箱中基本变速组操纵机构的工作原理图。图中手轮 6 为 4 个滑移齿轮的操纵轮。手轮 6 的背面开有环形槽 E,环形槽中有两个间隔 45 的孔 a 和孔 b,孔中分别安装带斜面的压块 1 和 2(图 3.15 中的 $A—A$ 和 $B—B$ 剖面),其中压块 1 的斜面向外斜,压块 2 的斜面向里斜。在环行槽中还有 4 个销子 5,它通过杠杆 4、拨块 3 来控制滑移齿轮的位置。每个滑移齿轮可以有左、中、右三个位置,当销子在孔 a 或孔 b 中时,所控制的滑移齿轮处于左或右的位置(啮合位置),所以在同一时间内基本变速组中只能有一对齿轮啮合。由于有 4 个销子来控制 4 个滑移齿轮,相应的手轮 6 在圆周方向有 8 个均布的位置。

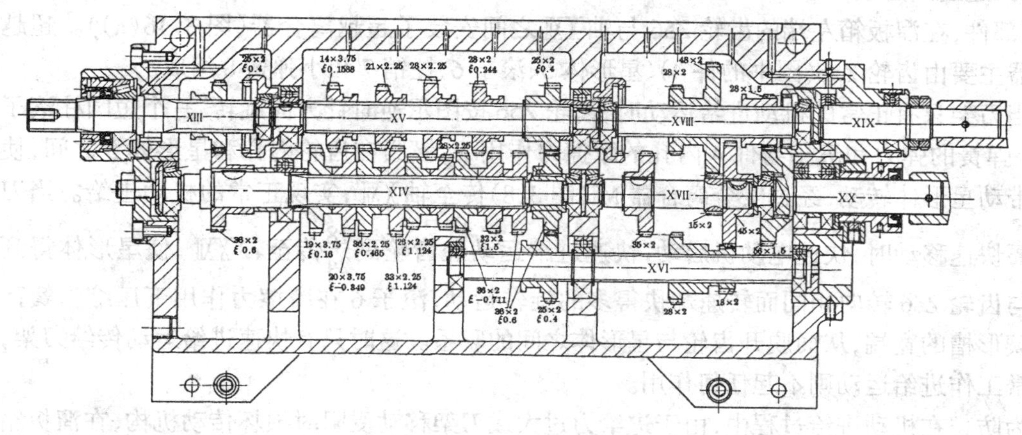

图 3.14 进给箱的展开图

图 3.15 给出了为控制滑移齿轮 Z28 的销子 5′在孔 b 中的位置,它在压块 2 的作用下靠

在孔 b 的内侧壁上，使 Z28 处于左端位置，与轴ⅩⅣ的 Z26 啮合(图 3.8 或图 3.15)，其余 3 个销子都处于环形槽 E 中，相应的滑移齿轮都处于各自的中间(非啮合)位置。

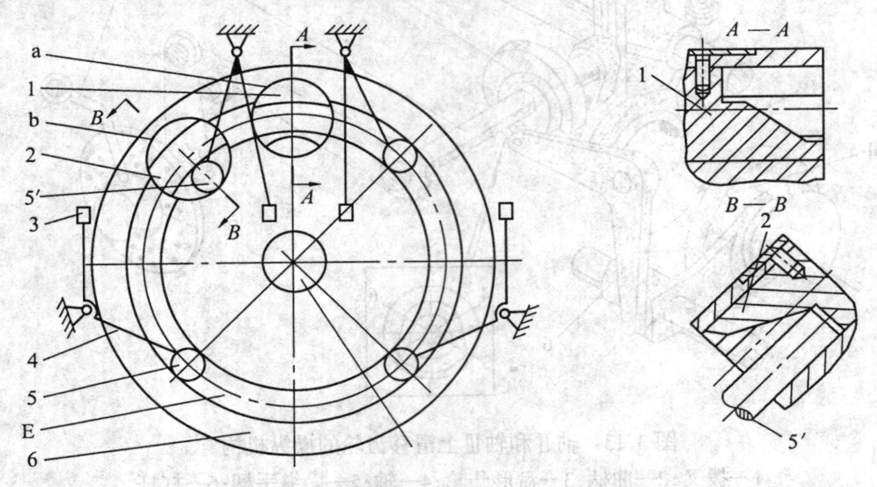

图 3.15　基本变速组操纵机构工作原理图

1—压块；2—压块；3—拨块；4—杠杆；5—销；6—手轮

当需要改变基本变速组的传动比时，先将手轮 6 沿轴向外拉，然后转动。由于销 5 在长度方向还有一段仍保留在槽 E 的孔中，随着转动，它就可沿着孔 b 的内侧壁滑到槽 E 中。手轮 6 的周向位置可由固定环的缺口中观察到(此处可看到手轮外圆标牌上的编号)，当手轮转到所需位置后，例如从图 3.15 所示的位置逆时针转过 45(这时孔 a 正对准销 5′)，将手轮重新推入，这时销 5′在压块 1 的作用下滑向环槽 E 的外侧，利用杠杆原理将滑移齿轮 Z28 推向右端，与轴ⅩⅣ的 Z28 相啮合。其余 3 个销子仍处于环形槽 E 中，相应的滑移齿轮也处于非啮合状态。

3.溜板箱

(1) 超越离合器及过载保护机构。在进给运动传动系统中已经讲到，当启动快速电动机时，快速进给运动和正常工作进给运动都传到轴ⅩⅫ，为了防止由于运动干涉而损坏机床的零、部件，在溜板箱左端的齿轮 Z56 与轴ⅩⅫ之间安装了超越离合器(图 3.16(a))。超越离合器主要由齿轮 Z56(图中的件 4)、星形体 5、滚子 6、柱销 7 和小弹簧 8 组成。

当刀架只有正常的机动进给运动时，齿轮 Z56 按图示逆时针方向旋转，三个短圆柱滚子 6 在小弹簧的弹力和滚子与件 4 内孔的摩擦力作用下，锲紧在齿轮内孔和星形体 5 之间，使齿轮带动星形体转动，经过安全离合器 M_8(图 3.8)传至轴ⅩⅫ，实现正常的机动进给。当刀架需要快速移动时，快速电动机启动，快速进给运动经齿轮副$\frac{18}{24}$传至轴ⅩⅫ，使星形体得到一个与齿轮 Z56 转向相同而转速却快得多的旋转运动，滚子 6 在摩擦力作用下压缩弹簧而滚向锲形槽的宽端，从而脱开齿轮与星形体之间的联系。这时只有快速进给运动传给刀架，而正常工作进给运动则不起任何作用。

为防止在机动进给过程中，由于进给力过大或刀架移动受阻时损坏传动机构，在溜板箱左端的齿轮 Z56 与轴ⅩⅫ之间还安装了过载保护机构(图 3.16(b))。过载保护机构又称安全离合器，它由带有螺旋端面齿的左 1、右 2 两部分和弹簧 3 组成。

机床正常工作时，装在离合器右端的弹簧所产生的弹力能够克服在传递转矩时所产生的轴向分力，使离合器两部分保持啮合。由星形体 5 传来的运动经离合器左部分 1 的螺旋端面齿，传至右部分 2 的螺旋端面齿，再经过花链传至轴XXII。当机床过载时，离合器传递的转矩增大，所产生的轴向分力也将加大，使弹簧的弹力不能再保持离合器两部分相啮合，两部分之间产生打滑现象，进给运动传动链断开，从而起到了保护机构的作用。当过载现象消除后，在弹簧的弹力作用下，离合器的两部分恢复啮合，机床重新正常工作。机床许用的最大进给力决定于弹簧的弹力，弹簧的弹力通过改变弹簧的压缩量来调整。

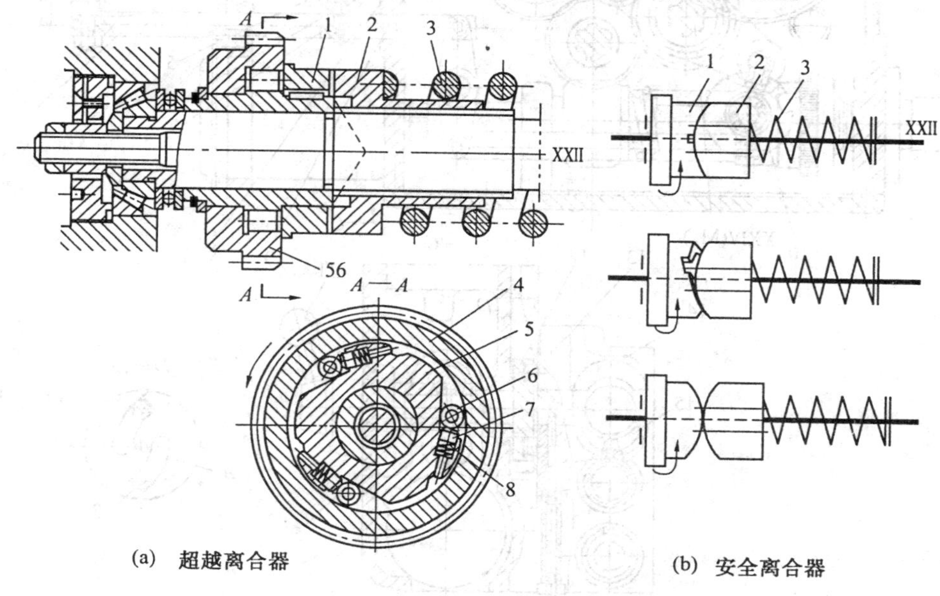

图 3.16　超越离合器和安全离合器

1—左端面齿；2—右端面齿；3—弹簧；4—外环；5—星形体；6—滚子；7—柱销；8—弹簧

(2) 开合螺母机构。开合螺母的作用是接通或断开从丝杠传来的运动。车削螺纹时，将开合螺母扣合于丝杠上，丝杠通过开合螺母带动溜板箱及刀架。开合螺母(图 3.17 中的 *C—C* 视图)由上半螺母 14 和下半螺母 15 组成，它们都可在溜板箱中沿着垂直的燕尾形导轨上下移动。每个半螺母上各装有一个圆柱销 13，它们分别插入转盘 12 的两条曲线槽 A 中(见 *D—D* 剖面)，车削螺纹时，顺时针方向扳动开合螺母操纵手柄 11，使转盘 12 转动。两个圆柱销 13 带动两个半螺母 14 和 15 互相靠拢，于是开合螺母与丝杠啮合。同理，逆时针方向扳动手柄 11，则使开合螺母与丝杠脱开。偏心圆弧槽接近转盘中心的部分倾斜角比较小，使开合螺母闭合后能够自锁，不会因为螺母受到径向力的作用而自动脱开。螺钉的作用是限定开合螺母的啮合位置，用它可以调整丝杠与螺母间的间隙。

(3) 溜板箱中的操纵机构。刀架的纵向、横向机动进给及快速移动是由溜板箱上的一个机动进给操纵手柄 1 集中操纵的(图 3.17)，手柄的扳动方向与刀架移动的方向一致。当手柄 1 向左、右扳时(图示虚线位置)，因轴 4 用台阶及卡环通过固定套 16 轴向固定在箱体上，只能转动而不能移动。因此，手柄绕销轴 2 摆动，它下部的开口槽则拨动轴 3 轴向移动。轴 3 通过连杆使凸轮 10 转动，凸轮 10 上的曲线槽带动拨叉移动，使双向离合器 M_6(图 3.8)向相应方向啮合，从而使刀架作纵向(向左或向右)机动进给。当手柄向前、后扳时，手柄通

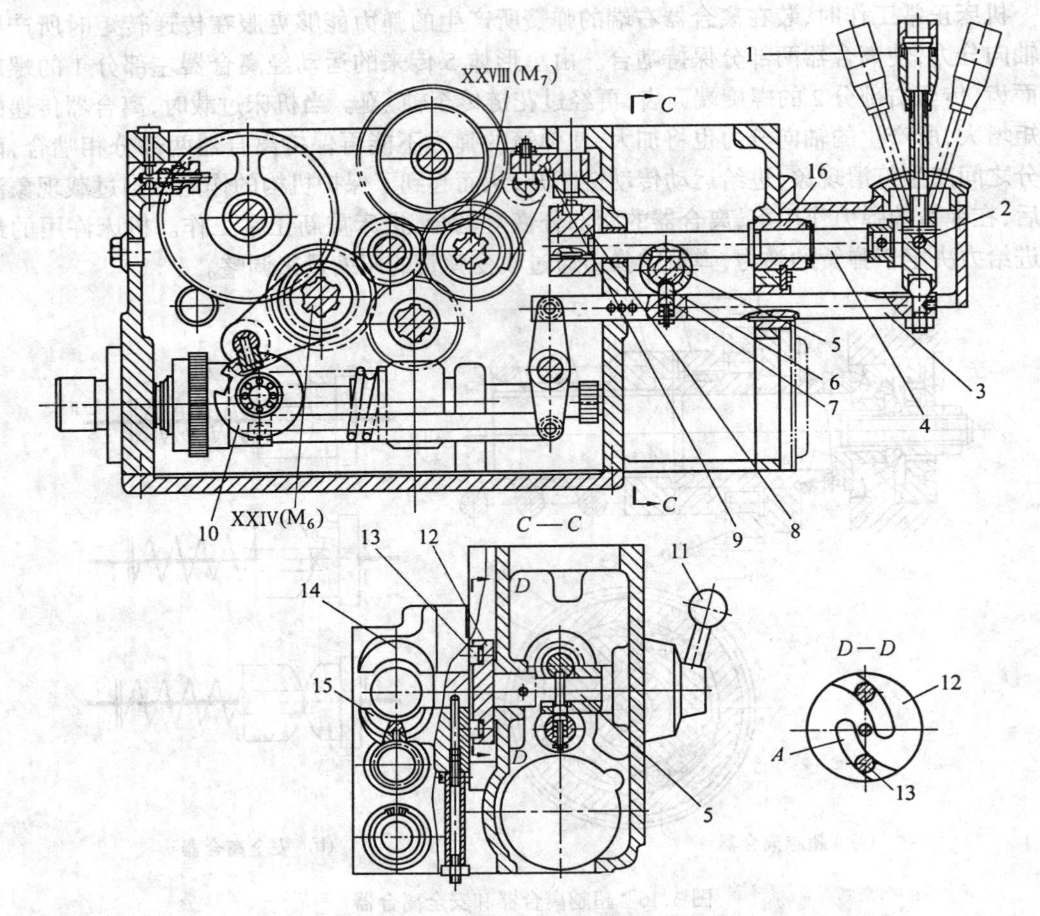

图 3.17　溜板箱中的操纵机构

1—手柄；2—销轴；3—移动轴；4—转动轴；5—开合螺母轴；6—短销；7—弹性销；8—凸轮；9—杠杆；10—凸轮；11—手柄；12—转盘；13—圆柱销；14—半螺母；15—半螺母；16—固定套

过轴 4 带动凸轮 8 转动。凸轮 8 上的曲线槽使杠杆 9 摆动，杠杆又通过拨叉使双向离合器 M_7 向相应方向啮合，从而使刀架作横向（向前或向后）机动进给。在手柄向某一方向扳动时，如按下手柄上端的快速移动按钮，刀架则可向相应方向快速移动，直到松开为止。手柄处于中间位置时，离合器 M_6 和 M_7 脱开，这时断开机动进给和快速移动。

在手柄下方的盖上开有十字形槽，它使手柄只能向前、后、左、右某一个方向扳动，从而避免了同时接通纵向和横向进给运动。

(4) 互锁机构。为了避免损坏机床，光杠和丝杠不能同时接通。也就是当开合螺母合上时，就不许接通机动进给或快速移动；当接通机动进给或快速移动时，开合螺母就不应合上。为此在溜板箱中设置了互锁机构。

互锁机构的结构如图 3.17 所示，图示为开合螺母未闭合且操纵手柄 1 处于中间位置的情况。这时可任意地扳动开合螺母操纵手柄 11 或机动进给操纵手柄 1。图中轴 4 上开有键槽。轴 3 有销孔，内装有弹性销 7，短销 6 受压后可以压缩销 7 而部分进入轴 3 的销孔中，如果要切削螺纹，扳动手柄 11，转动轴 5 使开合螺母闭合。轴 5 转动的同时，将短销 6 部分压入到轴 3 的销孔中，部分留在固定套里，使轴 3 不能沿轴向移动。轴 5 的凸肩也同时转入到轴 4 的键槽中，将轴 4 卡住，使之不能转动。因此，只要合上开合螺母，纵、横向机动进给就不能接通，如果接通横向机动进给，轴 4 转动，其上的键槽也随之转开，于是轴 5 上的凸肩被轴 4 顶住，使其不能转动，即开合螺母无法合上；如果接通纵向机动进给，轴 3 移动，此轴上的销孔也随之转开，短销 6 被轴 3 顶住，不能往下移动，使轴 5 不能转动，即开合螺母无法合上。

习题与思考题

1.分析 CM6132 型(见题图 3.1)精密卧式车床的传动系统。

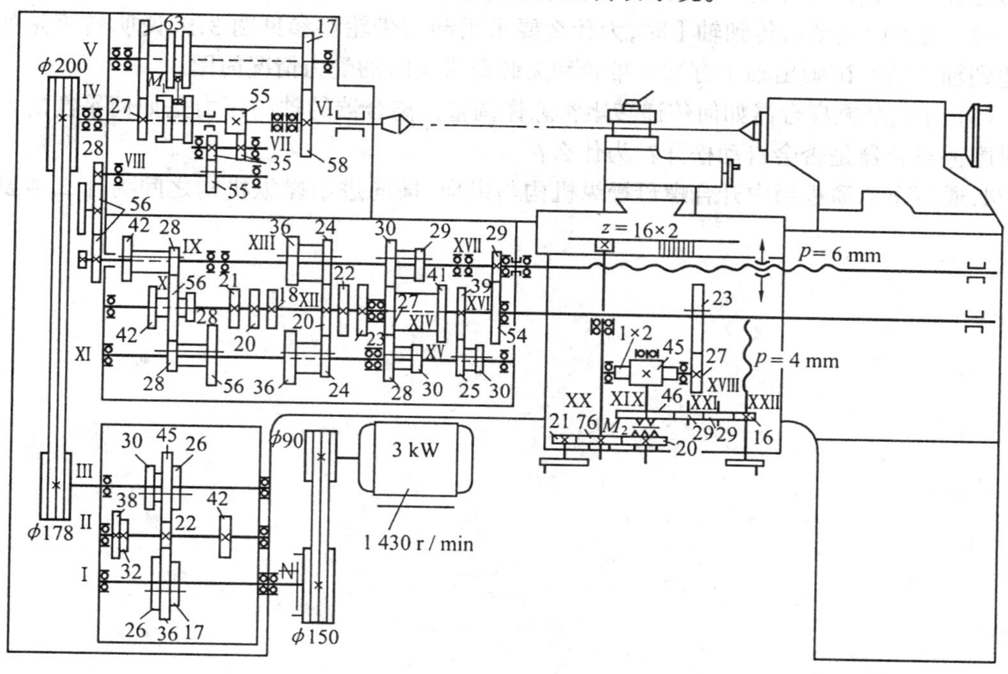

题图 3.1 CM6132 型精密卧式机床

(1) 写出传动路线表达式；

(2) 算出主轴的转速级数 Z、最高转速 $n_{\max}$和最低转速 $n_{\min}$；

(3) 算出最大纵向进给量 $f_{纵\max}$；

(4) 指出螺距的扩大倍数；

(5) 分别指出车削螺纹为 $s = 1$ mm、$m = 1$ mm 及 $a = 8$ 牙/in 时的传动路线；

(6) 指出进给运动传动链中的基本组、增倍组和移换机构。

2.分析 CA 6140 型卧式车床的传动系统。

(1) 证明 $f_{横} \approx 0.5\ f_{纵}$；

(2) 计算主轴高速转动时能扩大的螺纹倍数，并进行分析；

(3) 分析车削径节螺纹时的传动路线，列出运动平衡式，说明为什么此时能车削出标准的径节螺纹；

(4) 当主轴转速分别为 40、60、400 r/min 时，能否实现螺距扩大 4 及 16 倍？为什么？

(5) 为什么用丝杠和光杠分别提供切螺纹和车削进给的传动？如果只用其中的一个，既切削螺纹又传动进给，将会有什么问题？

(6) 如果快速电动机的转动方向接(电源)反了，机床是否能正常工作？

(7) M_3、M_4 和 M_5 的功用？是否可取消其中之一？

(8) 为了提高传动精度，车螺纹的进给运动传动链中不应有摩擦传动件，而超越离合器却是靠摩擦传动的，为什么可以用于进给运动传动链中？

3. CA6140 型普通车床的主轴箱结构部分：

(1) 如果限制主轴的五个自由度？主轴前、后轴承的间隙怎样调整？主轴上作用的轴向力是如何传递给箱体的？

(2) 动力由电动机传到轴Ⅰ时，为什么要采用卸荷带轮？参见图 3.9，说明转矩是如何传递到轴Ⅰ的？试画出轴Ⅰ有卸荷带轮和无卸荷带轮时的受力情况简图。

(3) 片式摩擦离合器如何传递转矩？怎样调整？离合器的轴向压力是如何平衡的？工作时摩擦离合器是否会自动松开？为什么？

4. 通用车床溜板箱中开合螺母操纵机构与纵向、横向进给操纵机构之间为什么需要互锁？

第四章　齿轮加工机床

齿轮是最常用的一类传动元件，在各种机械设备上得到广泛应用。金属切削机床中，用来加工齿轮轮齿表面的机床，称为齿轮加工机床。按被加工齿轮的种类，齿轮加工机床可分为圆柱齿轮加工机床和圆锥齿轮加工机床。

圆柱齿轮加工机床主要有滚齿机、插齿机等；圆锥齿轮加工机床主要有加工直齿锥齿轮的刨齿机、加工弧齿锥齿轮的铣齿机等。

此外，还有其他类型的齿轮加工机床，如车齿机、拉齿机、研齿机、剃齿机、磨齿机、珩齿机、人字齿轮铣床、锥齿轮磨床等。

4.1　滚齿机

滚齿机主要用于加工直齿和斜齿圆柱齿轮，还可以加工蜗轮、花键轴的键等。蜗轮只能在滚齿机上进行加工。

4.1.1　工作原理及运动分析

1.滚齿原理

滚齿机加工齿轮是用范成法形成齿轮轮齿表面的。其原理相当于一对相啮合的斜齿轮传动过程(图 4.1(a))。将其中一个齿轮的齿数减少到一个或几个，而将其螺旋角增大，该齿轮变成了蜗杆(图 4.1(b))。再将蜗杆开槽、铲背，于是形成了齿轮滚刀(图 4.1(c))。

当机床的滚刀和工件按某一确定的传动关系作啮合运动时，刀刃相对工件运动轨迹的包络线，就形成了齿轮轮廓曲线。

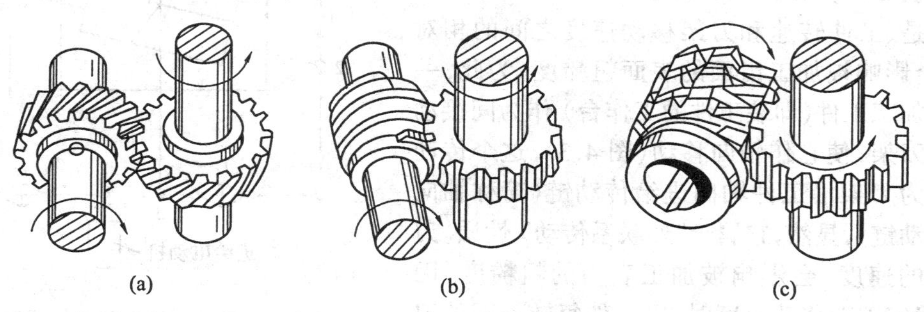

图 4.1　滚齿原理

2.加工直齿圆柱齿轮

(1) 运动分析。零件表面的形成是其发生线相互间的运动所留下的轨迹。分析零件表面的成形运动，需要先分析发生线的形成和运动。

形成齿轮轮廓表面需要两条发生线：一条形状是渐开线齿形线，称为母线；另一条形状是直线，其方向与齿轮轴线平行，称为导线。母线的形成方法是范成法，运动是由执行件一

滚刀的转动 n_1 和工件的转动 n_2 实现的。n_1n_2 是一个复合运动(图 4.2),称为范成运动。导线形成方法为相切法,运动是由执行件一滚刀的转动 n_1 和滚刀沿齿轮轴线方向的移动 A 实现的(图 4.2),A 是独立的运动。

(2) 运动联系及传动原理图。根据表面成形运动分析,形成齿轮齿廓表面是由范成运动和进给运动来完成的。要实现范成运动和进给运动,需要通过一系列传动元件把表面成形运动的执行件联系起来,如前述,传动原理图能表达执行件间的这种运动联系。

图 4.3 为滚齿机加工直齿圆柱齿轮的传动原理图。实现范成运动 n_1n_2 需要两条传动链,一条是主传动链 1—i_v—2,另一条是范成传动链 2—i_x—3。主传动链的作用是把电动机的运动和动力传给滚刀,为滚刀提供了切削速度,并消耗了大部分动力,因此,它是主运动。i_v 是主运动的速度换置机构,用来变换主运动的速度。范成传动链的作用是联系执行件 — 刀具和工件间的运动,组成复合运动,保证刀具与工件的相对运动轨迹。i_x 是分齿换置机构,用来变换被加工齿轮的齿数。

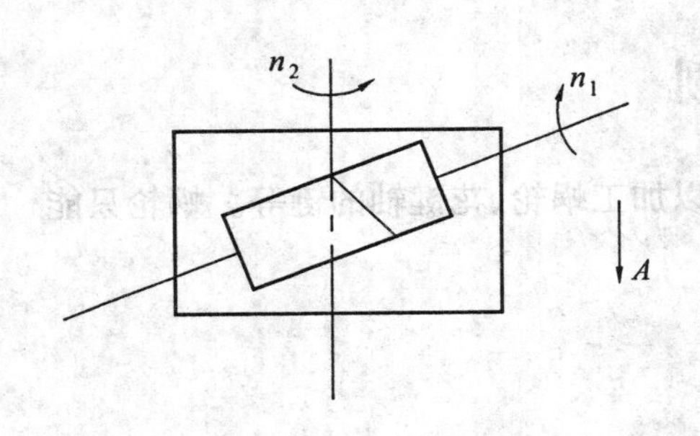

图 4.2　滚齿机加工直齿圆柱齿轮的运动

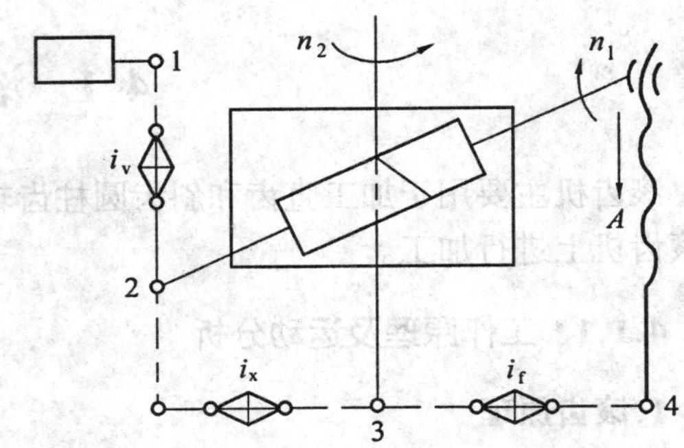

图 4.3　滚齿机加工直齿圆柱齿轮的传动原理图

进给传动链 3—i_f—4 的作用是实现进给运动 A。进给运动是一个独立的运动,原则上可以由单独电动机驱动,如图 4.4 所示。

但是,工件转速和刀架移动速度之间的相对关系,会影响被加工齿面的表面粗糙度。为此,一般将被加工工件(即装工件的工作台)作为间接动源传动刀架,使它作轴向移动(图 4.3),这个传动联系称为刀架沿工件轴向进给传动链(简称轴向进给传动链),显然,它属于“外联系传动”性质。刀架移动的速度,会影响被加工表面的粗糙度。因此,在确定刀架移动速度时,以工件每转一圈的刀架轴向移动量来计算,称为轴向进给量。所以在工件心轴 3 与刀架丝杠间设置进给量换置机构 i_f,用来变换滚齿机刀架轴向进给量。

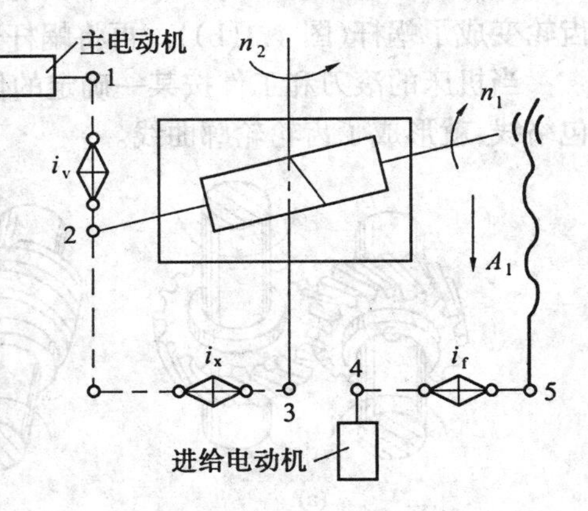

图 4.4　进给运动单独电机驱动

范成传动链的作用是联系两个执行件 — 刀具和工件间的运动,使其组成成复合运动,属于内联系传动链。内联系传动链的传动比要求准确,传动比误差会影响被加工表面的形状精度、位置精度。因此对内联系传动链的传动元件精度要求较高。主传动链和进给传动链的作用是驱动主运动和进给运动,属于外联系传动链。主运动传动链的传动比误差影响切削速度；进给传动链的传动比误差影响机床轴向进给量，影响工件表面粗糙度等，但不影响被加工零件表面的形状。因此，对外联系传动链的传动元件精度要求可低些。

(3) 运动参数的调整。每个独立运动都需要五个参数来确定，即运动的轨迹、速度、方向、行程和起点。只有在这五个运动参数都确定后，一个独立的运动才能被确定。下面以范成运动为例，分析运动参数的调整。

调整运动的轨迹，改变的是齿轮齿廓渐开线(母线)的形状，渐开线的形状取决于渐开线基圆半径的大小，基圆半径由下式表示

$$rz = \frac{mz}{2}\cos \alpha$$

式中　r、m、z、α—— 齿轮基圆半径、模数、齿数和压力角。

在滚齿机上加工齿轮时，齿轮的压力角、齿轮的模数取决于所使用的刀具。只有齿轮的齿数取决于滚齿机范成传动链分齿换置机构的调整，因而，调整范成传动链换置机构 i_x 就是调整范成运动的轨迹参数。

调整运动的速度，是改变渐开线形成速度的快慢。在滚齿机上加工齿轮时，调整主传动链换置机构 i_v，改变了刀具与工件对滚的速度，也就是改变了范成运动的速度参数。

调整运动的方向，改变的是形成渐开线的方向。在滚齿机上加工齿轮时，滚刀的转动方向多数时间是确定的，即切削力把工件压向工作台。在使用不同旋向滚刀时，形成渐开线的方向将会改变。如图 4.5 所示，两者渐开线形成的方向是不同的。

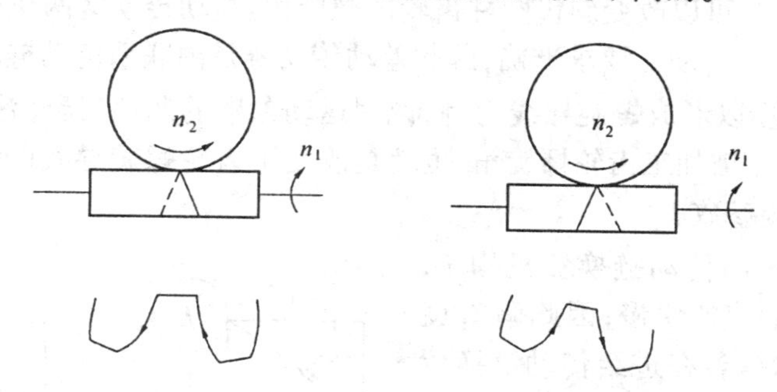

图 4.5　渐开线形成方向

此时，需要根据所使用刀具的旋向，确定工作台的旋向，工作台的旋转方向取决于范成传动链换置机构中是否使用惰轮。

范成运动的另外两个参数，即运动的行程、运动的起点在齿轮加工过程中由操作者或行程挡铁控制。

3. 加工斜齿圆柱齿轮

(1) 运动分析。加工斜齿轮时，母线的形成方法及运动与加工直齿轮一样，即母线的形成是范成法，由滚刀的转动 n_1 和工件的转动 n_2 实现范成运动。斜齿圆柱齿轮与直齿圆柱齿轮的不同点在于导线形状不同。直齿圆柱齿轮的导线是直线，形成导线的运动是直线运动。斜齿圆柱齿轮的导线是螺旋线，形成螺旋线所需的运动，滚刀沿齿轮轴线方向的移动 A_1 和工件的转动 A_2 复合成一个螺旋运动，如图 4.6 所示。

(2) 运动联系和传动原理图。图 4.7 为滚齿机加工斜齿圆柱齿轮的传动原理图。斜齿圆柱齿轮的端面齿廓都是渐开线，因此，实现范成运动 n_1n_2 的传动链，与直齿轮加工相同。

形成螺旋线，即形成导线的运动 A_1A_2 需要两条传动链：一条传动链是轴向进给传动链 3—i_f—4，传动链两端件为工件和刀架；另一条传动链是差动传动链 4—i_y—Σ—i_x—3，传动链两端件为丝杠和工件。

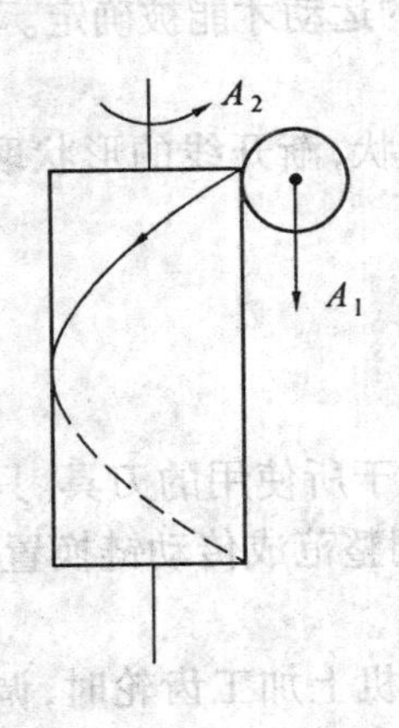

图 4.6　形成导线的运动

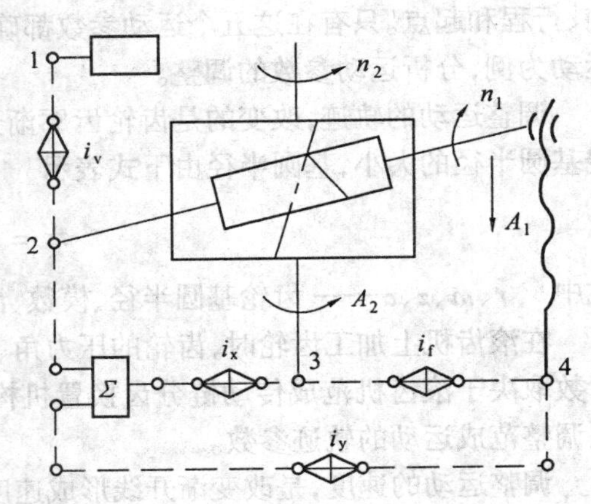

图 4.7　斜齿圆柱齿轮传动原理图

轴向进给传动链的作用是实现轴向进给。差动传动链的作用是联系两执行件—刀架和工件间的运动关系，即刀架移动被加工齿轮螺旋线的一个导程，工件转动一转，以形成螺旋线导线。调整换置机构 i_y 可以改变斜齿圆柱齿轮的螺旋角。差动传动链两执行件的运动 A_1、A_2 组成一个复合运动，其传动比要求准确，因此差动传动链是内联系传动链。

(3) 运动参数调整。以形成螺旋导线为例，说明运动参数的调整。调整滚齿机差动传动链换置机构 i_y，改变的是被加工齿轮螺旋角，也就是改变了齿轮螺旋导线的形状，因此调整 i_y 就是调整运动的轨迹参数。

调整滚齿机轴向进给传动链换置机构 i_f，可以改变螺旋线导线形成的快慢，因此调 i_f 就是调整运动的速度参数。若在进给传动链换置机构中进行换向，将改变螺旋导线形成的方向。如图 4.8 所示。

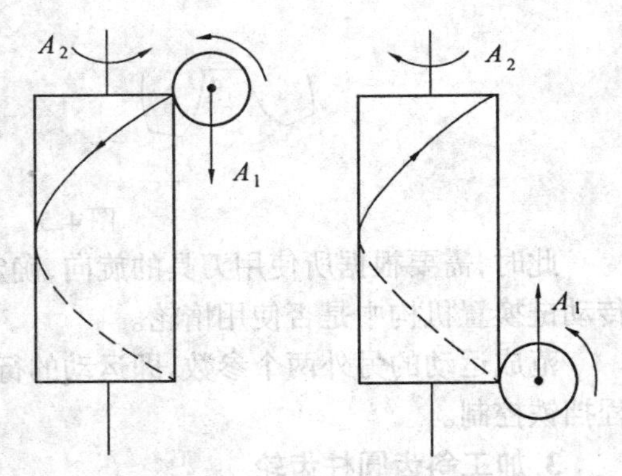

图 4.8　形成螺旋转线的方向

4. 刀具的安装角

为了使滚刀的齿向与工件齿槽方向一致，刀具与工件就必须保持一定的位置关系，如图 4.9 所示。

若齿轮轴线处于垂直位置，则滚刀轴线与水平线间的夹角 δ，称为滚刀的安装角。安装角 δ 的大小和方向，取决于所使用刀具的旋向、刀具螺旋升角 ω 的大小；还取决于齿轮旋向和螺旋角 β 的大小。图 4.9 表示用右旋滚刀加工直齿、左旋斜齿轮和右旋斜齿轮滚刀安装角。

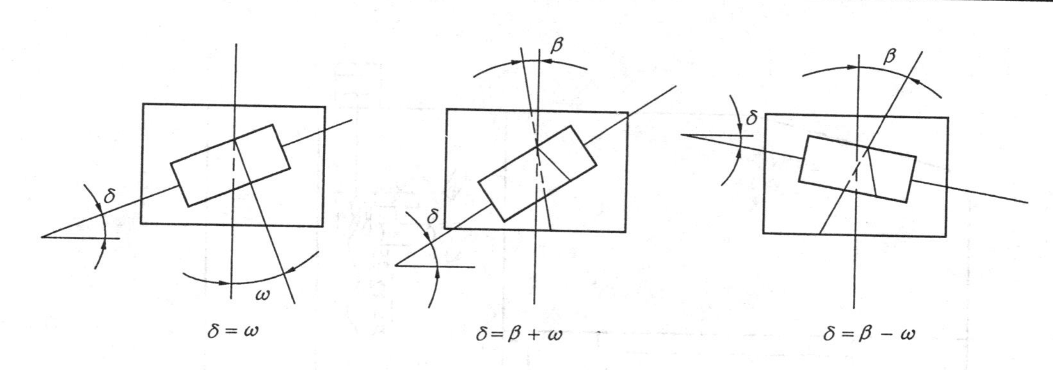

图 4.9 刀具的安装角

4.1.2 Y3150E 型滚齿机

1.机床的用途

Y3150E 型滚齿机主要用于滚切直齿和斜齿圆柱齿轮。此外,使用蜗轮滚刀时,还可以用径向进给法滚切蜗轮。在机床上也可加工花链轴的键。

2.机床传动系统分析

(1) Y3150E 型滚齿机的传动系统如图 4.10 所示。

(2) 滚切直齿圆柱齿轮的传动链及其换置。用滚刀滚切直齿圆柱齿轮时,机床上需要两个独立的成形运动,共计有 3 条传动链,它们是:

① 范成运动传动链。从图 4.3 所示的传动原理图中可以看出,这条传动链是从滚刀旋转 n_1 连接到工件旋转 n_2,中间经过一系列传动比固定的传动件,还要经过"合成机构" 和传动比 i_x 可以变换的换置机构。在传动系统图中,可以很容易地找到相对应的传动链。现按传动的先后顺序,写出这条传动链的传动路线

滚刀旋转 n_1(Ⅷ)— $\frac{80}{20}$—Ⅶ— $\frac{28}{28}$—Ⅵ— $\frac{28}{28}$—Ⅴ— $\frac{28}{28}$—Ⅳ— $\frac{42}{56}$—Ⅸ— 合成机构 — $\frac{e}{f}$—Ⅹ— $\frac{36}{36}$—Ⅺ— $\frac{a}{b}$—Ⅻ— $\frac{c}{d}$—XIII— $\frac{1}{72}$— 工作主轴旋转 n_2

由此可知,在分析机床某一条传动链时,首先要找出传动链两端的末端件,然后把它们中间的传动联系顺次地读出,即为这条传动链的传动路线。

在传动链中,除了传动比固定的传动件外,还有传动比可改变的换置机构。两末端件之间的相对运动量关系(或称为计算位移量) 就是靠适当地选择换置机构的传动比来保证的。范成运动传动链两末端件的计算位移量是:当滚刀转过$\frac{1}{K}$(K 为滚刀螺旋线的头数) 转时,工件应转过$\frac{1}{Z_工}$($Z_工$ 为被加工齿轮的齿数) 转。这个关系由适当选取分齿挂轮 a、b、c、d 的齿数来实现。

我们可以将所分析传动链求换置公式的方法归纳为四个步骤,下面以范成运动传动链为例来加以说明:

Ⅰ.找末端件:滚刀 — 工件。

Ⅱ.定计算位移:$\frac{1}{K}\ r$ — $\frac{1}{Z_工}\ r$。

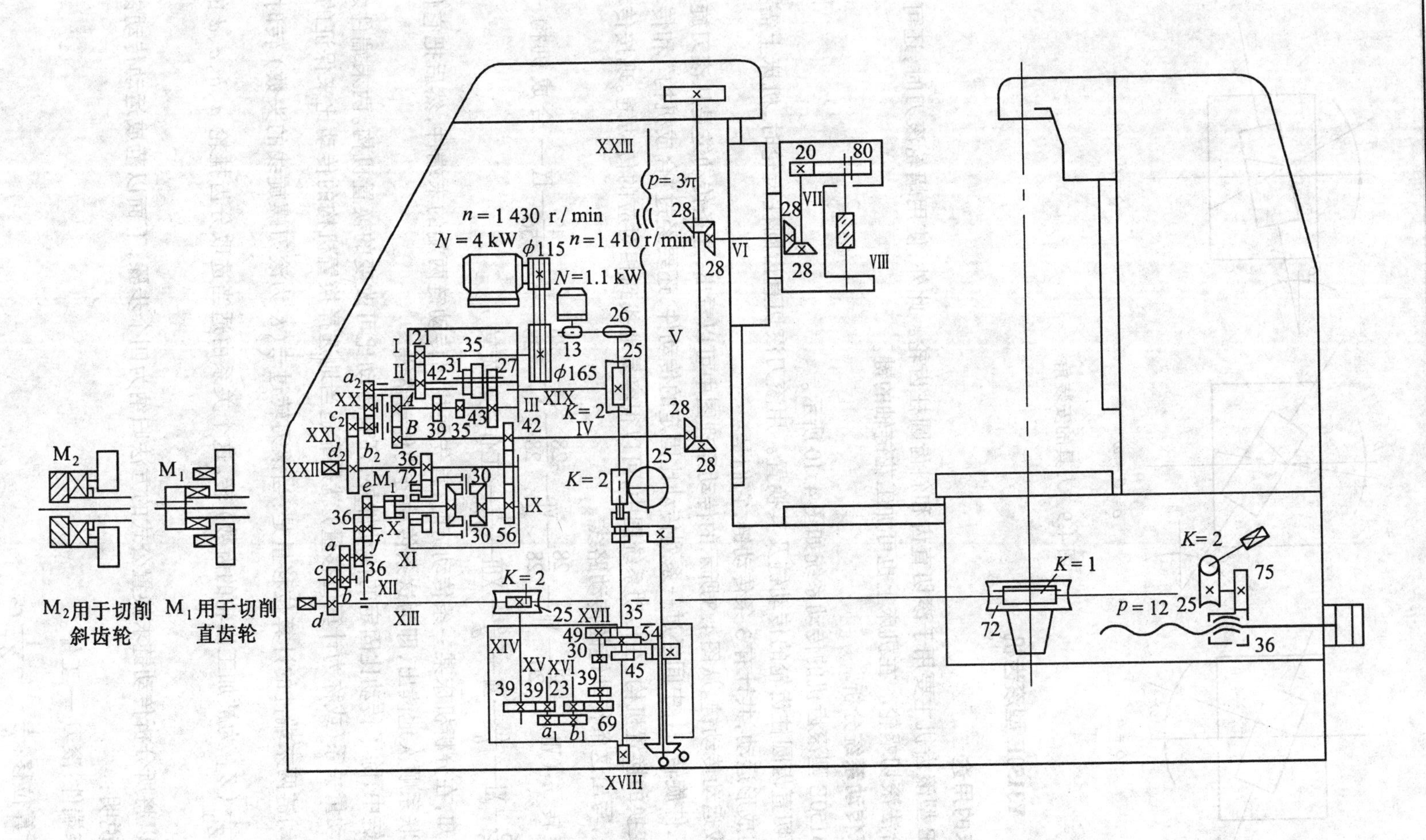

图 4.10　Y3150E 型滚齿机的传动系统图

Ⅲ.列运动平衡式。根据两末端件计算位移的关系和传动链的传动路线，可以列出范成运动的运动平衡式，即

$$\frac{1}{K_{(滚刀)}}r \times \frac{80}{20} \times \frac{28}{28} \times \frac{28}{28} \times \frac{28}{28} \times \frac{42}{56} \times i_{\Sigma} \times \frac{e}{f} \times \frac{36}{36} \times \frac{a}{b} \times \frac{c}{d} \times \frac{1}{72} = \frac{1}{Z_{工}}r$$

式中，i_{Σ} 表示通过合成机构的传动比。

在 Y3150E 型滚齿机上滚切直齿圆柱齿轮时，要在轴 Ⅸ 端使用 M_1 短齿爪式(牙嵌)离合器。爪式离合器 M_1 通过花键与轴 Ⅸ 相连，又通过端面爪(牙嵌)与合成机构壳体上的端面齿接合，这样使合成机构就如同一个联轴器一样，因此，式中的 $i_{\Sigma} = 1$。

Ⅳ.计算换置公式。整理上式可以得出换置机构传动比 i_x 的计算公式(亦称换置公式)

$$i_x = \frac{a}{b} \times \frac{c}{d} = \frac{f}{e}\,\frac{24K}{Z_{工}}$$

式中，e、f 挂轮，根据被加工齿轮数选取：

当 $5 \leqslant \frac{Z_{工}}{K} \leqslant 20$ 时，取 $e = 48, f = 24$；

当 $21 \leqslant \frac{Z_{工}}{K} \leqslant 142$ 时，取 $e = 36, f = 36$；

当 $143 \leqslant \frac{Z_{工}}{K}$ 时，取 $e = 24, f = 48$。

从换置公式可以看出，当传动比 i_x 计算式的分子和分母相差倍数过大时，会出现一个小齿轮带动一个很大的齿轮(若 $Z_{工}$ 很大时，i_x 就很小)，或是一个很大的齿轮带动一个小齿轮(若 $Z_{工}$ 很小时，i_x 就很大)的情况，这样，不仅使挂轮架的结构很庞大，而且给选取挂轮齿数和安装挂轮带来不便。所以，常用 $\frac{e}{f}$ 挂轮来调整挂轮传动比的数值，以使挂轮传动比 i_x 在适中的范围内。

② 主运动传动链。主运动传动链的传动路线为

$$电动机 — \frac{\phi 115}{\phi 165} — Ⅰ — \frac{21}{42} — Ⅱ — \begin{bmatrix} \frac{31}{39} \\ \frac{35}{35} \\ \frac{27}{43} \end{bmatrix} — Ⅲ — \frac{A}{B} — Ⅳ — \frac{28}{28} — Ⅴ — \frac{28}{28} — Ⅵ — \frac{28}{28} — Ⅶ — \frac{20}{80} — 滚刀主轴\ Ⅷ$$

传动链的换置计算步骤如下：

Ⅰ.找末端件：电动机 — 滚刀。

Ⅱ.定计算位移：n r/min$_{(电动机)}$—n r/min$_{(滚刀)}$。

Ⅲ.列运动平衡式

$$1\,430\ \text{r/min} \times \frac{115}{165} \times \frac{21}{42} \times i_{变速箱} \times \frac{A}{B} \times \frac{28}{28} \times \frac{28}{28} \times \frac{28}{28} \times \frac{20}{80} = n\ \text{r/min}$$

Ⅳ.计算换置公式

$$i_v = i_{变速箱} \times \frac{A}{B} = \frac{n}{124.583}$$

当给定 n r/min 时,就可以计算出 $i_{变速箱} \times \frac{A}{B}$ 的传动比,并由此决定变速箱中啮合的齿轮副和挂轮的齿数。在机床说明书中通常都提供换置滚刀主轴转速的挂轮表,不必计算。

③ 轴向进给传动链。轴向进给传动链的传动路线为

$$工件台 - \frac{72}{1} - \text{XIII} - \frac{2}{25} - \text{XIV} - \begin{bmatrix} -\frac{39}{39} - \text{XV} - \frac{a_1}{b_1} \\ -\frac{a_1}{b_1}- \end{bmatrix} - \text{XVI} - \frac{23}{69} - \text{XVII} - \begin{bmatrix} \frac{39}{45} \\ \frac{30}{54} \\ \frac{49}{35} \end{bmatrix} -$$

$$\text{XVIII} - \frac{2}{25} - 丝杠\ \text{XXIII}$$

传动链的换置计算步骤为:

Ⅰ.找末端件:工作台 — 刀架。

Ⅱ.定计算位移:1 r —f mm。

Ⅲ.列运动平衡式

$$1\ \text{r} \times \frac{72}{1} \times \frac{2}{25} \times \frac{39}{39} \times \frac{a_1}{b_1} \times \frac{23}{69} \times i_{进给箱} \times \frac{2}{25} \times 3\pi = f\ \text{mm}$$

Ⅳ.计算换置公式。整理上式后得出

$$i_f = \frac{a_1}{b_1} \times i_{进给箱} = \frac{f}{0.460\ 8\pi}$$

进给量 f 的数值应根据齿坯材料、齿面粗糙度和加工精度要求及铣削方式(顺铣或逆铣)等情况来选择。确定了 f 值后,可根据机床上的标牌或说明书来选配挂轮 $\frac{a_1}{b_1}$ 和变换进给箱变速手柄的位置。

(3) 滚切斜齿圆柱齿轮的传动链和换置计算。由前面的讨论已知,在滚齿机上,滚切斜齿圆柱齿轮与滚切直齿圆柱齿轮的惟一差别仅在于导线的形状不同。因此,在滚切斜齿圆柱齿轮时,在刀架直线移动与工件旋转之间需要一条传动链,以形成螺旋线,称为差动传动链。除此之外,其他传动链与滚切直齿圆柱齿轮时相同。

① 范成运动传动链。范成运动传动链与滚切直齿圆柱齿轮时完全相同。但由于滚切斜齿圆柱齿轮时工作台的运动需要合成,合成机构不能锁住。因此轴 Ⅸ 左端(图 4.10)应使用"长齿"的爪式(牙嵌)离合器 M_2。由于 M_2 的端面齿能够同时与合成机构壳体 H 的端面齿及空套在壳体上的齿轮 Z_{72} 的端面齿相啮合,把二者连接在一起,而 M_2 本身则是空套在轴 Ⅸ 上。此时,范成运动从恒星轮传入,从另一恒星轮传出,两恒星轮转速相同,而转向相反,故合成机构的传动比 $i_\Sigma = -1$。因此,范成链的换置式虽不变,但却使滚刀和工件的相对旋转方向直齿圆柱齿轮时相反。为了相同,应在范成链的挂轮架内增加一个惰轮。

② 主运动传动链与轴向进给传动链。与滚切直齿圆柱齿轮时完全相同。

③ 差动传动链。差动传动链是联系螺旋线成形运动所分解的两个部分 —— 刀架直线移动 A_1 和工件附加转动 A_2 之间的传动链。推导差动传动链的换置计算公式步骤如下:

Ⅰ.找末端件:刀架 — 工件。

Ⅱ.定计算位移:T mm—1 r。

Ⅲ.列运动平衡式

$$\frac{T}{3\pi} \times \frac{25}{2} \times \frac{2}{25} \times \frac{a_2}{b_2} \times \frac{c_2}{d_2} \times \frac{36}{72} \times i_\Sigma \times \frac{e}{f} \times i_x \times \frac{1}{72} = 1\ \mathrm{r}$$

式中　T—— 被加工斜齿圆柱齿轮螺旋线导程(图 4.11)，$T = \frac{\pi m_{端} Z_{工}}{\tan \beta}$，$m_{端} = \frac{m_{法}}{\cos \beta}$，因而

$$T = \frac{\pi m_{法} Z_{工}}{\tan \beta \cos \beta} = \frac{\pi m_{法} Z_{工}}{\sin \beta}$$

$m_{端}$ —— 齿轮的端面模数；

$m_{法}$ —— 齿轮的法向模数；

β—— 齿轮的螺旋角；

i_Σ—— 通过“合成机构的传动比”，根据公式计算，这里 $i_\Sigma = 2$。

Ⅳ.计算换置公式。整理上述运动平衡式，得

$$i_y = \frac{a_2}{b_2} \times \frac{c_2}{d_2} = 9\frac{\sin \beta}{m_{法} K}$$

由差动传动链传给工件的附加旋转运动的方向，可能与范成运动中的工件旋转方向相同，也可能相反，安装差动挂轮时，可按说明书的规定使用惰轮。

4.刀架快速移动的传动路线

刀架快速移动主要用于调整机床，以及加工时刀具快速接近工件或快速退出。当加工工件需要采用几次吃刀(分粗、精加工工步)时，在每次加工后，要将滚刀快退回至起始位置。在滚切斜齿圆柱齿轮时，滚刀应按原螺旋线轨迹退出，以避免出现“乱扣”。

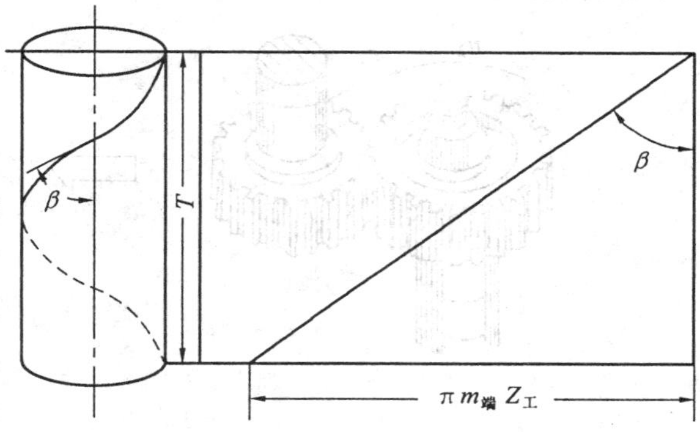

图 4.11　螺旋线的展开

实现刀架快速移动的传动路线可以有两种方案。一是仍用主电动机作动力源，通过快速传动路线和换向机构把已改变转向的快速运动传至滚刀，因而刀架也快速退回。由于机床所有运动同时换向，所以不会出现“乱扣”。但是采用这种方法会使影响机床加工精度最关键的传动副 —— 驱动工作台的蜗杆蜗轮副高速转动，磨损加大。因此，一般不采用这种方法。二是采用快速电动机，把改变转向的快速运动直接传入差动传动链而使刀架快速退出。由于斜齿圆柱齿轮的导程都很大(1 m 以上)，所以在刀架快退时，工件附加转动的转速仍然很低，不会增加蜗杆蜗轮副的磨损。

在接通快速电动机时，应切断主电动机与差动传动链之间的传动。

Y3150E 型滚齿机的快速移动传动路线为

$$快速电动机 — \frac{13}{26} — \frac{2}{25}\ 刀架轴向进给丝杠\ \mathrm{XXIII}$$

当刀架快速退回时，主电动机开动或不开动都毫无关系。因为快速电动机与主电动机是分别属于两个不同的独立运动。

4.2 插齿机和磨齿机

4.2.1 插齿机

插齿机的用途是加工内、外啮合的圆柱齿轮的轮齿齿面，尤其适合于加工内齿轮和多联齿轮。

1. 插齿原理

插齿机床的加工原理类似一对圆柱齿轮相啮合，其中一个是工件，另一个是“特别的”齿轮（刀具），它的模数和压力角与被加工齿轮相同。

2. 运动分析

图 4.12 表示插齿原理和加工时所需的成形运动。其中插齿所需要的范成运动分解为刀具旋转 n_1 和工件旋转 n_2，以形成渐开线齿廓。插齿刀上下往复运动 A 是一个简单的成形运动，以形成轮齿齿面的导线 — 直线（加工直齿圆柱齿轮时）。当需要插削斜齿轮时，插刀主轴是在一个专用的螺旋导轨上移动，这样，在上下往复移动时，由于导轨的作用，插齿刀还有一个附加转动。

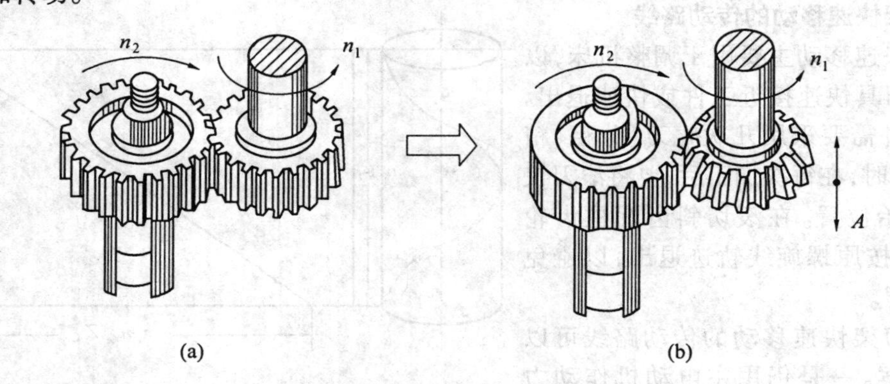

图 4.12 插齿原理

插齿时，工件和刀具以范成运动的相对运动关系对滚，插齿刀相对于工件作径向切入运动，直到全齿深时切入停止。工件和插齿刀继续对滚，直到工件再转过一圈后，全部轮齿就切削出来。然后，插齿刀与工件分开，机床停机。有时，为了得到精度较高的插削齿轮，径向切入进给可分为两次或三次。在每次进给后，工件和插齿刀还需要对滚一圈。

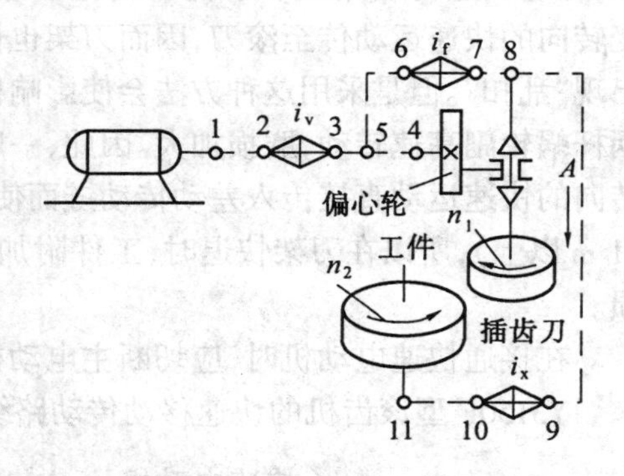

图 4.13 插齿机床传动原理图

由于插齿刀在往复运动的回程时不切削，为了减少刀刃的磨损，机床上还需要有让刀运动，使回程时刀具在径向退出离开工件。

3. 传动原理图

用插齿刀插削直齿圆柱齿轮时机床的传动原理图如图 4.13 所示。在传动原理图中，仅表明其成形运动。切入运动和让刀运动并不影响工件的表面成形，所以在传动原理图中没有表示出来。

如图 4.13 所示，点 8 ~ 11 之间的传动链是范成运动传动链；点 4 ~ 8 之间的传动链是圆周进给传动链，点 1 ~ 4 之间的传动链是主运动传动链。

4.2.2　磨齿机

磨齿机床常用来对齿面淬硬的齿轮进行齿廓的精加工，但也有用来直接在齿坯上磨出轮齿的。由于磨齿能纠正齿轮预加工的各项误差，因而加工精度较高。磨齿后，精度一般可达 6 级以上。有的磨齿机可磨 3、4 级齿轮。

磨齿机床通常分为成形砂轮法磨齿和展成法磨齿两大类。成形法磨齿机床应用较少，多数类型的磨齿机床均以展成法磨齿。

1. 成形法磨齿原理及运动

图 4.14(a) 是磨削内啮合齿轮用的砂轮截面形状，图 4.14(b) 是磨削外啮合齿轮用的砂轮截面形状。磨齿时，砂轮高速旋转并沿工件轴线方向作往复运动。一个齿磨完后，分度一次，再磨第二个齿。砂轮对工件的切入进给运动，由安装工件的工作台径向进给运动得到。机床的运动比较简单。

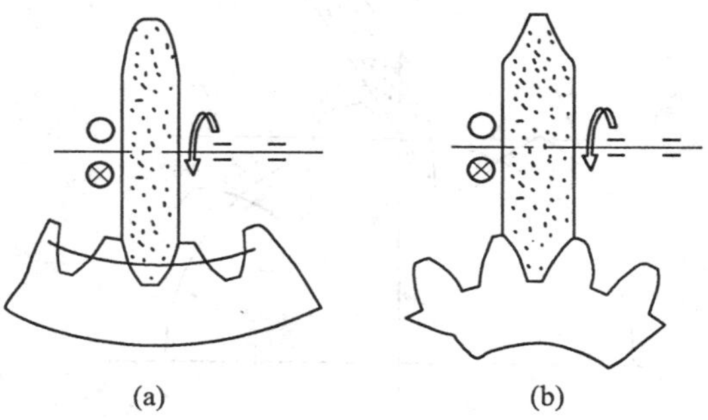

(a)　　(b)

图 4.14　成形砂轮磨齿机的工作原理

2. 展成法磨齿原理及运动

用展成法原理工作的磨齿机，根据工作方法不同，可分为连续磨削和单齿分度磨削两大类，如图 4.15 所示，现分别介绍如下：

(1) 连续磨削。磨齿机是利用蜗杆形砂轮来磨削齿轮轮齿的，因此称为蜗杆砂轮型磨齿机。如图 4.15(a) 所示，它的工作原理和加工过程与滚齿机相似。蜗杆形砂轮相当于滚刀，加工时齿轮与工件作范成运动，磨出渐开线。磨削直齿圆柱齿轮的轴向齿线一般由工件沿其轴向作直线往复运动。因为这种机床是连续磨削，故在各类磨齿机中的生产率最高。这种机床的缺点是，砂轮修整成蜗杆较困难，且不易得到很高的精度。

(2) 单齿分度磨削。这类磨齿机根据砂轮的形状又可分为碟形砂轮型、大平面砂轮型和锥砂轮型三种(图 4.15(b)、(c)、(d))。它们的基本工作原理相同，都是利用齿条和齿轮的啮合原理来磨削齿轮的。用砂轮代替齿条的一个齿(图(d))、一齿面(图(c)) 或两个齿面(图(b))，因此砂轮的磨削面是直线。加工时，被磨齿轮在想像中的齿条上滚动，每往复滚动一次，完成一个或两个齿面的磨削，因此需要经过多次分度和加工，才能完成全部轮齿齿面的加工。

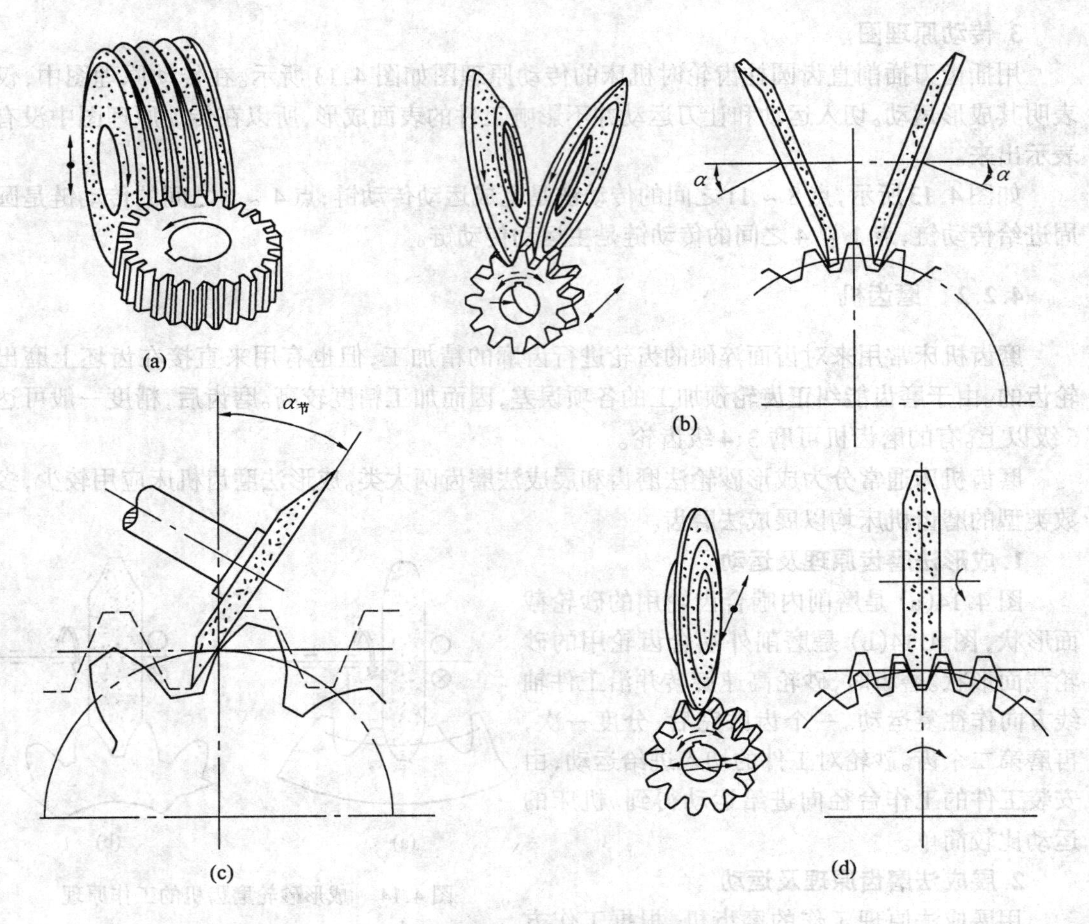

图 4.15　展成法磨齿机的工作原理

习题与思考题

1. 已知滚刀的头数为 K，右旋，螺旋升角为 ω；被加工的直齿圆柱齿轮的齿数为 $Z_{工}$；滚刀的轴向进给量为 f mm/r。请回答下列问题：

(1) 滚刀的轴心线位置为什么要调整到与水平线相差一个角度？角度应多大？

(2) 若滚刀轴向进给为 A mm 时，工件与滚刀各转了多少转？

2. 当用头数为 K、右旋、螺旋升角为 ω 的滚刀去滚切齿数为 $Z_{工}$、螺旋线导程为 T mm 的右旋斜齿圆柱齿轮时，若刀具轴向移动距离和工件转过的转数如下表所示，问滚刀转过多少转？

刀具移动距离	工件转过转数	刀具转过转数
$s/(\mathrm{mm}\cdot\mathrm{r}^{-1})$	1	
T/mm	$\frac{T}{S}$	

3. 在有差动机构的滚齿机上，滚切一对相互啮合、齿数不同的斜齿圆柱齿轮时，为什么可以使用同一套差动挂轮？

4. 在下列改变某一条件的情况下（其他条件不改变），滚齿机上哪些传动链的换向机构应变向：

(1) 由滚切右旋斜齿轮改变为滚切左旋斜齿轮。

(2) 由逆铣滚齿改为顺铣滚齿。

(3) 由使用右旋滚刀改变为左旋滚刀。

5. 在滚切斜齿圆柱齿轮时，会不会由于附加运动通过合成机构加到工件上而使工件和滚刀架的运动越来越快或越来越慢？为什么？

6. 简述磨齿机的用途；试比较成形法磨齿与展成法磨齿的优缺点。

第五章　数 控 机 床

5.1　概　　述

数字控制机床简称数控机床。数控机床自20世纪50年代初期问世以来,特别是随着微处理器等计算机技术的发展以及在数控机床领域内的应用,数控机床的应用取得了很大进展,已从普通数控机床(NC)经计算机数控机床(CNC)阶段发展到微处理器数控机床(MNC)的阶段。

在机械制造领域中,随着市场经济的激烈竞争,产品生产周期明显缩短、改型频繁,具有灵活、高效等特点的CNC或MNC机床将越来越显示出它的优势,同时,数控机床也将成为未来制造业的主要工作母机。

5.1.1　数控机床的发展

早在20世纪40年代,由于航空工业的发展,对各种飞行器的加工提出了更高的要求,同时,由于航空飞行器的零件大多形状复杂且材料多为难加工的合金材料,所以,传统的机床不仅难以保证精度要求,而且生产效率也很低。在这种情况下,1948年位于美国北密执安的帕尔森兹公司在研制加工直升机叶片轮廓检查用样板的机床时,提出了数控机床的初始设想,然后受美国空军的委托与麻省理工学院合作,于1952年研制成功了世界上第一台三坐标数控立式铣床。随后,经过技术上的改进和自动编程的开发,到1955年,数控机床进入了实用阶段。这时数控机床的控制系统是采用电子管制造的,是数控机床的第一代产品。

1959年3月,克耐·杜列公司采用了新出现的晶体管和印刷电路板等技术,发明了带有自动换刀装置的数控机床,称为加工中心。这使数控机床进入了第二代——晶体管数控机床。

1965年,小规模集成电路的研制成功,使数控机床进入了第三代——集成电路式数控机床。由于集成电路具有体积小、功耗低、可靠性高等特点,使第三代数控机床的可靠性大大提高。

1970年,随着计算机技术的飞速发展,世界上出现了第一台由小型计算机数控系统代替传统硬件电路搭制的数控系统而生产的计算机数控机床(CNC)。计算机数控机床比传统的数控机床具有无法比拟的灵活性,而且,借助计算机本身的技术,使数控机床的性能得以极大的提高。此时的数控机床为第四代产品,简称为CNC机床。

随着微处理器的产生,于1975年前后以微处理器为核心的数控系统研制成功。这种系统就是目前世界上所使用的数控系统的雏形。二者的原理一样,只是数控系统的性能更优良。以微处理器为核心的数控系统为第五代产品,简称MNC机床。

但习惯上,将CNC机床和MNC机床统称为CNC机床。目前,国外的数控系统均为MNC系统。

数控机床的普及和发展是随数控技术的发展而日新月异。20 世纪 50 年代,由于价格和技术上的原因,数控机床的应用仅仅局限在航空工业和军事工业中。但到了 70 年代中期,计算机数控系统的出现,由于采用集成电路等新技术,不仅使 CNC 机床的可靠性提高,而且价格下降。因此,数控机床的应用范围逐步扩大到汽车、机床、造船等机械制造业。到了 80 年代,在西欧、日本、美国等一些机床厂,其机床数控化率已达到 20%～60%。现在,世界很多发达国家都已在生产上广泛应用数控机床。一个国家数控机床的生产量和应用程度,已成为衡量一个国家工业化程度和技术水平高低的重要标志之一。

我国于 1958 年开始数控机床的研制与开发。从 50 年代末到 60 年代中期,我国一些高等院校、科研单位从电子管技术入手开始了数控技术的研究工作。

1965 年,国内开始研制晶体管数控装置。1968 年研制成功 CJK－18 晶体管数控系统和 X53K－1G 立式数控铣床。到 70 年代初,非圆齿轮数控插齿机投入生产使用。同时,数控技术在车、铣、钻、镗、磨、齿轮加工及线切割电加工等领域全面展开,数控加工中心也在上海和北京相继研制成功。1976 年 5 月,在第一机械工业部举办的“仪器、仪表、自动化装置展览会”上,展出各类数控机床 34 种 40 台次,这标志着我国的数控技术开始进入实用阶段。

在这一时期,由于国产电子元器件的质量和制造工艺低下,数控装置的稳定性、可靠性很难得到保证,兼之生产成本居高不下,因此未能深入推广。但是结构简单、使用方便、成本低廉的数控线切割机床,尤其在模具加工中得到广泛应用。据有关统计资料介绍,70 年代我国生产的数控机床约 4 000 台,其中数控线切割机床占 80%以上。

80 年代初,随着改革开放的不断深入,我国开始从德国、日本、美国等国家部分引进数控装置和直流伺服、直流主轴电机技术,生产出稳定性良好、可靠性较高、功能齐全的数控装置,使我国的数控机床在质量和性能上得到稳定提高,并从 1981 年开始实现数控机床的批量生产。到 80 年代中期,我国的数控机床已经取得了更大的发展,品种不断增多,规格更趋齐全。除各类数控线切割机床以外,还有各种规格的数控车床、数控铣床、数控钻镗床、数控磨床以及加工中心等。许多技术复杂的大型和重型数控机床也相继研制成功。如 4 m 数控立式车床、160 mm 数控落地镗铣床、40 t 数控回转冲模压力机等等。

1985 年以后,我国的数控技术在引进、消化国外技术的基础上,进行了大量的开发性研究。为跟踪国外数控技术的发展,北京机床研究所在加工中心的基础之上增设了自动交换工作台(APC),研制出柔性制造单元 JCS－FMC－1.2 和柔性制造系统。五轴联动的控制系统、分辨率为 0.02 μm 的高精度车床数控系统及数字仿形数控系统等一些较高档次的数控系统也相继研制成功,并制造出试验性样机。

到 1989 年底,我国数控机床的发展经过 30 年的艰苦努力,取得了可喜的成就。数控机床的生产已经初步形成以中、低档数控车床为主的产业体系,并逐渐实现部分产品的批量生产。到 90 年代初,我国数控机床的可供品种达到 300 多种,其中数控车床占 40%,各类加工中心占 27%,其他品种分别为重型机床、铣镗床、磨床、拉床、电加工和齿轮加工机床等。进入 90 年代,我国数控机床逐渐向高档次数控机床发展,并开始取得一定的成就。

由于数控机床是综合计算机技术、电子技术和自动控制技术等多项技术的高科技产品。因此,从不同的角度给数控机床的定义就不可能相同。如:数控机床是采用计算机利用数字进行控制的高效能自动化加工机床;数字控制是近代发展起来的一种自动控制技术,是用数字化的信息实现机床控制的一种方法;数字控制机床是采用了数字控制技术的机床,简称数控机床。国际信息处理联盟(IFIP)第五技术委员会对数控机床作了如下定义:数控机床是一个装有程序控制系统的机床,该系统能够逻辑地处理具有使用号码或其他符号编码指令规定的程序。定义中的程序控制系统是指数控系统。当然还有许多定义,在此不作介绍。我们认为数控机床这样定义较为适合,即数控机床是将机械加工过程中所需的各种操作(如主轴变速、松开或夹紧工件等)和步骤以及刀具与工件之间的相对位移量等各种信息用数字化的代码来表示,通过控制介质将其输入数控系统,经过该系统对这些代码进行运算和处理后,发出各种指令来控制机床加工工作的机床。

5.1.2　数控机床的工作原理

金属切削机床对工件的加工,是操作者根据工件零件图的数据和要求,不断改变刀具与工件之间的运动参数,以得到所需的合格零件的切削加工。数控机床对工件的加工是将被加工零件图上的几何信息(形状、尺寸等)和工艺信息数字化,按统一的规定代码和格式编制加工程序(信息数字化就是把刀具与工件的运动坐标分割成一些最小单位量,即最小位移量),再由数控系统按照零件程序的要求,经信息处理和分配,使坐标移动若干最小位移量,实现刀具与工件的相对运动,以完成零件的加工。

在钻孔、攻丝等孔加工工序中,设两孔中心分别为点 M、N,如图 5.1 所示。刀具从点 M 移动到点 N 时,实际是刀具在 $x-y$ 坐标系内分别沿 x、y 坐标移动许多最小移动量,它们的合成量即为点 M 到点 N 的刀具路径。但是,因在孔加工时,对刀具经何种路径移动并不要求,它只要求保证两孔之间的相对尺寸精度即可。所以,从理论上讲,刀具从点 M 到点 N 的运动轨迹有许多,这种只要求起始点与终点之间的位置精度,而对刀具的移动轨迹不严格限制的控制方式称为点位控制。此外,不仅要控制起始点、终点的位置精度,同时,又严格控制刀具移动的轨迹,这种控制方式称为连续控制或轮廓控制。

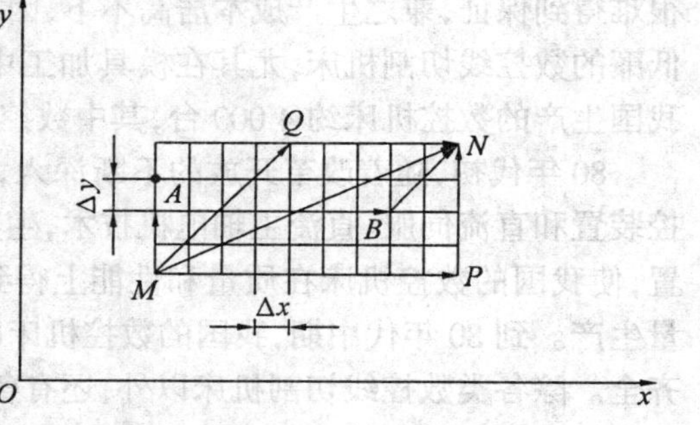

图 5.1　点位加工刀具定位轨迹示意图

在轮廓加工时(图 5.2),要求刀具 T 沿曲线轨迹 l 运动,进行切削加工。这时可以将曲线 l 分割为 $\Delta l_0,\Delta l_1,\Delta l_2,\cdots,\Delta l_i$ 等渐近线性直线段,用直线(或圆弧段)来代替(或逼近)实际曲线,当逼近误差 δ 在理论要求范围之内时,数控系统就可以通过各坐标的运动合成方法,实现对刀具运动控制和加工过程。

设切削 Δl_i 线段的时间量为 Δt_i,令 $\Delta t_i \to 0$,则折线段之和接近曲线,有

$$\lim_{\Delta t_i \to 0} \sum_{i=0}^{\infty} \Delta l_i = l$$

在 Δt_i 时间内,x、y 坐标的方向位移量分别为 Δx_i、Δy_i,则

$$\Delta l_i = \sqrt{\Delta x_i^2 + \Delta y_i^2}$$

根据运动学定义($v = \dfrac{\mathrm{d}l}{\mathrm{d}t}$),则进给速度为

$$v_i = \frac{\Delta l_i}{\Delta t_i} = \sqrt{\left(\frac{\Delta x_i}{\Delta t_i}\right)^2 + \left(\frac{\Delta y_i}{\Delta t_i}\right)^2} = \sqrt{\Delta v_{xi}^2 + \Delta v_{yi}^2}$$

工作曲线 Δl_i 的斜率是不断变化的，因此进给速度在 x、y 方向的分量 Δv_{xi} 与 Δv_{yi} 之间的比值 $\Delta v_{xi}/\Delta v_{yi}$ 亦随之变化，只要能连续地自动控制 x、y 坐标上的运动速度比值，就可以实现曲线轮廓的数控加工。这种在允许误差范围内，以沿逼近函数的最小单位移动量合成的分段运动代替曲线运动而获得所需要的加工过程，是数控技术的基本构思之一。由上述可知，轮廓控制需要对坐标的移动量、各坐标的运动速度及它们之间的比值同时进行控制。

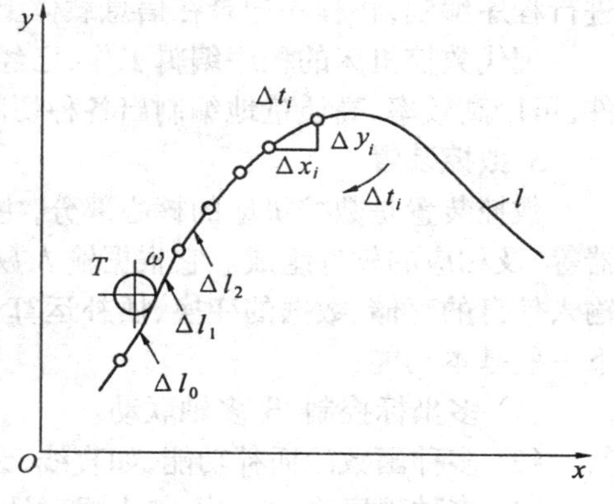

图 5.2 连续加工刀具轨迹合成示意图

在进行曲线加工时，可以用给定的数学函数来模拟曲线上分割出来的线段 Δl_i，如用直线、圆弧或高次曲线等。如果用各种线型来模拟(逼近)被加工曲线的话，就需要确定各个微线段 Δl_i(图 5.2)的起始点、终点(这些点称之为节点)，而确定这些节点的方法就叫插补，用直线来模拟被加工零件的轮廓曲线称为直线插补；用圆弧者称为圆弧插补。余者类推。

5.1.3 数控机床的组成

数控机床一般包括机床主机、控制介质、数控装置、伺服驱动装置、测量反馈装置和辅助装置等部分，如图 5.3 所示。

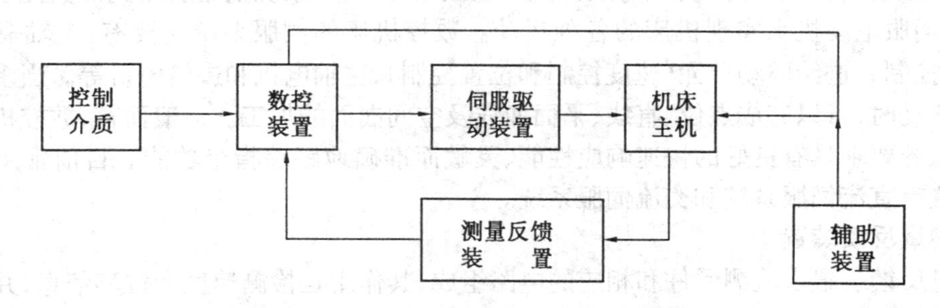

图 5.3 数据机床的组成框图

1.机床主机

机床主机是数控机床的主体，是机床完成各种切削加工的机械执行机构。它包括床身、主轴、进给系统、减速机构等机械部件。根据不同的加工工艺要求，有车、铣、钻、镗、磨等许多类型。

2.控制介质

控制介质是存储数控加工所需的全部机床运动和刀具相对于工件位置信息的载体，它记录着零件的加工程序和指令。常用的控制介质有穿孔带、穿孔卡片、磁带和磁盘等。对于数控机床发展初期所使用的 8 单位穿孔纸带，规定了标准信息代码 ISO(国际标准化组织制定)和 EIA(美国电子工业协会制定)的两种代码标准，它是数控程序编制、制备控制介质所必须遵守的标准。

现代数控机床可以利用 CNC 装置直接从键盘输入程序,也可以利用自动编程机在机外进行程序编制,将程序记录在信息载体上,然后输入数控装置。

现代数控机床的程序编辑工作,已经实现了计算机自动编制程序。使用专用的编辑软件,可以高效率、高质量地编制出各种切削加工所需的零件程序。

3.数控装置

数控装置是数控机床的核心部分,主要由硬件(控制系统、键盘、纸带阅读机、CRT 显示器等)及相应的软件组成。它根据输入数字化的零件加工程序(零件加工的全部信息),完成输入信息的存储、数据的变换、插补运算以及各种控制功能。数控机床的 CNC 装置都有如下一些基本功能:

(1) 多坐标控制,即多轴联动。

(2) 多种函数的插补功能,如直线、圆弧、抛物线及其他高次曲线。

(3) 多种程序输入功能,如人机对话等方式及对程序的编辑和修改功能。

(4) 多种补偿功能,包括刀具半径补偿、刀具长度补偿、传动间隙补偿、导程误差补偿等。

(5) 各种信息的转换功能,如 EIA/ISO 代码转换、英制/公制转换、绝对值/增量值转换、坐标转换,以及计数制(二进位/十进位制)转换等。

(6) 显示功能,使用 CRT 可以实现字符、轨迹、平面图形以及动态三维图形的显示。

(7) 故障自诊断报警功能。

(8) 通信和联网功能等。

4.伺服驱动装置

伺服驱动装置又称为伺服系统或伺服驱动系统。伺服系统根据所收到的数控装置的指令,驱动伺服电动机来实现机床的各种运动。数控机床的伺服系统主要有:主轴驱动单元(如速度控制)、进给驱动单元(速度控制和位置控制)、主轴电机和进给电机等。当多个进给轴实现联动时,可以完成点位、直线、平面曲线及空间曲面的加工。一般而言,数控机床的伺服驱动系统要求具有良好的快速响应性能、灵敏而准确地跟踪指令功能。目前常用的伺服驱动装置有直流伺服系统和交流伺服系统。

5.测量反馈装置

测量反馈装置由检测元件和相应的电路组成,其作用是检测速度和位移信息,并反馈给数控装置,构成闭环或半闭环控制(没有测量反馈装置的系统称为开环控制系统)。数控机床中常用的测量元件有感应同步器、旋转变压器、脉冲编码器、光栅和磁尺等。

6.辅助装置

辅助装置指为保障数控机床正常功能所必须的配套部件。如冷却、排屑、防护、润滑、照明等一系列装置。辅助装置对充分发挥数控机床本身的功能有重要影响,因此是数控机床研究与开发中的重要组成部分,受到高度重视,发展极为迅速。

此外,一台完备的数控机床还包括其他一些附属设备,如交换工作台、数控转台、数控分度头和对刀仪等。

5.1.4 数控机床的分类

数控机床的种类很多,几乎各种典型的机床都有成功的数控产品。为了了解、研究数控机床,需要从不同的角度、按照不同的分类标准来进行分类。

1.按数控装置类型分类

(1) 硬件式数控机床(即早期NC机床)。该类机床的控制系统是用专门设计的各种逻辑电路构成的。信息输入、数据运算、插补等所有的控制所需的功能均由晶体管或集成电路所构成的专用电路来完成。如果需要改变某项功能,则需要将完成这项功能的电路取出,重新设计新的电路板。所以,这类数控机床的通用性很差,可靠性不高。目前,这种机床几乎不再使用了。

(2) 计算机数控机床(即CNC或MNC机床)。随着微电子技术的发展,大规模和超大规模集成电路制造技术的出现,使得计算机制造技术得以飞速发展,从而使计算机、微处理器得到广泛应用。目前,数控系统一般均以计算机、微处理器为核心研制成的,这样,就可以借助计算机、微处理器的强大功能,提高系统的性能,完善其所具有的功能,使CNC机床能够更好地满足用户的需要。

2.按机床运动方式分类

以运动方式为标准,对数控机床分类如下:

(1) 点位加工(控制)数控机床。这种数控机床的运动特点是满足或保证机床的刀具从一个位置到另一个位置的精度而不对刀具移动轨迹进行控制。即只保证起始点与终点之间的相对位置,而在刀具移动过程中不控制其移动轨迹。如钻床,只在起始点和终点位置上进行加工,而在两孔之间移动时不加工,所以,数控钻床就属于这一种。

(2) 轮廓控制(连续控制)数控机床。与点位控制数控机床相比,连续控制数控机床不仅要控制机床移动的起始点、终点之间的位置精度,同时,还要控制刀具移动的轨迹精度,以便在刀具移动过程中进行切削,形成工件的轮廓形状。因此,要求数控机床能够控制每个坐标的运动状态,包括运动速度、各坐标方向上速度的比例关系,通过对两个或两个以上坐标进行连续的联动控制,使运动轨迹满足所需要的直线、曲线和曲面等,除一些简易数控机床外,一般的数控仿形车床、铣床,齿轮加工机床和加工中心都具有不同复杂程度的连续控制功能。

3.按联动轴数分类

现代数控机床一般都具有两坐标或两坐标以上联动的功能,按照可联动(同时控制)的相对独立的轴数,可以有2轴控制、2.5轴控制、3轴控制、4轴控制、5轴控制等。其中2.5轴控制指两个轴连续控制,可以实现空间坐标系中的两维控制;3轴控制对坐标系内三轴同时插补,能实现三维连续控制;对于5轴连续控制,由于其刀具工作点可以按数学规律导向,使之垂直于任何两次曲线平面,因此特别适用于螺旋桨片、机翼、叶片等特殊曲面的加工。多轴连续控制一般都有刀具半径补偿、刀具磨损补偿、机床轴向运动误差补偿、齿轮间隙误差补偿等一系列补偿功能,对位移和速度进行严格的连续性控制,因此可以获得较高的加工精度。

4.按执行机构的伺服系统类型分类

(1) 开环伺服系统数控机床。这类机床最典型的控制系统是步进电机伺服系统。机床的数控系统将零件的信息处理后,单向输出指令信号给伺服系统,驱动机床运动。由于没有检测反馈功能,其精度主要决定于驱动元器件和电动机的性能,速度和精度都难以提高,但稳定性较好，调试和维修方便，作为一种经济型数控机床，常用于中小型机床或对旧机床的改造中。

(2) 闭环伺服系统数控机床。机床接受数控装置中插补器发出的指令信号，同时接收机床执行件末端检测的适时位置反馈信号，比较器对二者进行比较，并根据其差值进行误差修正和运动控制(图 5.4)。闭环控制数控机床可以消除机床系统误差，从而获得很高的加工精度，主要适用于一些精度要求很高的铣镗床、超精车床、超精铣床和超精磨床等。

(3) 半闭环伺服系统数控机床。闭环伺服系统的数控机床一般都具有较多的机械传动环节，包括丝杠螺母副、工作台与导轨运动副以及安装位移测量元件的传动链等。由于它的运动摩擦特性，各部件的刚性及安装间隙都是可变的非线性参数，它们在反馈环路中直接影响伺服系统的调节参数，因此给闭环控制的设计和调整带来较大的难度。如果设计和调整得不好，很容易形成系统的不稳定因素，从而影响机床的工作性能。因此，许多数控机床都采用半闭环伺服系统。该系统是将测量元件从执行件如工作台移到电机或丝杠端头。图 5.4 中虚线所示为将测量元件移到电动机的情况。在环路中采取措施消除丝杠螺母副及工作台等机械传动环节的间隙和误差，可获得稳定的控制特性。如果采用高分辨率的测量元件，也能达到相当满意的速度和精度要求。

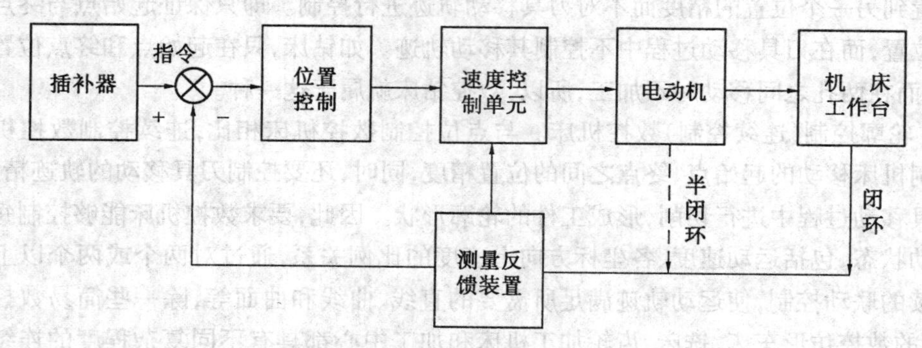

图 5.4 闭环和半闭环数控系统框图

5.按加工工艺和方式分类

(1) 金属切削类数控机床。该类机床包括数控车床、数控铣床、数控钻床、数控镗床、数控磨床及加工中心等。其中数控加工中心机床具有自动换刀功能，一次装卡，可以完成多种工序的加工。

(2) 金属成型类数控机床。该类机床包括数控折弯机床、数控弯管机床、数控剪板机床等。

(3) 特种加工类数控机床。该类机床包括数控线切割机床、数控电火花加工机床、数控激光切割机床等。

(4) 其他类型数控机床。主要有数控火焰切割机、数控三坐标测量机等。

综合上述几种分类方法，将数控机床归纳成一张表来表示。如表 5.1 中的“+”表示该种机床具有某种部件或功能；表中的“-”号表示该种机床不具有某种部件或功能。

表 5.1 数控机床分类表

机床种类	控制系统类型			伺服系统类型			加工对象
	点位	直线	轮廓	开环	半闭环	闭环	
数控车床	+	+	−	+	+	−	无锥度、圆弧轴
	−	−	+	+	+	+	有锥度、圆弧轴
数控铣床	+	+	−	+	+	−	箱体
	−	−	+	+	+	+	平面样板、冲压铸模
加工中心机床	+	+	−	+	+	−	减速箱,框架
	−	−	+	+	+	+	机翼、叶片
数控钻床	+	−	−	+	+	−	多孔零件,电路基板
数控镗床	+	+	−	+	+	−	箱体
				−	−	+	精密箱体
数控磨床	−	−	+	−	+	+	凸轮零件、平面等
数控电加工机床	−	−	+	+	+	−	模具
数控金属成型机床	+	+	+	+	+	−	冲压、板材、弯折

5.1.5 数控机床的发展趋势和要求

随着科学技术的发展、制造技术的进步、社会对产品质量和品种多样化要求的日益提高,以及产品中小批量生产比重的明显增加,要求现代数控机床具有高效率、高质量、高柔性和低成本,以适应市场的需要。同时,为满足机械制造业快速发展的需要,为柔性制造单元(FMC)、柔性制造系统(FMS)以及为计算机集成制造系统(CIMS)提供所必需的基础装置,对现代数控机床提出了应具有更高的速度、精度、稳定性、可靠性以及更完善的性能要求。

数控机床的性能指标主要取决于数控装置(系统)、机床主机、伺服驱动系统、程序编制及检测装置等的功能适应性。

1.数控装置(系统)

数控装置是数控技术发展中的关键因素和数控机床的重要组成部分。随着微电子技术、超大规模集成电路制造技术和计算机技术的发展,微型计算机数控系统已经占据绝对优势。其发展主要体现在如下几个方面:

(1) 为了适应现代制造领域的高速、高精度的需要,数控系统中的微处理器由 8 位机发展到 16 位机、32 位机,这样就大大地提高了计算精度和信息处理的准确性;同时由于微处理器的工作频率由 5 MHz 提高到了 16 MHz,甚至以上,为了进一步提高计算处理速度,有的计算机数控系统采用精简指令集式的微处理器为主的 CPU(如 FANUC – 16 系统),从而使得系统的信息处理速度和计算速度更高。

(2) 由于数控系统采用了大规模和超大规模专用和通用集成电路及多个微处理器,同时采用新的安装工艺——表面安装工艺,实现了高密度安装,提高了系统的集成度。在元件的选取上,采用严格筛选方式以保证元件质量;在制造过程中采用质量保证体系,以提高系统的可靠性。目前，数控系统平均无故障时间达到 10 000 ~ 36 000 h。在设计思想上，采用模块化设计方法利用多微处理器及集成电路设计多种功能模块，实现结构模块化，从而能够根据数控机床的种类、工作性能及用户要求迅速生产出令用户满意的高质量产品。

(3) 目前数控系统不仅具有 RS－232 串行通信接口，还增加 RS－422 高速远距离串行接口等，从而大大提高数控机床的通信能力，使用户可以方便地实现数控机床间的通信和上级机床与数控机床之间的通信。为以后用户设计和建造柔性制造单元、柔性制造系统、计算机集成制造系统打下坚实的基础。

(4) 良好的操作性能。一般数控机床的数控系统都具有良好的人机界面。采用薄膜软按钮操作面板和 TET(薄膜晶体管)彩色液晶显示器，改进了操作方法，减少了操作面板上的按钮数目和指示灯数，使得界面简洁清晰，一目了然。采用 CRT 屏幕彩色显示技术，并大量采用菜单选择操作方式(FANUC－16 甚至设置了 Help 提示功能)，使操作更方便、更可靠。

2. 机床主机

数控机床的机械结构由初期对普通机床的局部改造，逐步发展到形成数控机床的独特性能的机械结构。由于增加了功能，提高了性能，因此对数控机床机械结构提出了诸如自动化、大功率、高精度、高速度、高可靠性以及工艺复合化和功能集成化等基本性能要求。数控机床机械结构的主要特点和要求体现在如下几点：

(1) 降低机床热变形的影响。机床的热特性是影响加工精度的重要因素之一。为保证数控机床高速度、高精度的加工要求，机械本体布局和结构设计方案应特别注意提高其热特性。如采用热对称结构，采用倾斜床身、平床身和斜滑板结构以及采用相应的热平衡措施。同时，对切削部位实行强制冷却，控制温升，并进行热位移补偿修正等。

(2) 简化传动系统。数控机床的主轴驱动系统和进给驱动系统采取交、直流主轴电机和伺服电机驱动，均可实现无级调速，其传动系统大为简化。箱体结构简单，齿轮、轴承和轴类零件数量大量减少。

(3) 高传动效率和无间隙的传动装置和元件。数控机床在高速运动中要求平稳的高速进给、较高的重复定位精度。因此，对进给系统中的机械传动装置和元件要求具有高寿命、高刚度、高灵敏度、低摩擦和无间隙等特性。

(4) 低摩擦系数的导轨。机床导轨是机床工作部件之一，它的质量和性能是决定机床的加工精度和使用寿命的重要因素之一。对数控机床的导轨要求具有较高的动、静刚度，良好的抗振性能，较高的灵敏度，在重载荷下长期连续工作时，耐磨性要高、精度保持性要好等。目前，数控机床广泛采用摩擦特性好、耐磨性好、减振性好、工艺性好的贴塑滑动导轨，导轨塑料一般有聚四氟乙烯导轨软带和环氧型耐磨导轨涂层两大类。采用具有低摩擦系数、高灵敏度、高定位精度和良好精度保持性的滚动导轨(常用的有滚动导轨块和直线滚动导轨两种)以及采用摩擦系数极小(约为 0.000 5)的静压导轨。静压导轨由于导轨面间是液体摩擦，导轨几乎不会磨损，因此具有精度保持性好、寿命长、功率消耗小、运动平稳等许多优良性能。但由于其制造工艺复杂，成本较高，故主要应用于大型、重型数控机床。

3. 伺服驱动系统

伺服驱动系统是数控装置与机床的联系环节，是数控系统的主要组成部分。伺服驱动系统的性能很大程度地决定着数控机床的性能。其动态和静态特性直接影响到数控机床的位移速度、定位精度和加工精度等性能指标。研究与开发高性能的伺服驱动系统一直是现代数控机床的关键技术之一。数控机床对伺服驱动系统的基本要求包括精度高、响应快、稳定性好、调速范围宽以及低速大扭矩输出等。由于交流数字伺服系统的广泛应用，伺服电机的位置、速度和电流环都实现了数字化。发展和采用现代新型控制理论，实现了伺服系统高速响应时对机械负荷变动影响的有效消除，解决了高速度与高精度之间的矛盾。

4.数控编程

数控机床的零件程序编制是实现数控加工的基本而重要的环节之一。

(1) 传统的编辑都是脱机进行的。它是通过手工、电子计算机或专用编程机完成的程序，需要利用数据载体(如穿孔纸带、磁带)输入到数控装置。现代的数控机床利用 CNC 的强存储和高运算能力，把众多自动编程机所具有的功能植入数控系统。零件的程序编制能够在数控系统上在线进行，实现了人机对话功能。通过手动操作界面与彩色显示器的配合，可以实现程序的输入、编辑、修改、删除，使数控系统具有了前台操作、后台编辑的前后台功能。

(2) 在新型 CNC 数控系统中装入小型工艺数据库，可以同时处理几何信息和工艺信息。在程序编制过程中，根据机床性能、工件材料和零件加工要求等具体情况，自动选择最佳刀具及切削用量。

(3) 具有特殊工艺方法和组合工艺方法的程序编制功能。除圆弧切削、固定循环以外，还具有宏程序的设计功能、会话式编程、蓝图编程以及实物编程等功能。

5.2 JCS－018 型立式铣镗加工中心

5.2.1 概述

JCS－018 型立式加工中心(它的另一个型号是 TH5632)是一种装备了刀库并能自动换刀对工件进行多工序加工的数控立式铣镗床。它的数控装置(系统)采用了日本富士通公司研制的并与北京数控设备厂联合推出的 FANUC－BESK－7 CM 系统，简称 7 CM 系统。为了适应加工中心一次装夹、多工序加工的特点，该机床配备了刀具系统(包括刀库、换刀机械手及各种类型和不同规格的刀具)，所以，这种机床可以进行铣、镗、钻、锪、铰和攻丝等多工序集中加工，适用于小型板类、盘类、模具类和壳体类等复杂工件的加工。基于上述特点，在多品种、中小批量生产的条件下，这种机床可以节省大量工艺装备，缩短生产周期，确保加工质量，提高生产效率。

1.机床布局及各部件的作用

自 1958 年第一台加工中心研制成功以来，出现各种各样的加工中心。虽然它们的外形各异，但从结构上看，它们均由基础部件、主轴部件、控制系统、自动换刀系统(刀具系统)及辅助系统等主要部分构成。支承部件一般包括床身、立柱、工作台和主轴箱等。它的作用是承受加工中心的静载荷及加工时的切削负载。主轴部件的作用是通过安装在主轴端部的刀具输出切削功率，因此，主轴部件的质量对加工中心的性能有直接的影响。加工中心的控制系统由 CNC 数控系统、伺服驱动单元及电源、电动机等组成。控制系统的作用是完成加工中心在切削过程中对各种运动的控制及驱动。辅助系统包括润滑、冷却、排屑、防护、液压等部分，该系统不直接参与加工动作，但可对加工中心的加工效率、加工精度和可靠性起到保障作用。

JCS－018 型立式加工中心的外观如图 5.5 所示。

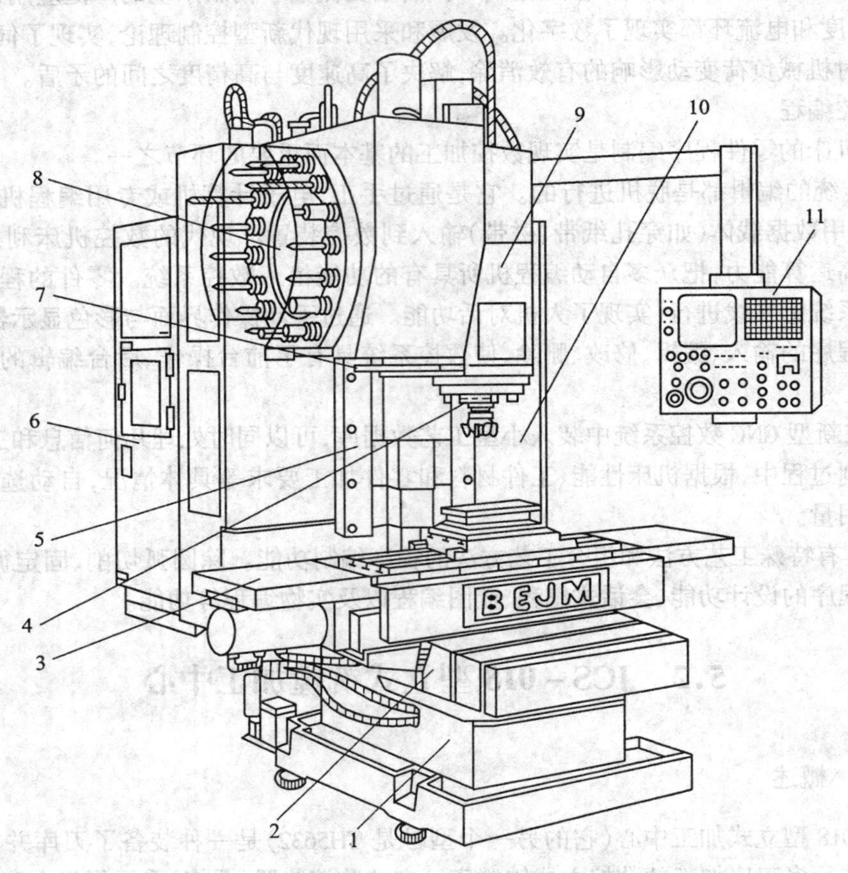

图 5.5　JCS-018(TH5632)型立式加工中心

1—床身;2—滑座;3—工作台;4—主轴;5—立柱;6—数控柜;7—机械手;8—刀库;9—主轴箱;10—驱动电柜;11—操纵面板

JCS－018 型立式加工中心的布局是由一台立式铣床、数控装置和自动换刀系统组成的。机床的三个坐标是:装在床身 1 上的滑座 2 的横向运动—y 轴;工作台 3 在滑座 2 上的纵向(左右)运动—x 轴及主轴箱 9 在柜式立柱上的上下(升降)运动—z 轴。在机床左侧上部安装了刀库 8,而换刀机械手 7 安装在主轴下端左侧。机床后部左侧装有数控柜 6,其内安装了数控系统;而在右侧安装的是驱动电柜 10,各电动机的伺服控制驱动单元和电动机电源就放置在电柜 10 内。

悬挂式操作面板 11 是数控机床的输入终端,它的作用是实现指令的输入和某些加工情况(参数)的显示。

JCS－018 的辅助系统在图 5.5 中未被标识。

2.机床的主要技术参数

(1) 工作台面积:320 mm × 1 000 mm。

(2) 工作台行程(*x* 轴):750 mm。

(3) 滑座横行程(y 轴):400 mm。

(4) 主轴箱行程(z 轴):470 mm。

(5) 电动机转速:

① 主轴电动机。额定转速:1 500 r/min;最高转速:4 500 r/min。

② 进给电动机。最高转速:1 500 r/min。

(6) 电动机功率:

主轴电动机:连续加工,连续额定输出功率:5.5 kW,30 min 过载;最大输出功率:7.5 kW。

进给电动机:1.4 kW。

(7) 定位精度:

各轴定位精度:±0.012/300 mm;各轴重复定位精度:±0.006/300 mm。

(8) 刀具系统:

刀库容量:16 把;选刀方式:任选。

(9) 控制坐标轴:

被控制:x、y、z;联动轴:x、y;y、z;z、x。

5.2.2 机床运动分析

JCS-018 加工中心主运动为主轴的旋转运动,工作台在 x、y 方向上的移动以及主轴箱在垂直方向的升降运动是进给运动。除以上的表面成形运动外,还有刀库的旋转运动及其他辅助运动。由于采用无级调速的电动机驱动方式,因此,该机床的传动系统比普通机床简单。JCS-018 型立式加工中心的传动系统如图 5.6 所示。

1.主传动系统

为了适应各种不同材料的加工及各种不同的加工方法,加工中心的主传动系统应具有较宽的转速范围和相应的输出力矩。JCS-018 采用 FANUC 交流调频主轴电动机为主传动系统的电动机。其连续额定功率为 5.5 kW,30 min 过载;最大输出功率为 7.5 kW,可无级调速。

电动机经两级塔轮直接驱动主轴来完成切削运动。电动机与主轴间采用多楔带轮传动,可减少电动机的振动对主轴的影响。当带轮传动是 ϕ119/ϕ239 时,主轴的转速范围是 22.5~2 250 r/min;当带轮传动比是 ϕ183.6/ϕ183.6 时,主轴的转速范围是 45~4 500 r/min。主轴电动机转速由控制系统进行控制。

2.进给系统

JCS-018 的 x、y、z 三轴的运动机构基本相同,都是由电动机通过十字滑块联轴器直接驱动滚珠丝杠来实现的。所用电动机为 FB-15 型宽调速直流伺服电动机。

进给伺服电动机的控制原理如图 5.7 所示。

由于这个系统的反馈信号不是由传动链的终点即工作台所发出的,而是由电动机的反馈元件产生的,所以,这个伺服控制为半闭环控制。其运动指令由 CNC 系统发出,位置精度和速度精度由半闭环的位置反馈环节和速度反馈环节来保证。

3.刀库旋转运动

JCS-018 加工中心的刀库驱动电动机也采用 FB-15 型宽调速直流伺服电动机,经十

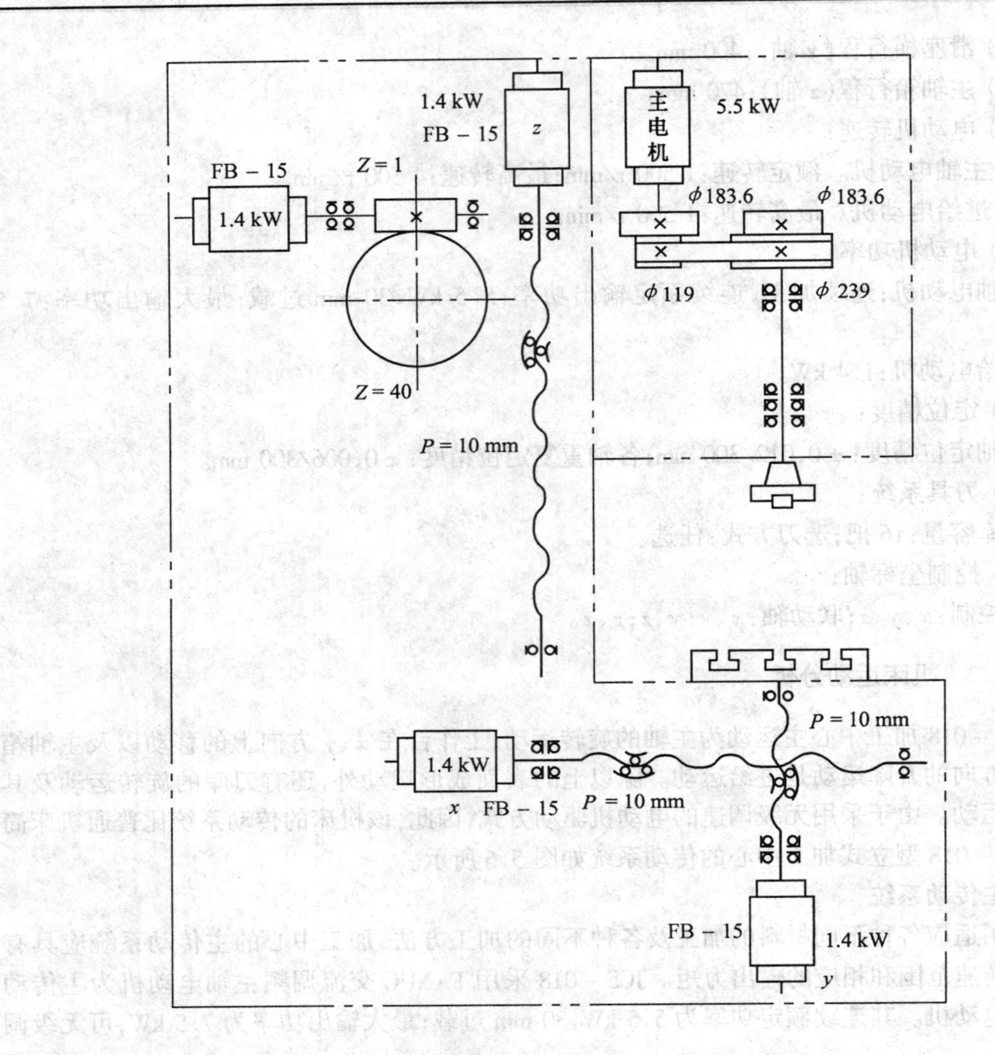

图 5.6　JCS－018(TH5632)型立式加工中心传动系统

字滑块联轴器、蜗杆驱动蜗轮来实现刀库的转动,刀库安装在蜗轮轴上,其传动参数见图5.6。

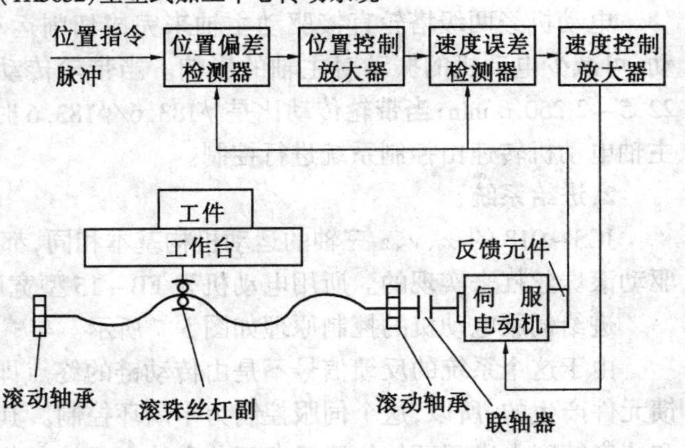

图 5.7　伺服进给控制系统方块图

5.2.3　机床结构

1.主轴组件

由于 JCS－018 加工中心的刀具直接安装在主轴端部上,对工件进行切削,因而主轴组件对加工质量及刀具寿命都有很大的影响。JCS－018 型立式加工中心的主轴组件结构如图 5.8 所示。

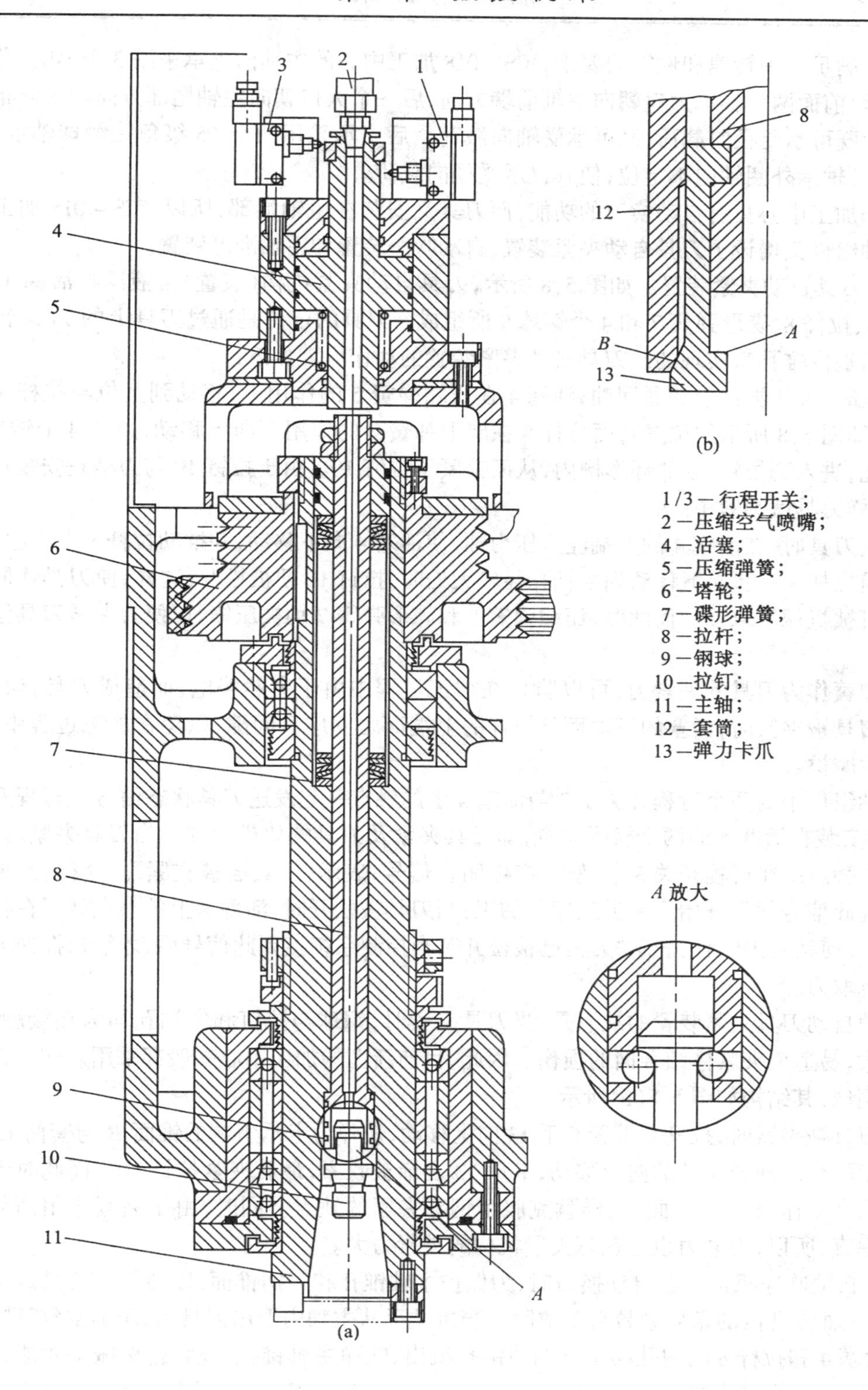

图 5.8 JCS-018 型加工中心主轴组件

为了满足主轴转速和性能的要求，JCS－018加工中心的主轴前支承采用3个P4级角接触球轴承，前面两个轴承大口朝向主轴前端方向，后一个大口朝向主轴尾部方向。这样布置使该支承既可承受径向载荷，又可承受轴向载荷。后支承采用两个P5级角接触球轴承，背对背安装，轴承外圈轴向不定位，使其仅承受径向载荷。

由于加工中心具有自动换刀的功能，而刀具又安装在主轴端部，所以，JCS－018加工中心的主轴组件又增设了刀具自动夹紧装置、自动吹净装置和主轴准停装置。

(1) 刀具自动夹紧装置。如图5.8所示，刀具自动夹紧机构（装置）由液压缸活塞4、压缩弹簧5、拉杆8、碟形弹簧7和4个钢球9所组成。刀具的定位是通过刀具上的7:24锥柄与主轴前端内锥孔来实现的。刀具自动夹紧装置的动作原理如下：

夹紧时，液压缸的上腔通回油，活塞4在压缩弹簧5的作用下，移动到上位与拉杆8脱离接触（即图5.8所示的位置），而拉杆8在碟形弹簧7的作用下向上移动，迫使4个钢球9向内收拢，进入到拉钉10的环形槽内，从而锁紧了拉钉10。由于拉钉10与刀柄是安装在一起的，这样刀具就锁紧了。

放松刀具时，在活塞4的上端注入压力油，使活塞4向下移动，并推动拉杆8向下移动，钢球9随拉杆8一起向下移动到主轴孔径较大处时，拉钉10便被松开，这样，使刀具连同拉钉一起可被机械手取下。而此时，压缩弹簧5和碟形弹簧7均被压缩，以便为夹紧刀具做好准备。

用弹簧作为刀具的夹紧力，可以防止在加工过程中由于突然停电，而造成刀具自行脱离。当刀具被夹紧时，活塞的下端面与拉杆的上端面之间应有间隙，以免在加工过程中，两端面产生摩擦。

主轴组件中的两个行程开关1、3与活塞4上的触点一起发送刀具状态信号。行程开关1、3分别安装在活塞4的两个极限位置，即刀具夹紧及刀具的放松位置。当刀具夹紧时，活塞4上的触点压在行程开关3上，使其产生闭合信号，表示“刀具已被夹紧”。这样，当控制系统接到此信号便可开始下一道工序的加工；当刀具被松开时，活塞4上的触点就压在行程开关1上，使其发出闭合，表示“刀具已被松开”，当控制系统接到此信号后，才能指挥换刀机械手进行取刀。

这种自动刀具夹紧装置的缺点是，当刀具夹紧时，钢球与拉钉和主轴孔均为点接触，接触应力大，易造成夹紧体结合面的损伤。因此，目前新型的加工中心一般都采用双瓣弹簧卡爪代替钢球，其结构如图5.8(b)所示。

当刀具被夹紧时，拉杆8带着卡爪13向上移动，使弹力卡爪下端的锥面B与套筒12的内锥孔相配合。随着拉杆的向上移动，卡爪13逐渐被收紧，最后夹紧拉钉10。而此时卡爪与拉钉的夹紧作用面是A面，这样就克服了钢球夹紧的缺点。同时，由于夹紧作用面与夹紧拉力垂直，所以，夹紧力也比钢球夹紧机构的夹紧力大。

(2) 自动吹净机构。在自动换刀时，为保护主轴锥孔和刀柄锥面，以便保证刀具定位精度，应将主轴锥孔内的杂质微粒自动清除。当机械手从主轴内取出刀具后，压缩空气从喷嘴2经由活塞4和拉杆8的内孔向主轴端的锥孔喷出，吹净主轴锥孔。然后，机械手才能将新的刀具换上，以便继续加工。

(3) 主轴定位准停机构。在自动换刀时，机床主轴必须能准确地停止在一定的周向位置上，以保证刀柄上的键槽能对准主轴端部的端键，实现刀具正确定位和传递转矩。JCS－

018机床的主轴定向准停机构如图5.9所示。

安装在塔轮1上端垫片4的发磁体3是一个体积很小的永磁块,它随主轴一起转动,而磁感应器2固定在主轴箱的准停位置上,当两者对准后,磁感应器2就产生一个电信号,表示"主轴已对准"。该信号经放大电路、定向电路处理后,传递给主轴电动机,令电动机立即停止旋转并制动,使主轴停止在确定位置上。当电动机高速转动时,若想让它立即停转是不可能的,因此,准停机构只能在电动机转速很低的情况下起作用。

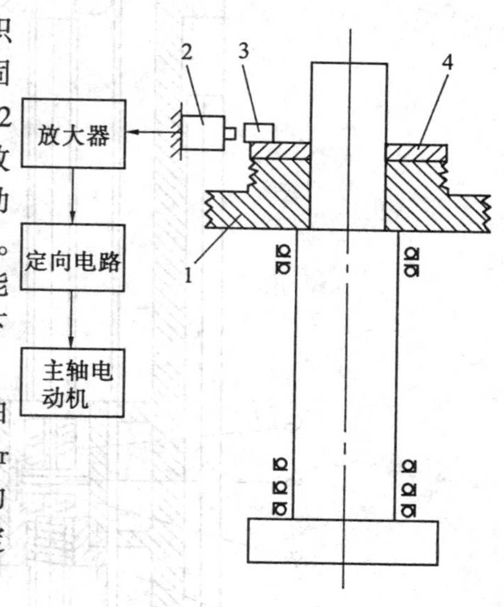

图5.9 主轴定准机构示意图
1—塔带轮;2—磁感应器;3—发磁体;4—垫片

当机床需要换刀时,控制系统发出指令,使主轴电动机立即降速,当主轴减速至零速前的0.5~2.5 r时,准停机构起作用,该机构的准停信号是主轴电动机的停转并制动的控制信号,从而保证主轴的周向定位,其定位精度达到±1°。

2.进给机构

由前述得知,JCS-018加工中心的三个方向的进给系统基本相同。图5.10所示的是工作台进给机构。

该机构由FB-15型宽调速直流伺服电动机1经涨套锁紧环2与十字滑块联轴器3相连接,驱动滚珠丝杠4和双螺母5、6,并由螺母座带动工作台,实现进给运动。

锁紧环2(图5.10局部放大部分)是两套互相配合的锥环。通过拧紧螺钉使轴套7右移,从而使内锥环的内孔收缩,外锥环的外圆胀大,由摩擦力将电动机轴与十字联轴器连为一体,从而使电动机的动力通过十字联轴器传给丝杠。联轴器右部与丝杠用键连接。

采用十字滑块联轴器来连接电动机轴和滚珠丝杠,可以补偿电动机轴与滚珠丝杠的径向偏移量。

JCS-018加工中心的滚珠丝杠的直径为40 mm,螺距为10 mm。采用双螺母垫片调隙结构来消除螺母与丝杠之间的间隙。修磨双螺母之间的垫片8的厚度,改变两螺母轴向的相对位置,从而消除丝杠与双螺母之间的间隙。该法的优点是结构简单、刚性好、调整方便,其缺点是垫片厚度修磨很难一次完成,且调整精度不如齿差消隙方式高。

滚珠丝杠靠近电动机一端的支承为一对背对背安装的角接触球轴承,该支承受径向和左右轴向载荷;另一支承是一个深沟轴承(图中未表示),它只承受径向载荷,所以,这个轴承在轴向是浮动的。这种支承方式具有结构简单,但轴向刚度低的特点。

3.自动换刀系统

JCS-018加工中心的自动换刀系统由刀库及换刀机械手组成,刀库、换刀机械手与主轴间的位置关系见图5.5。刀库位于主轴箱的侧面,刀库绕水平轴旋转。换刀机械手可绕竖直轴转动和沿轴线方向上下移动,其空间位置关系如图5.11所示。因此,在换刀时,刀具的轴线必须变为与换刀机械手旋转轴的轴线平行且刀头向下(图5.14),才能使机械手顺利换刀。

(1) 刀库的结构。JCS-018加工中心的刀库及刀座结构如图5.12所示。如前述,刀库

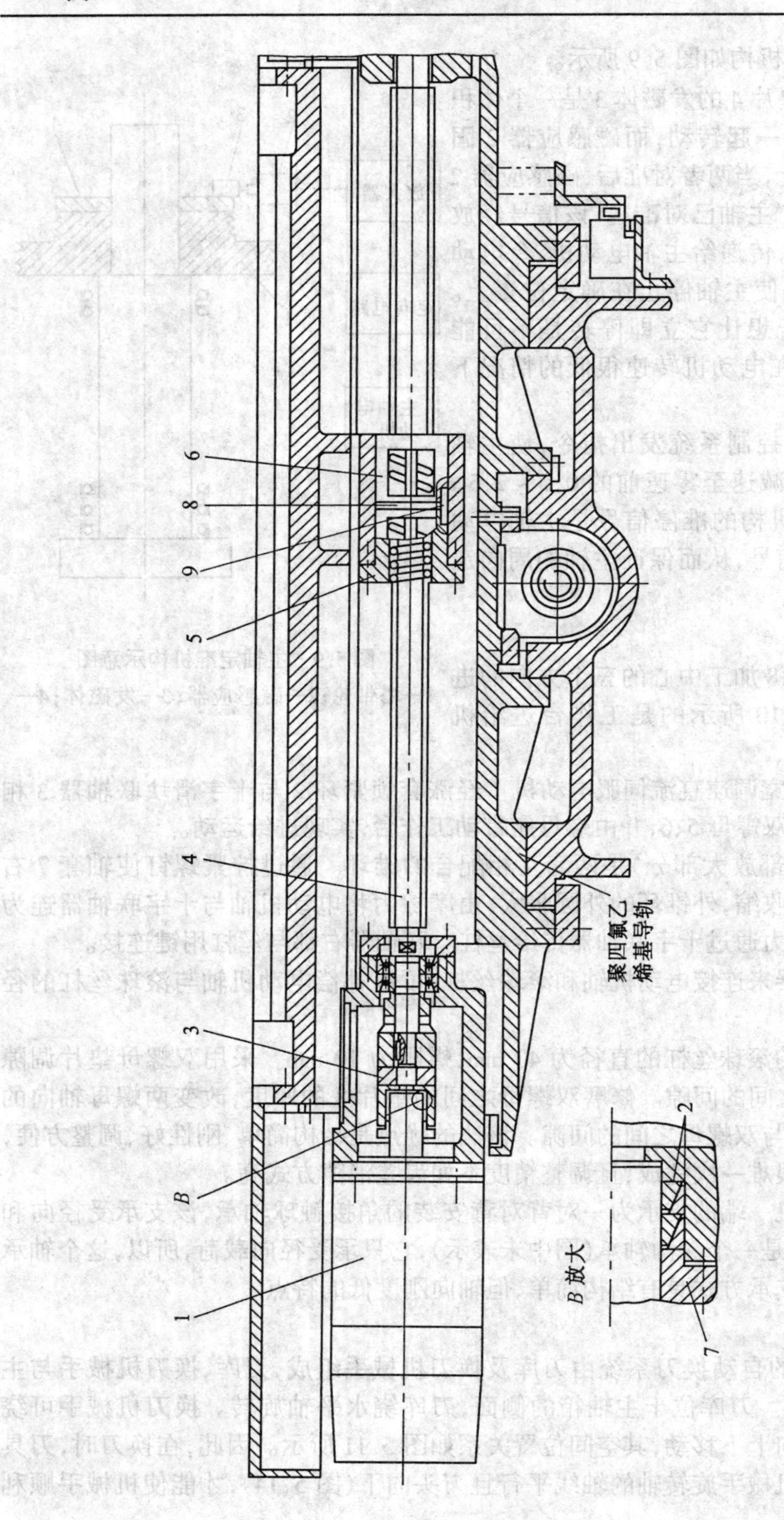

图 5.10　工作台纵向进给系统

1—伺服电动机；2—锁紧环；3—十字块联轴器；4—滚珠丝杠；5—左螺母；6—右螺母；7—轴套；8—半圆垫片；9—连接键

必须作回转运动以便选刀，同时，还必须使刀具在换刀位置作90°翻转运动，使刀具与机械手转动轴平行，该运动是由刀库与刀座共同完成的。

刀库转动结构如图5.12所示。选刀时，由FB－15型直流伺服电动机经十字滑块联轴器驱动蜗杆9（图5.12(a)）和蜗轮8转动，带动安装于蜗轮8上的刀库圆盘转动，将所要使用的刀具转动到刀库的最下面的位置——换刀位置，从而完成选刀动作。

换刀时，气缸的活塞杆（图中未示出）带动拨叉1上升，从而拨动刀座顶部的滚子2，使刀座绕支承3上的转轴逆时针转动90°，这样，完成刀具由水平位置到垂直位置的转位。这时，此刀座中的刀具正好和主轴中的刀具处于等高的位置。在转位中，刀座内的两个弹簧球头销10夹紧拉钉，以防止刀具因自重而脱落。

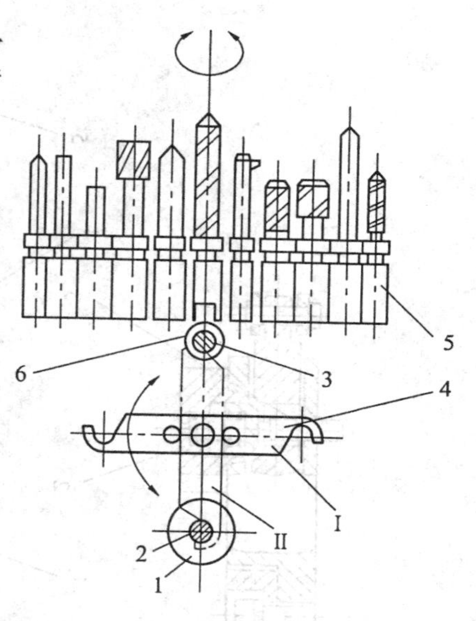

图5.11　刀具与换刀机械手空间位置关系图
1—机床主轴；2、3刀具；4—机械手；5—刀库；6—换刀位置的刀座

刀座上的滚子5置于固定导盘6的槽中，这样，在刀库转动选刀时，保持刀具始终处于水平位置。固定导盘6的槽只在换刀位置有缺口，以便换刀。

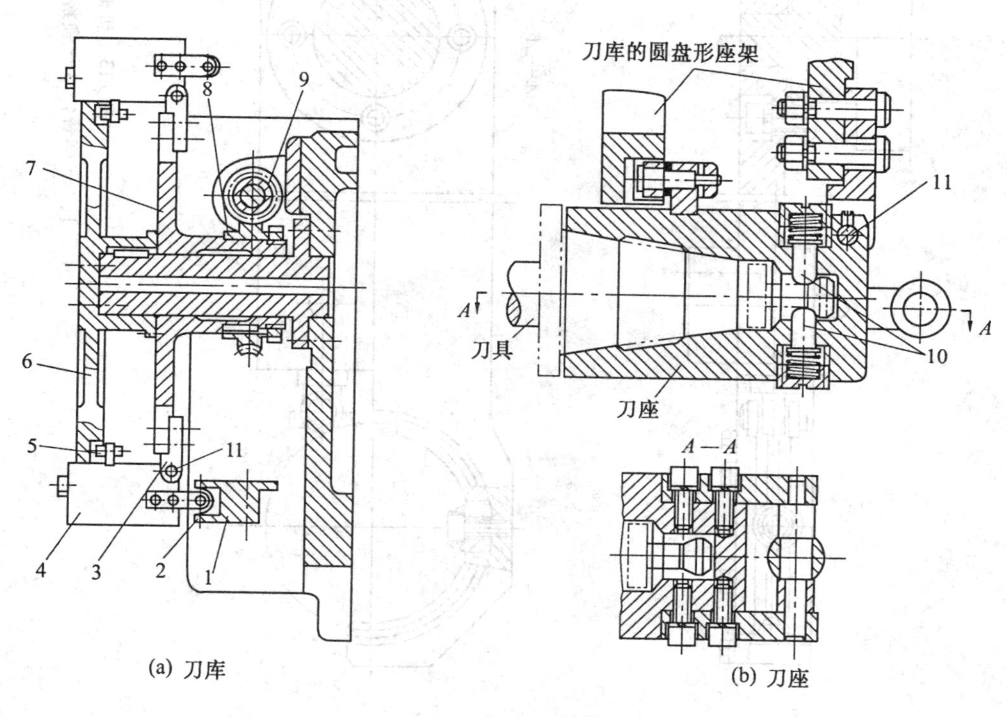

图5.12　刀库及刀座的结构图
1—拨叉；2—刀座顶部滚子；3—支承板；4—刀座；5—滚子；6—固定导盘；7—刀库圆盘；8—蜗轮；9—蜗杆；10—弹簧球头销；11—转轴

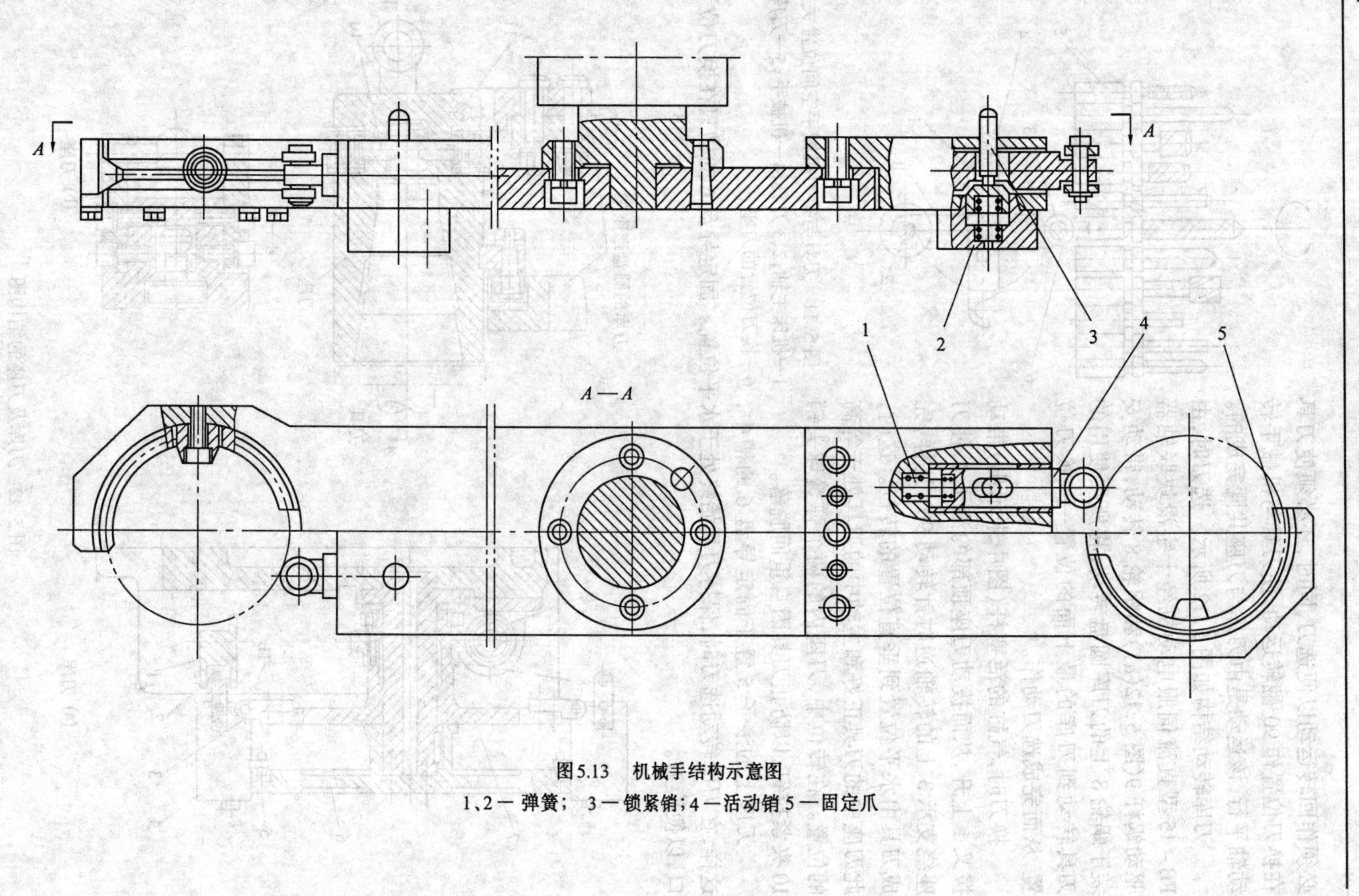

图5.13　机械手结构示意图

1、2—弹簧；3—锁紧销；4—活动销5—固定爪

2.换刀机械手

JSC－018 加工中心采用回转单臂双手式机械手，机械手的结构如图 5.13 所示。

夹紧刀具时，刀柄被活动销 4 借助弹簧 1 的弹力顶靠在固定爪 5 上。此时，锁紧销 3 被弹簧 2 弹起，锁住活动销 4，使其不能后退，保证在换刀过程中刀具不被甩出手爪。

当机械手处在 75°位置(即图 5.14(b)机械手抓刀位置)，锁紧销被挡块压下，活动销 4 便可活动，以便抓刀、放刀。

3.换刀过程

换刀过程大体分成 6 步，如图 5.14 所示。

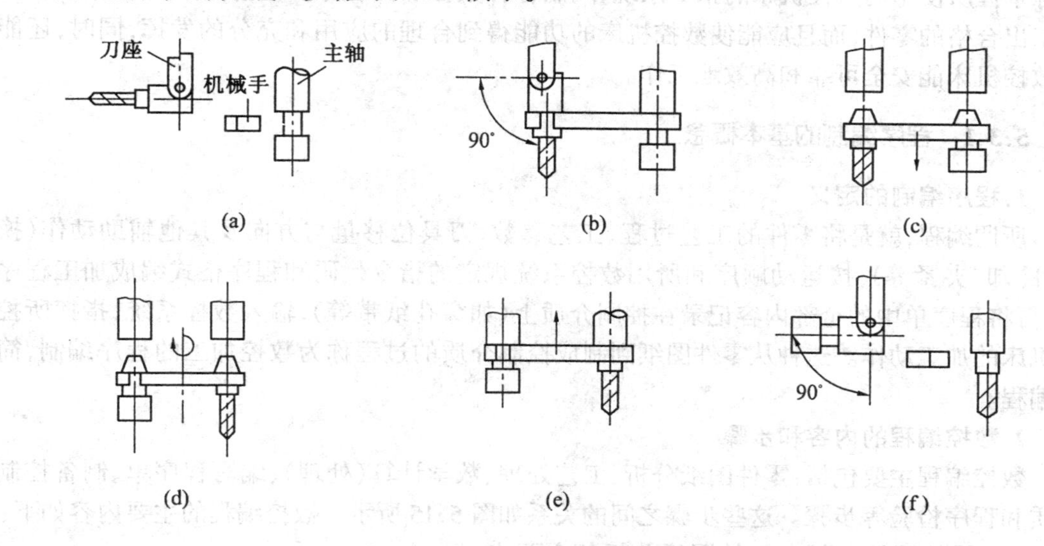

图 5.14 JCS－018 加工中心自动换刀过程

(1) 在加工过程中，当要换刀时，机床主轴降速停转，刀库根据程序中的刀具指令，将预换的刀具转动到换刀位置。如图 5.14(a)所示。

(2) 换刀时，首先将换刀位置上的刀座逆时针转动 90°，使刀具垂直，且头向下，主轴箱上升到换刀位置；其次，机械手转动 75°，两爪同时抓住主轴上的刀具和刀座中的刀具，如图 5.14(b)所示。

(3) 主轴刀具夹紧机构松开刀具，并发出“刀具已放松”信号，控制系统接到此信号后，指令换刀机械手向下移动，拔出主轴和刀座中的刀具。同时，机构手的活动销把刀具顶靠在手爪中并被锁锁死。如图 5.14(c)所示。

(4) 机械手转动 180°，交换刀具，如图 5.14(d)所示。

(5) 机械手向上移动，将交换后的刀具分别插入主轴和刀座，同时，机床上挡块压下机械手的锁紧销，主轴自动夹紧机构夹紧刀具，如图 5.14(e)所示。

(6) 机械手和刀座复位，如图 5.14(f)所示。

此时，机床开始下一道工序的加工。

5.2.4 加工中心的发展方向

加工中心是数控机床的一种，因此，其发展方向与数控机床大体一致，但加工中心还有它自己的特点，即向多控制轴、多联动轴方向发展。如 JSC－018 的控制轴为 3 个，而联动轴

(同时控制轴)为两个。当加工高次曲面或钻空间任意角度的孔时,JSC－018 就很难胜任了,目前,为满足现代化生产的需要,5 坐标联动的加工中心已经商品化,以满足用户的需要。

5.3 数控机床的程序编制

数控机床的加工动作是在加工程序指令下进行的,因此使用数控机床的首要条件,必须熟练掌握所使用的数控机床的指令系统,编制各种数控加工程序。理想的加工程序不仅能加工出合格的零件,而且应能使数控机床的功能得到合理的应用和充分的发挥,同时,还能使数控机床能安全可靠和高效地工作。

5.3.1 程序编制的基本概念

1.程序编制的定义

所谓编程,就是将零件的工艺过程、工艺参数、刀具位移量与方向及其他辅助动作(换刀、冷却、夹紧等),按运动顺序和所用数控系统规定的指令代码和程序格式编成加工程序单,再将程序单中的全部内容记录在控制介质上(如穿孔纸带等),输入数控系统,指挥所控制机床的加工动作。这种从零件图纸到制成控制介质的过程称为数控加工的程序编制,简称编程。

2.数控编程的内容和步骤

数控编程主要包括:零件图纸分析、工艺处理、数学计算(处理)、编写程序单、制备控制介质和程序检验等步骤。这些步骤之间的关系如图 5.15 所示。数控编程的主要内容如下:

(1) 零件图纸分析。零件图纸分析的主要内容是分析图纸上所标注的各种尺寸、精度及其主次,确定加工的要求、内容和方案,确定应使用的数控机床的类型等。

(2) 工艺处理。工艺过程所涉及的内容较多,主要是根据步骤(1)的结果和相应机械加工理论处理如下问题:

① 确定工件的安装、定位方式,设计相应的夹具。

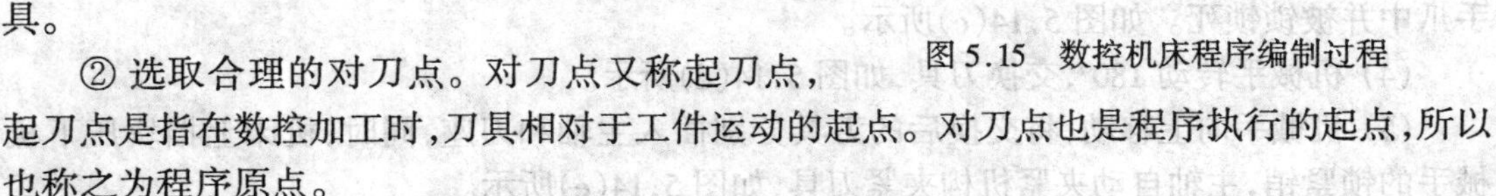

图 5.15 数控机床程序编制过程

② 选取合理的对刀点。对刀点又称起刀点,起刀点是指在数控加工时,刀具相对于工件运动的起点。对刀点也是程序执行的起点,所以也称之为程序原点。

对刀点的选取应保证:使程序编制简单;应位于容易找正且便于检查的位置;加工误差小,一般应设置在零件的设计基准或工艺基准上。

③ 选取合理走刀路线。应尽量减少空走刀行程,提高生产效率;同时应保证加工零件的尺寸、精度和表面粗糙度以及有利于简化数值计算、减少程序段数目和编程工作量。

④ 合理选取刀具、确定合理的切削用量

(3) 数学处理。其内容就是根据零件的几何尺寸、加工路线,计算刀具中心运动轨迹,以获得刀位的数据。计算的复杂程度取决于工件的几何形状、加工的精度要求以及数控系统的插补功能的强弱。

(4) 编写程序单、制备控制介质。根据上述步骤的分析及处理结果,同时根据所使用的数控机床的指令,按数控系统所规定的程序段格式,编写加工程序。

完成编程后,还须将程序单的内容记录在控制数控机床的控制介质上。如穿孔纸带、磁带和磁盘。也可用键盘直接将程序单输入 CNC 的内存,以便保存。

(5) 程序检验。程序检验分成两步:程序本身的错误检验,如输入过程的错误或书写错误;通过模拟刀具对工件切削过程或通过对软质材料试件(如铝试件、塑料试件等)的试切,然后检查试件,以验证程序是否达到所需的要求。

3.数控机床的控制介质及相关标准

在数控机床行业中,由于历史的原因存在着两个标准:一个是 ISO 国际标准化组织标准;另一个是 EIA 美国电子工业协会标准。它们是国际通用标准。我国规定用 ISO 标准。目前,各国都在向 ISO 标准靠拢,以期构成一个国际通用的标准。

控制介质不仅有磁盘、磁带,而且还有穿孔纸带。穿孔纸带作为介质能起很大的作用,尤其是形状复杂的零件或加工精度要求高的零件。由于零件的程序量很大,一般用自动编程机编制程序,然后制成穿孔纸带以备使用。

穿孔纸带如图 5.16 所示。图上所标识的参数尺寸均为国际标准。穿孔纸带是用 8 个信息孔不同状态的组合表示信息。由于纸带上信息孔的位置及大小都是标准的,这样,每组孔有两个,即“有孔”和“无孔”,有孔就表示“1”,无孔表示“0”。信息孔不同状态的组合是指这些孔所表示的“1”和“0”的组合,ISO 和 EIA 对此都有规定,表 5.2 和表 5.3 就是两个标准所规定的编码表。

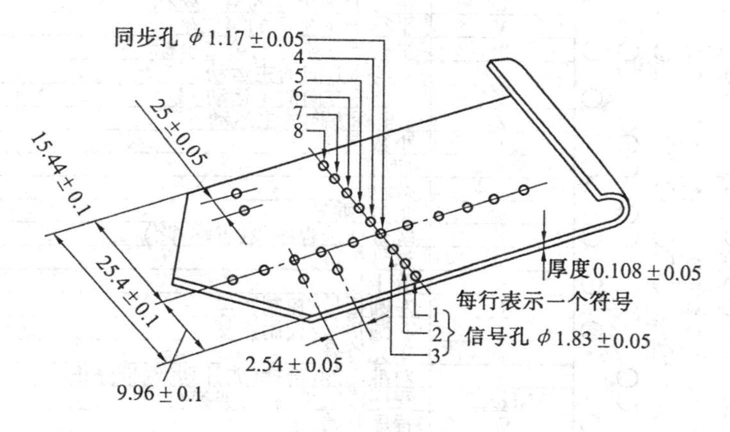

图 5.16 8 单位标准穿孔纸带

穿孔纸带上同步孔的作用是在光电阅读机阅读纸带时,该孔产生读带的控制信号,每个孔都控制阅读机读取纸带一次,将与该孔同行的信息孔所表示的信息读入。同时,该孔是阅读机棘轮驱动纸带所用的孔。

这两种代码的主要区别是,EIA 码每行为奇数孔,若代码孔为偶数,则在第 5 列补一只孔,使其成为奇数;ISO 码为偶数孔,若代码为奇数孔,则在第 8 行补一只孔使其成为偶数。

这种补奇或偶的作用可以减少出错的概率。

表 5.2　数控机床用 ISO 标准编码表

代码孔									代码符号	定　义
8	7	6	5	4		3	2	1		
		○	○		·				0	数字 0
○		○	○		·			○	1	数字 1
		○	○		·		○		2	数字 2
			○		·		○	○	3	数字 3
○		○	○		·	○			4	数字 4
		○	○		·	○		○	5	数字 5
		○	○		·	○	○		6	数字 6
○		○	○		·	○	○	○	7	数字 7
○		○	○	○	·				8	数字 8
		○	○	○	·			○	9	数字 9
	○				·			○	A	绕着 x 坐标的角度
	○				·		○		B	绕着 y 坐标的角度
○	○				·		○	○	C	绕着 c 坐标的角度
	○				·	○			D	特殊坐标的角度尺寸或第三进给速度功能
○	○				·	○		○	E	特殊坐标的角度尺寸或第二进给速度功能
○	○				·	○	○		F	进给速度功能
	○				·	○	○	○	G	准备功能
	○			○	·				H	永不指定(可作特殊用途)
○	○			○	·			○	I	沿 x 坐标圆弧起点对圆心值
○	○			○	·		○		J	沿 y 坐标圆弧起点对圆心值
	○			○	·		○	○	K	沿 z 坐标圆弧起点对圆心值
○	○			○	·	○			L	永不指定
	○			○	·	○		○	M	辅助功能
	○			○	·	○	○		N	序号
○	○			○	·	○	○	○	O	不用
	○		○		·				P	平行于 x 坐标的第三坐标
○	○		○		·			○	Q	平行于 y 坐标的第三坐标
○	○		○		·		○		R	平行于 z 坐标的第三坐标
	○		○		·		○	○	S	主轴速度功能
○	○		○		·	○			T	刀具功能
	○		○		·	○		○	U	平行于 x 坐标的第二坐标
	○		○		·	○	○		V	平行于 y 坐标的第二坐标
○	○		○		·	○	○	○	W	平行于 z 坐标的第二坐标
○	○		○	○	·				X	x 坐标方向的主运动
	○		○	○	·			○	Y	y 坐标方向的主运动
	○		○	○	·		○		Z	z 坐标方向的主运动
		○		○	·	○	○		·	小数点
		○		○	·		○	○	+	加/正
		○		○	·	○		○	–	减/负
○		○		○	·		○		*	星号/乘号
○		○		○	·	○	○	○	/	跳过任选程序段(省略/除)
○		○		○	·	○			,	逗号
○		○	○	○	·	○		○	=	等于
		○		○	·				(	左圆括号/控制暂停
○		○		○	·			○	)	右圆括号/控制恢复
		○			·	○			$	单元符号
		○	○	○	·		○		:	对准功能/选择(或计划)倒带停止
				○	·		○		NLorLF	程序段结束,新行或换行
○		○			·	○		○	%	程序开始
				○	·			○	HT	制表(或分隔符号)
○				○	·	○		○	CR	滑座返回(仅对打印机适用)
○	○	○	○	○	·	○	○	○	DEL	注销
○		○			·				SP	空格
○				○	·				BS	反绕(退格)
					·				NUL	空白纸带
○			○	○	·			○	EM	载体终了

表 5.3　数控机床用 EIA 标准编码表

代码孔									代码符号	定义
8	7	6	5	4		3	2	1		
		○							0	数字 0
					·			○	1	数字 1
					·		○		2	数字 2
			○		·		○	○	3	数字 3
					·	○			4	数字 4
			○		·	○		○	5	数字 5
			○		·	○	○		6	数字 6
					·	○	○	○	7	数字 7
				○	·				8	数字 8
			○	○	·			○	9	数字 9
	○	○			·			○	A	绕着 x 轴的角度
	○	○			·		○		B	绕着 y 轴的角度
	○	○	○		·		○	○	C	绕着 c 轴的角度
	○	○			·	○			D	第三进给速度功能
	○	○	○		·	○		○	E	第二进给速度功能
	○	○	○		·	○	○		F	进给速度功能
	○	○			·	○	○	○	G	准备功能
	○	○		○	·				H	输入(或引入)
	○	○	○	○	·			○	I	不用
	○		○		·			○	J	没有被指定
	○		○		·		○		K	没有被指定
	○				·		○	○	L	不用
	○		○		·	○			M	辅助功能
	○				·	○		○	N	序号
	○				·	○	○		O	不用
	○		○		·	○	○	○	P	平行于 x 坐标的第三坐标
	○		○	○	·				Q	平行于 y 坐标的第三坐标
	○			○	·			○	R	平行于 z 坐标的第三坐标
		○	○		·		○		S	主轴速度机能
		○			·		○	○	T	刀具功能
		○	○		·	○			U	平行于 x 坐标的第二坐标
		○			·	○		○	V	平行于 y 坐标的第二坐标
		○			·	○	○		W	平行于 z 坐标的第二坐标
		○	○		·	○	○	○	X	x 轴方向的主运动坐标
		○		○	·				Y	y 轴方向的主运动坐标
		○	○	○	·			○	Z	z 轴方向的主运动坐标
	○	○		○	·		○	○	·	小数点(句号)
	○	○	○		·				+	加
	○				·				−	减
	○			○	·	○			*	乘
		○	○		·			○	/	省略/除
		○	○	○	·		○	○	,	逗号
			○		·	○	○		=	等于
		○		○	·	○			(	括号开
	○	○	○	○	·	○			)	括号闭
	○		○	○	·		○	○	ꟊ	单元符号
		○	○		·			○	:	选择(或计划)倒带停止
				○	·		○	○	STOP(ER)	纸带倒带停止
		○	○	○	·	○	○		TAB	制表(或分隔符号)
○					·				CR	程序段结束
	○	○	○	○	·	○	○	○	DELETE	注销
			○		·				SPACE	空格

4.数控编程中的坐标系

在数控编程中,必然涉及切削参数的描述,如工件长、宽、高三维尺寸等,而在数控加工时,这些参数都是由刀具的切削轨迹形成的。因此,在编程时,就要使用相应的参数来控制刀具的轨迹。为了简化程序编制和保证程序互换性,在数控编程和数控加工时,国际上统一使用 ISO841 标准坐标系——右手直角笛卡儿坐标系。我国 JB 3051—82 数控标准规定与此相同，如图 5.17 所示。该标准规定了三个直角坐标的相互关系、方向和名称，同时，也规定了绕三个坐标轴转动的方向和名称。

在数控机床坐标轴的设定问题上，该标准规定机床主轴为 z 坐标，如铣、钻、镗等机床刀具旋转的轴为 z 坐标，而车、磨等机床，工件旋转的轴为 z 坐标。

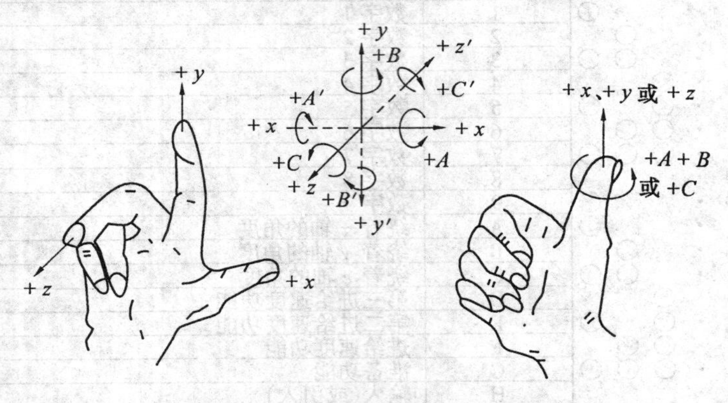

图 5.17　右手直角笛卡儿坐标系

x 坐标规定为水平且垂直于 z 轴。对于车、磨等工件旋转的机床，x 坐标的方向是在工件径向上且平行于横滑座，刀具远离工件的方向为 x 正方向；对于钻、镗、铣等刀具旋转的机床，当 z 轴为水平时，从刀具主轴后端向工件方向看，x 正向指向右方向；当 z 轴垂直时，面对刀具主轴向立柱方向看，对于单立柱机床，$+x$ 方向指向右方向。

y 坐标根据 x、z 坐标轴及右手直角笛卡儿坐标系来确定。

图 5.18 为几种数控机床的坐标轴标识情况。

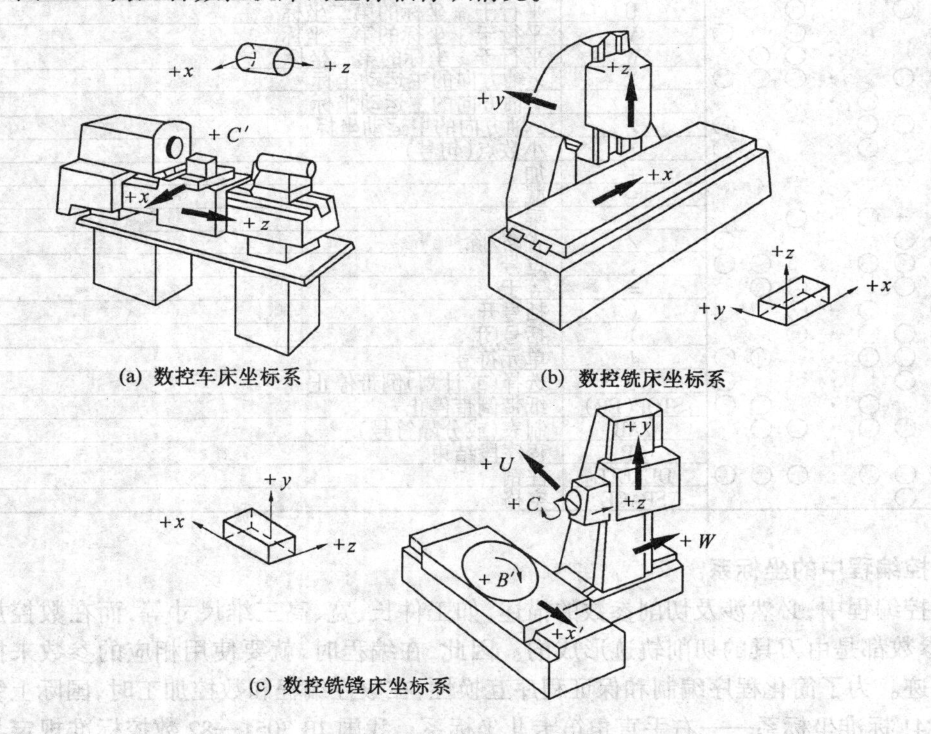

(a) 数控车床坐标系　(b) 数控铣床坐标系

(c) 数控铣镗床坐标系

图 5.18　数控机床坐标轴设定简图

5.数控机床的指令

数控编程常用G代码、M代码及F、S、T等指令代码来描述数控机床的运动方式和加工种类。

(1) G代码。G代码又称准备功能指令,它由"G"字母和其后两位数字组成,以G00~G99共有100种,它的作用是指定数控机床的运动方式。G代码的ISO标准及具体意义如表5.4所示。

表5.4 ISO标准对准备功能G的规定

代码	功能	说明	代码	功能	说明
G00	点定位		G57	*xy* 平面直线位移	
G01	直线插补		G58	*xz* 平面直线位移	
G02	顺时针圆弧插补		G59	*yz* 平面直线位移	
G03	逆时针圆弧插补		G60	准确定位(精)	按规定公差定位
G04	暂停	执行本段程序前暂停一段时间	G61	准确定位(中)	按规定公差定位
G05	不指定		G62	准确定位(粗)	按规定之较大公差定位
G06	抛物线插补		G63	攻丝	
G07	不指定		G64~G67	不指定	
G08	自动加速		G68	内角刀具偏置	
G09	自动减速		G69	外角刀具偏置	
G10~G16	不指定		G70~G79	不指定	
G17	选择 *xy* 平面		G80	取消固定循环	取消G81~G89的固定循环
G18	选择 *zx* 平面		G81	钻孔循环	
G19	选择 *yz* 平面		G82	钻或扩孔循环	
G20~G32	不指定		G83	钻深孔循环	
G33	切削等螺距螺纹		G84	攻丝循环	
G34	切削增螺距螺纹		G85	镗孔循环1	
G35	切削减螺距螺纹		G86	镗孔循环2	
G36~G39	不指定		G87	镗孔循环3	
G40	取消刀具补偿		G88	镗孔循环4	
G41	刀具补偿-左侧	按运动方向看,刀具在工件左侧	G89	镗孔循环5	
G42	刀具补偿-右侧	按运动方向看,刀具在工件右侧	G90	绝对值输入方式	
G43	正补偿	刀补值加给定坐标值	G91	增量值输入方式	
G44	负补偿	刀补值从给定坐标值中减去	G92	预量寄存	修改尺寸字而不产生运动
G45	用于刀具补偿		G93	按时间倒数给定进给速度	
G46~G52	用于刀具补偿		G94	进给速度(mm/min)	
G53	直线位移功能取消		G95	进给速度[mm/(主轴)r]	
G54	*x* 轴直线位移		G96	主轴恒线速度(m/min)	
G55	*y* 轴直线位移		G97	主轴转速(r/min)	取消G96的指定
G56	*z* 轴直线位移		G98~G99	不指定	

(2) M代码。M代码又称辅助功能指令。它由“M”字母与其后两位数字组成,从M00～M99共100种,用于机床加工操作时的工艺性指令。ISO标准对M代码的具体规定见表5.5。

表5.5 ISO标准对辅助功能M(代码)的规定

代码	功能	说明	代码	功能	说明
M00	程序停止	主轴、切削液停	M32～M35	不指定	
M01	计划停止	需按钮操作确认才执行	M36	进给速度范围1	不停车齿轮变速范围
M02	程序结束	主轴、切削液停,机床复位	M37	进给速度范围2	
M03	主轴顺时针方向转	右旋螺纹进入工件方向	M38	主轴速度范围1	不停车齿轮变速范围
M04	主轴逆时针方向转	右旋螺纹离开工件方向	M39	主轴速度范围2	
M05	主轴停止	切削液关闭	M40～M45	不指定	可用于齿轮换挡
M06	换刀	手动或自动换刀,不包括选刀	M46～M47	不指定	
M07	2号切削液开		M48	取消M49	
M08	1号切削液开		M49	手动速度修正失效	回至程序规定的转速或进给率
M09	切削液停止		M50	3号切削液开	
M10	夹紧	工作台、工件、夹具、主轴等	M51	4号切削液开	
M11	松开		M52～M54	不指定	
M12	不指定		M55	刀具直线位移到预定位置1	
M13	主轴顺时针转,切削液开		M56	刀具直线位移到预定位置2	
M14	主轴逆时针转,切削液开		M57～M59	不指定	
M15	正向快速移动		M60	换工件	
M16	反向快速移动		M61	工件直线位移到预定位置1	
M17～M18	不指定		M62	工件直线位移到预定位置2	
M19	主轴准停	主轴缓转至预定角度停止	M63～M70	不指定	
M20～M29	不指定		M71	工件转动到预定角度1	
M30	纸带结束	完成主轴切削液停止、机床复位、纸带回卷等动作	M72	工件转动到预定角度2	
M31	互锁机构暂时失效		M73～M99	不指定	

其余的命令字如F、S等在后面章节中讨论。但需注意，不同厂家出产的数控产品，它们的指令系统略有区别。因此，在编程时，必须要详细查阅所使用的数控机床的相关手册，以免出错。

6.数控加工程序的结构

(1) 加工程序的构成。一个完整的数控加工程序是由许多程序段组成；程序段是由一个或几个字组成；字是由地址(字母)和地址后面的数值构成。

根据该字就能识别其含义，然后将其数值存入特定的存储单元，以备加工使用。所以说字母就相当于一个加工参数的存储单元的地址。这种构成程序的格式又称字地址格式。

程序段就是一个具有完整加工意义的一个动作的描述语句。

在加工程序中，程序段的字符数不受限制，但程序段的结束必须用结束符表示。注意不同系统的结束符各不相同。如FANUC－3M系统的结束符是“*”号。

使用字地址格式构成的程序段格式如下：N04G02XL＋043YL＋043ZL＋043RD043F050H02T02M02*，当某一个字在程序段不出现时，后面的字向前移。

程序段中各字的含义如下：

N(顺序号)：程序段顺序。N后面的04表示N的数值最大为四位数，若有效数位前有“0”，则该“0”可以省略。这种省略方式简称前零可省。如N0100的1前面的“0”可省，它就变成N100，即N0100与N100相同。

G：准备功能。02表示G的数位为两位且前“0”可省。注意G00一般不写成G0。

X、*Y*、*Z*：坐标参数，它们后面的L表示这些参数可采用绝对值和增量值两种方法表示加工参数；“＋”号表示其数值可正可负；043表示*X*、*Y*、*Z*后数值的整数位为4位，且前“0”可省，小数位为3位。

R：圆弧半径。D表示R只能用于增量值系统，043含义同上。

F：进给功能。表示进给速度，050表示有5位整数，单位mm/min。

H、S、T为补偿功能、主轴功能、刀具功能。其含义参见有关资料，02含义同G02中02的含义。

M：辅助功能。02的含义同上。

一个完整的加工程序可表示成如下形式。

%

O050

N0001G00X100.0Y60.0Z－130.0T30*

N0002G0X50.0*

⋮

N032G00X210.0Z150.0M02*

这个加工程序由321条程序段构成。整个程序开始用符号“%”表示，以M02(或M30)为整个程序的结束指令。

在“%”后的O050表示从CNC系统的存储器中调出加工程序编号为050的加工程序。

(2) 主程序和子程序。功能较强的数控装置，它的加工程序可分成主程序和子程序，子程序是指重复出现的程序(如依次加工几个相同的型面)。主程序和子程序之间相应的调用关系为

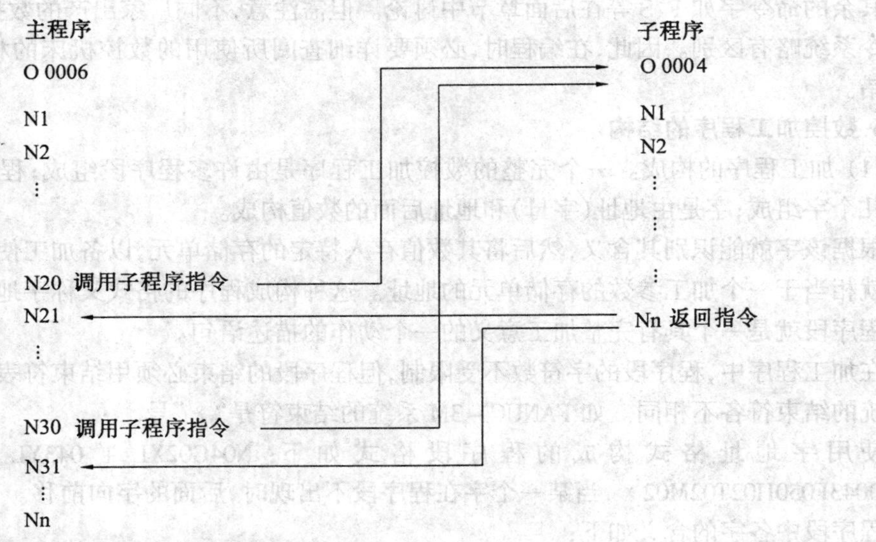

7. 编程方法

数控加工程序的编制方法有两种:手工编程和自动编程。

(1) 手工编辑。编制程序的所有步骤即从零件图纸分析到程序检验均由人工完成,则叫手工编程。

手工编程只适用于几何形状不太复杂且加工运动不太多的情况。在数值处理方面也不应复杂,否则,手工编程难以胜任。据统计,采用手工编程方法时,编程时间与机床加工时间之比,平均约为 30:1。

(2) 自动编程。使用计算机(或编程机)进行数控程序编制的方法叫自动编程。包括由计算机等自动进行数值计算,编写零件加工程序单,自动输出打印加工程序单并将程序记录到控制介质上。

自动编程时,编程使用特定的数控编程语言,根据零件图样和工艺要求,编写出一个较简短的零件加工源程序,并由其指令计算机进行自动编程。自动编程的过程如图 5.19 所示。自动编程系统的构成如图 5.20 所示。

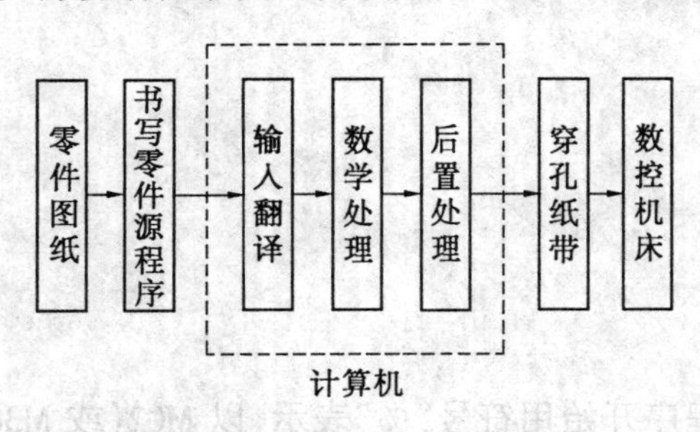

图 5.19 数控自动编程过程

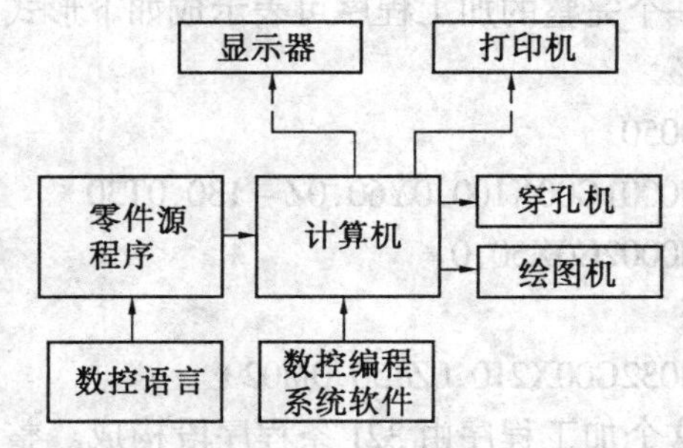

图 5.20 数控自动编程系统的组成

5.3.2 FANUC - 3M - A 数控系统简介

FANUC - 3M - A 数控系统是具有直线插补、圆弧插补、刀具长度补偿、刀具半径补偿、尖角过渡等功能的 CNC 系统。

1.FANUC－3M－A 系统的特点

(1) 控制轴。机床上的移动轴中,CNC 能够控制的移动轴。3M－A 系统的控制轴为三个:x、y、z。

(2) 联动轴。NC 系统能同时控制的轴。3M－A 系统为两个,有三种组合:x,y;z,x;y,z。

(3) 设定单位。包括最小设定单位和最小移动单位。最小设定单位是指指令中移动量的最小单位。3M－A 的最小设定单位是 0.001 mm、0.000 1 in;最小移动单位是机床移动的最小单位。3M－A 系统的最小移动单位是 0.001 mm、0.000 1 in。

(4) 使用数制。3M－A 系统具有英制单位系统和公制单位系统。

(5) 最大指信值。即指令中的坐标参数的最大行程。不同的机床,该参数不尽相同。

(6) 输入方式。可由键盘输入或由纸带输入。

(7) 程序编辑。可进行字符的插入、变更、删除;程序段的删除、登录。

(8) 快速率。轴方向速度为 15 000 mm/min。

(9) 切削进给速度为 1～15 000 mm/min。

2.3M－A 系统的指令代码

如前述,在数控技术领域中有国际通用的代码标准,但各厂家所生产的系统含有细微差别。因此,在使用前,必须掌握所用系统的代码。表 5.6 和表 5.7 是 3M－A 系统的 G 代码和 M 代码。

表 5.6 FANUC-3M－A 系统准备功能 G 代码

组号	初始值	G 代码	意义
01	G01	G00	点定位(快速进给)
		G01	直线插补
		G02	顺时针圆弧插补
		G03	逆时针圆弧插补
00	—	G04	暂停
		G10	偏移另设定
02	G17	G17	xy 平面指定
		G18	zx 平面指定
		G19	yz 平面指定
06	—	G20	英制输入
		G21	公制输入
00	—	G27	返回参考点检验
		G28	返回参考点
		G29	从参考点返回
		G31	跳跃功能
		G39	尖角圆弧补偿
07	G40	G40	取消刀具半径补偿
		G41	刀具半径左补偿
		G42	刀具半径右补偿

组号	初始值	G 代码	意义
08	G45	G43	刀具长度正补偿
		G44	刀具长度负补偿
		G45	取消刀具长度补偿
00	—	G65	宏指令
09	G80	G73	钻孔循环
		G74	反攻螺纹
		G76	精镗
		G80	取消固定循环
		G81	钻孔循环
		G82	钻孔循环镗阶梯孔
		G83	钻孔循环
		G84	攻螺纹循环
		G85	镗孔循环
		G86	镗孔循环
		G87	反镗孔循环
		G88	镗孔循环
		G89	镗孔循环
03	G90	G90	绝对值输入
		G91	增量值输入
00	—	G92	设定工件坐标系
05	G94	G94	进给速度(mm/min)
		G95	没使用
04	G98	G98	返回起始平面
		G99	返回 R 平面

表 5.7　FANUC－3M－A 系统辅助功能 M 代码

代　码	功　能	代　码	功　能
M00	程序停止	M13	主轴顺时针转冷却液开
M01	计划停止	M14	主轴逆时针转冷却液开
M02	程序结束	M30	纸带结束
M03	主轴顺时针方向旋转	M41	主轴增方向变速
M04	主轴逆时针方向旋转	M42	主轴减方向变速
M05	主轴停止	M98	调用子程序
M08	冷却液开	M99	子程序结束并返回到主程序
M09	冷却液关		

3.数控编程的基础知识

数控编程就是把所要控制的信息按规则编成控制用计算机(或数控装置)所能识别的语言。为了编制加工效益高的数控程序,就必须掌握一些相关的知识和概念。

(1) 相关概念:

① 一次性 G 代码和模态 G 代码。一次性 G 代码是限定在被指定的程序段中有意义的 G 代码。

模态 G 代码是在同一组的其他 G 代码出现以前,一直有效的 G 代码。

在指令系统中,G 代码又根据所表示的意义而分成若干组。FANUC－3M－A 系统的分组情况详见表 5.6。

② 程序原点及工件坐标系。为了编制加工程序,通常在工件上选取一点作为坐标系原点,并建立描述工件几何特征的坐标系。该坐标系为工件坐标系,坐标系原点称为程序原点。

③ 参考点(机床原点)。机床原点是指机床上的固定点,由生产厂家设置。机床原点也称之为参考点。

④ 起刀点。起刀点即刀具起始运动点。通常将其设置在机床原点上。

(2) 相关知识:

① 绝对坐标(值)系统与增量坐标(值)系统。刀具运动位置的坐标值是相对于固定的坐标原点给出的,即为绝对坐标。该坐标系统为绝对坐标系统。

刀具运动位置的参数值是相对于前一位置而不是相对于固定的坐标原点给出的,这种位置参量称为增量坐标,这种位置参数(给出)方式称为增量值系统。如图 5.21 所示。

② 坐标系设定。在数控机床加工时,尤其在使用绝对值系统编程的情况下,必须将工件坐标系通知给机床,这种作法即为坐标系设定。其坐标系设定是由 G92 代码来完成,通常用工件坐标系来描述起刀点 P,如图 5.22 所示。在这种情况下,设定程序段为

N0/G92X－101.3Y252.5Z201.6 *

数控系统读取此程序段后,便自动地将编程使用的工件坐标系转化成加工使用的机床坐标系。

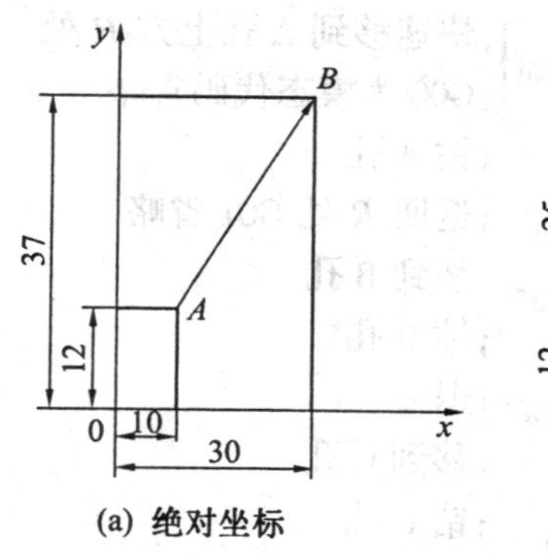

(a) 绝对坐标

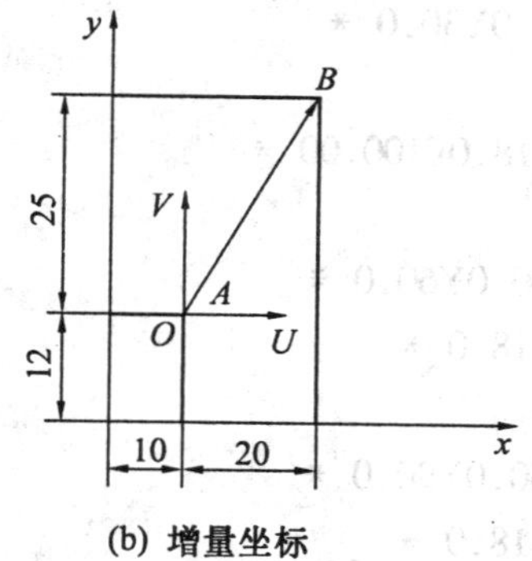

(b) 增量坐标

图 5.21 绝对坐标系与增量(相对)坐标系

5.3.3 手工编程举例

1.常用的 FANUC-3M-A 系统的基本 G 代码

(1) G00 为快速直线进给。该指令的作用是将刀具从起刀点快速移动到起始加工点。应注意,G00 的速度是由生产厂家设置的,固定不变,因此,该指令不需要速度参数。

(2) G01 为直线插补代码。G01 的作用是指令机床进行直线切削加工,如加工工件的直边或钻孔时的轴向进给等。它的程序段形式为

G01 X—Y—F—*

G01 Z—F—*

(3) G02 为圆弧插补(顺时针);G03 为圆弧插补(逆时针)。

这两个指令是用来加工圆弧的,只是加工时刀具走向不同。其程序段形式为

G02 X—Y—R—F—*

G03 X—Z—R—F—*

其中,X、Y、Z 为圆弧终点的位置参数。R 表示半径,当 $R>0$ 时表示劣弧;$R<0$ 时表示优弧。

2.数控编程举例

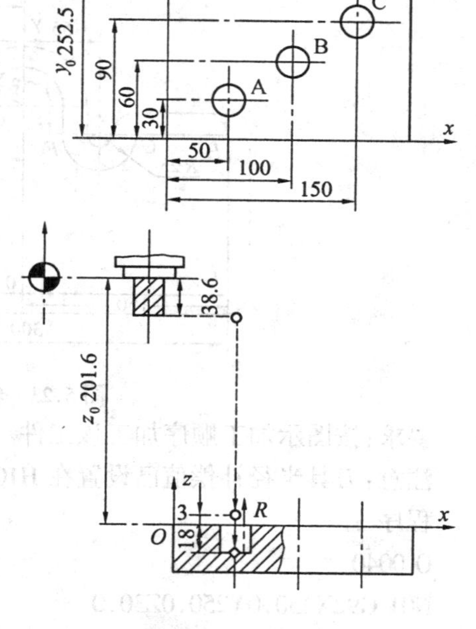

图 5.22 坐标系设定及点位加工示意图

(1) 点位加工举例。零件加工参数如图 5.22 所示。

条件:主轴转速已设定。

要求:由点 P 起刀,按顺序 A→B→C 加工之孔,然后返回点 P。

根据图 5.22,选择绝对值系统编程:

N01 G92X-101.3Y252.5Z201.6* ;设定坐标系

```
N02 G00X50.0Y30.0 *           ;快速移到 A 孔上方 R 处
N03 Z3.0 *                    ;G00 为模态代码省略
N04 G01Z-18.0F100.00 *        ;钻 A 孔
N05 Z3.0                      ;返回 R 处 G01 省略
N06 G00X100.0Y60.0 *          ;移到 B 孔
N07 G01Z-18.0 *               ;钻 B 孔
N08 3.0 *                     ;退刀
N09 G00X150.0Y90.0 *          ;移到 C 孔
N10 G01Z-18.0 *               ;钻 C 孔
N11 G00Z201.6 *               ;返回点 P(程序
N12 X-101.3Y252.5 M02         ;结束 M02)
```

(2) 轮廓加工举例。工件形状及参数如图 5.23 所示。

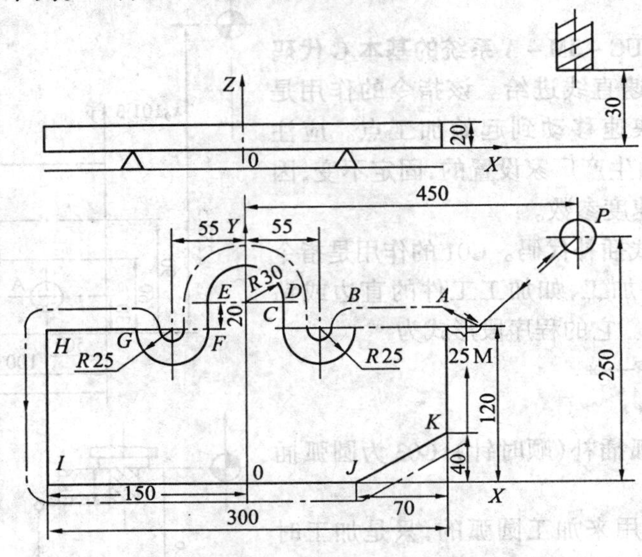

图 5.23　轮廓加工工件几何图形

要求:按图示加工顺序加工该工件。

注意:刀具半径补偿值已设置在 H10。

程序 :

```
O 0040 *
N01 G92X450.0Y250.0Z30.0 *          ;  设置坐标系
N02 G90G00X175.0Y120.0 *            ;  采用绝对值系统;快速定位于 M
N03 Z-6.0 M03 *                     ;  下刀,启动主轴(顺时针转动)
N04 G01G42X150.0H10F120.0 *         ;  切削至点 A,引入半径补偿
N05 X80.0 *                         ;  切削到点 B
N06 G39X80.0 Y0.0 *                 ;  点 B 尖角过渡
N07 G02X30.0R25.0 *                 ;  切削 BC 圆弧(半圆)
N08 G01Y140.0 *                     ;  切削 CD 线段
```

N09 G03X－30.0R30.0 ＊ ; 切削$\overset{\frown}{DE}$半圆
N10 G01Y120.0 ＊ ; 切削$\overline{EF}$段
N11 G02X－80.0R25.0 ＊ ; $\overset{\frown}{FG}$半圆
N12 G39X－150.0 ＊ ; 点 G 尖角过渡
N13 G01X－150.0 ＊ ; 切削$\overline{GH}$段
N14 G39X－150.0Y0.0 ＊ ; 点 H 尖角过渡
N15 Y0.0 ＊ ; 切削$\overline{HI}$段
N16 G39X0.0Y0.0 ＊ ; 点 I 尖角过渡
N17 X80.0 ＊ ; 切削$\overline{IJ}$段
N18 G39X150.0Y40.0 ＊ ; 点 J 尖角过渡
N19 X150.0Y40.0 ＊ ; 切削$\overline{JK}$段
N20 G39X150.0Y120.0 ＊ ; 点 K 尖角过渡
N21 Y126.0 ＊ ; 切削$\overline{KA}$段(有 6 mm 过切,以便形成尖角 A)
N22 G00G40X450.0Y250.0 ＊ ; 返回点 P,取消半径补
N23 Z300.0M02 ＊ ; 偿,程序停止。

5.4 数控机床与现代制造技术

当初,为适应单件小批量生产自动化需要而产生和发展起来的数控机床,它的出现标志着传统制造技术变革的开始,具有划时代的重要意义。随着微电子、计算机、数字控制、自动检测等技术的迅速发展,而使数控机床正逐步向功能集成化、工艺复合化方向演变,随着现代机械工业的自动化进程的深化,数控技术与机械制造业的关系就愈密切。可以说数控技术是现代制造技术的基石之一。

目前,在现代生产制造业中,主要发展方向有 DNC 系统、FMS 系统和 CIMS 系统等,由此可看出数控机床在现代制造业中所占位置的重要程度。

5.4.1 DNC 系统

DNC 系统即为分布式数控或群控系统,它是用一台计算机控制多台数控机床的系统。它的结构如图 5.24 所示。

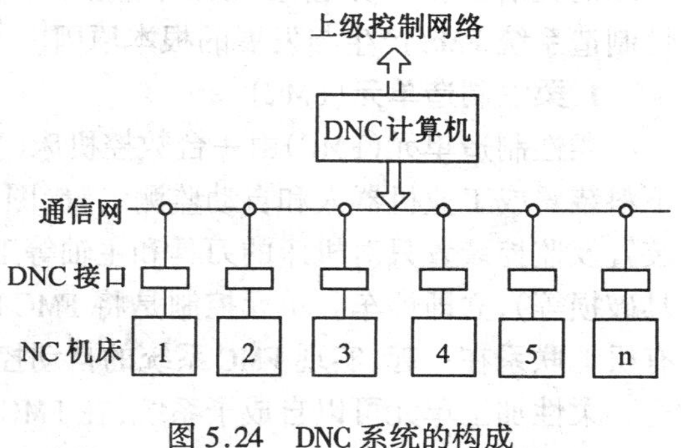

图 5.24 DNC 系统的构成

20 世纪 60 年代末以来,数控机床在中小批量生产中的应用越来越普遍,由于零件种类的增多,品种更换频繁,以至于穿孔带的数量越来越多,给程序的编制和检验都带来很大的不便,严重影响数控机床的生产效率。为此,世界各国纷纷寻求解决途径,开始研制并使用通用计算机经改造后作为主计算机实现对数台数控机床中的数据进行集中管理和控制信息的自动输入,并逐渐演变成 DNC 系统。DNC 系统投入生

产后,使数控机床的开工率提高到 50% ~ 70%,生产率提高 1 倍以上。

1.DNC 分类

根据 DNC 系统主计算机与数控机床的连接方式,分为直接型 DNC 系统和间接型 DNC 系统。在直接型 DNC 系统中,数控装置只配备伺服驱动电路等,而控制装置,数控装置的插补运算等功能集中由主计算机承担。直接型 DNC 系统的系统控制比较复杂,由于受控数控机床不能脱离主计算机独立工作,系统的灵活性降低,可靠性差,因此逐渐被间接型 DNC 系统取代。间接型 DNC 系统的主计算机的基本功能是管理工件加工程序和有关控制数据,通过接口装置将控制程序分别送达受控机床的 NC 装置,控制加工过程的进行。间接型 NDC 系统中的各受控机床可以单独使用,因此具有较高的灵活性和可靠性,成为现代 DNC 的主要类型。

2.DNC 系统特点

DNC 系统不仅可以减少编程量,而且还可以把车间内各数控机床联系起来,形成一个大的数控加工系统,以适应大规模加工的需要。

DNC 系统的特点如下:

(1) 可实现非实时分配数控数据,便于实现车间的监控和管理,同时也便于 DNC 系统向综合自动化系统转化。

(2) DNC 系统可采用局部网络技术进行通信,因此,DNC 系统扩展方便。

(3) DNC 便于与数据采集系统结合,这样,有利于对加工质量和机床状态进行实时控制。

3.DNC 系统的发展

随着电子计算机技术的发展,DNC 系统主计算机的功能不断增强和扩展,除对零件加工程序和数控参数进行管理外,还能进行数控程序的计算机辅助设计和检验;与数控机床、自动仓库、切削刀具、夹具的管理相结合,还可以对物料流进行自动控制,从而为更高级的制造系统的发展奠定技术基础。

5.4.2 柔性加工单元(FMC)和柔性制造系统(FMS)

早期的自动化生产线采用高度机械化,适用于大批、大量零件的生产,具有很高的生产效率。刚性自动化生产线的加工对象专一,灵活性极低。数控机床具有较大的柔性,调整快速、方便,能完成自动加工,对多品种、小批量和产品的快速更换具有较强的适应性。将数控机床的灵活性和自动化生产线的高生产率有机地结合起来,这就是柔性制造单元 FMC 和柔性制造系统 FMS 产生与发展的根本原因。

1.柔性制造单元(FMC)

柔性制造单元(FMC)由一台数控机床(主要是加工中心)进行功能扩展,并配备自动上、下料装置或工业机器人和自动监测装置(图 5.25)。加工中心是 FMC 的主体,自动上、下料装置及监控装置只对机床的刀具和主轴等工作状态进行检测和控制,发现故障(如过载、刀具破损等),立即停车。单元控制是将 FMC 的加工中心、自动上、下料装置和自动监测装置有机地联系在一起,实现 FMC 系统的自动控制。

柔性加工单元可以自成子系统,在 FMC 系统的自动化生产过程中能完整地完成某个规定功能,即可成为柔性加工系统 FMS 的加工模块。FMC 一般具备如下基本功能:

(1) 通过传感器对工件进行自动识别，对不合格产品自动淘汰。

(2) 对切削状态、刀具磨损和破损、主轴热变形等进行监控，自动测量和补偿。

(3) 与工业机器人、托盘交换站等配合，实现工件的自动装卸。

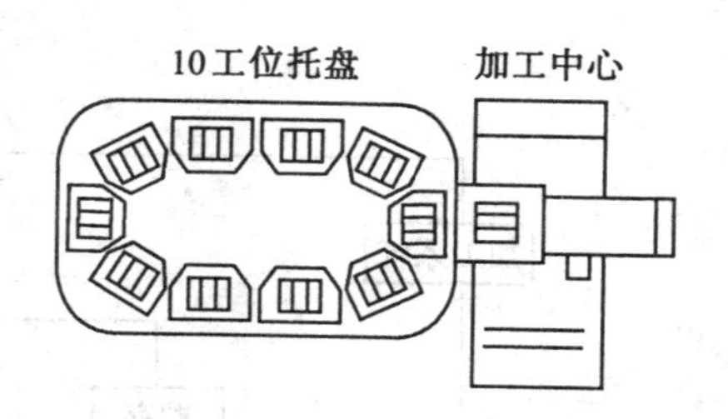

图 5.25　具有托盘交换系统的 FMC 示意图

FMC 在计算机控制下，将加工中心与工业机器人等自动化设备联系在一起，具有自动加工、自动换刀、自动检测、自动补偿以及工件的自动装卸等功能。FMC 作为独立的生产设备，具有小规模、低成本、高效率等优点，广泛应用于中小型企业中。

2. 柔性制造系统(FMS)

加工中心具有良好的柔性，但一台机床往往不能完成零件的全部加工。传统的自动化生产线能完成大量工序的加工，但缺乏柔性，只适用于大批量生产。为实现生产的柔性自动化，将上述自动化生产线与数控机床相结合，开发出柔性加工系统。柔性制造系统 FMS(见图 5.26)是将一组数控机床通过自动物料(包括工件和刀具等)储运系统连接在一起，由分布计算机系统进行综合管理与控制的自动化制造系统。柔性制造系统没有固定的加工顺序与节拍，能随机地进行不同工件的加工，实现物料的自动搬运，适时地进行生产调度，从而使系统自动地适应零件品种的更换和产量的变化。

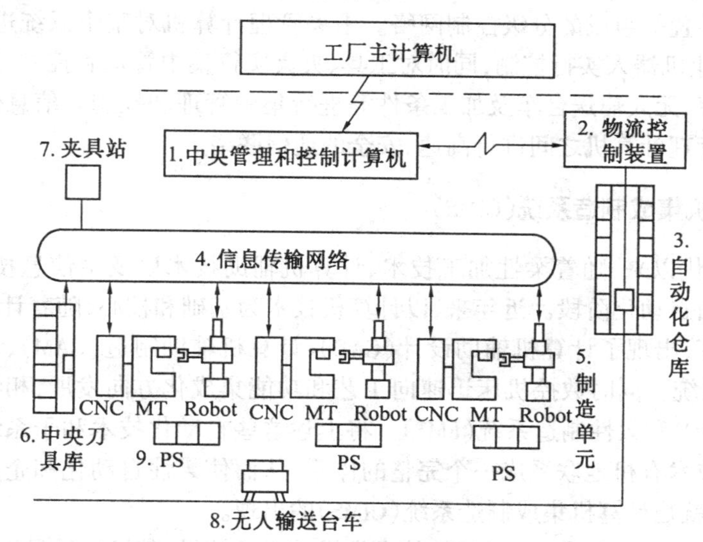

图 5.26　柔性制造系统结构框图

FMS 系统一般由加工系统、物流系统和信息流系统组成。如图 5.27 所示。

(1) 加工系统，多数由加工中心和工业机器人等组成，是 FMS 的核心，通常都能构成子系统，能完整地执行系统中一个自动化加工过程。加工系统一般都具有与 FMC 相近似的功能，如自动加工、自动换刀、自动检测、自动补偿，以及工件的自动安装、定位等。

(2) 物流系统，即传送系统，又称物料储运系统，进行工件、夹具等各类物料的出入库和装卸工作。基本单元有自动化仓库，无人输送车，工、夹具站和随行工作台站等。自动化仓

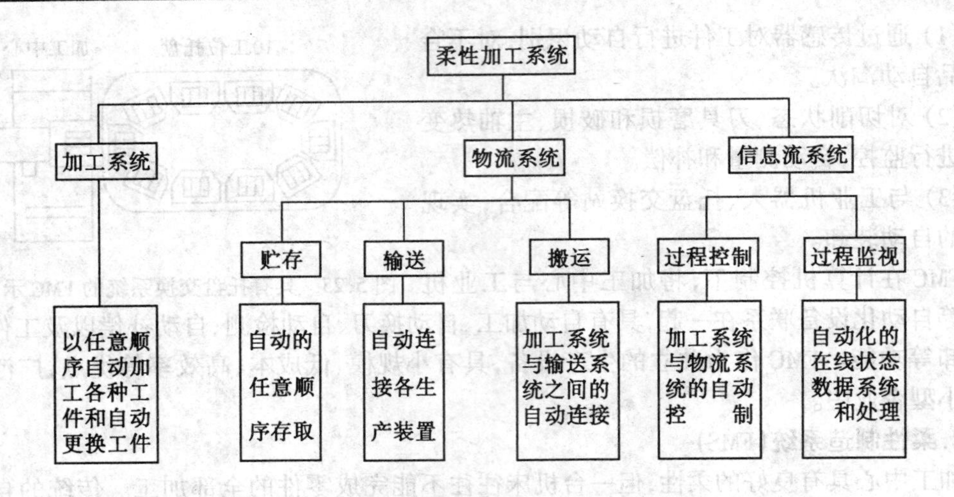

图 5.27　柔性加工系统的组成

库是将加工用毛坯、半成品或成品进行自动存储和自动调置的仓库。无人输送车是联系数控机床与自动化仓库的输送工具,能完成物资的运输和出入库等工作。工、夹具站是工具和夹具的集中管理点。随行工作台在系统中起过渡作用,并根据系统的指令在存放站实现工件的存放和自动转移等功能。

(3) 信息流系统即控制系统,是由中央管理计算机、物流控制计算机、信息传递网络和配套设备的控制装置等组成的分级控制网络。中央管理计算机对整个系统进行监控,包括对 CNC 机床和工业机器人实行控制,同时对工具、夹具实行集中管理和控制等;物流控制计算机对自动化仓库、无人输送台车及加工条件等进行集中管理和控制。信息传递网络在各 CNC 机床与中央管理计算机之间进行高速、安全的通信联络。

5.4.3　计算机集成制造系统(CIMS)

20 世纪 80 年代以来,随着柔性加工技术、计算机辅助技术以及主信息技术的发展,机械制造业进入全面自动化阶段。近年来,以计算机技术为基础和核心,随着计算机辅助工程的深入开发和拓宽,出现了计算机辅助设计(CAD)、计算机辅助制造(CAM)、计算机辅助质量管理(CAQ)等系统。同时数控机床迅速向工艺和功能集成化方向发展,相继研究制造了柔性加工单元(FMC)和柔性制造系统(FMS)。将上述这些自动化技术和子系统通过计算机和现代信息通信技术有机地联系成一个完整的体系,从而使柔性自动化和企业生产管理产生了质的飞跃,这就是计算机集成制造系统(CIMS)的出现。

CIMS 作为 FMC、FMS 以及 CAD/CAM 技术发展的必然结果,其思想最早于 20 世纪 70 年代提出。企业生产过程实质上是一个信息的采集、传递和加工处理的过程,因此最终生产的产品可以视为信息的物质表现;企业生产的各个环节,包括市场调查和分析、产品构思和设计、加工制造、经营管理、售后服务等全部过程是一个不可分割的有机整体。代表着生产自动化发展方向的 CIMS 思想体系正是基于上述内容而提出,并受到学术界和企业界的高度重视,被认为是现代企业发展的哲理和构想。由于得到技术和经济两大动力的推动,CIMS 在现代生产加工中得到了迅速的发展。

CIMS 是把生产厂的生产管理、产品开发、制造等全部功能用计算机进行高度综合化管理，具有对市场的高度适应性，生产短周期、低成本、高质量等经济指标的自动化生产系统。CIMS的主要特征是信息流自动化和系统的智能化。从功能角度来看，CIMS包括工程设计系统（CAD）、加工制造系统（FMC、FMS）和经营管理系统；它们在数据库和通信网络（PB/NET）支持下形成完整的集成化系统，实现信息流和物料流的自动传递、处理和变换，如图5.28所示。

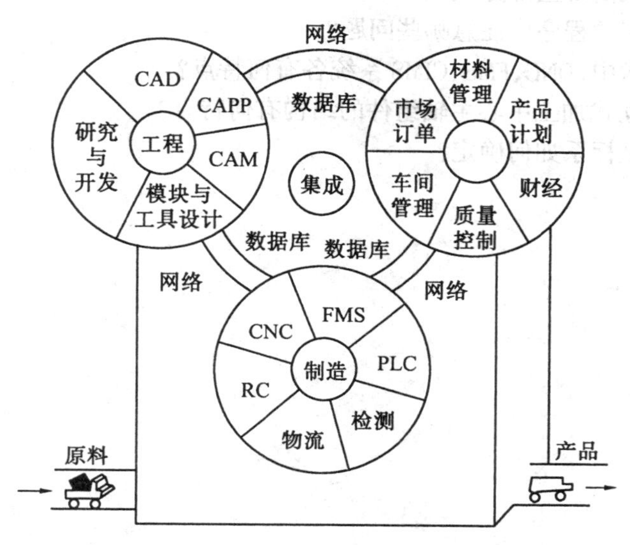

图 5.28 CIMS技术集成关系图

1.工程设计系统

利用计算机辅助设计技术进行产品开发与生产所需技术的准备工作，向加工制造和经营管理提供所需技术的信息的集成化CAD/CAPP/CAM系统。

计算机辅助设计CAD是工程设计系统的核心。其内容包括：以专家系统或知识库支持的产品方案设计；以三维实体造型支持的结构设计和各类工程分析；以自动绘图支持的产品详细设计等。计算机辅助工艺规程设计（CAPP）是利用计算机检索或决策逻辑，自动查阅资料、分析、判断和决策，完成零件的工艺规程设计。计算机辅助制造（CAM）应用了计算机辅助功能完成以数控机床为主体的智能化生产设备的自动程序编制，实现了生产的高效率。

2.加工制造系统

加工制造系统是以FMC和FMS为主体和基础，对加工过程进行计划、调整和控制，实现生产加工与管理的柔性自动化系统。

3.计算机辅助生产管理（CAPM）

利用计算机辅助管理对市场信息、产品设计和工艺设计信息、生产活动信息等进行及时的采集、存储、处理和反馈等工作，保证生产过程的协调、有序和高效。

CIMS是以多品种、小批量产品为主要对象，以计算机技术为核心，具有高度自动化、模块化和柔性化的集成生产系统。CIMS实质上成为一种使企业实现主体优化的理想模式，推动企业最大限度地发挥企业内部的各种潜能，从而获得最大的经济效益。CIMS作为未来的机械制造业的一幅蓝图，成为现代加工生产的战略目标，在柔性自动化发展的进程中必将拥有更广阔的前景。

习题与思考题

1. 数控机床有何特点?
2. 简述数控机床的工作原理。
3. 数控机床一般由哪些部分组成?
4. 编制数控机床的程序应注意哪些问题?
5. 现代制造技术中,DNC、FMS、CIMS系统各有何特点?
6. JCS－018型立式加工中心主轴组件的结构有何特点?
7. 数控机床的坐标系如何确定?

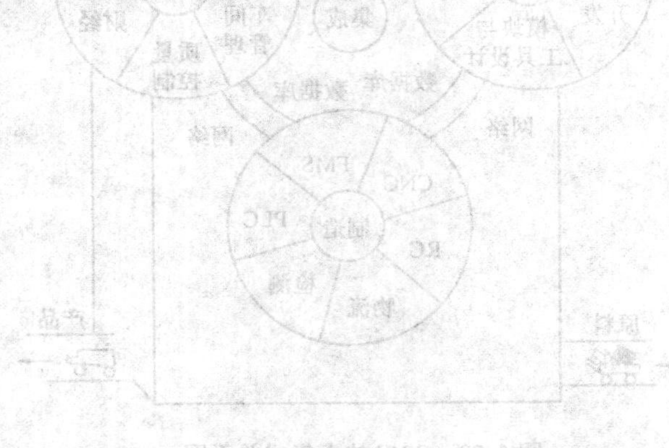

第六章　其他机床

在机械制造工业中，由于被加工零件形状和表面以及精度要求的不同而发展、产生了种类繁多的金属切削机床。除前几章介绍的几种机床外，在生产实际中还大量使用铣床、磨床、钻床、镗床以及直线运动机床等。

6.1　铣　　床

6.1.1　铣床的特点及分类

1. 铣床的特点

铣床是用铣刀进行切削加工的机床，它的加工范围十分广泛。采用各种不同的铣刀，可实现多种表面的加工，如平面、斜面、沟槽、成形表面、花键、齿轮轮齿、螺旋面、凸轮、T形槽、燕尾槽等。

在铣床上，主轴带动铣刀的旋转为主运动，工作台带动工件按一定规律作进给运动。

由于铣刀是一种多刃刀具，因此，在铣削过程中，每个刀刃的切削过程是不连续的。每齿的切削厚度以及同时参加切削的齿数都是变化的。这种情况极易产生振动。

2. 铣床的分类

铣床的加工范围很广、种类也很多。主要类型有：

(1) 升降台铣床。主要特征是安装工件的工作台带有升降台(图6.1)。该升降台可沿床身上的导轨作上、下移动。因此工作台可实现前后、左右、上下任一方向的进给运动。安装铣刀的主轴仅作旋转运动，其位置一般固定不动。

升降台铣床是应用最广泛的一种铣床。这种机床可用于加工中、小型零件的平面、斜面、沟槽等。配置相应的附件，还可铣削螺旋槽、齿轮轮齿等。另外，这种机床加工范围广、功能齐全、操作方便，因而被广泛应用于单件小批量生产制造业中。

升降台铣床有卧式升降台铣床、万能升降台铣床和立式升降台铣床三大类，图6.1(a)、(b)所示为卧式升降台铣床和立式升降台铣床。

(2) 龙门铣床。龙门铣床是一种大型铣床，它具有龙门式框架，适宜于大型工件的加工。如图6.3所示。在龙门铣床的横梁和立柱上安装具有独立主运动的铣削头，一般在龙门铣床上有三四个铣削头。每个铣削头都包括单独的驱动电动机、变速机构、传动机构及主轴部件。加工时，工作台带动工件作纵向进给运动，工件从铣刀下通过后，工件被加工出来。在龙门铣床上可能用多个铣头，同时加工几个表面。因此，龙门铣床的生产率比较高。它在成批和大量生产中得到了广泛的应用。

(3) 仿形铣床。用于加工各种成形表面，如盘形凸轮、曲线样板以及各种复杂的模具等。它是一种自动化程度较高、结构较为复杂的机床。

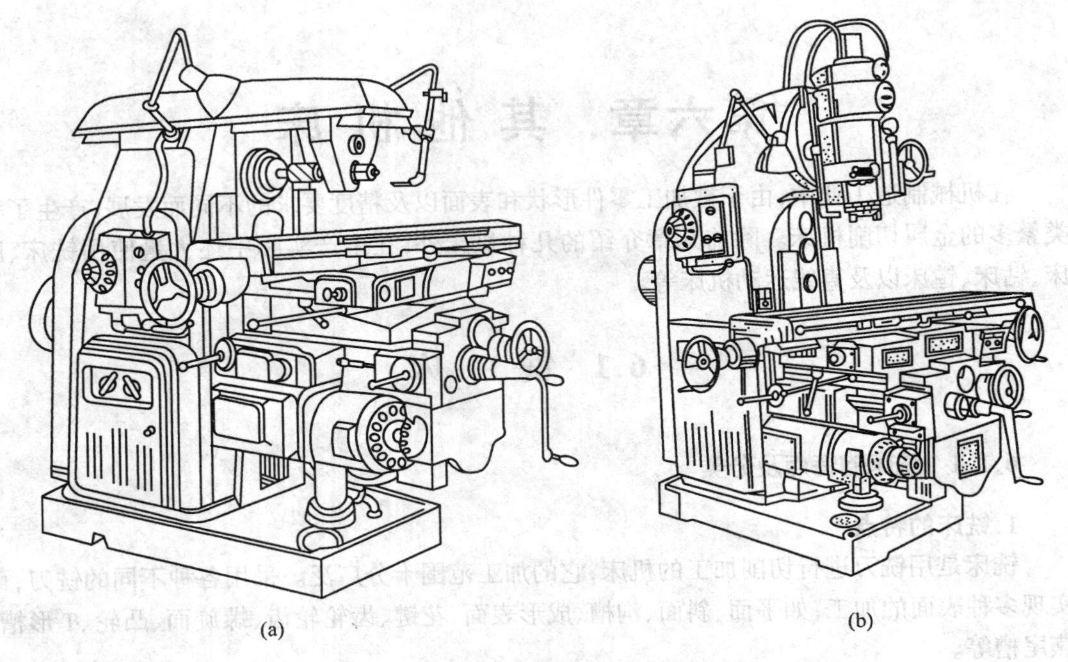

图 6.1　升降台铣床

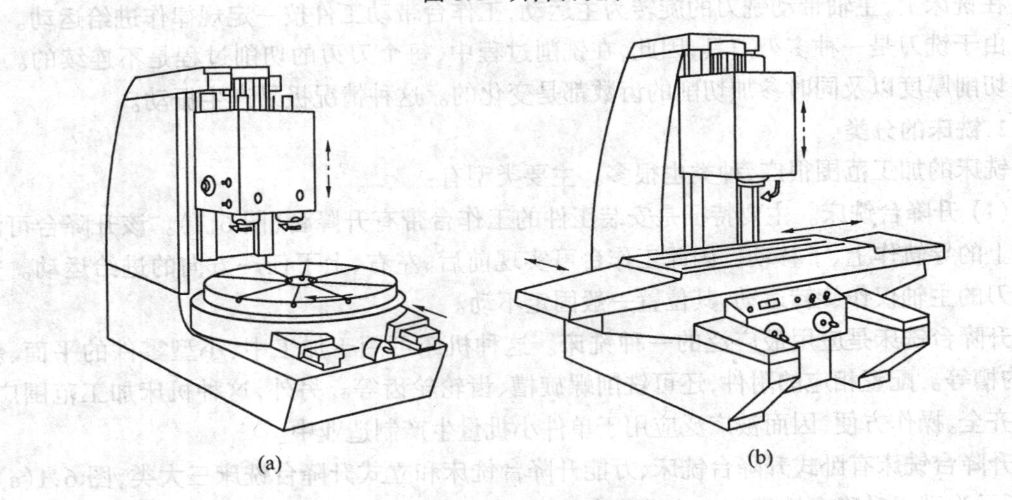

图 6.2　工作台不升降铣床

仿形铣床的工作原理如图 6.4 所示。靠模与被加工零件同装在固定的工作台上。仿形触头与靠模(与工件形状相同)接触,由触头发出的信号经过放大,驱动铣床主轴,并带动铣刀在 x 方向与触头同步动作;在 y 方向触头与铣刀刚性连接在铣头上,同步移动。这样,在 y 方向切完后,工件沿 z 方向作进给运动,然后再重复上述过程,直至将工件加工完。

(4) 工具铣床。工具铣床主要用于加工夹具零件、各种切削刀具及各种模具。其中最常用的是万能工具铣床。

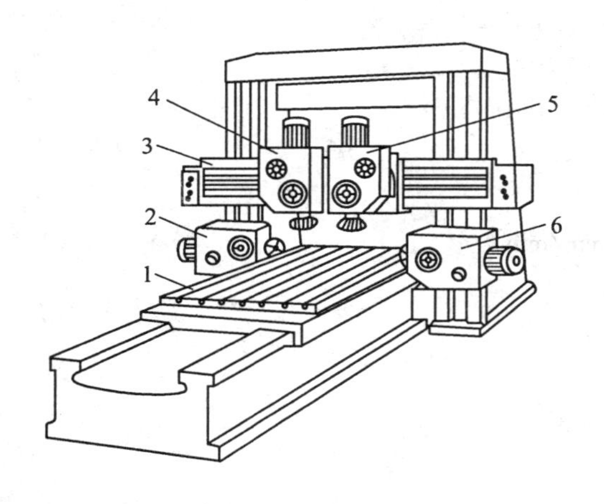

图6.3　龙门铣床

1—工作台；2、6—水平铣头；3—横梁；4、5—垂直铣头

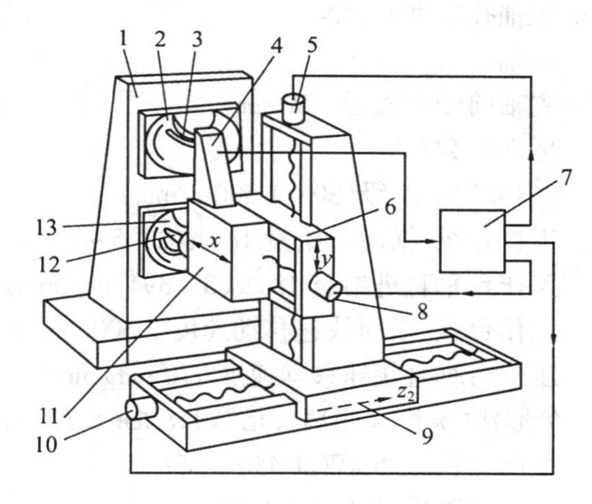

图6.4　仿形铣床工作原理图

1—工作台；2—靠模；3—触头；4—支架；5、8、10—电动机；6—升降台；7—放大器；9—溜板；11—主轴箱；12—主轴；13—工件

如图6.5所示，万能工具铣床的横向进给运动由主轴的移动来实现，纵向及垂直方向进给运动由工作台及升降台移动实现。另外，该类机床还备有万能角度工作台、圆工作台、分度头、立铣头、平面虎钳等多种附件。因此，万能工具铣床具有广泛的用途，能充分发挥一机多能的作用。

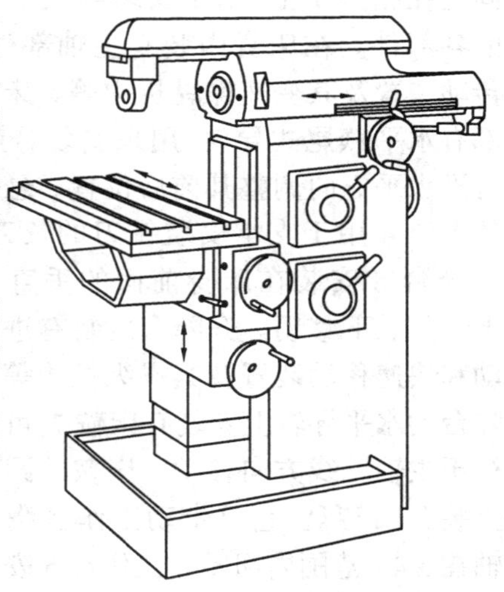

图6.5　万能工具铣床

除了上述的几种铣床外，目前，数控铣床在机械加工业中也得到了广泛应用。这种机床自动化程度高、加工质量好、生产率高、加工范围广。另外还有加工键槽、花键、轧辊等专用铣床。

6.1.2　X6132型卧式升降台铣床

1.机床的用途及主要技术参数

卧式升降台铣床（与老型号X62W型万能升降台铣床完全相同）属于通用机床，加工范围广泛。利用各种圆柱铣刀、盘铣刀、端铣刀、成形铣刀、角度铣刀等来铣削各种平面、斜面、成形表面、沟槽及齿轮、螺旋槽等。

X6132型卧式升降台铣床的主要技术参数为

主要规格（工作台面积）：320 mm × 1 250 mm

加工范围：

主轴中心线至工作台面距离　30 ~ 350 mm

床身垂直导轨至工作台中心距离　215 ~ 470 mm

主轴：

主轴孔锥度　7:24

主轴孔径　29 mm

主轴前轴承直径　90 mm

运动参数:

主轴转速 18 级(30 ~ 1 500 r/min)

工作台纵、横向进给量 18 级(23.5 ~ 1 180 mm/min)

工作台垂直进给量 18 级(8 ~ 394 mm/min)

工作台纵、横向快速移动速度 2 300 mm/min

工作台垂直快速移动速度 770 mm/min

T 形槽(宽度 × 距离 × 槽数)18 mm × 70 mm × 3

主电动机:7.5 kW,1 440 r/min

进给电动机:1.5 kW,1 400 r/min

冷却电动机:0.125 kW,2 790 r/min

外形尺寸(长 × 宽 × 高):2 294 mm × 1 770 mm × 1 610 mm

2. 机床的组成与布局

机床的布局如图 6.6 所示。床身 2 固定在底座 1 上,用于安装与支承机床的各部件。在床身内装有主轴部件、主传动装置及其变速操纵机构等。床身顶部有水平燕尾式导轨,用来安装悬梁 3,可沿水平方向调整其前后位置。悬梁上的支架 4 用于支承安装铣刀的长刀杆。升降台 8 安装在床身前面的垂直导轨上,可上、下移动。升降台内装有进给运动和快速移动装置及其操纵机构等。升降台的水平导轨上安装有床鞍 7,可沿平行于主轴轴线方向移动。床鞍的圆导轨上装有回转盘,它可带动工作台绕垂直轴在 ± 45°范围内回转。工作台 5 安装在回转盘的直线导轨上。工作台用来安装工件,上面有三条 T 形槽。台面四周有槽,铣削时冷却润滑液沿着它流回底座。

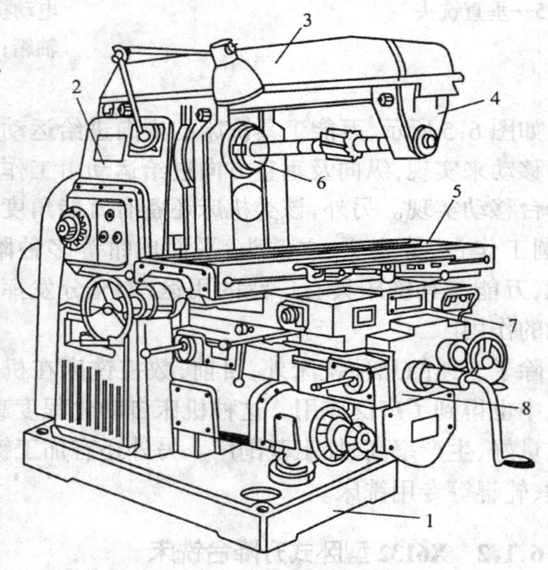

图 6.6　卧式升降台铣床

1—底座;2—床身;3—悬梁;4—支架;5—工作台;6—主轴;7—床鞍;8—升降台

3. 机床的主运动传动系统

主运动传动系统是把主电动机的运动及转矩传给主轴,并带动装在主轴上的铣刀实现旋转主运动。主运动链的两端件是主电动机和主轴。主轴的启动、反转利用电动机实现,主轴的制动利用Ⅰ轴上的电磁制动器 M 实现,主轴变速利用各轴之间的滑移齿轮来实现。

X6132 型卧式升降台铣床的传动系统图如图 6.7 所示。由图可知,主电动机的运动和转矩经弹性联轴器传至主轴箱中的Ⅰ轴。经Ⅱ轴上的三联滑移齿轮、Ⅳ轴上的三联滑移齿轮和二联滑移齿轮实现变速,最后使主轴得到 18 级不同的转速。

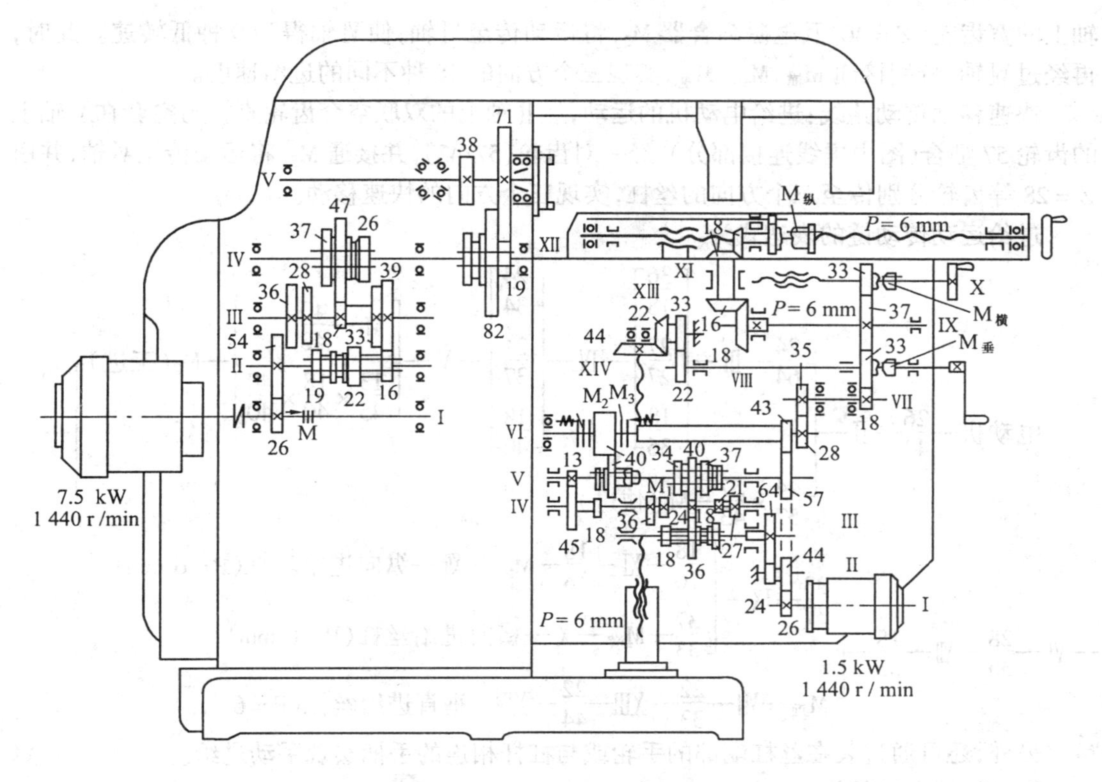

图 6.7　X6132 型卧式升降台铣床传动系统图

主运动传动链的表达式为

$$\text{主电动机}—\mathrm{I}—\frac{26}{54}—\mathrm{II}—\begin{bmatrix}\frac{22}{33}\\ \frac{19}{36}\\ \frac{16}{39}\end{bmatrix}—\mathrm{III}—\begin{bmatrix}\frac{39}{26}\\ \frac{28}{37}\\ \frac{18}{47}\end{bmatrix}—\mathrm{IV}—\begin{bmatrix}\frac{82}{38}\\ \\ \frac{19}{71}\end{bmatrix}—\mathrm{V}(\text{主轴})$$

4.机床的进给运动和快速移动传动系统

进给运动和快速移动传动系统的作用是把进给电动机的运动转换成工作台的纵向、横向和垂直三个方向的运动。该系统的主要传动件都安装在升降台内部。纵、横、垂直三个方向的运动,是通过分别接通牙嵌式离合器 $M_{纵}$、$M_{横}$、$M_{垂}$ 来实现的。工作台的三个方向的运动又分工作进给和快速移动两种情况。该运动方向的改变是通过改变进给电动机的旋转方向来实现。另外,三个方向的运动是用机械和电气的方法实现互锁,使之同一时刻只能接通某一方向的运动,以防止因误操作而发生事故。

工作进给传动路线:进给电动机的运动,经过Ⅱ轴上的双联空套齿轮传至Ⅲ轴,Ⅲ轴上的三联滑移齿轮与Ⅳ轴上的相应齿轮啮合,使Ⅳ轴得到 3 级不同的转速。再经过Ⅴ轴上的三联滑移齿轮与Ⅳ轴相应齿轮啮合,可使Ⅴ轴得到 9 级不同转速。从Ⅴ轴到Ⅵ轴有两种不同的进给传动路线:一条是高速进给路线,即Ⅴ轴上的牙嵌式离合器 M_1 接通,由一对 40/40 的齿轮和电磁离合器 M_2 直接将Ⅴ轴运动传到Ⅵ,使Ⅵ轴获得 9 级高转速;另一条是低速进给路线,即 M_1 脱开,Ⅴ轴的运动经左端齿轮($Z=13$)、空套在Ⅳ轴上的双联齿轮、空套在Ⅵ

轴上的宽齿轮($Z=40$)及电磁离合器 M_2,将运动传至Ⅵ轴,使Ⅵ轴得到9种低转速。此时,再经过Ⅶ轴,分别接通 $M_{横}$、$M_{纵}$、$M_{垂}$,实现三个方向的18种不同的进给速度。

快速移动传动路线:进给电动机的运动,经Ⅱ轴上的双联空套齿轮直接与空套在Ⅴ轴上的齿轮57啮合(图中虚线连接部分),经一对齿轮(57/43),并接通 M_3,将运动传至Ⅵ轴,并由 $Z=28$ 等齿轮分别传至三个方向的丝杠,实现三个方向的快速移动。

进给运动传动链的表达式为

$$\text{电动机}-\frac{26}{44}-\text{Ⅱ}-\left[\begin{array}{l}\frac{24}{64}-\text{Ⅲ}-\left[\begin{array}{c}\frac{36}{18}\\ \frac{27}{27}\\ \frac{18}{36}\end{array}\right]-\text{Ⅳ}-\left[\begin{array}{c}\frac{24}{34}\\ \frac{21}{37}\\ \frac{18}{40}\end{array}\right]-\text{Ⅴ}-\left[\begin{array}{c}M_1-\frac{40}{40}\\ \frac{13}{45}\times\frac{18}{40}\times\frac{40}{40}\end{array}\right]-M_2(\text{工进})\\ \frac{44}{57}\times\frac{57}{43}-M_3(\text{快进})\end{array}\right]-$$

$$-\text{Ⅵ}-\frac{28}{35}-\text{Ⅶ}-\frac{18}{33}-\left[\begin{array}{l}\frac{33}{37}-\text{Ⅸ}-\left[\begin{array}{l}\frac{18}{16}-\text{Ⅺ}-\frac{18}{18}-M_{纵}-\text{Ⅻ}-\text{纵向进给丝杠}(P=6\ \text{mm})\\ \frac{37}{33}-M_{横}-\text{Ⅹ}-\text{横向进给丝杠}(P=6\ \text{mm})\end{array}\right.\\ M_{垂}-\text{Ⅷ}-\frac{22}{33}-\text{ⅩⅢ}-\frac{22}{44}-\text{ⅩⅣ}-\text{垂直进给丝杠}(P=6\ \text{mm})\end{array}\right.$$

另外,还可通过装在丝杠端部的手轮或与杠杆相连的手柄实现手动进给。

5.机床的主轴部件

主轴组件是铣床的工件部件,是重要部件之一。它是由主轴、主轴轴承和安装在主轴上的齿轮及飞轮等零件组成。铣削时,由主轴带动装在前端的铣刀回转,实现机床的主运动。由于铣刀是多刃刀具,每个刀刃断续地参加切削,切削力呈周期性变化,容易引起振动。因此,要求主轴部件有较高的刚性及抗振性。同时,也要保证主轴的旋转精度、耐磨性和热稳定性。

图6.8是X6132型卧式升降台铣床的主轴箱展开图。

图6.9是该机床的主轴组件图。它采用三支承结构型式以提高其刚性。其中以前、中支承为主要支承,后支承为辅助支承。前支承选用P5(旧D)级精度的双列圆柱滚子轴承,用以承受径向力;中间支承选用两个P6(旧E)级精度的角接触轴承,用以承受径向力和两个方向的轴向力;后支承为一P7(旧G)级精度的深沟球轴承,仅承受一定的径向力。三支承中,主支承预紧,辅助支承则保持游隙。主轴轴承间隙的调整可通过各自的锁紧螺母来实现。

主轴为一空心轴,前端有精密的定心锥孔(锥度为7:24)、精密的端平面和定心外圆柱面,它们是安装铣刀刀杆或端铣刀的定位面。主轴前端面上装有两个矩形的端面链,用于将主轴的转矩传递给刀具。

在主轴后部通过键与主轴连接在一起的铸铁圆盘称为飞轮。因为铣削是间断切削,会引起振动。利用此飞轮的惯性,可以增加主轴的抗振性,提高主轴的工作平稳性,从而提高刀具寿命和改善表面的加工质量。

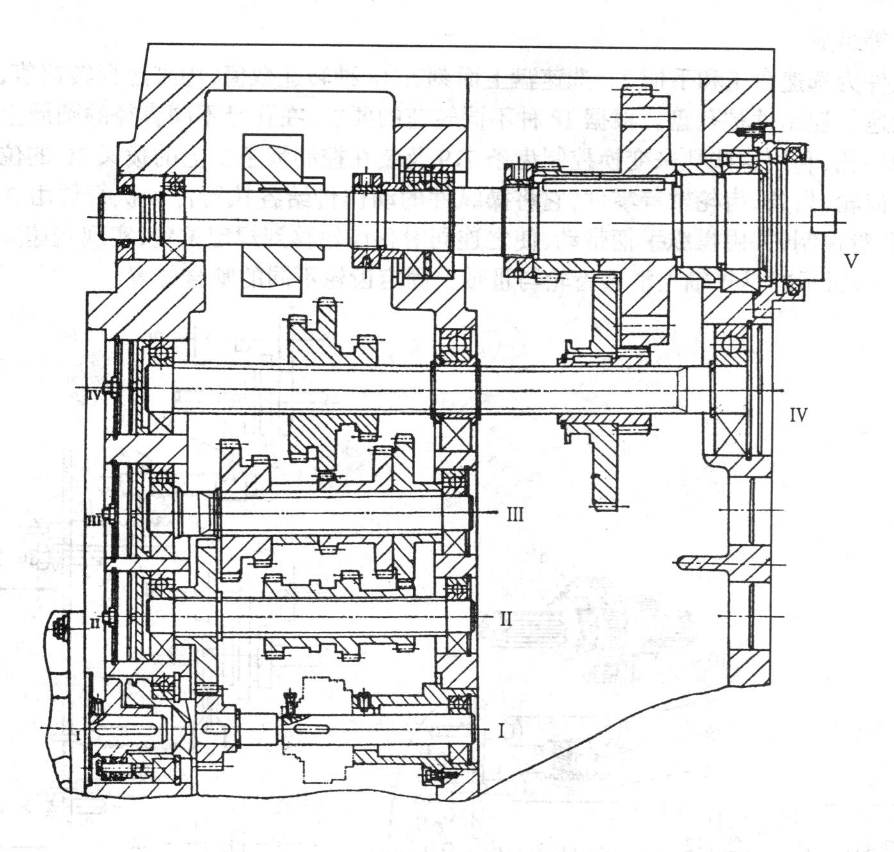

图 6.8　X6132 型卧式升降台铣床主轴箱展开图

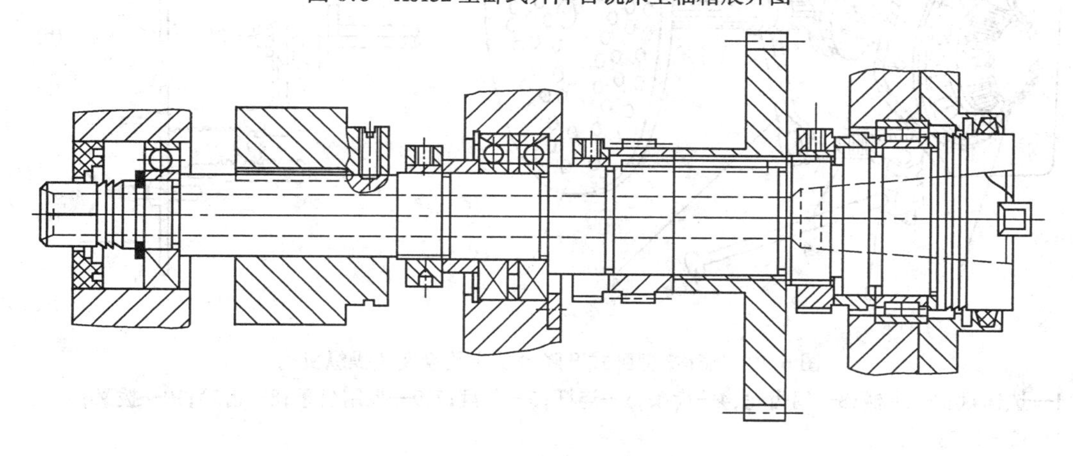

图 6.9　X6132 型卧式升降台铣床主轴组件图

6.主轴变速操纵机构

X6132 型卧式升降台铣床是用孔盘集中变速操纵机构，改变主轴箱中Ⅱ轴和Ⅳ轴上的 3 个滑移齿轮的位置，使主轴获得 18 种不同的转速。这种机构自成为一个独立部件，装在床身左侧的窗口上。

图 6.10 所示的是该机床主轴变速操纵机构结构图。它主要由操纵件、控制件、传动件

及执行件等组成。

操纵件为选速盘 1 和手柄 2。选速盘上面刻有 18 种转速数值,用来选择转速值,手柄用来实现变速。控制件是孔盘。根据 18 种不同转速的要求,在孔盘不同直径的圆周上钻有两种直径的小孔,利用这些孔来变换控制齿条 7、9 及装在控制齿条 9 上的拨叉 10 的位置。传动件包括齿轮、齿条、齿轮轴等零件,它将操纵件的动作传给各执行件。执行件由 3 个拨叉组成,由孔盘控制,并由操纵手柄带动,使之连同滑移齿轮移到规定位置,实现变速要求。图(a)、(b)、(c)所示的是Ⅳ轴上滑移齿轮与Ⅲ轴上固定齿轮不同的啮合位置。

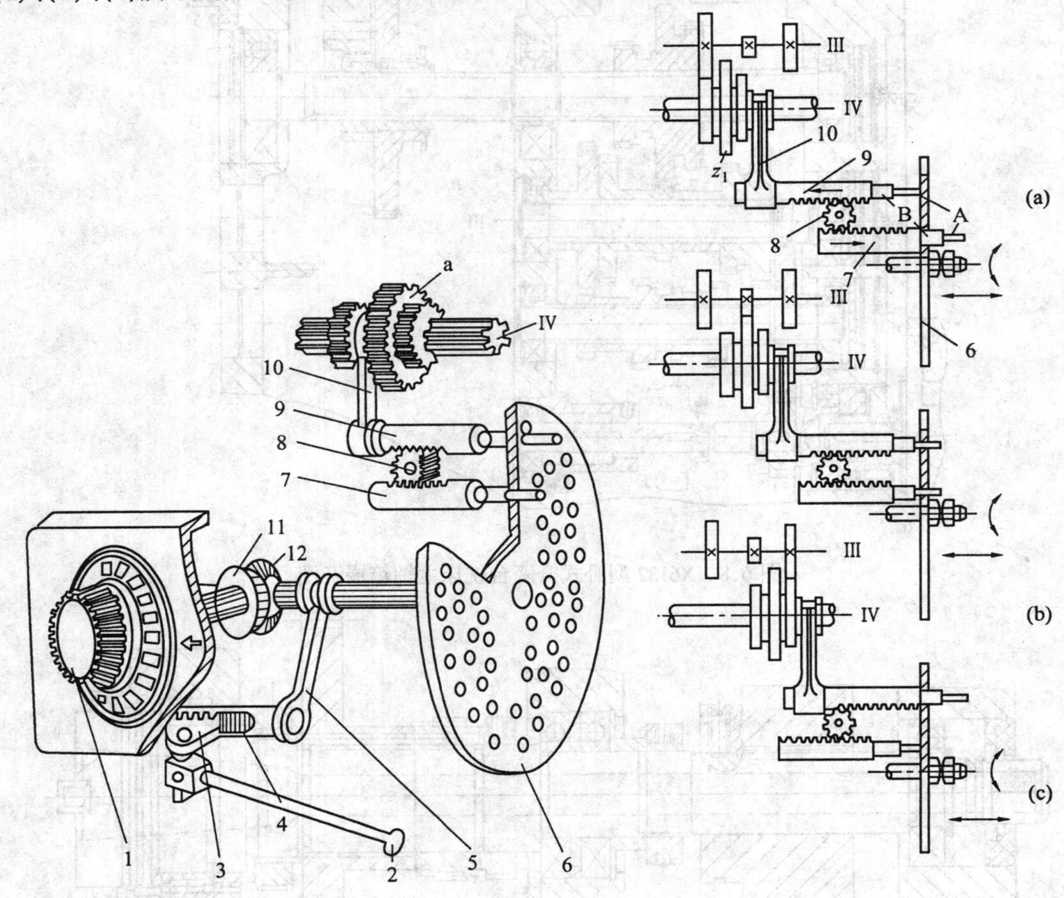

图 6.10　X6132 型卧式升降台铣床孔盘变速操纵机构

1—选速盘;2—手柄;3—扇齿轮;4—齿条;5—连杆;6—孔盘;7、9—控制齿条;8—齿轮;10—拨叉;11、12—齿轮

6.2　磨　　床

所有用砂轮、砂带、油石、研磨剂等为工具对金属表面进行加工的机床,统称磨床。

磨床的加工特点是可以获得高的加工精度和细的表面粗糙度,因此,磨床主要用于零件的精加工工序,特别是淬硬钢件和高硬度特殊材料的零件表面。随着科学技术的不断发展,对仪器、设备零部件的精度和表面粗糙度要求越来越高,各种高硬度材料的应用日益增多,以及由于精密铸造和精密锻造技术的不断发展,有可能将毛坯不经其他切削加工而直接由磨床加工后形成成品。因此,现代机械制造业中磨床的使用越来越广泛,磨床在机床总量中的比重也在不断上升。

由于被加工零件的加工表面、结构形状、尺寸大小和生产批量的不同,磨床也有不同的种类。主要类型有:

(1) 外圆磨床:主要用于磨削外回转表面。

(2) 内圆磨床:主要用于磨削内回转表面。

(3) 平面磨床:用于磨削各种平面。

(4) 导轨磨床:用于磨削各种形状的导轨。

(5) 工具磨床:用于磨削各种工具,如样板、卡板等。

(6) 刀具刃具磨床:主要用于刃磨各种刀具。

(7) 各种专门化磨床:用于专门磨削某一类零件的磨床。如曲轴磨床、花键轴磨床、球轴承套圈沟磨床等。

(8) 精磨机床:用于对工件进行光整加工,获得很高的精度和细的表面粗糙度。

6.2.1　外圆磨床

外圆磨床主要用于磨削外圆柱面和外圆锥面,它包括下列各种类型:普通外圆磨床、万能外圆磨床、无心外圆磨床等。

在外圆磨床上一般有两种基本磨削方法:纵磨法和切入磨法。它们的主运动都是砂轮的旋转运动,只是进给运动方式有所不同。纵磨法如图 6.11(a)所示,砂轮在旋转的同时,作间歇横向进给运动(s_1),工件旋转并作纵向往复进给运动(s_2)。切入磨法如图 6.11(b)所示,砂轮旋转并连续横向进给,而工件只有回转运动,没有纵向往复运动。

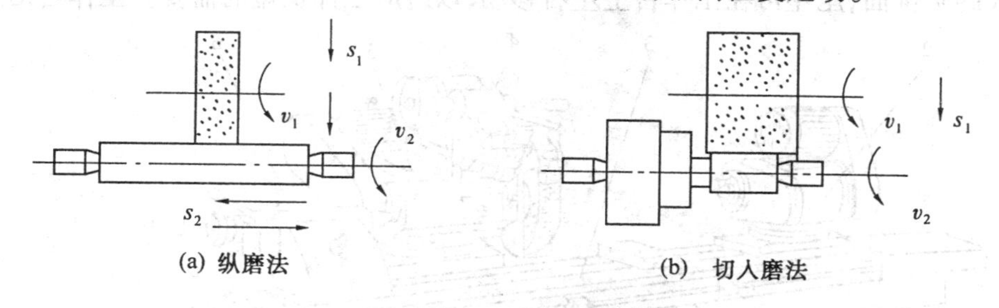

图 6.11　外圆磨削的两种方法

1. M1432A 型万能外圆磨床

(1) 机床的用途、运动及组成。M1432A 型万能外圆磨床的工艺范围较宽,除了能磨削外圆柱面和外圆锥面外,还可磨削轴肩、端面和内孔。该机床所能达到的尺寸精度为 IT6 ~ IT7 级,表面粗糙度在 $Ra0.16 \sim 0.63\ \mu m$ 之间。

图 6.12 是机床的典型加工示意图。

从图中各典型表面加工的分析可知,机床具有以下四种运动:

① 砂轮旋转运动(主运动)$n_{砂}$;

② 工件旋转运动 $n_{工}$;

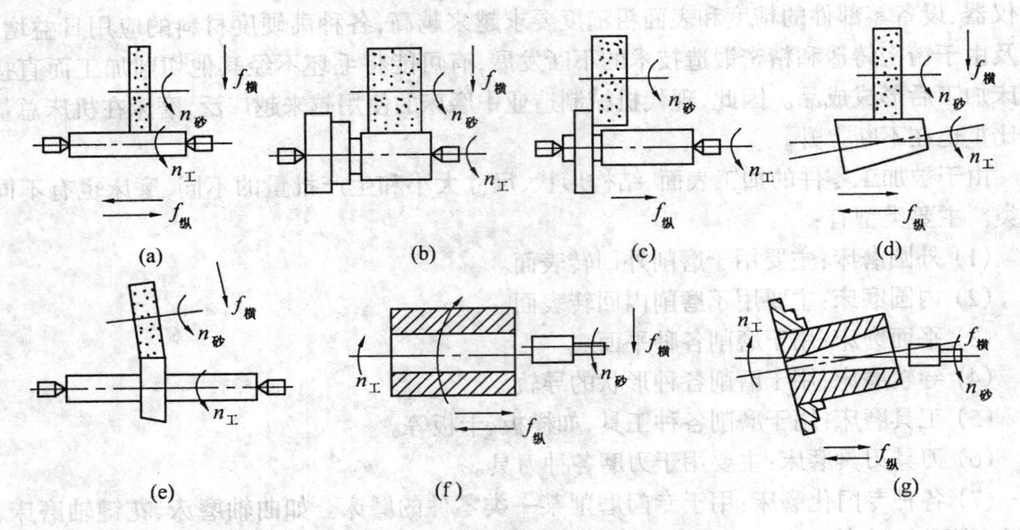

图 6.12　M1432A 磨床典型加工示意图

③ 工件往复进给运动 $f_{纵}$；

④ 砂轮的径向切入运动 $f_{横}$。

此外，机床还有两个辅助运动。为了使装卸和测量工件方便、省时，砂轮架还可以作横向快速进退运动，尾座套筒能作伸缩移动。

图 6.13 所示为 M1432A 型万能外圆磨床的外形图。它由床身 1、头架 2、工作台 3、内圆磨具 4、砂轮架 5、尾座 6、滑鞍及横向进给机构等部分组成。在床身上面的纵向导轨上装有工作台，台面上装有头架和尾座。被加工工件支承在头架、尾座顶尖上，或夹持在头架主轴上的卡盘中，由头架上的传动装置带动旋转。头架可绕其垂直轴线转动一定角度，以便磨削锥度较大的圆锥面，尾座可在工作台上左右移动，以适应工件长短的需要。工作台沿床身导

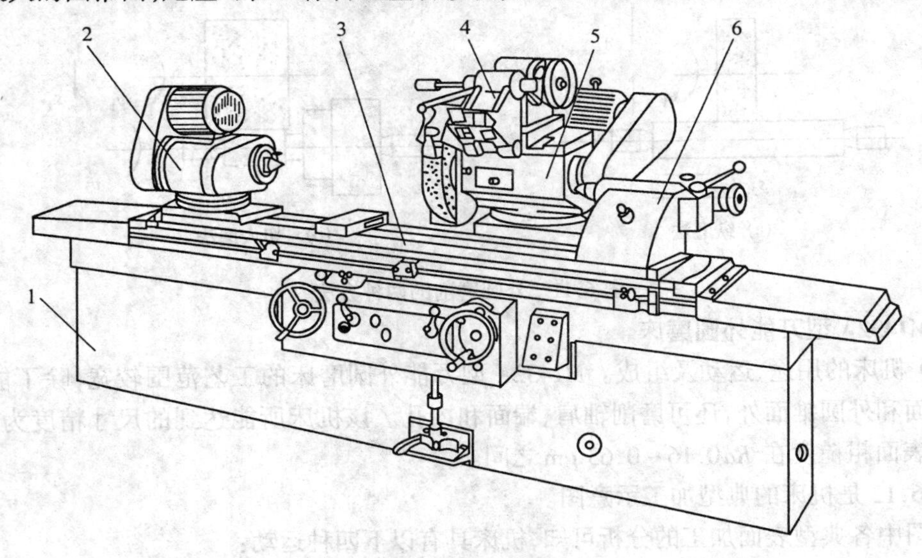

图 6.13　M1432A 型万能外圆磨床

1—床身；2—头架；3—工作台；4—内圆磨具；5—砂轮架；6—尾座

轨作纵向往复运动，带动头架和尾座，从而带动工件作纵向进给运动。工作台分上、下两部分。上工作台可绕下工作台的心轴在水平面内调整至某一角度位置，以磨削锥度较小的长圆锥面。砂轮架安装在床身后部顶面的横向导轨上，砂轮架内装有砂轮主轴及其传动装置，利用横向进给机构可实现周期的或连续的横向进给运动。同时，它也可绕其垂直轴线旋转一定角度，以满足磨削短圆锥面的需要。在砂轮架上装有内圆磨具，磨内孔的砂轮主轴由专门的电动机驱动。不磨削内孔时，内圆磨具翻向上方（如图所示），工作时将其放下。另外，在床身内还有液压部件，在床身后侧有冷却装置。

(2) 机床的机械传动系统。M1432A 万能外圆磨床的传动有机械和液压两部分。除工作台的纵向往复运动、砂轮架的快速进退和周期自动切入进给、尾座顶尖套筒的缩回是由液压传动外，其余运动都是由机械传动。图 6.14 是该机床的传动系统图。

外圆砂轮主轴直接由砂轮架主电动机经 4 根三角皮带传动。

内圆砂轮主轴也是由内圆砂轮电动机经平皮带直接传动。更换平皮带轮可使内圆砂轮主轴得到两种转速。

头架上的拨盘或卡盘的运动是由双速电动机驱动，经三角带塔轮及两次三角带传动，使之带动工件，实现工件的旋转运动。

为了调整机床及磨削阶梯轴的台阶，工作台还可由手轮驱动。其传动路线为

$$\text{手轮 A}—Ⅴ—\frac{15}{72}—Ⅵ—\frac{18}{72}—Ⅶ—\frac{18}{\text{齿条}}—\text{工作台纵向移动}$$

其中轴Ⅵ上的小油缸的作用是：当工作台由液压传动作纵向进给时，为了避免工作台带动手轮 A 快速旋转而碰伤工人，将小油缸接通油路，从而推动Ⅵ轴的双联齿轮，使一对啮合齿轮(18/72)脱开，从而使手轮 A 不再旋转。

砂轮横向进给运动分两种形式：一种是手动（通过手轮 B）；另一种是液压驱动（通过油缸的柱塞 G）。传动路线为

$$\left.\begin{matrix}\text{手轮(B)}\\ \text{油缸栓塞(G)}\end{matrix}\right]—Ⅷ—\begin{bmatrix}\frac{50}{50}\ \text{(粗进给)}\\ \frac{20}{80}\ \text{(细进给)}\end{bmatrix}—Ⅸ—\frac{44}{88}—\text{丝杠}(P=4\ \text{mm})$$

2. 外圆磨床

普通外圆磨床的结构与万能外圆磨床基本相同，区别在于：普通外圆磨床的头架和砂轮架都不能绕竖直轴调整角度；头架主轴直接与箱体固定，不能回转；没有内圆磨具。因此，普通外圆磨床只能磨削外圆柱面和较小锥度的圆锥面。但由于主要部件的结构层次少，刚性好，尤其是头架主轴固定不动，工件支承在“死”顶尖上，提高了头架主轴组件的刚度和工件的旋转精度。

3. 无心外圆磨床

无心外圆磨床与外圆磨床的显著差别在于磨削方式不同：外圆磨床工作时，工件需用顶尖支承或用卡盘定心装夹，即以工件的轴心定位磨削工件；无心外圆磨床工作时，工件不用顶尖或卡盘支承和定心装夹，因此，称之为“无心”外圆磨。

外圆无心磨床磨削时（图 6.15），砂轮 1 高速旋转，导轮 3 以较慢的速度旋转，二者的方

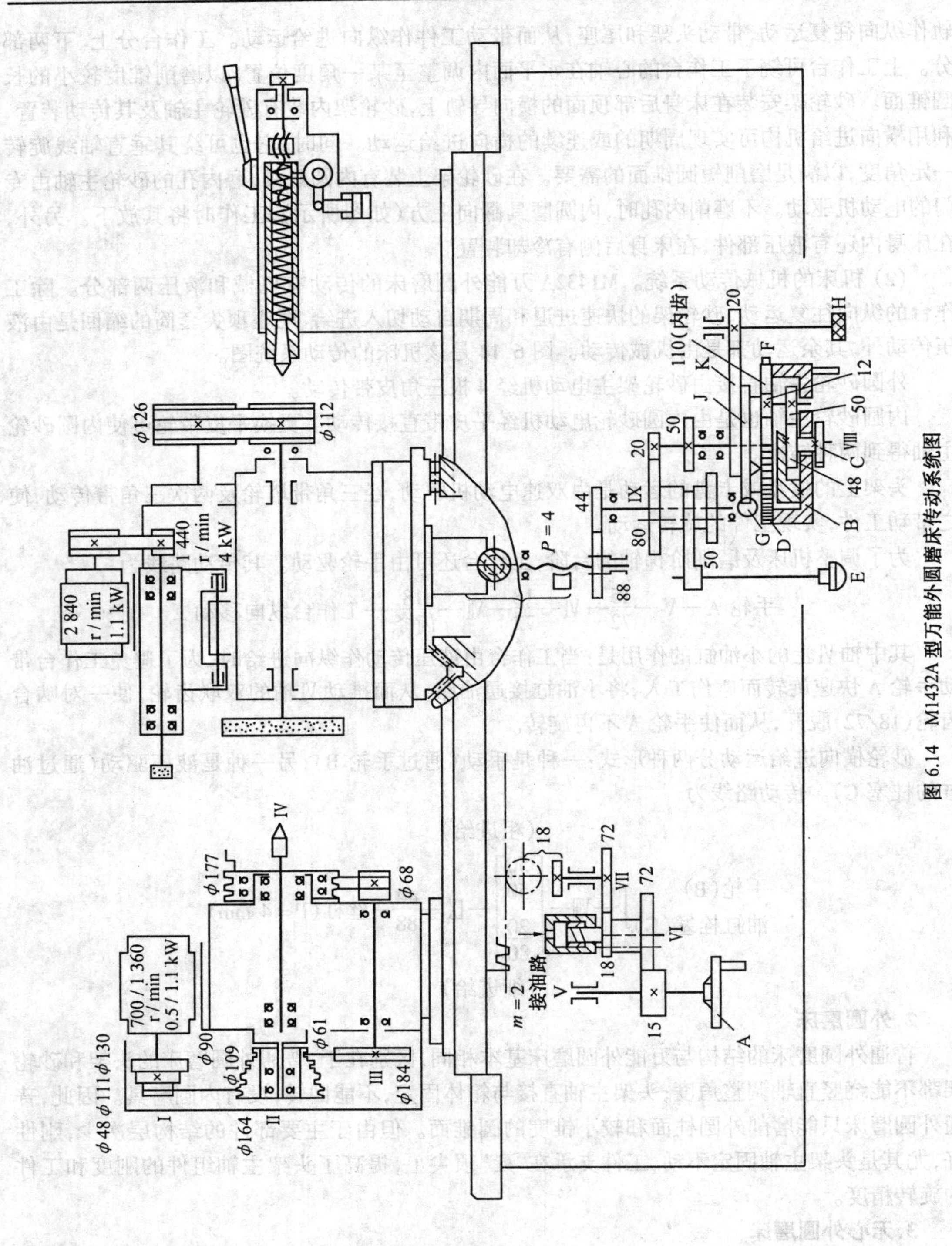

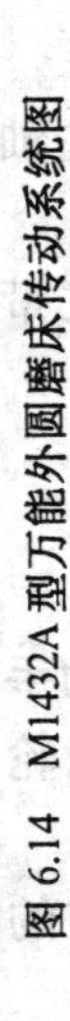

图 6.14 M1432A 型万能外圆磨床传动系统图

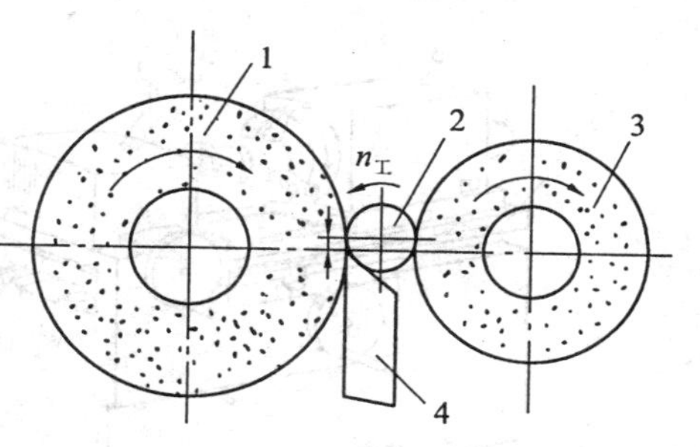

图 6.15　无心外圆磨床加工原理图
1—砂轮;2—工件;3—导轮;4—托板

向相同。工件 2 以被磨削表面为基准,浮动地放在托板 4 上,当工件与导轮接触时,即被导轮(靠摩擦力)带动旋转,构成了工件的圆周运动,使砂轮得以磨削工件。由于工件的中心高于导轮与砂轮的连心线,支承工件的托板又有一定的斜度,这样使工件的回转中心变动范围较小,且可以上下自动调节,使工件经过多次磨削,能逐渐地自行磨成圆形。

无心外圆磨床有两种基本磨削方法:贯穿法(纵磨法)和切入法(横磨法)。

当工件被磨长度大于砂轮宽度且无凸台时,可用贯穿法磨削,如图 6.16 所示。将导轮轴线在垂直平面内倾斜一个角度 α,此时,当工件从机床前面推入两砂轮之间后,在作圆周运动的同时,还由于导轮和工件间水平摩擦分力的作用,使其沿轴向移动,完成纵向进给运动。

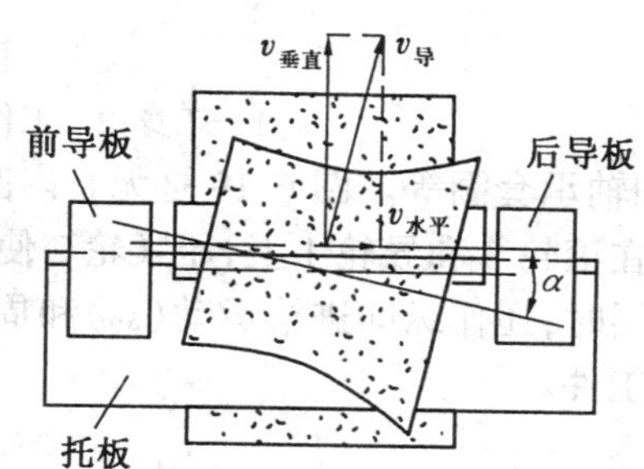

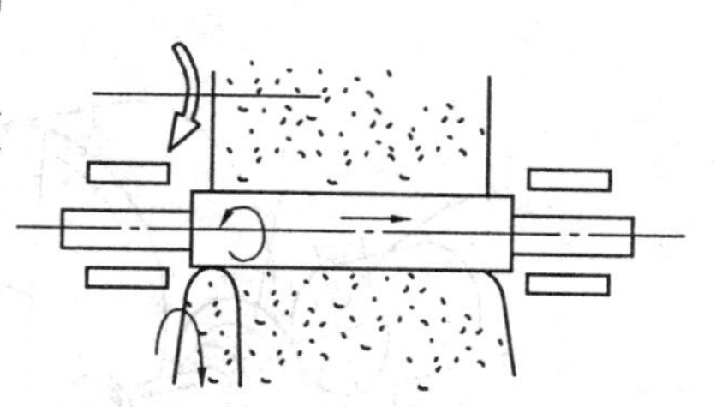

图 6.16　贯穿磨削法

当工件被磨长度小于砂轮宽度且有凸台时,可用切入磨削,如图 6.17 所示。工件支承在托板和导轮上,一面旋转,一面同导轮一起作横向进给运动,直到磨削达到要求的尺寸为止。

由于无心磨削时工件不必逐一装卸和对刀,缩短了辅助时间,生产效率较高,易于实现自动化。因此,适于在大批、大量生产中应用。

6.2.2　内圆磨床

1.内圆磨床

内圆磨床主要用于磨削内圆柱表面、锥孔表面和端面。

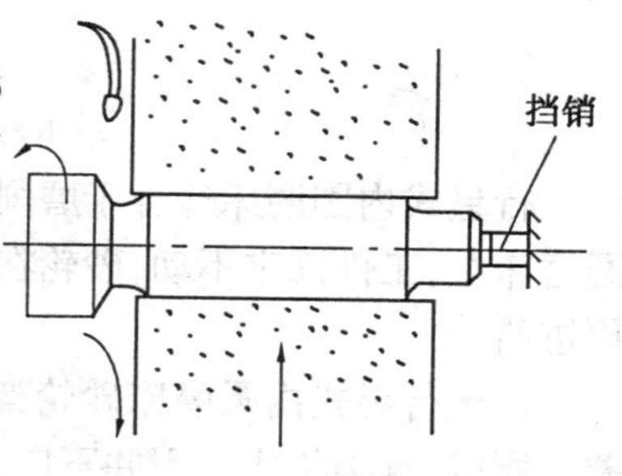

图 6.17　切入磨削法

内圆磨床的布局形式有两种:一种是装夹工件的头架 3 安装在工作台 2 上,随工作台一起作纵向往复进给运动,而砂轮架 4 则固定在床身的滑座 5 上,沿滑座导轨作横向进给运动。如图 6.18(a)所示;另一种则相反,头架 3 固定在床身 1 上,砂轮架 4 则安装在工作台 2 上,既作纵向往复进给运动,又作横向进给运动,如图 6.18(b)所示。磨削锥孔时,搬动头架绕其垂直轴线旋转一定角度即可。

内磨时,砂轮的外径尺寸受到所磨孔径的限制,尺寸较小。因此,为了保证磨削所需的切削速度,内磨砂轮的转速一般较高,可达几万转/min,有的甚至达到 10 万 r/min 或更高。

2.无心内圆磨床和立式行星内圆磨床

无心内圆磨床适合于磨削那些不宜用卡盘夹紧,且内、外圆同心度要求又较高的薄壁工

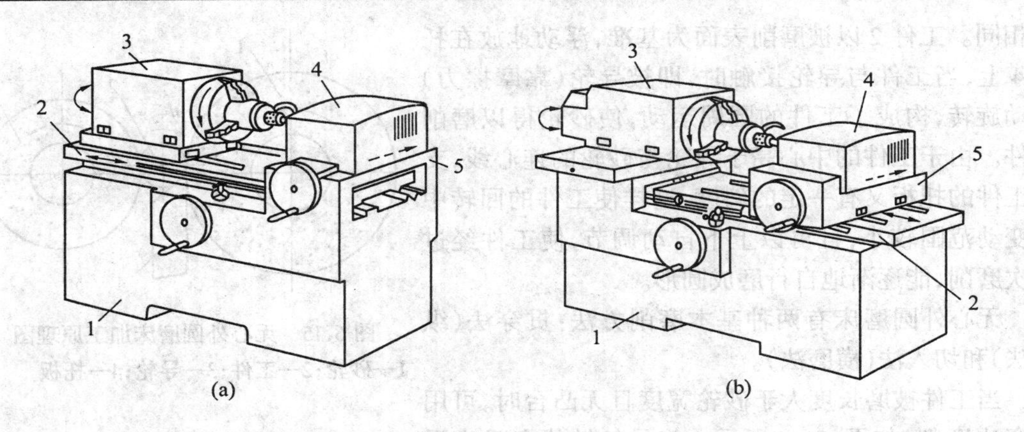

图 6.18　内圆磨床

1—床身;2—工作台;3—头架;4—砂轮架;5—滑座

件,如轴承套圈等。图 6.19 是无心内圆磨床的工作原理图。磨削时,工件以外圆为定位面,支承在滚轮 3 和导轮 1 上,压紧轮 2 使工件紧靠导轮,并由导轮带动旋转。砂轮 4 在高速旋转的同时,还作纵向进给运动(s_2)和周期的横向进给运动(s_3)。加工结束后,压紧轮松开,卸下工件。

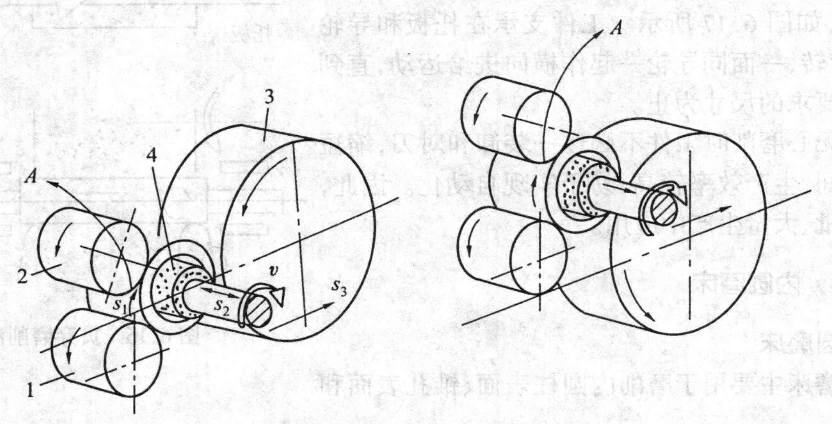

图 6.19　无心内圆磨床原理图

1—导轮;2—压紧轮;3—滚轮;4—磨头

行星式内圆磨床适合于磨削大型工件或形状不对称,不适于旋转的工件。在行星式内圆磨床上,工件固定不动,砂轮在高速旋转的同时,还绕着工件的内孔中心线作公转,实现圆周进给。

由于行星式内圆磨床砂轮架的运动复杂,因此,砂轮架结构比较复杂、层次多、刚性较差。所以,这类机床应用并不广泛。

6.2.3　平面磨床

平面磨床用于磨削各种零件的平面。它的工作原理基本上与外圆磨床和内圆磨床相似。但平面磨床没有头架和尾座,工件一般安装在电磁工作台上,靠电磁吸力来吸住工件。较大的工件则用压紧装置固定在工作台上。平面磨床按照它的磨削方式和结构布局的不同，通常分为四类：

(1) 卧轴矩台平面磨床(图 6.20(a))。在这种机床上，砂轮作旋转主运动 v，工作台作纵向往复运动 s_1，砂轮架作间歇的垂直切入运动 s_3 和横向进给运动 s_2。

(2) 卧轴圆台平面磨床(图 6.20(b))。在这种机床的工作台上，砂轮作旋转主运动 v，圆工作台也作圆周进给运动 s_1，砂轮架作连续的径向进给运动 s_2 和间歇的垂直切入运动 s_3。这种磨床与卧轴矩台平磨的主要区别是，工作台为圆形，且作连续圆周运转，没有矩形工作台往复运动时产生的冲击，因此磨削质量好。

(3) 立轴矩台平面磨床(图 6.20(c))。在这种机床上，砂轮作旋转主运动 v，矩形工作台作纵向往复运动 s_1，砂轮架作间歇的竖直切入 s_3。

(4) 立轴圆台平面磨床(图 6.20(d))。在这种机床上，砂轮作旋转主运动 v，圆工作台作圆周进给运动 s_1，砂轮架作间歇的竖直切入运动 s_3。

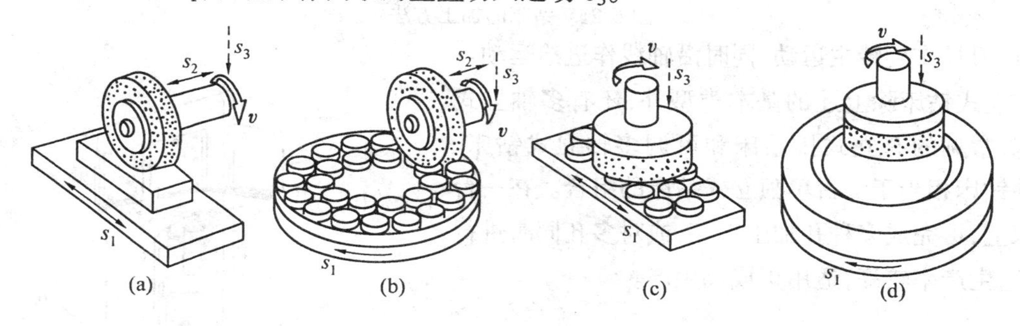

图 6.20　平面磨床的分类

平面磨床的主要规格是工作台工作面宽度(或直径)。

6.3 钻　床

钻床是一种孔加工机床。加工时，工件固定在工作台上不动，刀具在作旋转主运动的同时，还沿其轴线移动，完成进给运动。在钻床上，可以进行钻孔、扩孔、铰孔、锪孔、攻丝、锪端面等，如图 6.21 所示。钻床的加工精度不高，只适合于加工一些精度要求不太高的零件。

钻床可分为立式钻床、台式钻床、摇臂钻床和其他钻床。

6.3.1　立式钻床

图 6.22 为立式钻床的外形图。它主要由变速箱 1、进给箱 2、主轴组件 3、工作台 4、底座 5 和立柱 6 等组成。运动由电动机经变速箱带动主轴旋转，再经进给箱使主轴随着主轴套筒作轴向机动进给。当断开进给系统时，扳动手柄也可作手动进给。工作台和进给箱装在立柱的垂直导轨上，可上、下调整位置，以适应不同尺寸的零件要求。

立式钻床的特点是主轴垂直布置且轴心位置固定不动，加工时为使刀具旋转轴线与被加工孔的中心线重合，必须移动工件。因此，这种机床只适合于加工中小型零件上的孔。加

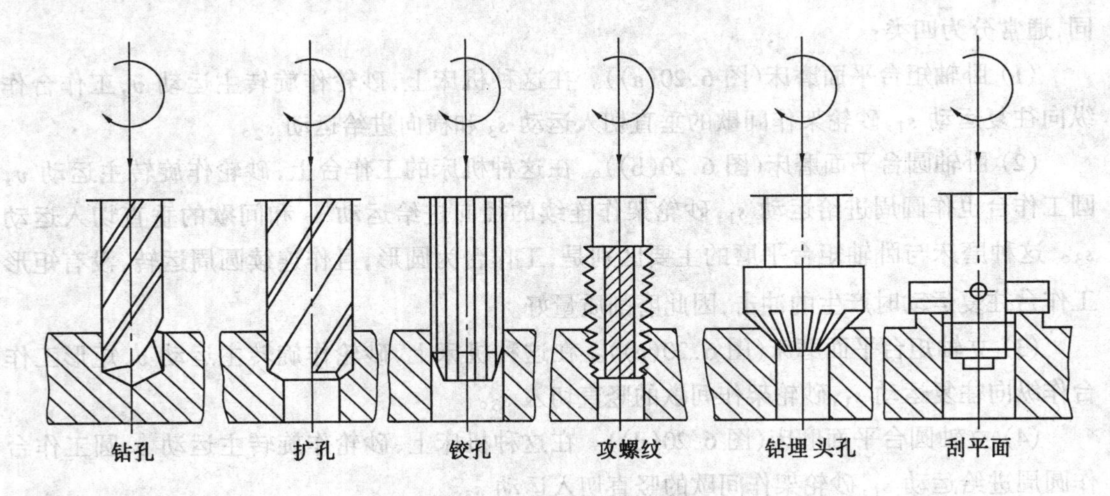

图 6.21　钻床的加工方法

工时，刀具作旋转主运动，同时沿轴线作进给运动。

立式钻床除上述的基本类型外，还有多轴立式钻床，常见的有立式排钻床和可调多轴立式钻床。这种钻床相当于多台单独立式钻床的组合。在一台机床上，可完成多种孔加工工序，或对多孔同时进行加工，生产率较高，适用于成批生产。

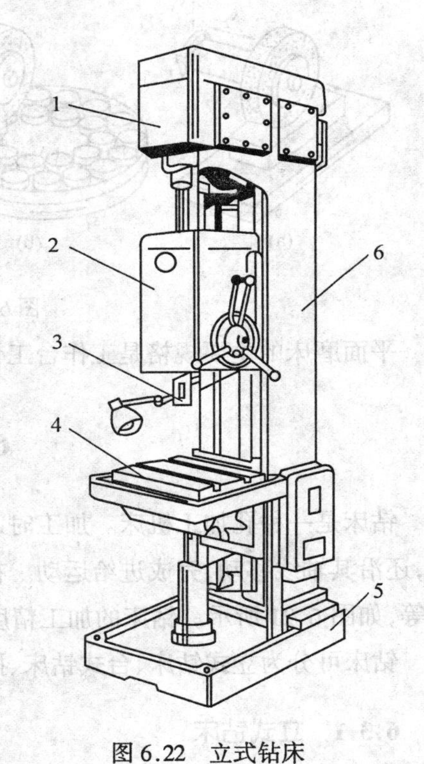

图 6.22　立式钻床

1—变速箱；2—进给箱；3—主轴；4—工作台；5—底座；6—立柱

6.3.2　摇臂钻床

在立式钻床上，由于主轴轴线位置不能移动，每加工一个孔需将工件移动一次，以求孔的中心线和主轴轴线对齐。对于小型零件还可以操作，但对于大而重的零件则极为不便，且不易保证加工精度。因此，大中型零件上的孔须采用摇臂钻床来加工。

摇臂钻床由底座 1、立柱 2、3、摇臂 4、主轴箱 5、工作台 7 等部件组成(图 6.23)。摇臂可绕立柱轴线转动，并可上下移动。装在摇臂水平导轨上的主轴箱可沿导轨水平直线移动。加工时，主轴 6 作旋转主运动，并随主轴套筒一起作垂直方向的进给运动。由于能方便地调整刀具的位置，以对准所需加工孔的中心，因此，在摇臂钻床上加工不易移动的大中型零件比较方便。

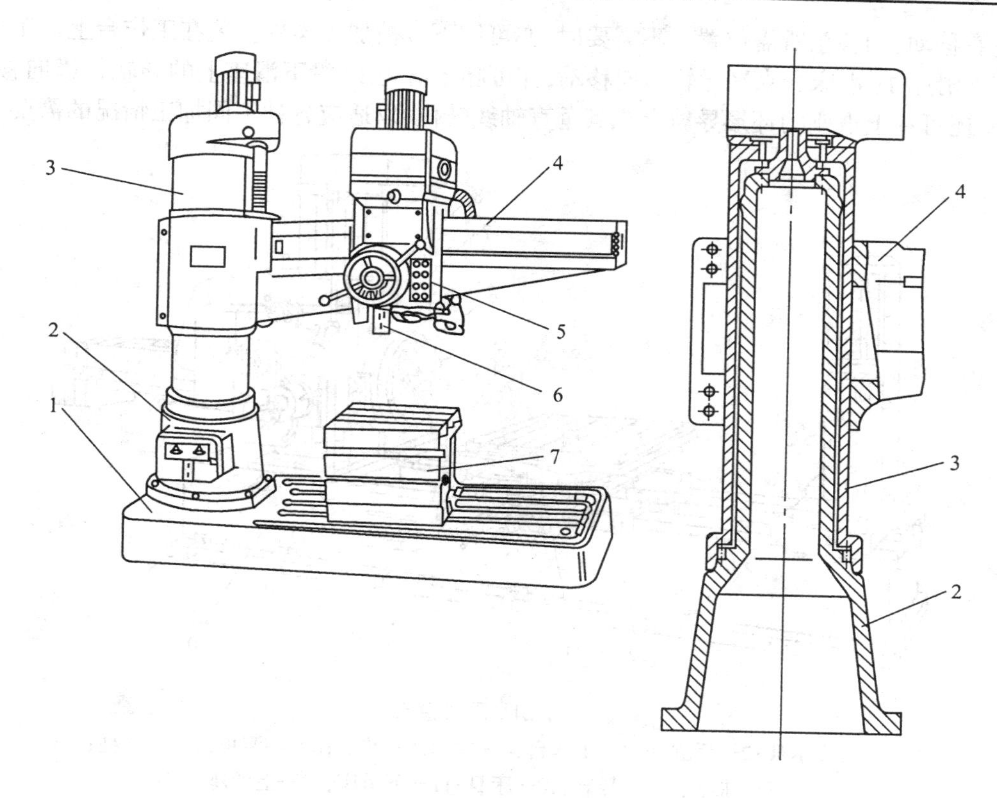

图 6.23 摇臂钻床

1—底座;2—静立柱;3—动立柱;4—摇臂;5—主轴箱;6—主轴;7—工作台

6.4 镗 床

在一些箱体类零件上,需加工数个尺寸不同的孔,这些孔的尺寸较大,精度要求较高,孔的轴心线之间有严格的同轴度、垂直度、平行度及孔间距精度等要求。这样的零件一般应在镗床上进行加工。

镗床主要是用镗刀进行镗孔。它的主要类型有:卧式镗床、卧式铣镗床、立式镗床、坐标镗床、金刚镗床等。

6.4.1 卧式镗床

1.机床的组成及运动

卧式镗床因主轴呈水平卧式布置而得名,其外形如图 6.24 所示。它的主要组成部件有床身 10、前立柱 7、主轴箱 8、工作台 3 以及带后支承架 1 的后立柱 2 等。前立柱固定在床身右侧上。主轴箱安装在前立柱的垂直导轨上,并可上下移动。加工时,刀具可以直接安装在主轴 4 上,随主轴作旋转主运动,并可沿主轴轴线随主轴作轴向进给运动。另外,加工时,刀具亦可安装在花盘 5 及小溜板 6 上。花盘作旋转主运动,小溜板沿径向导轨作径向进给运动。当主轴及刀杆悬伸较长时,可用装在后立柱垂直导轨上的后支承架 1 来支承悬伸的刀杆,以增加其刚性。后支承架可上下移动,以保持与主轴同轴。后立柱可沿床身上的水平导轨左右移动,调整至所需位置。不需要时,亦可卸下。被加工零件安装在工作台上。工作台可随下滑座 11 沿床身水平导轨纵向移动,亦可随上滑座 12 沿下滑座上的导轨作横向移动。另外,还可在上滑座的环形导轨上绕其垂直轴线转位,以适应各种不同加工情况的需要。

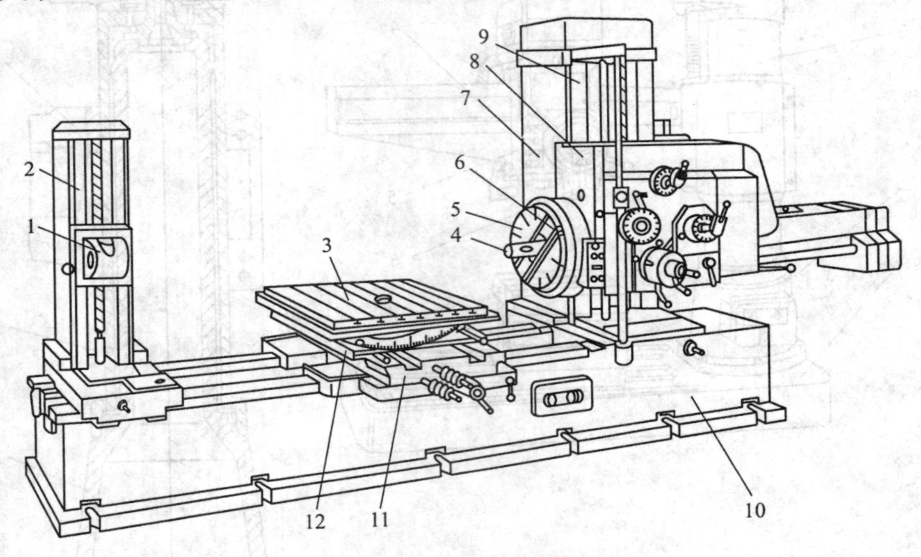

图 6.24　卧式镗床

1—后支承架;2—后立柱;3—工作台;4—主轴;5—花盘;6—小溜板;7—前立柱;8—主轴箱;9—导轨;10—床身;11—下滑座;12—上滑座

为了保证孔加工的尺寸和位置精度,必须对主轴箱和工作台的进给运动进行精确测量。因此,卧式镗床上还装有坐标测量装置。

2.机床的工艺范围

在卧式镗床上可进行如图 6.25 所示的几种典型工序的加工。

当加工巨大而笨重的零件时,如将其放在卧式镗床的工作台上,一方面,卧式镗床的工作台面尺寸不一定满足要求,另一方面,由于零件质量很大,移动起来很困难,对机床也很不利。因此,在卧式镗床的基础上,又产生了落地镗床。落地镗床没有工作台,工件直接固定在地面的平板上。镗轴的位置是由立柱沿床身导轨作横向移动及主轴箱沿立柱导轨作上下移动来进行调整,以加工工件上的各孔。

6.4.2　坐标镗床

坐标镗床主要用于加工精密的孔系,这些孔除了本身的精度高外,孔的中心距或孔至某基面的距离也非常精确。这种机床除主要零部件的制造和装配精度都很高外,还具有精密的坐标测量装置,用以精确测量工作台及主轴箱的移动位置,实现工件和刀具的精确定位。精密坐标测量装置有机械定位测量装置,如带校正尺的精密丝杠定位装置,也有光学定位装置,如光栅尺——数字显示器定位装置,激光干涉仪定位装置等。

坐标镗床的工艺范围很广,可以进行镗孔、钻孔、扩孔、铰孔、精铣平面和沟槽,还可进行精密刻线和划线,以及作为测量装置,测量在其他机床上加工的零件的孔距和其他尺寸。

坐标镗床属高精度加工机床。因此,适用于精密钻模、镗模、量具等工件的精密孔系的

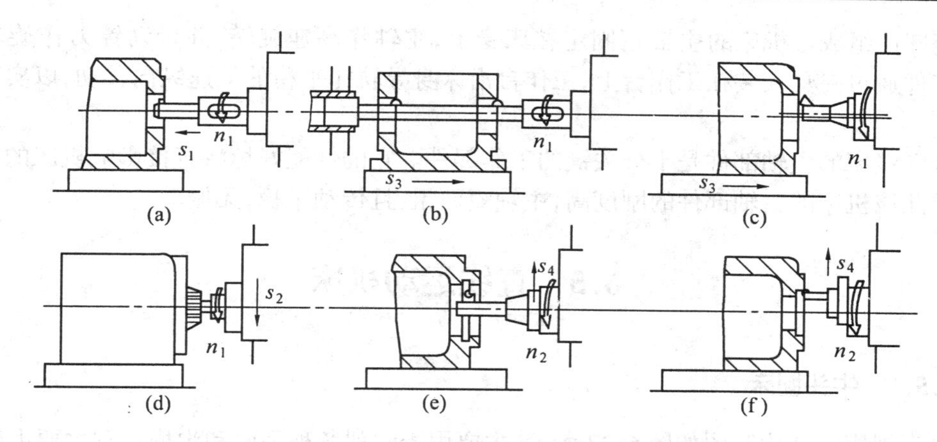

图 6.25 卧式镗床的典型加工工序

加工。

6.4.3 金刚镗床

金刚镗床是一种高速镗床,因以前采用金刚石镗刀而得名。现在已广泛使用硬质合金刀具代替金刚石。这种机床的切削速度很高,而切削深度和进给量却很小,因此可以获得很高的加工精度和细的表面粗糙度。金刚镗床主要用在成批、大量生产中(如汽车厂、拖拉机厂、柴油机厂中)加工连杆轴瓦、油塞、油泵壳体等零件上的精密孔。

根据主轴位置不同,可分为卧式金刚镗床和立式金刚镗床两种类型,按其布局的形式可分为单面、双面和多面金刚镗床;按主轴数量的不同又可分为单轴、双轴及多轴金刚镗床。

图 6.26 是单面、单轴卧式金刚镗床的外形图。它主要由床身 1、工作台 2、主轴 3、主轴

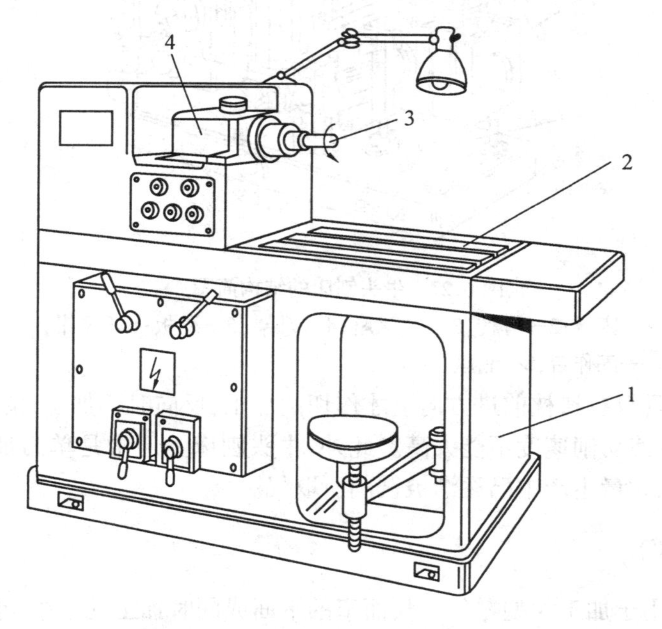

图 6.26 单面单轴卧式金刚镗床的外形图

1—床身;2—工作台;3—主轴;4—主轴箱

箱 4 等部件组成。机床的主轴箱固定在床身上，主轴作高速旋转，并带动镗刀作旋转主运动。工件通过夹具安装在工作台上，工作台沿床身导轨作平稳的低速纵向移动，以实现进给运动。

金刚镗床的主轴部件是十分关键的工作部件。它的性能好坏将直接影响机床的加工质量。因此该机床的主轴部件的刚度高，主轴短而粗，且传动平稳，无振动。

6.5 直线运动机床

6.5.1 牛头刨床

牛头刨床的结构简图如图 6.27 所示，主要用于刨削各种平面和沟槽。它主要由床身 1、滑枕 2、刀架座 3、刀架 4、滑板 5、虎钳 6、工作台 7、底座 8 等部分组成。加工时，滑枕带动刀架沿床身的水平导轨作直线运动，使刀具实现主运动 v。工作台带动工件沿滑板的导轨作间歇横向进给运动 s。滑板还可沿床身上的垂直导轨上、下移动，以调整工件与刨刀的相对位置。牛头刨床的刀架座可绕水平轴线调至一定的角度位置，以加工倾斜平面。

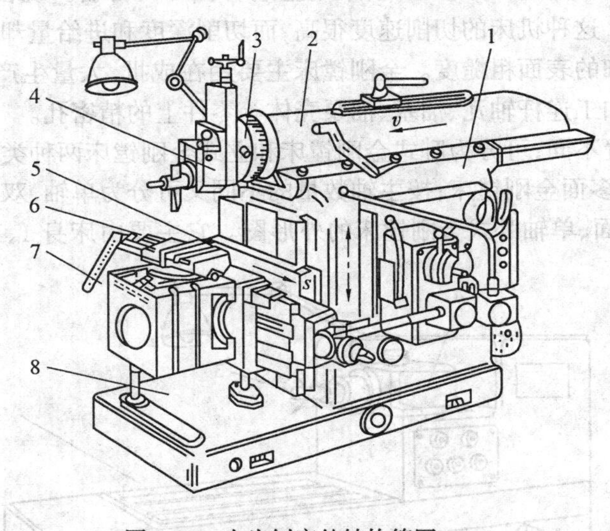

图 6.27 牛头刨床的结构简图

1—床身；2—滑枕；3—刀架座；4—刀架；5—滑板；6—虎钳；7—工作台；8—底座

牛头刨床的刀具只在滑枕前进方向上才作切削加工，反向时不加工，滑枕在换向瞬间有较大的惯性冲击，致使切削速度不能太高。此外，牛头刨床上通常是单刀加工，所以它的生产率较低。在成批、大量生产中已逐渐被铣削所取代。

6.5.2 龙门刨床

龙门刨床主要用于加工大型零件上长而窄的平面或同时加工几个中、小型零件的平面。

龙门刨床主要由床身、工作台、横梁、顶梁、立柱、立刀架、侧刀架、进给箱等部分组成，如图 6.28 所示。它因有一个龙门式的框架而得名。加工时，床身水平导轨上的工作台带动工件作直线运动，实现主运动。装在横梁上的立刀架5和6可沿横梁导轨作间歇的横向进给运动，以刨削工件的水平表面。刀架上的滑板（溜板）可使刨刀上、下移动，作切入运动或刨削竖直平面。滑板还能绕水平轴调整至一定的角度位置，以加工倾斜平面。装在立柱上的侧刀架1和8可沿立柱导轨在上、下方向间歇进给，以刨削工件的竖直平面。横梁还可沿立柱导轨升降至一定位置，以根据工件高度调整刀具的位置。

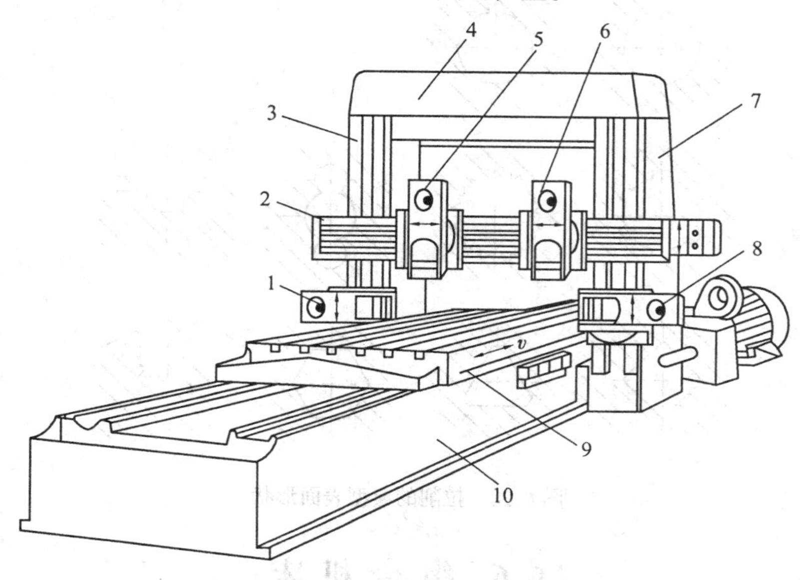

图6.28 龙门刨床外形图

1、8—侧刀架；2—横梁；3、7—立柱；4—顶梁；5、6—立刀架；9—工作台；10—床身

6.5.3 插床

插床主要用于加工工件的内表面，如内孔、键槽等。有时也用于加工成形表面及平面等。

插床的外形图如图6.29所示。它主要由床身、立柱、滑枕、圆工作台、溜板、床鞍等部分组成。垂直的滑枕2可沿立柱的导轨作上下方向的往复运动，使刀具实现主运动。滑枕向下为工作行程，向上为空行程。工件安装在圆工作台1上，床鞍6及溜板7带动圆工作台分别作横向（s_2）和纵向（s_1）进给运动。圆工作台还可以绕垂直轴线沿溜板上的圆导轨回转，完成圆周进给（s_3）或进行分度。

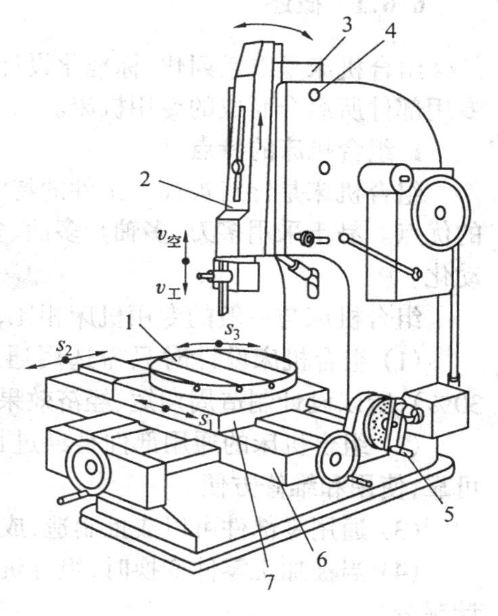

图6.29 插床

1—圆工作台；2—滑枕；3—滑枕导轨座；4—销轴；5—分度装置；6—床鞍；7—溜板

6.5.4 拉床

拉床是用拉刀进行加工的机床。拉床可加工通孔表面（如圆孔、方孔、花键孔等）、平面及成形表面。拉床的运动比较简单，只有拉刀的直线移动，即为主

运动,而没有进给运动。被加工零件固定不动,在拉刀一次走刀中形成被加工表面。拉削时,拉刀作平稳、低速运动,承受的切削力很大。因此,拉床的主运动通常是由液压驱动。

拉床的加工精度较高,表面粗糙度较细,生产率也很高,因此它适用于大批量生产。

拉床所能加工的一些典型表面形状如图 6.30 所示。

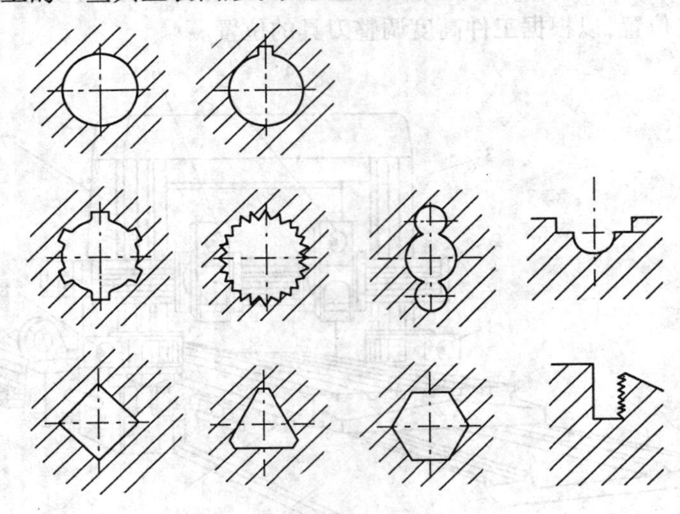

图 6.30 拉削的典型表面形状

6.6 组合机床

6.6.1 概述

组合机床是以系列化、标准化设计的通用部件为基础,根据零件的加工需要,配以部分专用部件所组合而成的专用机床。

1.组合机床的特点

组合机床是针对被加工工件的特定工艺要求专门设计的,因此,具有专用机床工序集中的优点。易于采用多刀(多轴)、多面、多工位的高效加工方法;易于保证加工精度和实现自动化。

组合机床与一般的专用机床相比,具有以下特点:

(1) 组合机床设计时只需选用通用零部件和设计制造少量专用零部件(约占 20% ~ 30%),所以设计制造周期短、经济效果好。

(2) 组合机床的通用部件是经过长期生产实践考验的,因此结构合理、性能稳定、工作可靠,使用和维修方便。

(3) 通用零部件可以成批制造,成本较低。

(4) 当被加工零件变换时,组合机床的通用零部件和标准零件可重复利用,不必重新设计制造。

(5) 易于组成组合机床自动生产线,以适应大规模生产需要。

2.组合机床的组成

图 6.31 是一台双面复合式组合机床。该机床由侧底座 1、滑台 2、镗削头 3、动力箱 6、立

柱 7、垫铁 8、立柱底座 9、中间底座 10、液压装置 11 等通用部件以及夹具 4、多轴箱 5 等主要专用部件组成。

为了便于设计和组织生产，可将这些部件划分成下列几部分。

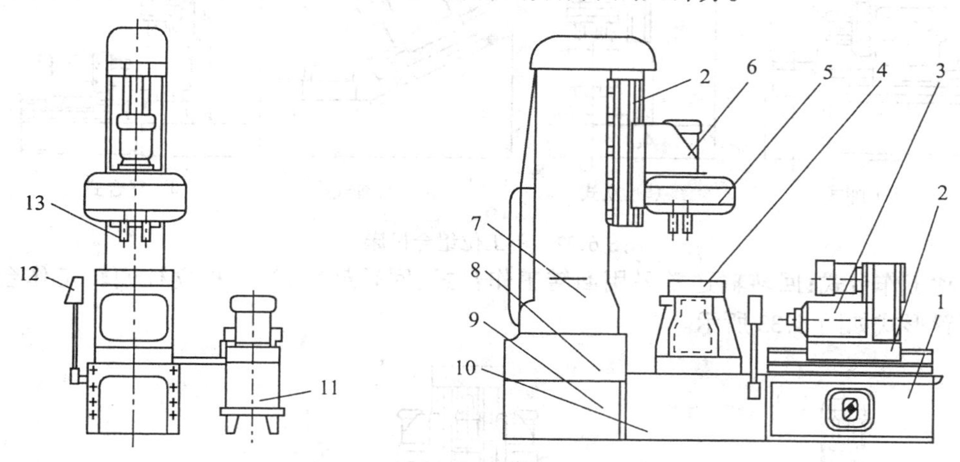

图 6.31　双面复合式组合机床

1—侧底座；2—滑台；3—镗削头；4—夹具；5—多轴箱；6—动力箱；7—立柱；8—垫铁；9—立柱底座；10—中间底座；11—液压装置；12—电气控制设备；13—刀、工具

(1) 床身。床身系机床的支承部件，一般包括通用卧式床身、立柱、滑座及专用的中间底座等。

(2) 传动装置。该装置包括机床上的全部动力部件，如动力头、动力头传动装置等。

(3) 主轴箱。主轴箱包括主轴部件和多轴箱。它是机床的专用部件。

(4) 夹具。用以装夹工件，实现被加工零件的准确定位、夹压、刀具的导向等，是主要的专用部件。

此外，还有电器设备，刀具和工具，气动及液压设备，冷却、排屑和润滑装置，挡铁等。

3.组合机床的分类和配置

组合机床的通用部件有大型通用部件和小型通用部件之分。大型通用部件指滑台台面宽在 200 mm 以上的动力部件及配套部件，这类部件多为箱形移动式结构。小型通用部件指滑台台面宽在 200 mm 以下的动力部件，这类部件多为套筒移动式结构。用大型通用部件组成的机床为大型组合机床，用小型通用部件组成的机床为小型组合机床。

现以大型组合机床为例，说明其配置形式：

(1) 单工位组合机床。这类组合机床的夹具和工作台固定不动，动力滑台作进给运动，主轴旋转为主运动。根据主轴布置形式不同，可分为卧式、立式、倾斜式、复合式；根据同时加工表面数目不同，可分为单面、双面或多面式组合机床，见图 6.32。

(2) 多工位组合机床。这类机床有两个或两个以上的加工工位，夹具在工作台上按预定的工作循环顺次从一个工位输送到下一个工位，以便在各个工位上完成同一加工部位多工步加工或不同部位加工。这类机床工序集中，生产效率高，但由于有转位或移位而造成的定位误差，所以加工精度较低、结构复杂、造价高，多用于大批大量生产中对复杂的中小零件加工。

对于多工位组合机床，工件的输送方式有直线输送式和回转输送式两类。直线输送常

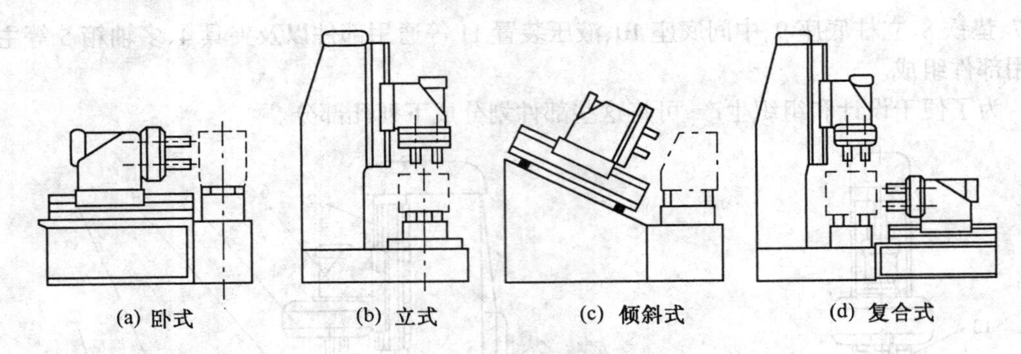

图 6.32　单工位组合机床

采用移动工作台式；回转输送常采用回转工作台式、回转鼓轮式、中央立柱回转工作台式。各种配置形式如图 6.33 所示。

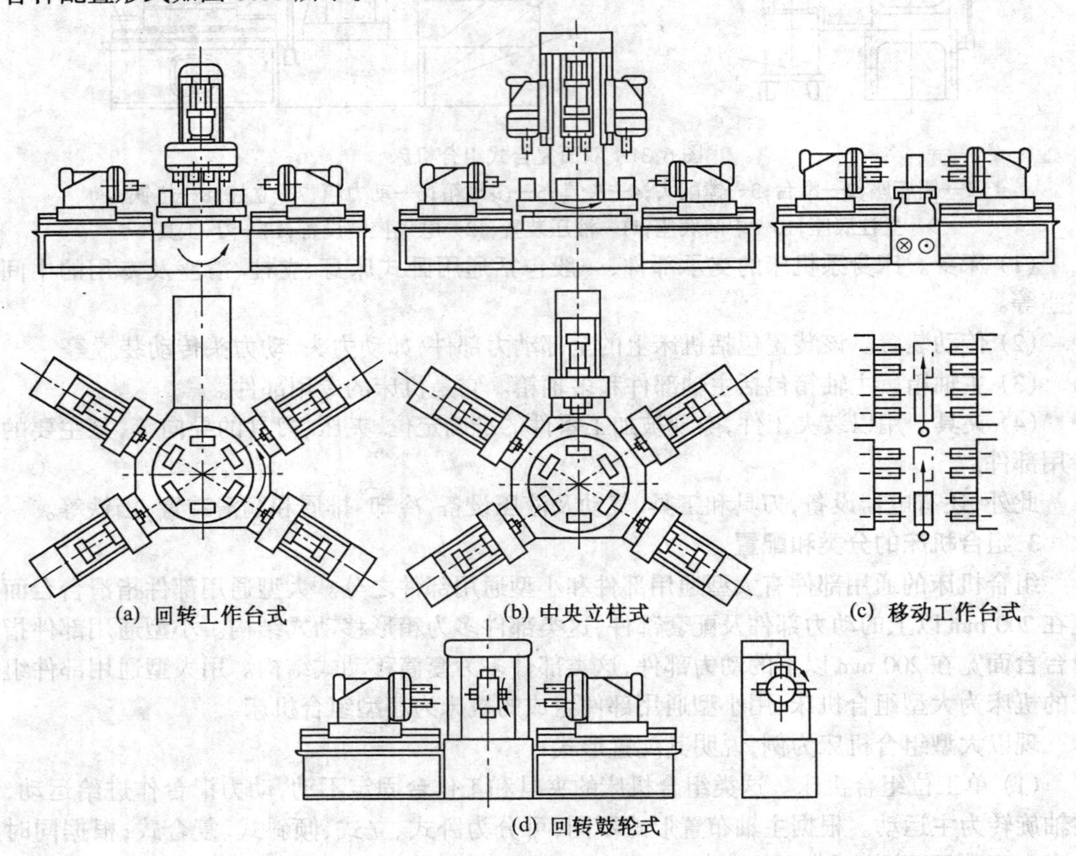

图 6.33　多工位组合机床

4.组合机床的工艺范围及组合机床新发展

组合机床主要用于平面加工和孔加工两类工序。平面加工包括铣平面、锪(刮)平面、车端面；孔加工包括钻、扩、铰、镗孔以及倒角、切槽、攻螺纹、锪沉孔、滚孔等。此外，还可完成车外圆、拉削、磨削、冲压等工序及清洗、分类等非切削加工。

随着电子技术和现代制造技术的发展，组合机床技术的新发展突出表现在提高加工精度和提高柔性加工两方面。

目前,组合机床大平面加工的平面度已达 1 m^2 面积上 0.02~0.04 mm,孔径精度达到 H5~H6;孔的位置精度可达 0.005~0.01 mm,圆度和圆柱度可达 0.001 5~0.005 mm,同轴度可达 0.15~0.02 mm。为了适应大批量生产多样化、中小批量多品种生产高效化的要求,以及产品快速更新的特点,20 世纪 70 年代后出现了柔性组合机床,它采用多位主轴箱(如转塔动力箱)、可换主轴箱、编码随行夹具、刀具的自动更换系统等,控制系统采用可编程控制器(PC)和数控系统(CNC),能任意改变工作循环控制和驱动系统,能灵活适应多品种加工需要。

6.6.2 组合机床的通用部件

组合机床的通用部件是具有特定功能、按标准化、系列化、通用化原则设计制造的组合机床基础部件。各通用部件有统一的联系尺寸标准和配套关系,在组成各种组合机床时,可互相通用。

1.通用部件的分类

通用部件按其功能通常分为五大类。

(1) 动力部件。动力部件是用于传递动力、实现刀具主运动或进给运动的通用部件。包括动力滑台、动力箱和具有各种工艺性能的动力头,如钻削头、铣削头、镗削头等。

(2) 支承部件。支承部件是用于安装动力部件、运输部件的通用部件。它包括侧底座、中间底座、立柱底座、支架等,它是组合机床的基础部件。它的结构和刚度对机床各部件之间的相对位置精度、机床的刚度等有较大影响。中间底座常用来安装夹具;侧底座用来安装动力滑台及各种切削头,组成卧式机床;若用立柱代替侧底座,便可组成立式机床。

(3) 运输部件。运输部件是多工位组合机床必备的通用部件,它具有定位和夹紧装置,用来安装工件并将其输送到预定的工位,它包括回转工作台、移动工作台、回转鼓轮等。

(4) 控制部件。控制部件用来控制机床按规定程序进行工作循环。它包括可编程控制器(PC)、液压控制元件、检测装置、操纵台、电柜等。

(5) 辅助部件。辅助部件主要包括冷却、排屑和润滑装置及机械扳手等其他辅助装置。

2.通用部件的标准、型号、规格及配套关系

通用部件标准规定,以滑台体的台面宽度为滑台的主参数,它也是与滑台配套的其他通用部件的主参数,可见,通用部件标准体系是以滑台为基础而形成的。通用部件型号的表示方法为

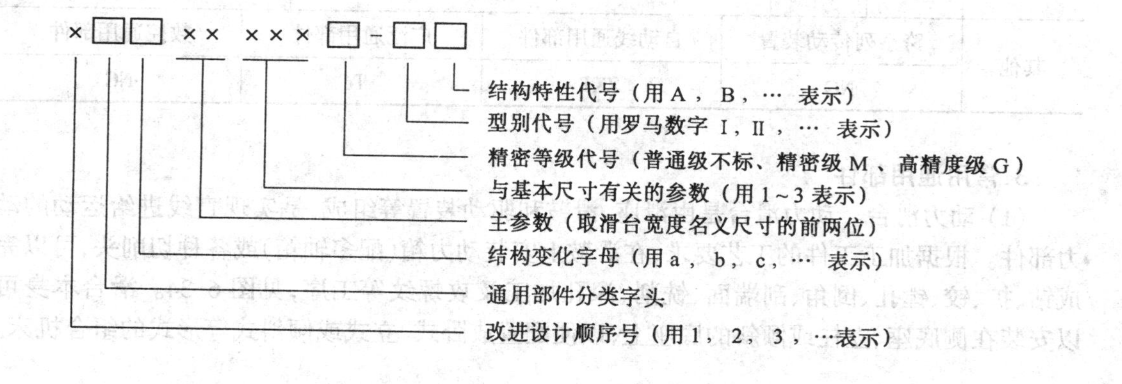

“1 字头”(改进设计顺序号为 1)通用部件的规格即主参数采用 R10 系列,其公比 φ = 1.25,如 200,250,320,…。主参数的一致性反映通用部件的配套关系。

例如,1HY32M－IB,表示经过第一次改进设计的液压滑台,台面宽 320 mm,精密级,滑台行程长度为短行程(Ⅰ型),滑座体导轨为镶钢导轨;又如 1TX63G－Ⅱ,表示经过第一次改进设计的滑套式铣削头,与台面宽为 630 mm 的滑台配套,高精度级,带液压自动让刀机构。表 6.1 列出了组合机床通用部件分类字头及含义。

表 6.1　组合机床通用部件分类字头

部件	适用范围	液压	机械	风动液压	机械液压
滑台	短台面型	HY	HJ	HQ	HU
滑台	长台面型	HYA	HJA	HQA	HUA
十字滑台	适用小型组合机床	HYS	HJS	—	HUS

动力箱	短台面型	TD	长台面型	TDA	转塔型	TDZ

主轴组件(切削头)	铣头	镗头	偏心镗头	精镗头	车镗头	可调头	钻削头 单轴	钻削头 多轴	攻螺纹头 单轴	攻螺纹头 多轴
短台面型	TX	TA	TAP	TJ	TC	TK	TZ	TZD	TG	TDG
长台面型	TXA	TAA	—	—	TCA	TKA	TZA	—	—	—

动力头	滑套式 机械	滑套式 液压	滑套式 风动	滑套式 风动液压	机械箱体式	转塔式 机械	转塔式 液压	自动更换式 机械	自动更换式 液压
	LHJ	LHY	LHF	LHQ	LXJ	LZJ	LZY	LGJ	LGY

工作台	分度回转工作台 机械	液压	风动	风动液压	机械液压	移动工作台 机械	液压	风动	风动液压	机械液压
	AHJ	AHY	AHF	AHQ	AHU	AHJ	AYY	AYF	AYQ	AYU

转台	机械	液压	风动	风动液压	机械液压
	AZJ	AZY	AZF	AZQ	AZU

支承部件	侧底座	立柱	落地式有导轨立柱	有导轨立柱	立柱底座	中间底座	支架
通用范围	侧底座	立柱	落地式有导轨立柱	有导轨立柱	立柱底座	中间底座	支架
短台面型	CC	CL	CLC	CLL	CD	Z	CJ
长台面型	CE	CLA	—	—	CLH	CZY,CZD	CJY,CJD CJK,CJF

其他	跨系列传动装置	自动线通用部件	广泛通用部件	数控通用部件
	NG	ZXT	T	NC

3.常用通用部件

(1) 动力滑台。动力滑台是由滑座、滑鞍和驱动装置等组成,是实现直线进给运动的动力部件。根据加工工件的工艺要求,在滑鞍上安装动力箱(配多轴箱)或各种切削头,可以完成钻、扩、铰、镗孔、倒角、刮端面、铣削、深孔加工及攻螺纹等工序,见图 6.34。滑台本身可以安装在侧底座、立柱或倾斜的底座上,以便配置成卧式、立式或倾斜式等形式的组合机床。

根据驱动和控制方式不同,滑台可分为液压滑台、机械滑台和数控滑台三种类型。

① HY 系列液压滑台。液压滑台的结构如图 6.35 所示,液压缸 5 被固定在滑座 1 上,活塞杆 4 与滑鞍 6 连接。工作时,液压传动装置的压力油,通过活塞杆带动滑鞍沿滑座导轨作直线运动。通过电气、液压联合控制、液压滑台可实现进给、快进、快退运动及各种运动的自动循环。液压滑台常用的典型工作循环如图 6.36 所示。

② HJ 系列机构滑台。机械滑台与液压滑台相比,除传动装置及其控制外,其他结构和功能基本相同。机械滑台的进给运动和快进运动分别由两台电动机通过一套行星差动装置实现的,如图 6.37 所示。快进时,制动器松开,由电动机 2 完成快进;进给时,制动器 1 抱紧,由电动机 3 完成进给。

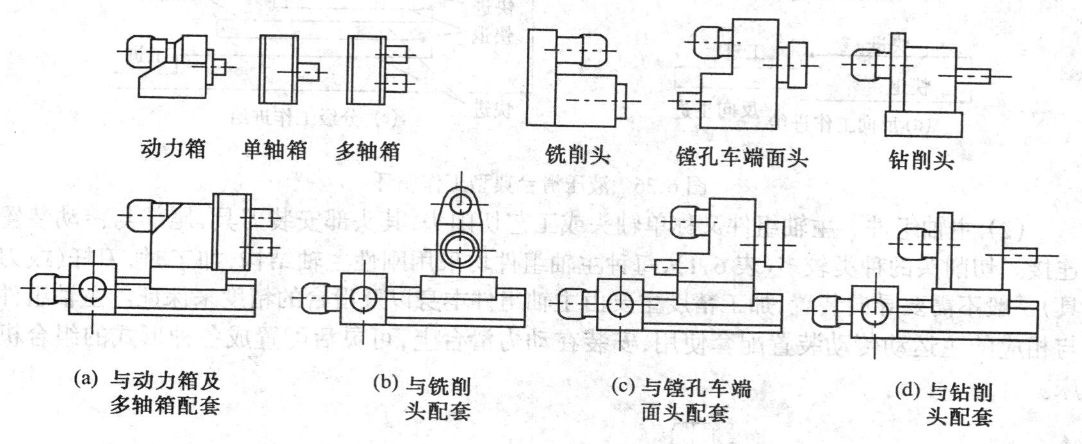

图 6.34　用滑台组成各种动力部件的示意图

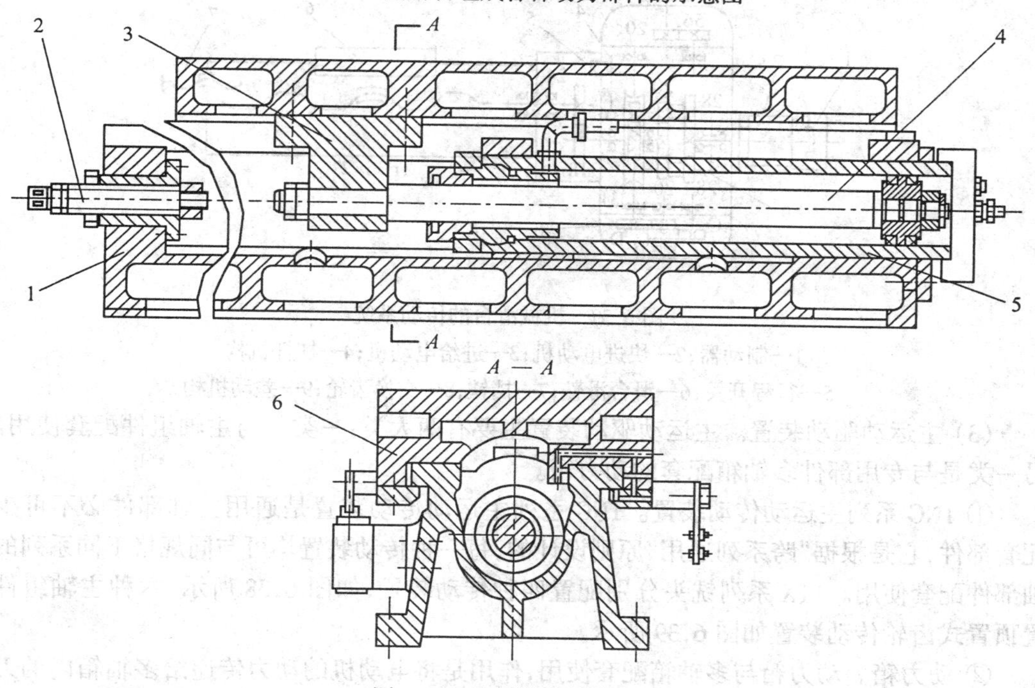

图 6.35　液压滑台结构图

1—滑座;2—死挡铁;3—支架;4—活塞杆;5—液压缸;6—滑鞍

③ 数控机械滑台。数控机械滑台是HJ系列机械滑台的派生产品，其传动装置采用滚珠丝杠，配以伺服电动机和数控系统，可在较宽范围内实现自动调速和位置控制，因此，适用于各种批量产品的柔性生产。

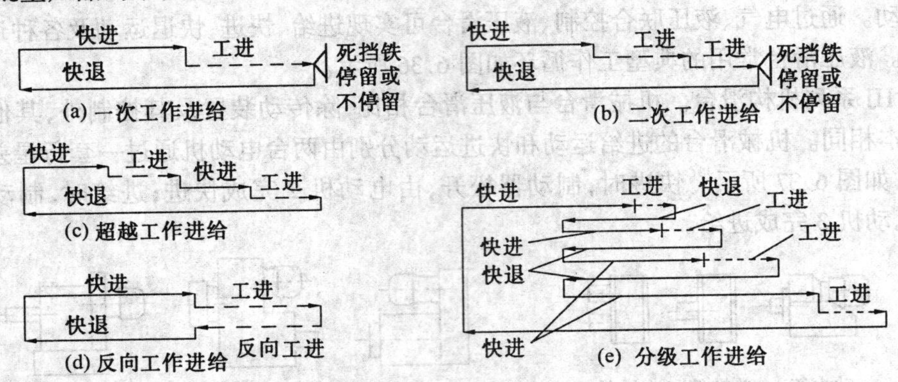

图 6.36　液压滑台典型工作循环

(2) 主轴组件。主轴组件又称单轴头或工艺切削头，其头部安装刀具，尾部与传动装置连接。切削头的种类较多(表 6.1)，每种主轴组件均采用刚性主轴结构，加工时，刀杆(或刀具)一般不需要导向装置，加工精度主要由主轴组件本身以及滑台的精度来保证。主轴组件与相应的主运动传动装置配套使用，安装在动力滑台上，可灵活配置成各种形式的组合机床。

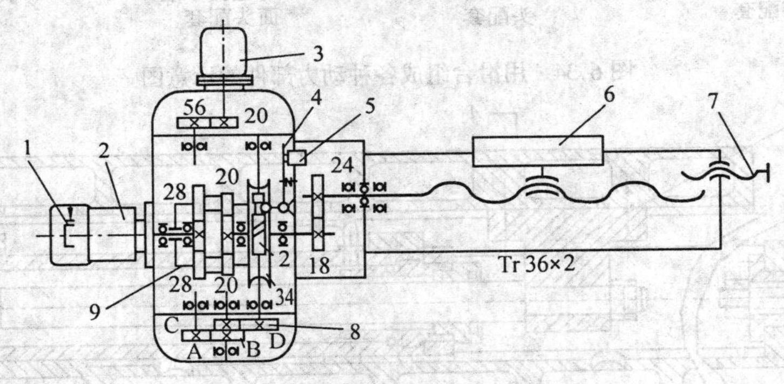

图 6.37　机械滑台的传动系统

1—制动器；2—快进电动机；3—进给电动机；4—杠杆机构；
5—行程开关；6—滑台滑鞍；7—挡铁；8—交换齿轮；9—差动机构

(3) 主运动驱动装置。主运动驱动装置主要有两大类：一类是与主轴组件配套使用的；另一类是与专用部件多轴箱配套的动力箱。

① 1NG系列主运动传动装置。1NG系列主运动传动装置是通用主轴部件必不可少的配套部件，它是根据“跨系列通用”原则设计的，每一种传动装置均可与同规格不同系列的主轴部件配套使用。1TX系列铣头分别配置四种传动装置，如图 6.38 所示，六种主轴组件配置顶置式齿轮传动装置如图 6.39 所示。

② 动力箱。动力箱与多轴箱配套使用，作用是将电动机的动力传递给多轴箱内的刀具使之作旋转的主切削运动。根据配套电动机型号不同，同一规格的动力箱又可分为多种形

式。1TD 系列动力箱的结构如图 6.40 所示。

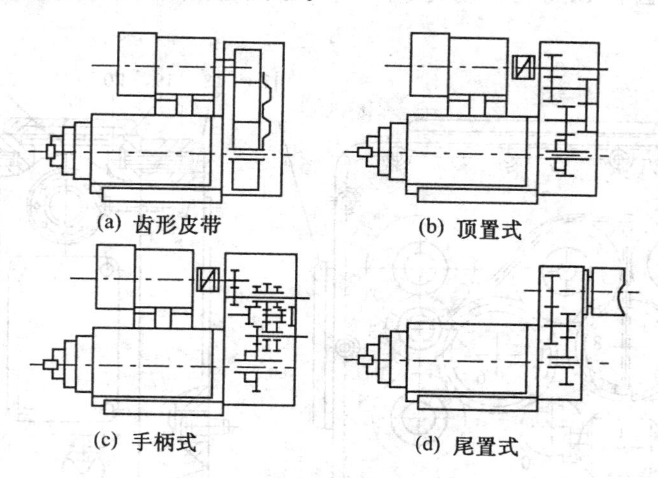

图 6.38 1TX 系列铣削头分别配制四种传动装置

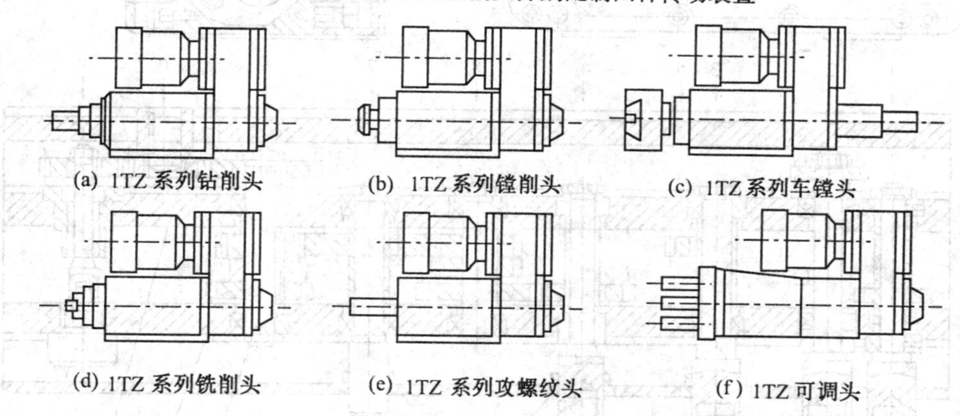

图 6.39 各种主轴部件配制顶置式齿轮传动装置

6.6.3 多轴箱

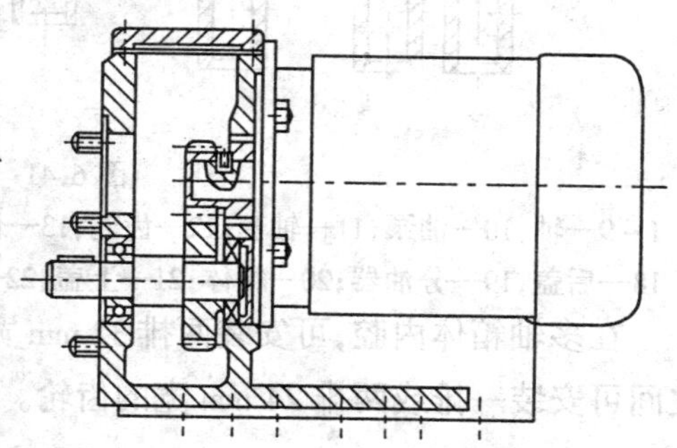

图 6.40 1TD 系列动力箱

多轴箱是组合机床的专用部件。它是根据工件加工孔的数量、位置和主轴类型而专门设计的,其动力来源于动力箱,并与动力箱一起安装于动力滑台上,多用于完成各种孔类加工工序。

多轴箱按结构特点分为通用(即标准)多轴箱和专用多轴箱两大类:通用多轴箱采用通用的箱体、传动件和标准主轴,借助导向套引导刀具来保证被加工孔的位置精度;而专用多轴箱通常采用刚性主轴,而不必采用导向装置,但主轴和传动件必须专门设计。

大型通用多轴箱由通用零件如箱体、主轴、传动轴、齿轮和附加机构等组成,其基本结构如图 6.41 所示。图中箱体 20、前盖 23、后盖 18、上盖 21、侧盖 17 等箱体零件;主轴 16、传轴

13、手柄轴 14、传动齿轮 12 等为传动类零件；叶片泵 10、分油器 19、油盘 22 和防油套 15 等为润滑和防油元件。

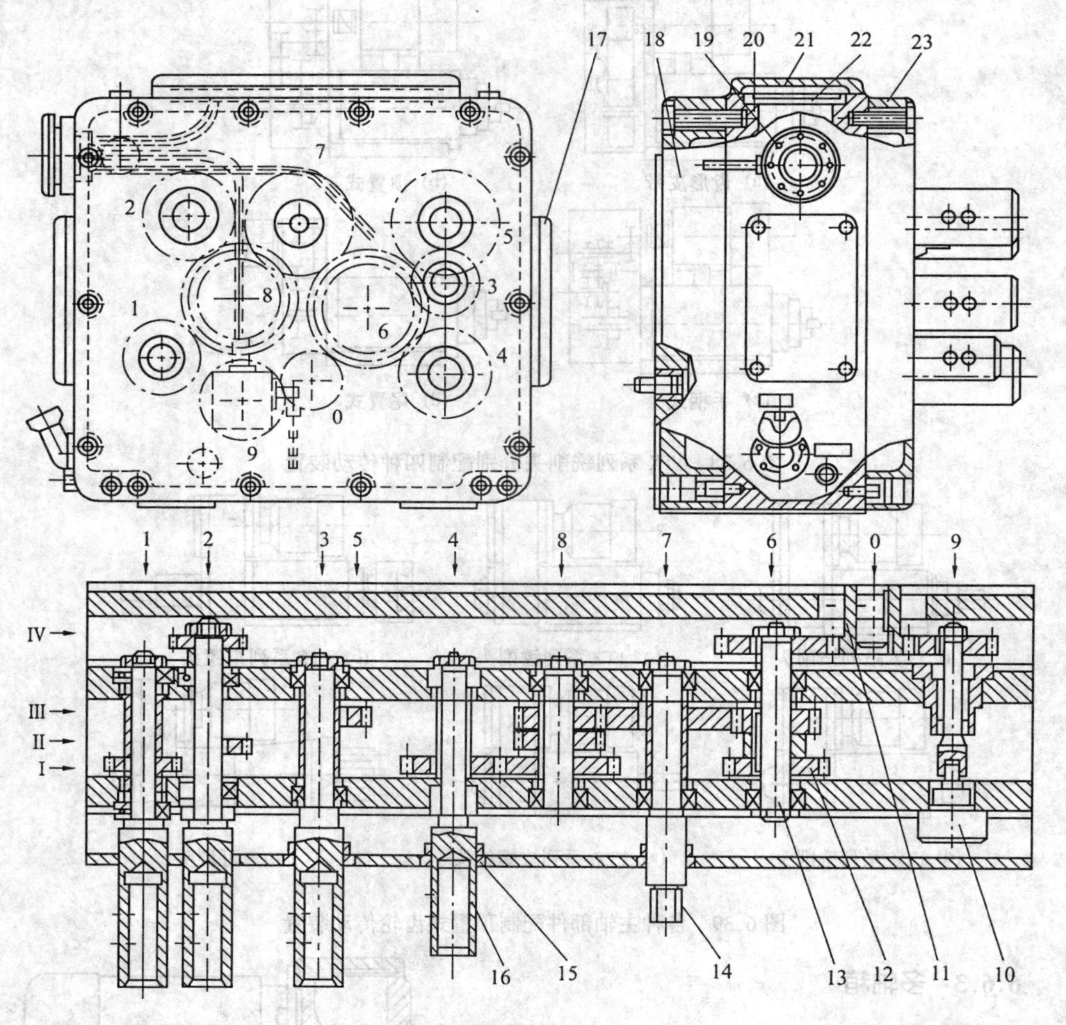

图 6.41 大型通用多轴箱

1～9—轴；10—油泵；11—轴套；12—齿轮；13—传动轴；14—手柄轴；15—防油套；16—主轴；17—侧盖；18—后盖；19—分油器；20—箱体；21—上盖；22—油盘；23—前盖

在多轴箱体内腔，可安装两排 32 mm 宽的齿轮或三排 24 mm 宽的齿轮；箱体后壁与后盖之间可安装一排或两排 24 mm 宽的齿轮。

6.3.4 组合机床设计实例

组合机床的设计，主要是针对具体零件，在充分分析被加工零件工艺方案的基础上确定了机床配置和结构后，来进行组合机床总体方案图样文件设计，即绘制组合机床的“三图一卡”，内容包括：绘制被加工零件工序图、加工示意图、机床联系尺寸总图和编制生产率计算卡。现以加工汽车前悬架的组合机床为例，说明“三图一卡”的设计过程及方法。

1.被加工零件工序图

被加工零件工序图是在被加工零件图的基础上，突出本机床的加工内容，并作必要说明而绘制的，如图 6.42 所示。在图中，除按零件图所需要的标注外，还标注了本工序的定位基准、夹压部位及夹紧方向，目的是为夹具及导向等机构设计提供依据。另外，本工序加工部位用粗实线表示，要求保证的加工尺寸及位置尺寸数值下面划“—”粗实线以醒目。本例中要加工的部位有 $\phi20^{+0.28}$及 $3\times\phi13$ 两个部位。

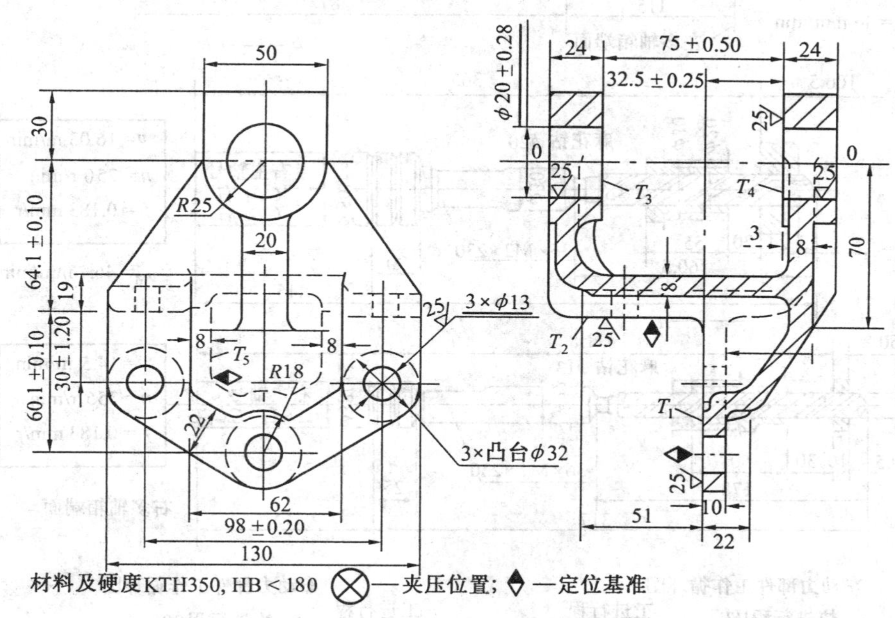

图 6.42 被加工零件工序图

2.加工示意图

加工示意图是在工艺方案和机床总体方案初步确定的基础上绘制的，是表达工艺方案具体内容的机床工艺方案图。它是设计刀具、辅具、夹具、多轴箱和液压、电气系统以及选择动力部件、绘制机床总联系尺寸图的主要依据；是对机床总体布局和性能的原始要求；也是调整机床和刀具所必需的重要技术文件。

加工示意图应表达和标注的内容有：机床的加工方法、切削用量、工作循环和工作行程；工件、刀具及导向、托架及多轴箱之间的相对位置及其联系尺寸；主轴结构类型、尺寸及外伸长度；刀具类型、数量和结构尺寸（直径和长度）；接杆（包括镗杆）、浮动卡头、导向装置、攻螺纹靠模装置等结构尺寸；刀具、导向套间的配合，刀具、接杆、主轴之间的连接方式及配合尺寸等。

如图 6.43 中的加工示意图所示，该工件拟采用卧式双面多轴钻组合机床，用钻套导向，同时加工两件，其中心相距为 240 mm。左多轴箱有两个相同主轴 C_{4-1}左、C_{4-2}左，加工工件左侧 $\phi20$ 两孔；右多轴箱有两个相同主轴 C_{4-1}右、C_{4-2}右，加工右侧 1、2 两孔；另有 6 根相同主轴 C_{4-3}右 ~ C_{4-8}右，加工 $\phi13$ 共 6 孔。图中所示刀具位置为加工终了的位置。

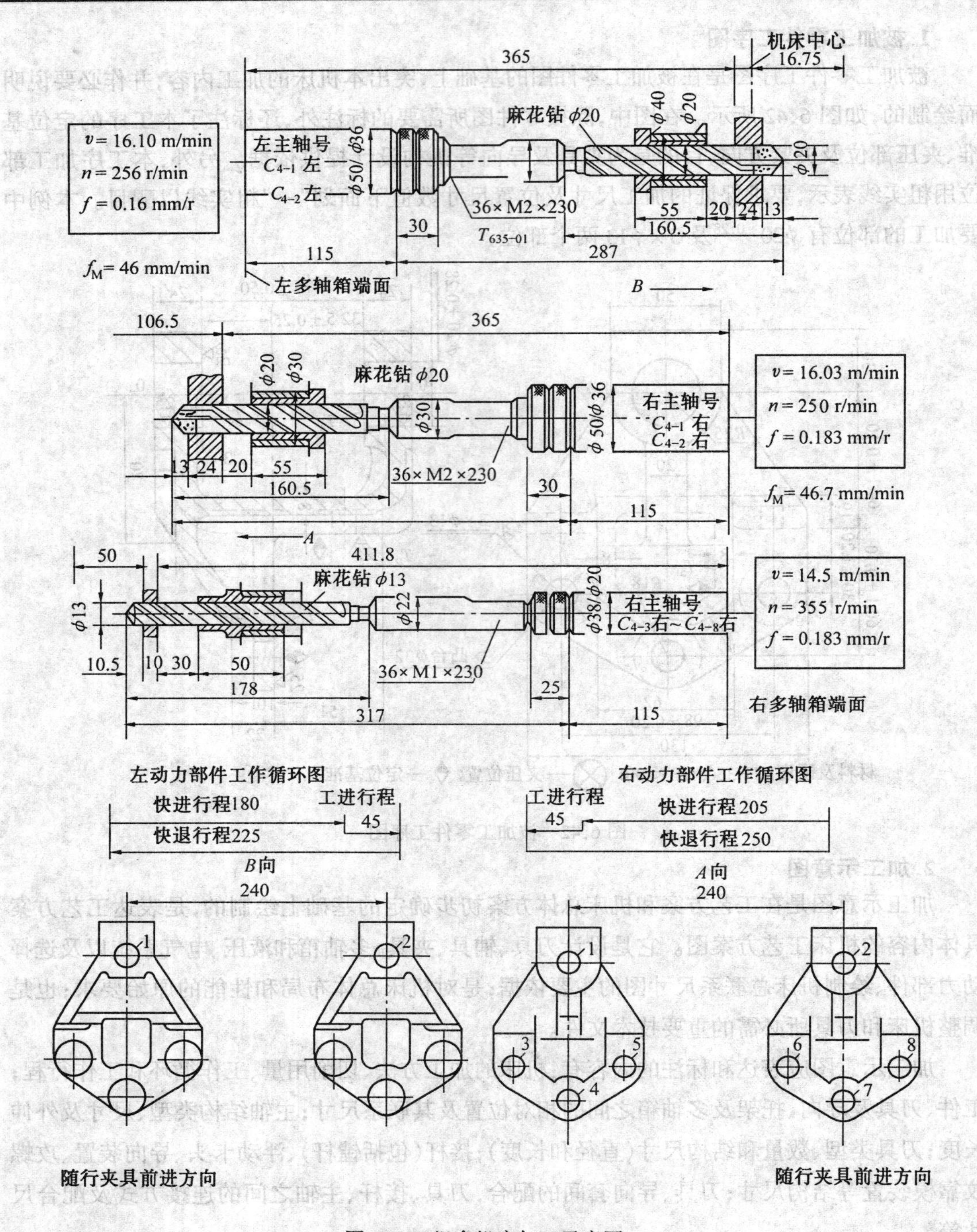

图 6.43　组合机床加工示意图

1—被加工工件名称、编号，前悬架 29C－01249；2—材料和硬度，KTH350，HB＜180；3—加工前使用切削液；4—在线外进行对刀

3.机床联系尺寸总图

机床联系尺寸总图是以被加工零件工序图和加工示意图为依据，并按初步选定的主要

通用部件以及确定的专用部件的总体结构而绘制的。它是用来表示机床的配置形式、主要结构及各部件安装位置、相互联系、运动关系和操作方位的总体布局图。用以检验各部件相对位置及尺寸联系能否满足加工要求和通用部件选择是否合适;它为多轴箱、夹具等专用部件设计提供重要依据;它可以看成是机床总体外观简图。由其轮廓尺寸、占地面积、操作方式等可以检验是否适应用户现场使用环境。图 6.44 为加工前悬架的卧式双面多轴组合钻床尺寸的联系总图。

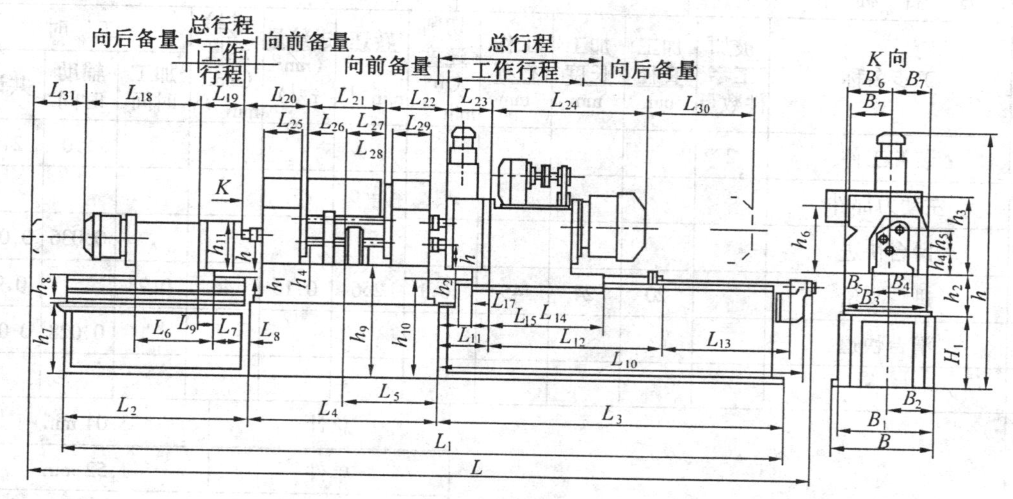

图 6.44 加工前悬架的卧式双面多轴组合钻床尺寸联系总图

4.生产率计算卡

根据加工示意图所确定的工作循环及切削用量等条件,可计算出机床生产率并编制生产率计算卡。生产率计算卡是反映机床生产节拍或实际生产率和切削用量、动作时间、生产纲领及负荷率等关系的技术文件。它是用户验收机床生产率的重要依据。

(1) 理想生产率 Q。理想生产率 Q(件/h)是指完成生产纲领 A(包括备品和废品)所要求的机床生产率。它与全年工时总数 t_k 有关,一般情况下,单班制 t_k 取 2 350 h,两班制 t_k 取 4 600 h,则

$$Q = \frac{A}{t_k}$$

(2) 实际生产率 Q_1。实际生产率 Q_1(件/h)是指所设计机床每小时实际生产的零件数,即

$$Q_1 = \frac{60}{T_{单}}$$

式中

$$T_{单} = t_{切} + t_{辅}$$

其中,$T_{单}$ 为生产一个零件所需时间;$t_{切}$ 为切削所需时间,包括进给和停留切削所需时间;$t_{辅}$ 为辅助时间,包括快进、快退及工件转位、装卸等。

如果计算出的机床实际生产率不能满足理想生产率要求,即 $Q_1 < Q$,则必须重新选择

切削用量或修改机床的设计方案。表 6.2 是以左动力部件为例计算填写的生产率计算卡。

表 6.2　生产率计算卡

被加工零件	图号	29C-01249	毛坯种类	铸件
	名称	前悬架	毛坯质量	
	材料	KTH350	硬度	<180HB
工序名称			工序号	

序号	工步名称	被加工零件数量	加工直径 mm	加工长度 mm	工作行程 mm	切削速度 (m·min⁻¹)	转速 (r·min⁻¹)	进给量 (nm·r⁻¹)	进给速度 (mm·min⁻¹)	工时		
										加工时间	辅助时间	共计
1	装卸工件	2									1.0	2.0
2	左动力部件											
	滑台快进										0.036	0.036
	进　给		20	24	45	16.1	256	0.16	46	0.98		0.98
	滑台快退										0.028	0.028

备注	总计	3.04 min
	单件	1.52 min
	机床生产率	91.2 件/h
	机床负荷率	80%

6.7　虚拟轴机床

在机床上，被加工零件的表面是通过刀具切削刃与工件接触并产生相对运动得到的。刀具与工件间的相互运动，可以由刀具或工件独立承担，也可各承担一部分。在前述的各种机床中，工件的表面成形运动，从工件到刀具的各个运动是串联关系，而且在大多数机床中，工件和刀具各承担了一部分运动。近年来，运动并联原理在机床上开始了运用。图 6.46(a)为两个运动并联的例子。图中 1、2 是两个直线运动副（又称直线关节），3、4、5 为铰链（又称被动关节）。当构件 1、2 作直线运动时，将杆$\overline{35}$和$\overline{45}$伸长或缩短。从力学原理来看，当有图示平面内外力作用时，杆$\overline{35}$和$\overline{45}$只受拉压，不受弯曲。从运动学原理看，运动 1、2 是并联，它的运动效果与图 4.46(b)中的两个串联运动 1′、2′的运动效果相当，其中 1′为回转运动，2′为直线运动，可把 1′、2′称为等效运动，或称虚拟轴运动，因为 1′和 2′运动轴并不存在。具有虚拟轴运动的机床也可称为虚拟轴机床。图 4.45(c)、(d)分别为三个运动并联和六个运动并联。

尽管由床身、立柱、主轴箱、刀架或工作台等部件串联而成的非对称布局的传统机床具有作业面积大、适应性强、灵活性好的特点，但是，近年来，随着机械制造工业的发展，机床面临进一步高速化、高效化和高精度化的严峻挑战，人们开始运用运动并联原理于机床设计中，出现了所谓的虚拟轴机床。如20世纪90年代问世的虚拟轴机床（VARIAX VIRTUAL AIXS MACHINE）是一种基于六个运动并联原理设计的，它将工件的表面成形运动全部给于轻者——切削头（刀具），而让重者不动或少动。图4.46所示的是美国G&L公司研制生产的"VARIAX"虚拟轴机床，它只有上、下两个平台。下平台固定不动，用于安装工件，上平台装有机床主轴和刀具，由可伸缩的六根轴与下平台连接。通过数控指令，由伺服电动机和滚珠丝杠副驱动六根轴的伸缩，来控制上平台六个自由度的运动，使主轴能运动到任意切削位置，对安装在下平台上的工件进行加工。

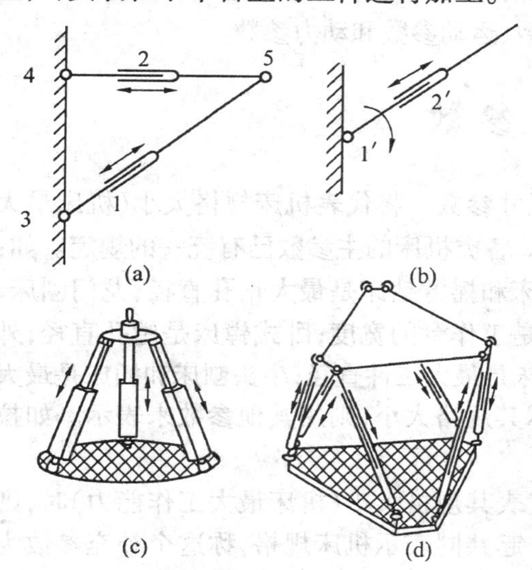

图6.45　并联运动原理及应用

图6.46　虚拟轴机床外形图

这类虚拟轴机床采用平台闭环并联结构，具有刚度高、运动部件质量轻、机械结构简单、制造成本低等优点。而且在改善机床的切削速度、运动部件的加速度、机床的加工精度和刚度等性能方面具有极大的潜力。不过，这类机床的刀具运动轨迹计算较复杂。

习题与思考题

1.铣床能加工哪些表面？铣削加工的特点是什么？装在主轴后部的飞轮有何作用（图6.8）？

2.X 6132型卧式升降台铣床中的M_2、M_3各起什么作用（图6.7）？

3.从传动和结构两方面简要说明万能外圆磨床的加工质量（表面粗糙度、尺寸精度和几何精度）为什么比卧式车床高（可结合M1432A型万能外圆磨床，与CA 6140型卧式车床进行比较）？

4.万能外圆磨床的砂轮主轴和头架主轴是否能用齿轮传动？为什么？

5.无心外圆磨床为什么能把工件磨圆？为什么它的加工精度和生产率往往比外圆磨床高？

6.立式钻床和摇臂钻床各用于加工何类工件？为什么？

7.卧式镗床和坐标镗床用于加工何种工序，比较二者的区别。

8.组合机床有何特点？由哪几部分组成？

9.何为虚拟轴机床？

第七章　机床主要技术参数的确定

在机床的总体设计时，首先要进行机床主要技术指标设计，它是后续设计的前提和依据。其中主要技术参数的确定是非常具体而必须的。

机床的主要技术参数大致分为三类：尺寸参数、运动参数和动力参数。

7.1　尺寸参数

影响机床加工性能的一些尺寸称为机床的尺寸参数。将代表机床规格大小(机床最大工作能力)的一个尺寸参数特称为机床的主参数。各类机床的主参数已有统一的规定。如：卧式车床是床身上工件的最大回转直径；立式钻床和摇臂钻床是最大钻孔直径；龙门刨床、龙门铣床、升降台式铣床和矩形工作台平面磨床是工作台的宽度；卧式镗床是镗孔直径；外圆磨床和无心磨床是最大磨削直径；齿轮加工机床是最大工件直径；牛头刨床和插床是最大刨削和插削长度。有的机床用尺寸不能确切表示其规格大小，则用其他参数来表示。如拉床是用额定拉力作为主参数。

当有的机床仅用主参数还不能完全确切地代表其规格大小(机床最大工作能力)时，则需补充仅次于主参数的一个尺寸参数与主参数一起共同表示机床规格，称这个补充参数为第二主参数。如车床补充最大工件长度作为第二主参数；铣床和龙门刨床补充工作台长度作为第二主参数。此外，与工件尺寸有关的尺寸参数、与工具、夹具有关的尺寸参数和与机床结构有关的尺寸参数也要明确地规定。例如，普通车床要确定在刀架上工件的最大回转直径和主轴孔允许通过的棒料直径；龙门铣床要确定横梁的最高和最低位置；摇臂钻床要确定主轴下端到底座间的最大和最小距离，其中包括摇臂的升降距离和主轴最大伸出量等。

机床的尺寸参数主要由被加工工件的尺寸确定。机床的主参数、第二主参数和其他尺寸参数确定后，就基本上确定了该机床所能加工或安装的最大工件尺寸。

7.2　运动参数的确定

机床的运动参数是指机床执行件运动的速度。如车床主轴的转速(r/min)、刀架进给运动量大小(mm/r)、刀架快速移动的速度(mm/min)等。又如，牛头刨床滑枕往复运动的次数或插床插头往复运动的次数(主运动)。因此，在一般情况下，机床运动参数的确定包括主运动参数、进给运动参数和快速运动参数的确定。

7.2.1　主运动参数

主运动为回转运动的机床，如车床、铣床、镗床等，主运动参数是主轴转速，它与切削速度的关系为

$$n = 1\,000\, v/\pi d \tag{7.1}$$

式中　n—— 主轴转速(r/min)；

v—— 切削速度(m/min)；

d—— 工件或刀具的直径(mm)。

主运动为直线运动的机床，如刨床、插床等，主运动参数是主运动执行件每分钟往复次数，它与切削速度、行程长度的关系为

$$n_r = \frac{1\,000v}{L + L\,v/v_0} \tag{7.2}$$

式中　n_r—— 主运动往复行程数(双行程 /min)；

v—— 切削速度(m/min)；

v_0—— 回程速度(m/min)；

L—— 行程长度(含切入空行程和超程长度)(m)。

一般情况下，$v < v_0$，机床采用的机构不同，v 和 v_0 可恒定或变化。当机床采用摇杆机构和曲柄连杆机构时，v 和 v_0 是变化的，可按平均速度计算；当机床采用齿轮齿条、蜗杆齿条或丝杠螺母机构时，v 和 v_0 为定值。如果 $v = v_0$ 时，则 $n_r = 500\,v/L$。

机床不同，对主运动参数的要求也不同。专用机床和组合机床是为某一特定工序设计制造的，每根主轴一般只需一个转速，可根据最有利的切削速度和直径确定。通用机床是为适应多种零件加工设计的，如摇臂钻床可进行钻孔、扩孔、铰孔和攻丝等工序。不同的工序、不同的被加工孔径以及不同的被加工材料，要求主轴的转速是不同的。钻孔的转速高、攻丝的转速低；钻大孔的转速比钻小孔的转速低等。因此，要求主轴应有多种转速，以便在不同工序加工时选用不同的转速，即主轴需要变速。如果采用有级变速机构，还需确定变速级数和变速范围。

1. 主轴最低、最高转速的确定

在调查和分析所设计机床可能完成工序的基础上，选择需要最低、最高转速的典型工序，根据典型工序的切削速度(可通过调查、切削试验、查切削用量手册)和工件(或刀具)直径，按式(7.1)计算主轴最低、最高转速，即

$$n_{min} = 1\,000\,v_{min}/\pi d_{max} \tag{7.3}$$

$$n_{max} = 1\,000\,v_{max}/\pi d_{min} \tag{7.4}$$

式中　n_{min}、n_{max}—— 主轴最低、最高转速(r/min)；

v_{min}、v_{max}—— 典型工序需要的最低、最高切削速度(m/min)；

d_{min}、d_{max}—— 最小、最大计算直径(mm)。

在计算 n_{max}(或 n_{min})时，不是将所有可能出现的 v_{max}、d_{min}(或 v_{min}、d_{max})代入式中，而是在实际使用中采用 v_{max}(或 v_{min})时常用的 d_{min}(或 d_{max})值。这样计算出的 n_{max}(或 n_{min})才比较合理。对于卧式车床，一般可取 $d_{max} = (0.5 \sim 0.6)D_{max}$，$d_{min} = (0.2 \sim 0.25)d_{max}$($D_{max}$ 为床身上最大回转直径)；对于摇臂钻床，通常取 $d_{max} = D_{max}$(D_{max} 为最大钻孔直径)，$d_{min} = (0.2 \sim 0.25)d_{max}$；对于卧式铣床，一般取 d_{max} = 盘形铣刀最大直径。

用上述方法计算出的 n_{max}、n_{min}，有时由于典型工序选择不当或原始数据有偏差，可能与实际需要相差甚远。因此，还应同时采用“生产现场调查”和“统计同类机床”法，综合得出比较合理的结果。

2.主轴转速的合理排列

在确定了 n_{max}、n_{min} 后,还需确定中间转速。为获得合理的切削速度,最好能连续地变换转速,即在 n_{max} 和 n_{min} 范围内能够提供任何转速,这是无级变速。对于大多数数控机床和重型机床,常用变速电动机进行无级变速。对于大多数普通机床,常用有级变速。在采用变速电动机无级变速时,常串联有级变速机构来扩大变速范围。

有级变速机床的主轴转速应如何排列才比较合理呢?如某机床主轴的转速共有 z 级,其中 $n_1 = n_{min}, n_z = n_{max}$,则转速分别为

$$n_1, n_2, n_3, \cdots, n_j, n_{j+1}, \cdots, n_z$$

如加工某工件所需的合理切削速度为 v,对应的转速为 n_0,通常有级变速机构往往得不到这个转速,而 n_0 处在 n_j 和 n_{j+1} 之间,即

$$n_j < n_0 < n_{j+1}$$

如果采用 n_{j+1},必将提高切削速度,从而降低了刀具耐用度。因此,以采用 n_j 为宜。这时的转速损失为 $n_0 - n_j$,相对转速损失 A 为

$$A = (n_0 - n_j)/n_0$$

最大相对转速损失 A_{max} 是当所需的转速 n_0 趋近于 n_{j+1} 时的转速损失,即

$$A_{max} = \lim_{n_0 \to n_{j+1}} \frac{n_0 - n_j}{n_0} = \frac{n_{j+1} - n_j}{n_{j+1}} = 1 - \frac{n_j}{n_{j+1}} \tag{7.5}$$

在其他条件(直径、进给、切深)不变的情况下,转速损失反映了生产率损失。对于普通机床,如果认为每个转速使用的机会均等,则应使 A_{max} 为一定值,即

$$A_{max} = 1 - \frac{n_j}{n_{j+1}} = \text{con } st \quad 或 \quad \frac{n_j}{n_{j+1}} = \cos st = \frac{1}{\varphi}$$

可以看出,任意两级转速之间的关系为

$$n_{j+1} = n_j \varphi \tag{7.6}$$

即有级变速机床的主轴转速应按等比数列(几何级数)排列。

最大相对转速损失为

$$A_{max} = (1 - \frac{1}{\varphi}) \times 100\% \tag{7.7}$$

例如,有一台车床的主轴转速为 31.5 r/min、45 r/min、63 r/min、90 r/min、125 r/min、180 r/min、250 r/min、355 r/min、710 r/min、1 000 r/min、1 400 r/min,公比 $\varphi = 1.41$,则最大相对转速损失为

$$A_{max} = (1 - \frac{1}{\varphi}) \times 100\% = (1 - \frac{1}{1.41}) \times 100\% = 29\%$$

按等比数列排列的主轴转速,往往通过串联若干滑移齿轮来实现。只要每一滑移齿轮组的各齿轮副的传动比是等比数列,各串联齿轮副的传动比乘积(主轴转速)也是等比数列,即

$$n = n_{电} \cdot i_{\text{I}} \cdot i_{\text{II}} \cdots = n_{电} \cdot i_{总}$$

式中　n—— 主轴转速(等比数列)(r/min);

$n_{电}$ —— 电动机转速(r/min);

i_{I}—— 第一滑移齿轮组内齿轮副的传动比(等比数列);

$n_{\text{Ⅱ}}$—— 第二滑移齿轮组内齿轮副的传动比(等比数列);

$i_{总}$—— 电动机轴至主轴的总传动比。

因此,主轴转速按等比数列排列时,由于充分利用了每一对滑移齿轮的传动比,用同样数量的齿轮,可得到较多的变速级数,使变速系统的结构简单,传动系统设计方便。

3.标准公比和标准数列

为使设计方便,考虑到多方面因素,机床专业标准规定了 7 个标准公比:1.06、1.12、1.26、1.41、1.58、1.78、2。

(1) 机床主轴转速是由小到大递增的,所以 φ 应大于 1,并规定最大相对转速损失不超过 50%,则相应公比 φ 不得大于 2,故 $1 < \varphi \leqslant 2$。

(2) 公比为 2 的某次方根,使转速 n 每隔几级就出现的一个转速 $2n$,不仅记忆方便,而且便于使用双速或多速电动机,以简化变速机构。双速或多速电动机的同步转速的比值通常为 2。例如,3 000/1 500,1 500/750,3 000/1 500/750 等。这 7 个标准公比中,$1.06 = \sqrt[12]{2}$、$1.12 = \sqrt[6]{2}$、$1.26 = \sqrt[3]{2}$、$1.41 = \sqrt{2}$。例如,当 $\varphi = 1.41$ 时,在数列中每隔一级就出现 2 倍关系。如果 $n_1 = 10$ r/min,则很方便写出数列为 10,14,20,28,40,56,80,112,… 又如当 $\varphi = 1.26$ 时,每隔 2 级就出现 2 倍关系。如果 $n_1 = 20$ r/min,可写出 20,25,31.5,40,50,63,80,…

(3) 公比 φ 为 10 的某次方根,使转速 n 每隔几级后的转速为前面的 10 倍,使转速整齐好记。如 $\varphi = 1.58$ 时,因为 $1.58 = \sqrt[5]{10}$,数列中每隔 4 级就出现 10 倍关系。如果 $n_1 = 10$ r/min,可方便地写出:10,16,25,40,63,100,160,250,400,… 这 7 个标准公比中,$1.06 = \sqrt[40]{10}$,$1.12 = \sqrt[20]{10}$,$1.26 = \sqrt[10]{10}$,$1.58 = \sqrt[5]{10}$,$1.78 = \sqrt[4]{10}$,而且 7 个标准公比中,后 6 个都与 1.06 有方次关系,即 $1.12 = 1.06^2$,$1.26 = 1.06^4$,$1.41 = 1.06^6$,$1.58 = 1.06^8$,$1.78 = 1.06^{10}$,$2 = 1.06^{12}$。因此,当采用标准公比后,就可以从 1.06 的标准数列表中直接查出主轴标准转速。例如,设计一台卧式车床,$n_{min} = 50$ r/min,$n_{max} = 2\,500$ r/min,$\varphi = 1.26$,查表 7.1。首先找到 50,然后每隔 3 个数($1.26 = 1.06^4$)取一个值,则得 50,63,80,100,125,160,200,250,315,400,500,630,800,1 000,1 250,1 600,2 000,2 500 共 18 级。

此表可用于转速、双行程数、进给量、机床的主参数、尺寸参数和功率参数等。

表 7.1　标准数列表

1.00	2.36	5.6	13.2	31.5	75	180	425	1 000	2 360	5 600
1.06	2.5	6.0	14	33.5	80	190	450	1 060	2 500	6 000
1.12	2.65	6.3	15	35.5	85	200	475	1 120	2 650	6 300
1.18	2.8	6.7	16	37.5	90	212	500	1 180	2 800	6 700
1.25	3.0	7.1	17	40	95	224	530	1 250	3 000	7 100
1.32	3.15	7.5	18	42.5	100	236	560	1 320	3 150	7 500
1.4	3.35	8.0	19	45	106	250	600	1 400	3 350	8 000
1.5	3.55	8.5	20	47.5	112	265	630	1 500	3 550	8 500
1.6	3.75	9.0	21.2	50	118	280	670	1 600	3 750	9 000
1.7	4.0	9.5	22.4	53	125	300	710	1 700	4 000	9 500
1.8	4.25	10	23.6	56	132	315	750	1 800	4 250	10 000
1.9	4.5	10.6	25	60	140	335	800	1 900	4 500	
2.0	4.75	11.2	26.5	63	150	355	850	2 000	4 750	
2.12	5.0	11.8	28	67	160	375	900	2 120	5 000	
2.24	5.3	12.5	30	71	170	400	950	2 240	5 300	

4. 公比的选用

主轴的最高转速 $n_{\max}$ 与主轴的最低转速 $n_{\min}$ 之比称为变速范围 R_n，即

$$R_n = \frac{n_{\max}}{n_{\min}} = \frac{n_z}{n_1} = \frac{n_1 \cdot \varphi^{z-1}}{n_1} = \varphi^{z-1}$$

两边取对数，则

$$\ln R_n = \lg \varphi^{z-1} = (z-1)\lg \varphi$$

$$z = \frac{\lg R_n}{\lg \varphi} + 1 \tag{7.8}$$

当确定了主轴 $n_{\max}$ 和 $n_{\min}$ 后，R_n 为一定值。它代表了机床的工艺范围。这时应选择公比 φ。从机床的使用性能考虑，公比 φ 应选小些，以减少相对转速损失。但公比越小，由式(7.8)知，级数 z 越多，使机床结构复杂。因此，在选择公比 φ 时要根据不同机床的实际情况，综合使用与结构(造价)两方面因素，妥善处理。对于生产率要求较高的通用机床，为使相对转速损失不大，机床结构又不过于复杂，一般取 $\varphi = 1.26$ 或 1.41；对于一些非自动化的小型机床，由于它们的切削加工时间与辅助时间相比所占比例不大，即相对转速损失影响不大，为简化结构，故公比宜取大值。如 $\varphi = 1.58$、1.78 或 2；由于专门化、自动化机床都用于大批大量生产，对它们的生产率要求较高，相对转速损失影响很大，故公比 φ 要取得小一些。常取 $\varphi = 1.12$ 或 1.26。又因为这类机床的变速时间分摊到每一工件，与加工时间相比是很小的，为了简化机床结构，常用交换齿轮变速；由于大型机床的加工时间长，减小相对转速损失十分重要，故公比 φ 应取小值。如 $\varphi = 1.26$、1.12 或 1.06。

7.2.2 进给运动参数

有些回转主运动机床(如车床、钻床、镗床、滚齿机床等)，进给量是用工件或刀具每转的位移来表示，单位为 mm/r；铣床和磨床使用的是多刃刀具，进给量往往用每分钟的位移表示，单位为 mm/min；直线往复运动机床(如刨床、插床)，以每一往复的位移表示。

进给量变换的方式有无级和有级两种，而且都有广泛的应用。由于进给量的损失，在其他条件(如切速、切深)不变的情况下，也反映了生产率损失，故重型机床和数控机床都用无级调整；普通机床多用有级调整。对进给量无特殊要求时，为使转速相对损失为一定值，一般为等比数列(如铣床)。对于普通车床、螺纹车床、螺纹铣床，因为被加工螺纹的螺距是按分段等差数列排列，进给量也必须是等差数列。有些往复主运动机床(如刨床、插床)，进给是间隙的，为使进给机构简单，常用棘轮机构，进给量则由主运动每次往复转过的齿数而定，因此，进给量是等差数列。自动和半自动机床是用于大批大量生产，进给量调整不频繁，故常用交换齿轮调整。这样可以不按一定规则而按最有利的原则来选择进给量。

进给量为等比数列时，确定方法与主轴转速的确定方法相同。即首先根据典型工序确定最大、最小进给量 $s_{\max}$、$s_{\min}$，然后选择标准公比 φ_s 或进给量级数 z_s，再计算出其余参数。

进给量为等差数列时，可用下式确定

$$c = \frac{s_{\max} - s_{\min}}{z_s - 1} \tag{7.9}$$

式中 $s_{\max}$、$s_{\min}$——最大、最小进给量；

z_s——进给量级数；

c—— 差值，由被加工螺纹的螺距或棘轮机构确定。

7.3　动力参数的确定

机床的动力参数包括电动机功率、液压缸的牵引力，液压马达、伺服电动机和步进电动机的额定转矩等。机床各传动件（轴、丝杠、齿轮和蜗轮等）的参数都是根据动力参数设计计算的。假如动力参数定得过大，则使机床笨重，增加了制造成本。如果动力参数定得过小，又将影响机床的使用性能。确定动力参数的方法有调查、切削实验和计算等。

7.3.1　主运动功率的确定

机床主运动功率包括切削功率 $P_{切}$、空载功率 $P_{空}$ 和附加功率 $P_{附}$ 三部分。机床加工工件时，消耗在切削工件的那一部分功率称为切削功率（有效功率）。它与刀具和工件的材料、切削用量有关。对于专用机床，切削条件变化较小，通过计算所得结果比较接近实际情况。而对于普通机床，因切削条件变化大，可根据机床检验时所要求的重负荷切削条件来定。

切削功率 $P_{切}$（kW）按下式计算

车、镗、磨等工序

$$P_{切} = \frac{F_c v}{60\,000} \tag{7.10}$$

钻、扩等工序

$$P_{切} = \frac{Tn}{9\,550} \tag{7.11}$$

式中　F_c—— 切削力（N）；

v—— 切削速度（m/min）；

T—— 主轴上最大转矩（N · m）；

n—— 主轴计算转速（r/min）。

机床主运动空转时，为了克服传动件的摩擦、搅油、空气阻力以及其他动载荷等所消耗的功率，称为空载功率 $P_{空}$（kW）。它只随主轴和其他各传动轴转速的变化而改变。传动链越长、转速越高、胶带和轴承的预紧力越大、加工和装配质量越差，则空载功率越大。对于中型机床，主运动的空载功率可用下面实验公式估算

$$P_{空} = \frac{k_1}{10^6}(3.5 d_c \sum n_i + k_2 d_s n_s) \tag{7.12}$$

式中　d_c—— 主传动链中各传动轴轴颈的平均直径。如果主运动链的结构尺寸尚未确定，则可按主电动机功率 $P_{电}$（kW）初步选取

当 $1.5 < P_{电} \leqslant 2.8$ kW　　$d_c = 30$ mm

当 $2.5 < P_{电} \leqslant 7.5$ kW　　$d_c = 35$ mm

当 $7.5 < P_{电} \leqslant 14$ kW　　$d_c = 40$ mm

d_s—— 主轴前后轴颈的平均值（mm）；

$\sum n_i$—— 当主轴转速为 n_s 时，传动链内各传动轴的转速和。如传动链内有不传递载荷但也随之空转的轴时，其转速也应计入（r/min）；

n_s—— 主轴转速(r/min);

k_1—— 润滑油粘度影响的修正系数。用N46号(旧30号)机械油时,$k_1 = 1$;用N32号(旧20号)机械油时,$k_1 = 0.9$;用N15号(旧10号)机械油时,$k_1 = 0.75$;

k_2—— 系数。主轴用两支承的滚动轴承或滑动轴承时,$k_2 = 3.5$;三支承滚动轴承时,$k_2 = 10$。

机床切削时,齿轮、轴承等零件上的正压力加大,各种摩擦阻力加大,因此,功率的损耗也加大。比 $P_{空}$ 多出来的那部分功率损耗称为附加机械摩擦损失功率,简称附加功率。当传动件一定,则 $P_{附}$ 随切削功率加大而加大。$P_{附}$ 可按下式计算

$$P_{附} = \frac{P_{切}}{\eta_{\Sigma}} - P_{切} \tag{7.13}$$

式中　η_{Σ}—— 主传动链的机械效率,$\eta_{\Sigma} = \eta_1 \cdot \eta_2 \cdot \eta_3 \cdots$,$\eta_1, \eta_2, \eta_3 \cdots$ 为各串联传动副的机械效率,见表7.2。

综上述,主电动机功率为

$$P_{主} = P_{切} + P_{空} + P_{附} = \frac{P_{切}}{\eta_{\Sigma}} + P_{空} \tag{7.14}$$

在主传动链的结构尚未确定前,可用下面经验公式估算 $P_{主}$

$$P_{主} = P_{切} / \eta_{床} \tag{7.15}$$

式中　$\eta_{床}$—— 机床总机械效率。对于回转运动机床,$\eta_{床} = 0.7 \sim 0.85$;对于直线主运动机床,$\eta_{床} = 0.6 \sim 0.7$。主轴转速较低和机构比较简单时,$\eta_{床}$ 取大值,反之取小值。

7.3.2　进给运动功率的确定

对于进给运动与主运动共用一个电动机的机床,如卧式车床和钻床等,由于进给功率比主运动功率小得多,可以不考虑进给功率。对于进给运动与快速运动共用一个电动机的机床,如卧式升降台铣床,也不必考虑进给功率。因为升降台快速运动功率比进给功率大得多。数控机床的进给运动是专门用伺服电动机驱动的,虽然伺服电动机(交、直流)的主参数是功率(kW),但选择伺服电动机的根据却不是功率,而是它的额定转矩、电动机的转子惯量以及它的加速性。单独用普通电动机驱动进给运动的机床(如龙门铣床),需要确定进给电动机功率。通常用与同类机床比较和计算相结合的方法确定。表7.3列出了部分国产机床的运动参数和动力参数。比较时,应注意传动链的长短、低效率传动副(丝杠螺母、蜗轮蜗杆)的数量等。

因为进给速度较低,空载功率可略。因此,进给功率 P_s(kW) 可根据进给牵引力 F_Q(N)、进给速度 v_s(m/min) 和机械效率 η_s,由下式确定

$$P_s = \frac{F_Q V_s}{60\,000 \eta_s} \tag{7.16}$$

进给传动链的机械率 η_s 一般取 $0.15 \sim 0.20$。

粗略计算时,也可根据进给传动功率 P_s(kW) 与主传动功率 $P_{主}$(kW) 之比来估算进给电动机功率,即:

对于车床,$P_s = (0.03 \sim 0.04) P_{主}$ kW;

对于钻床，$P_s = (0.04 \sim 0.05)P_{主}$ kW；

对于铣床，$P_s = (0.15 \sim 0.20)P_{主}$ kW。

表 7.2　传动件效率的概略值

类别	传动件	平均机械效率	类别	传动件	平均机械效率
齿轮传动	直齿圆柱齿轮：磨齿	0.99	带传动	平胶带：无压紧轮	0.98
	未磨齿	0.98		有压紧轮	0.97
	斜齿圆柱齿轮	0.985		V形带	0.96
	锥齿轮	0.97		同步齿形带	0.98
蜗杆蜗轮传动	计算公式	$\frac{\tan\lambda}{\tan(\lambda+\rho)}$	链传动	套筒滚子链	0.96
	自锁蜗杆	0.4 ~ 0.45		齿形链	0.97
	单头蜗杆	0.7 ~ 0.75	滚动轴承	深沟球轴承和圆柱滚子轴承	0.99
	双头蜗杆	0.75 ~ 0.82		圆锥滚子轴承和角接触球轴承	0.98
	三头和四头蜗杆	0.80 ~ 0.92		高速主轴轴承	0.95 ~ 0.98
联轴器	浮动联轴器	0.97 ~ 0.99	摩擦传动	平摩擦轮传动	0.85 ~ 0.96
	齿轮联轴器	0.99		槽摩擦轮传动	1.88 ~ 0.90
	弹性联轴器	0.99 ~ 0.95		卷绳轮	0.95
	万向联轴器($\alpha \leqslant 3°$)	0.97 ~ 0.98			
	万向联轴器($\alpha > 3°$)	0.95 ~ 0.97			
滑动轴承	一般润滑条件	0.98	直线运动机构	滑动丝杠	$\frac{\tan\lambda}{\tan(\lambda+\rho)}$
	润滑特别良好，如压力润滑	0.985			0.30 ~ 0.60
	高速主轴轴承(v = 5 m/s)	0.90 ~ 0.93		液体静压丝杠	0.99
液体静压轴承	低速	0.998 ~ 0.999		滚珠丝杠，有预加载荷	0.82 ~ 0.86
	中速	0.99 ~ 0.995		牛头刨床、插床的摇杆和滑块	0.90
	高速(v = 5 m/s)	0.93 ~ 0.95			

注：λ— 蜗杆或丝杠的螺旋角；ρ— 摩擦角。

7.3.3　快速运动功率的确定

机床的一些移动部件，如工作台、刀架、摇臂、横梁等的移近、退回等辅助运动应是快速运动，一般由单独电动机驱动。当快速运动与进给运动共用电动机时，其功率也由快速运动确定。

快速运动电动机的功率一般通过比较和计算相结合的办法确定。由于快速运动电动机在启动时不仅要克服摩擦力，还要克服惯性力。因此，快速运动电动机功率 $P_{快}$ 应由下式确定

$$P_{快} = P_1 + P_2 \tag{7.17}$$

式中　P_1—— 克服惯性力所需功率(kW)；

P_2—— 克服摩擦力所需功率(kW)。

克服惯性力所需功率 P_1 为

$$P_1 = \frac{T_a n}{9\,550\eta} \tag{7.18}$$

表 7.3 部分国产机床的运动参数和动力参数

机床类型		主轴转速/(r·min⁻¹) 工作台速度/(m·min⁻¹)	公比	主电动机功率 kW	进给量 (mm·min⁻¹)	进给数列	进给电动机功率 kW
卧式车床	CA6140 CW61100	10 ~ 1400 3.15 ~ 315	1.26	7.5 22	0.08 ~ 1.59① 0.1 ~ 1.5 mm/r	分段等差数列	—
摇臂钻床	Z3040 × 16 Z3080 × 25	25 ~ 2 000 16 ~ 1 250	1.26/1.58	3 2.5	0.04 ~ 3.2 mm/r	等比 φ = 1.26/1.58	—
升降台铣床 X6132		30 ~ 1 500	1.26	7.5	10 ~ 1 000②	等比 φ = 1.26	1.5
龙门刨床	B2010A B2020	9 ~ 90/ 4.5 ~ 45 3 ~ 75	无级	55 60	0.2 ~ 20③ 0 ~ 25 mm/次	无级	
万能外圆磨床 M1432A × 1 000		1 670/1 990④	—	4⑤	工件头架 30 ~ 270 工作台 50 ~ 4 000	φ = 1.4 无级	0.55/1.1 0.75
数控车床	CK6150D CK7815	30 ~ 2 800 15 ~ 2 000 37.5 ~ 5 000	无级	30 5.5/7.5	1 ~ 2 000 1 ~ 2 000	无级	1.5 1.4
加工中心	JCS-018 HX754	22.5 ~ 2 250 45 ~ 4 500 15 ~ 2 000 37.5 ~ 5 000	无级	5.5/7.5 7.5	1 ~ 4 000	无级	1.4 1.4

① 指刀架纵进给，不包括加大进给和细进给，横进给常为纵进给的 1/2；

② 指工作台纵、横进给，升降台竖直进给为纵、横进给的 1/3；

③ 指立刀架的水平进给；

④ 指砂轮主轴转速，高速用于砂轮磨损直径变小后，以保证砂轮外圆线速度约为 35 m/s；

⑤ 指砂轮架电动机。

式中 T_a—— 克服惯性力所需的转矩(N · m)；

n—— 电动机转速(r/min)；

η—— 快速传动链内各传动件机械效率的连乘积，传动件的机械效率见表 7.2。

$$T_a = J\frac{\omega}{t_a} = J\frac{2\pi n}{60t_a} \tag{7.19}$$

式中 J—— 各传动件折算到电动机轴上的当量转动惯量($kg \cdot m^2$)；

n—— 电动机转速(r/min)；

t_a—— 电动机启动时的加速时间，s。数控机床可取 t_a 为伺服电动机机械时间常数的 3 ~ 4①；中、小型普通机床可取 t_a = 0.5 s；大型普通机床可取 t_a = 1 s。

① 若伺服电动机按阶跃指令启动时，转速按指数曲线上升。当时间为机械时间常数的 3 倍时，转速达到目标值的 95%；4 倍时达到 98.2%。

当量转动惯量可由动能守恒定理,由下式确定

$$J = \sum_k J_k(\frac{\omega_k}{\omega})^2 + \sum_i m_i(\frac{v_i}{\omega})^2 \tag{7.20}$$

式中　J_k—— 各旋转件的转动惯量($kg \cdot m^2$);

ω_k—— 各旋转件的角速度(rad/s);

m_i—— 各直线运动件的质量(kg);

v_i—— 各直线运动件的速度(m/s);

ω—— 电动机的角速度(rad/s)。

实心圆柱形件的转动惯量

$$J = \frac{1}{2}mr^2 = \frac{mD^2}{8} = \frac{\pi}{32}\rho D^4 L \tag{7.21}$$

空心圆柱形件的转动惯量

$$J = \frac{1}{2}m(r_1^2 + r_2^2) = \frac{\pi}{32}\rho(D^4 - d^4)L \tag{7.22}$$

式中　m—— 质量(kg);

ρ—— 密度(kg/m^3),对于钢 $\rho = 7.8 \times 10^3\ kg/m^3$;

D、d、L—— 外径、内径和长度(m)。

沿水平方向快速运动部件克服摩擦力的功率为

$$P_2 = \frac{f'mgv}{60\,000\eta} \tag{7.23}$$

沿竖直方向快速运动克服质量和摩擦力的功率为

$$P_2 = \frac{(mg + f'F)v}{60\,000\eta} \tag{7.24}$$

式中　m—— 运动部件质量(kg);

g—— 重力加速度,$g = 9.8\ m/s^2$;

F—— 由于重心与垂直运动机构(如丝杠)不同心而引起的导轨上的挤压力(N);

f'—— 当量摩擦系数,对于在正常润滑条件下,铸铁 - 铸铁滑动导轨副,$f' = 0.15 \sim 0.20$,导轨的截面形状不同,取值各异,设计时查阅有关资料;

v—— 快速移动速度(m/s)。

值得注意的是,P_1 存在于启动过程,当运动部件达到正常速度后,P_1 消失。交流异步电动机的启动转矩约为满载时额定转矩的 1.6 ~ 1.8 倍,还允许短期超载,其最大转矩约为额定转矩的 1.8 ~ 2 倍。而快速运动的时间又很短。因此,可由式(7.17)计算的 $P_{快}$ 和电动机转速 n 计算出启动转矩,使所选电动机的启动转矩大于计算出的启动转矩即可。这样,可使所选电动机的功率小于由式(7.17)计算出的功率。

表 7.4 列出了部分机床快速运动部件的速度和功率值,可供设计参考。

表 7.4 部分机床快速运动速度和功率

机床类型	主参数 /mm	移动部件	速度 /(m·min^{-1})	功率 /kW	机床类型	主参数 /mm	移动部件	速度 /(m·min^{-1})	功率 /kW
卧式车床	床身上最大回转直径 400 630 ~ 800	溜板箱 溜板箱	3 ~ 5 4	0.25 ~ 0.6 1.1	卧式镗床	镗孔直径 85 ~ 110 125	主轴箱和工作台 主轴箱和工作台	2.5 2.0	2.2 ~ 2.8 4
					升降台铣床	工件台工作面宽度 250 320	工作台和升降台 工作台和升降台	2.5 ~ 2.9 2.3	0.6 ~ 1.7 1.5 ~ 2.2①
立式车床	最大车削直径 单柱 1 250 ~ 1 600 双柱 2 000 ~ 3 150	横梁 横梁	0.44 0.35	2.2 7.5	龙门铣床	工作台工作面宽度 800 ~ 1 000	横梁 工作台	0.65 2.0 ~ 3.2	5.5 4
摇臂钻床	最大钻孔直径 40 ~ 50 75 ~ 100	摇臂 摇臂	0.9 ~ 1.4 0.6	1.1 ~ 2.2 3	龙门刨床	最大刨削宽度 1 000 ~ 1 250 1 250 ~ 1 600	横梁 横梁	0.57 0.57 ~ 0.9	3.0 3 ~ 5.5

① 与进给公用。

习题与思考题

1. 试用查表法求主轴各级转速；

(1) 已知：$\varphi = 1.26, n_{\min} = 15$ r/min, $Z = 18$；

(2) 已知：$\varphi = 1.41, n_{\max} = 1\ 800$ r/min, $R_n = 45$；

(3) 已知：$\varphi = 1.58, n_{\max} = 200$ r/min, $Z = 6$；

(4) 已知：$n_{\min} = 100$ r/min, $Z = 12$，其中 $n_1 \sim n_3$、$n_{10} \sim n_{12}$ 的公比为 $\varphi_1 = 1.26$，其余各级转速的公比为 $\varphi_2 = 1.58$。

2. 试用计算法求下列参数：

(1) 已知：$R_n = 10, Z = 11$，求 φ；

(2) 已知：$R_n = 355, \varphi = 1.41$，求 Z；

(3) 已知：$\varphi = 1.06, Z = 24$，求 R_n。

3. 拟定变速系统时：

(1) 公比取得太大和太小各有什么缺点？较大的($\varphi \geqslant 1.58$)、中等的($\varphi = 1.26$、1.41)、较小的($\varphi \leqslant 1.12$)标准公比各适用于哪些场合？

(2) 若采用三速电动机，可以取哪些标准公比？

4. 试用计算法求电动机功率：

(1) 已知某镗床工作时的切向镗削力为 1 500 N，镗削速度为 120 m/min，主传动链机械效率为 0.75。空运转 2 h 内实测耗费的电能为 2.5 kW·h，电动机的总效率为 0.8。机床间断工作，间断时间较长。试计算主运动驱动电动机的额定功率。

(2) 某水平运动部件的质量为 100 kg，快速运动速度为 5 m/min，导轨副摩擦系数为 0.08，快速运动传动链机械效率为 0.85，快速运动电动机转速为 1 450 r/min，启动时间为1 s，快速传动链各传动件转化到电动机轴上的转动惯量为 0.04 kg·m^2。试计算快速运动电动机的功率。

第八章 传动设计

机床的传动是将动力源(或执行件)的速度、转矩传递给执行件(或另一执行件),使执行件具有表面成形运动的功能,即机床的传动是连接动力源(或执行件)与执行件(或另一执行件)的桥梁。除某些电动机(如内联电动机)直接与执行件连接的机床外,一般都有传动环节,称为传动链(传动系统)。传动链又有外联传动链与内联传动链之分。设计外联传动链主要考虑满足执行件的速度(转速)和传递动力的要求,而设计内联传动链除满足前述要求外,更要满足两执行件间的传动精度的要求。本章主要叙述主运动外联传动链的设计,并简述进给传动链和内联传动链的设计特点。

8.1 主运动有级变速传动设计

对于通用机床,主运动的执行件(如卧式车床的主轴)一般都有若干个按等比数列排列的转速,而普通交流异步电动机只能提供一个(或二、三个)转速,在传动设计中,要解决的主要问题是应遵循一些什么原则和规律,才能使执行件得到按等比数列排列的转速。

8.1.1 转速图

图 8.1 为一中型卧式车床的主传动系统图。从图中可知:它有五根轴:电动机轴和Ⅰ－Ⅳ轴,其中Ⅳ轴为主轴。Ⅰ－Ⅱ轴之间有一传动组 a,它有三对传动副;Ⅱ－Ⅲ轴和Ⅲ－Ⅳ轴之间分别有传动组 b(二对传动副)和 c(二对传动副)。电动机的转速为 1 440 r/min。并可看出,Ⅰ、Ⅱ、Ⅲ、Ⅳ轴分别有 1、3、6、12 个转速。但是,每根轴的转速值、传动组内传动比之间的关系以及公比 φ 值等均不知道。也就是说,传动系统图虽然直观地表达了该传动系统的组成,但却有许多关键的东西并没有描述清楚,而且画起来比较麻烦。在设计传动系统时,用它来进行方案对比并不是最好的工具。于是出现了将上述内容完全表示清楚的线图,称为转速图。

1.转速图的概念

(1) 轴线。轴线是用来表示轴的一组间距相等的竖线。从左向右依次画出五条间距相等的竖线,并标上与图 8.1 对应的轴号(电动机轴号为 0)。竖线间的间距相等是为了使线图清晰,并不表示轴的中心距相等。

(2) 转速线。转速线是一组间距相等的水平线,用它来表示转速的对数坐标。由于主轴转速值是按等比数列排列,相邻两转速间具有如下关系

$$\frac{n_2}{n_1} = \varphi \qquad \frac{n_3}{n_2} = \varphi \qquad \cdots \qquad \frac{n_z}{n_{z-1}} = \varphi$$

两边取对数,得

$$\lg n_2 - \lg n_1 = \lg \varphi$$

$$\lg n_3 - \lg n_2 = \lg \varphi$$

$$\vdots$$

$$\lg n_z - \lg n_{z-1} = \lg \varphi$$

因此,将转速图上的竖线取对数坐标后,由于任意相邻两转速线的间隔相等,都等于一个 lg φ,习惯上不写 lg 符号。对于图 8.1 的传动系统,主轴有 12 个转速,故画 12 条间距相等的水平线。通过计算知道,主轴的 12 级转速分别为 31.5 r/min、45 r/min、63 r/min、90 r/min、125 r/min、180 r/min、250 r/min、355 r/min、500 r/min、710 r/min、1 000 r/min、1 400 r/min。并可得出公比 $\varphi = 1.41$。

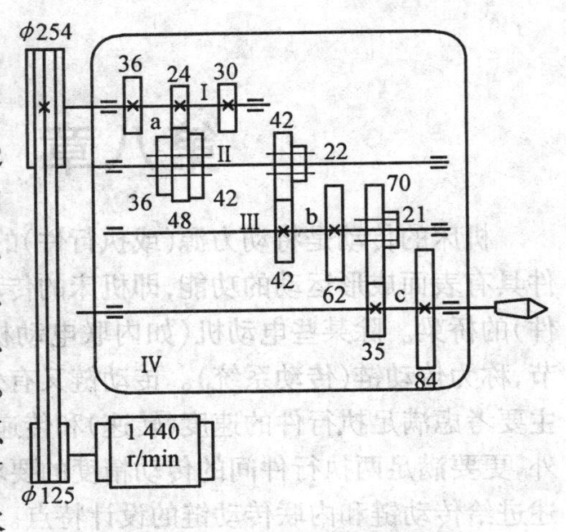

图 8.1　12 级主传动系统图

(3) 转速点。转速点是指在轴线上画的圆点(或圆圈),用它来表示该轴所具有的转速值。在 Ⅳ 轴(主轴) 上画 12 个圆点(或圆圈),它们都落在水平线与竖线的交点上,表示主轴的 12 级转速值,并将数值写在圆点(或圆圈) 右边。对于图8.1,通过计算知道,Ⅰ 轴转速值为 710 r/min,Ⅱ 轴转速值为 355 r/min、500 r/min、710 r/min;Ⅲ 轴的转速值为 125 r/min、180 r/min、250 r/min、355 r/min、500 r/min、710 r/min。分别在 Ⅰ、Ⅱ、Ⅲ 轴线与转速线的交点处画 1、3、6 个圆点(或圆圈)。有时,转速点不落在水平线上,则应标出转速值。如电动机轴(O 轴) 的转速为 1 440 r/min。

(4) 传动线。传动线是指轴线间转速点的连线,它表示相应传动副及其传动比值。传动线(传动比线) 的倾斜方向和倾斜程序分别表示传动比的升降和大小。若传动比线是水平的,表示等速传动,传动比 $i = 1$;若传动比线向右上方倾斜,表示升速传动,传动比 $i > 1$;若传动比线向右下方倾斜,表示降速传动,传动比 $i < 1$。对于图 8.1 的传动系统,在 O – Ⅰ 轴间有一对传动副,其传动比值为

$$i_1 = \frac{125}{254} \approx \frac{1}{2} = \frac{1}{1.41^2} = \frac{1}{\varphi^2}$$

轴间传动是降速传动,传动比线(即 1 440 r/min 与 710 r/min 的连线) 从主动转速点 1 440 r/min 引出向右下方倾斜两格。

在轴 Ⅰ – Ⅱ 之间有三对传动副构成一个传动组 a,它的传动比值分别为

$$i_{a_1} = \frac{24}{48} = \frac{1}{2} = \frac{1}{\varphi^2} \qquad i_{a_2} = \frac{1}{1.41} = \frac{1}{\varphi} \qquad i_{a_3} = \frac{36}{36} = \frac{1}{1}$$

因此,在转速图的 Ⅰ – Ⅱ 轴之间应有三条传动比线,它们都从主动转速点710 r/min引出,分别为向右下方倾斜两格和一格的线以及一条水平线。

在轴 Ⅱ – Ⅲ 间有两对传动副构成一个传动组 b,它的传动比值为

$$i_{b_1} = \frac{22}{62} = \frac{1}{2.8} = \frac{1}{1.41^3} = \frac{1}{\varphi^3} \qquad i_{b_2} = \frac{42}{42} = \frac{1}{1}$$

因此,在转速图的 Ⅱ – Ⅲ 轴间应有两条传动比线,它们从主动转速点710 r/min引出,分别为向右下方倾斜 3 格的连线和一条水平的线。由于 Ⅱ 轴有三个转速,故还应从 500 r/min、355 r/min 分别引出向右下方倾斜 3 格的连线和一条水平的传动比线。可见后引出的传动比线与第一次引出的传动比线是相互平行的。而在 Ⅱ – Ⅲ 轴间却只有两对传动副。这说明在

转速图上相互平行的传动比线代表同一传动副的传动比。这样，在 Ⅲ 轴上就有了 $3\times2=6$ 级转速。

在轴 Ⅲ - Ⅳ 间有两对传动副构成传动组 c，它的传动比分别为

$$i_{c_1}=\frac{21}{84}=\frac{1}{4}=\frac{1}{1.41^4}\qquad i_{c_2}=\frac{70}{35}=\frac{2}{1}=\frac{1.41^2}{1}=\varphi^2$$

同理，在转速图的 Ⅲ - Ⅳ 轴间有两条传动比线，它们分别从主动转速点 710 r/min、500 r/min、355 r/min、250 r/min、180 r/min、125 r/min引出向右上升倾斜两格和向右向下倾斜四格的连线。于是，使主轴（Ⅳ 轴）得到了 $3\times2\times2=12$ 级转速。对应于图 8.1 的转速图如图 8.2 所示。

综上述，转速图是由“三线一点”组成：轴线、转速线、传动线和转速点。图 8.2 清楚地表示了轴的数目、主轴及传动轴的转速级数、转速值及其传动路线、变速组数及传动顺序、各变速组的传动副数及传动比值。还表示了传动组内各传动比之间的关系以及传动组之间的传动比的关系（详见下述）等。

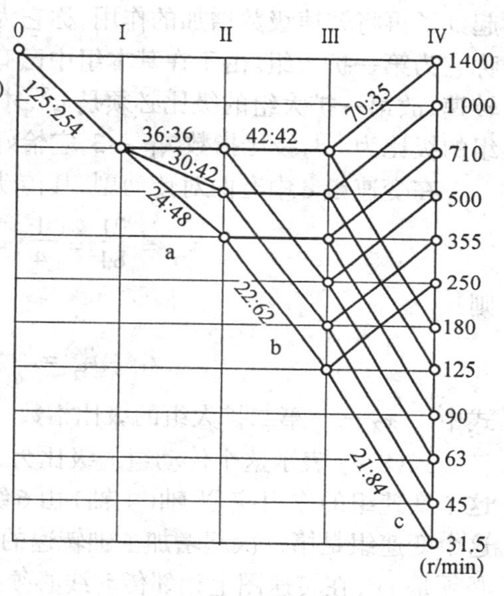

图 8.2　12 级传动系统转速图

2. 传动比分配方程（转速图原理）

（1）基本组。变速组 a 中有三对传动副，表示传动比值的传动线都是由 Ⅰ 轴的主动转速点 710 r/min 引出，它们的传动比分别为

$$i_{a_1}=\frac{1}{\varphi^2}\quad i_{a_2}=\frac{1}{\varphi}\quad i_{a_3}=1$$

则

$$i_{a_1}:i_{a_2}:i_{a_3}=\frac{1}{\varphi^2}:\frac{1}{\varphi}:1=1:\varphi:\varphi^2 \tag{8.1}$$

由此可见，在变速组 a 中，相邻传动线之间相差一个公比 φ，各传动比值是以 φ 为公比的等比数列，通过这三个传动比的作用，使 Ⅱ 轴获得的三个转速 355 r/min、500 r/min、710 r/min 仍是以 φ 为公比的等比数列。主轴能够获得按等比数列排列的转速值是因为这个变速组首先起作用的结果，实质上，它使主轴获得了以 φ 为公比的三个转速值。因此，这个变速组是必不可少的最基本的变速组，称它为基本组。

将式（8.1）写成通式

$$i_1:i_2:\cdots:i_{p_i}=1:\varphi^{x_i}:\cdots:\varphi^{(p_i-1)x_i} \tag{8.2}$$

式中　φ^{x_i}—— 任意相邻两传动比的比值，简称级比；

x_i—— 级比指数或传动特性指数；

p_i—— 该传动组的传动副数。

称式（8.2）为传动比分配方程。

基本组的级比（传动特性）指数用 x_0 表示，基本组的级比 $\varphi^{x_0}=\varphi^1$，故级比指数 $x_0=1$。

（2）扩大组。在变速组 b 中，有两对传动副，其传动比为

$$i_{b_1} = \frac{22}{62} = \frac{1}{\varphi^3} \qquad i_{b_2} = \frac{42}{42} = 1$$

则

$$i_{b_1} : i_{b_2} = \frac{1}{\varphi^3} : 1 = 1 : \varphi^3 = 1 : \varphi^{x_1} \tag{8.3}$$

式中　x_1—— 第一扩大组的级比指数。

方程(8.3) 表示这个变速组的相邻传动比之间相差 φ^3,在转速图上表现为相差 3 格。通过这个变速组内两个传动比的作用,使 Ⅲ 轴获得了 6 级以 φ^3 为公比的等比数列。实质上使主轴又增加了以 φ 为公比的 3 个转速。可见,这个变速组是在基本组已经起作用的基础上,起到了再将转速级数增加的作用,称它为扩大组。又因它是第一次起扩大作用,为区别起见,称它为第一扩大组。由于在基本组中已有 3 对传动副,它已使 Ⅱ 轴获得了以 φ 为公比的 3 级转速,故第一扩大组的级比必须是 φ^3,才能使 Ⅲ 轴获得以 φ 为公比的 6 级转速。即第一扩大组的级比为 φ^3,级比指数 $x_1 = 3$,它恰好等于基本组的传动副数 $p_0(p_0 = 3)$。

在变速组 c 中有两对传动副,其传动比为

$$i_{c_1} = \frac{21}{84} = \frac{1}{4} = \frac{1}{\varphi^4} \qquad i_{c_2} = \frac{70}{35} = 2 = \varphi^2$$

则

$$i_{c_1} : i_{c_2} = \frac{1}{\varphi^4} : \varphi^2 = 1 : \varphi^6 = 1 : \varphi^{x_2} \tag{8.4}$$

式中　x_2—— 第二扩大组的级比指数。

式(8.4) 表示这个传动组的级比为 φ^6,在转速图上表现为相邻传动线之间差 6 格。通过这个变速组的作用使 Ⅳ 轴(主轴) 由 6 级转速再增加以 φ 为公比的 6 级共 12 级转速。因此,这个变速组是第二次起增加主轴转速的作用,称它为第二扩大组。同理,第二扩大组的级比必须是 φ^6(在转速图上相邻传动线必须拉开 6 格) 才能使主轴获得连续的等比数列。它的级比指数 $x_2 = 6$,恰好等于基本组的传动副数 $p_0(= 3)$ 与第一扩大组的传动副数 $p_1(= 2)$ 的乘积,即 $x_2 = p_0 \times p_1$。

若机床传动系统还有第三、四 …… 次扩大变速范围,则还应有第三、四 …… 扩大组。

通常,机床的传动系统都是由若干个变速组串联而成,任意变速组的传动比之间的关系都应满足式(8.2)—— 传动比分配方程。区别不同变速组的是它的级比指数 x_i。如前述,基本组的级比指数 $x_0 = 1$,第一扩大组的级比指数 $x_1 = p_0$,第二扩大组的级比指数 $x_2 = p_0 \times p_1$,第三扩大组的级比指数 $x_3 = p_0 \times p_1 \times p_2, \cdots$,第 i 个扩大组的级比指数 $x_i = p_0 \cdot p_1 \cdot p_2 \cdots p_{i-1}$。因此,$x_i$ 完全代表了这个变速组的性质。只要满足传动比分配方程式(8.2),就能使主轴获得连续(不重复、不间断) 的等比数列。通常称这样的变速系统为常规变速系统。除此而外,还有用得最多的所谓特殊变速系统。

如果由若干个传动组串联而成的传动系统,满足基本组、第一扩大组、第二扩大组 …… 的排列次序,即级比指数 x_i 由小到大排列,这叫做扩大顺序。但从结构上,运动总是从电动机经 Ⅰ 轴 → Ⅱ 轴 → …… → 主轴,这叫做传动顺序,传动顺序是固定不变的。在设计变速系统时,扩大顺序可能与传动顺序一致,也可能不一致,将在以后讨论这一问题。

3. 变速组的变速范围

变速组内最大传动比 i_{max} 与最小传动比 i_{min} 之比,称为变速组的变速范围 r,即

$$r = \frac{i_{max}}{i_{min}} \tag{8.5}$$

由式(8.2)知,任一变速组的变速范围 r_i

$$r_i = \varphi^{(p_i-1)x_i} \tag{8.6}$$

对于上例:

基本组的变速范围 $r_0 = \varphi^{(p_0-1)x_0} = \varphi^2(p_0 = 3, x_0 = 1)$

第一扩大组的变速范围 $r_1 = \varphi^{(p_1-1)x_1} = \varphi^3(p_1 = 2, x_1 = 3)$

第二扩大组的变速范围 $r_2 = \varphi^{(p_2-1)x_2} = \varphi^6(p_1 = 2, x_2 = 6)$

主轴的变速范围 $R_n = \dfrac{n_{max}}{n_{min}}$,对于上例:

因为

$$n_{max} = n_电 \cdot i_{a\,max} \cdot i_{b\,max} \cdot i_{c\,max}$$

$$n_{min} = n_电 \cdot i_{a\,min} \cdot i_{b\,min} \cdot i_{c\,min}$$

所以

$$R_n = \frac{n_电 \cdot i_{a\,max} \cdot i_{b\,max} \cdot i_{c\,max}}{n_电 \cdot i_{a\,min} \cdot i_{b\,min} \cdot i_{c\,min}} = r_a \cdot r_b \cdot r_c$$

写成通式

$$R_n = r_0 \cdot r_1 \cdot r_2 \cdot \cdots \cdot r_i \tag{8.7}$$

式(8.7)表明,主轴的变速范围 R_n 等于各变速组变速范围的连乘积。

在设计机床的变速系统时,在降速传动中,为防止被动齿轮的直径过大而使径向尺寸增大,常限制最小传动比,使 $i_{min} \geqslant \dfrac{1}{4}$。在升速传动中,为防止产生过大的振动和噪声,常限制最大传动比使 $i_{max} \leqslant 2$。斜齿圆柱齿轮传动比较平稳,故 $i_{max} \leqslant 2.5$。因此,主传动链任一变速组的变速范围一般应满足 $r_{max} = i_{max}/i_{min} \leqslant 8 \sim 10$。对于进给传动系统,由于传动件的转速低,进给传动功率小,传动件的尺寸小,极限传动比的条件可取为 $\dfrac{1}{5} \leqslant i_极 \leqslant 2.8$,故 $r_{max} \leqslant 14$。

在拟定转速图时,一般都应使每个变速组的变速范围不超过上述允许值。在通常情况下,由于最后一个扩大组的变速范围最大,因此,一般只要检查最后一个扩大组的变速范围即可。

8.1.2　结构式和结构网

变速组的传动副数 p_i 和级比指数 x_i 是它的两个基本参数。当这两个参数一旦确定,则该变速组的性质就随之而定。如果将这两个参数紧密地写成这样的形式:p_ix_i 或 $p_i[x_i]$,则表示变速组的方式就简单得多。因此,如果按运动的传递顺序将表示每个变速组性质的参数写成乘积的形式,就是所谓的“传动结构式”,即

$$Z = p_ax_a \cdot p_bx_b \cdot p_cx_c \cdot \cdots \cdot p_ix_i$$

或

$$Z = p_a[x_a] \times p_b[x_b] \times p_c[x_c] \times \cdots \times p_i[x_i]$$

对于图 8.2 的变速系统,它的结构式为

$$12 = 3_1 \times 2_3 \times 2_6 \tag{8.8}$$

或

$$12 = 3[1] \times 2[3] \times 2[6]$$

式(8.8)表示了主轴的12级转速是通过基本组 3_1(传动副 $p_0 = 3$,级比指数 $x_0 = 1$)、第一扩

大组 2_3(传动副 $p_1 = 2$,级比指数 $x_1 = 3$)、第二扩大组 2_6(传动副 $p_2 = 2$,级比指数 $x_2 = 6$)的共同作用获得的。显然,式(8.8)是扩大顺序与传动顺序一致的情况。若将基本组、扩大组采取不同的排列次序,对于 $12 = 3 \times 2 \times 2$ 的传动方案,可得如下结构式

$$12 = 3_1 \cdot 2_3 \cdot 2_6 \qquad 12 = 3_1 \cdot 2_6 \cdot 2_3 \qquad 12 = 3_2 \cdot 2_1 \cdot 2_6$$
$$12 = 3_2 \cdot 2_6 \cdot 2_1 \qquad 12 = 3_4 \cdot 2_1 \cdot 2_2 \qquad 12 = 3_4 \cdot 2_2 \cdot 2_1$$

结构式简单,但不直观,与转速图的差别太大。为此,若将结构式表示的内容用类似转速图那样的线图来表示,就形成了所谓的结构网。图 8.3 是对应结构式 $12 = 3_1 \cdot 2_3 \cdot 2_6$ 的结构网。

该传动系统有三个变速组,故应有 4 条间距相等的表示轴的竖线。主轴有 12 级转速,故有 12 条间距相等的水平线。由于结构网只表示传动比的相对关系,故表示传动比的连线可对称画出。为此,在 Ⅰ 轴上找出上、下对称点 O。在 Ⅰ - Ⅱ 轴间是基本组,$x_0 = 1$,故表示三对传动副的传动线从点 O 引出时,一条是水平传动线 Ob,一条是向右上方升一格的传动线 Oc,一条是向右下方降一格的传动线 Oa。在 Ⅱ - Ⅲ 轴间的传动组是第一扩大组,$x_1 = 3$,表示相邻传动线之间跨3格。因此,从点 c(也可从点 a、b)分别引出向右上方升 1.5 格和向右下方降 1.5 格的传动线 cd 和 ce,再分别过点 b、a 画 cd 和 ce 的平行线(代表同一传动副),则 Ⅲ 轴有 6 级转速(在 Ⅲ 轴相应位置(竖线与水平线的交点)上画 6 个圆点或圆圈)。在 Ⅲ—Ⅳ 轴间的变速组是第二扩大组,$x_2 = 6$,从点 d(也可从其他五个点)引出上下对称的两条传动线 df 和 dg(df 向右上方升 3 格,dg 向右下方降 3 格)。再在 Ⅲ 轴上的其余转速点上分别引 dg 和 df 的平行线,并在 Ⅳ 轴相应位置(竖线与水平线的交点)上画 12 个圆点或圆圈,则画出完整的结构网。由结构网的画法可知,结构网只表示传动组内传动比的相对关系,故传动线不表示传动比的实际值;轴上转速点只表示每根轴的转速数目,而不表示转速值(主轴除外)。结构网还表示了每个变速组的变速范围,如 $r_0 = \varphi^2$、$r_1 = \varphi^3$、$r_1 = \varphi^6$。从总体上讲,结构式或结构网表达了与转速图完全一致的传动特性。一个结构式对应惟一结构网,反之,亦然。而一个结构网或结构式可有多个转速图,但一个转速图只能对应一个结构式或一个结构网。由于结构网在形式上与转速图相似,故只要把结构网的网结点 O 沿 Ⅰ 轴上升适当位置,而使传动线间的相对关系不变,就变成了转速图。

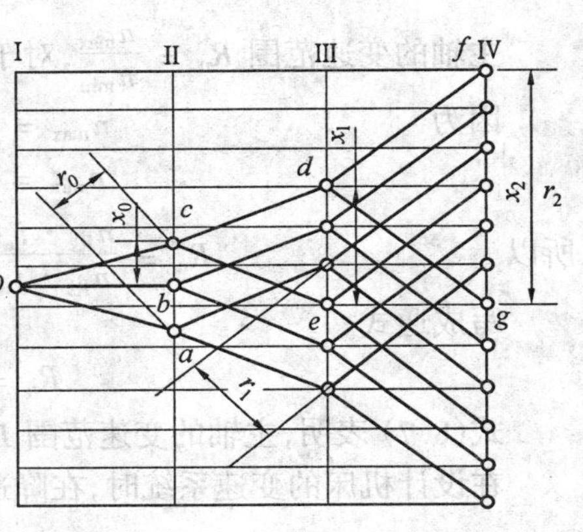

图 8.3　$12 = 3_1 \cdot 2_3 \cdot 2_6$ 的结构网

同时还看出,在设计传动系统时,利用结构式或结构网来进行方案对比是非常方便的。

8.1.3　转速图的拟定

主传动的运动设计是在机床的主要技术参数确定后、结构设计前进行的。包括的主要内容是:写结构式或画结构网、画转速图,确定齿轮齿数或带轮直径,画传动系统图。现通过一个实例来说明拟定转速图的方法和应遵循的原则。

例 1　欲设计一台中型卧式车床的主传动系统。已知:主轴的最高转速 $n_{max} = 1\,400$ r/min,主轴最低转速 $n_{min} = 31.5$ r/min,主轴级数 $z = 12$,主轴转速公比 $\varphi = 1.41$(这些已知

数据都是总体设计时自定的),拟定转速图。

1. 确定转速数列

在表 7.1 中,首先找到 31.5 r/min,然后每隔 5 个数(因为 $1.14 = 1.06^6$) 取一个值,得出主轴的转速数列值为:31.5 r/min、45 r/min、63 r/min、90 r/min、125 r/min、180 r/min、250 r/min、355 r/min、500 r/min、710 r/min、1 000 r/min、1 400 r/min,共 12 级。

2. 定传动组数和传动副数

这一步实质上是将主轴转速级数 z 分解因子。对于 $z = 12$ 可能有的方案是:

①$12 = 4 \times 3$;②$12 = 3 \times 4$;③$12 = 3 \times 2 \times 2$;④$12 = 2 \times 3 \times 2$;⑤$12 = 2 \times 2 \times 3$。

对于 ①、② 方案,表示传动系统由两个变速组(有七对传动副) 串联而成,可节省一根轴,但是有一个四联滑移齿轮,会增加轴向尺寸。如果将四联齿轮变成两个滑移齿轮,则操纵机构必须互锁,以防止两个滑移齿轮同时啮合。因此,①、② 方案一般不宜采用。

传动件传递的转矩 T 取决于所传递的功率 P(kW) 和它的计算转速 n_c(r/min)($T = 9\,550 \dfrac{P}{n_c}$)。由于从电动机到主轴,大多数为降速传动,靠近电动机轴的传动件转速高,计算转速 n_c 也高,传递的转矩小,传动件的尺寸也小。如果将传动副数多的变速组放在靠近电动机处,可使小尺寸的零件多,不仅节省材料,还可使变速箱的结构紧凑。这就是所谓的传动副"前多后少" 原则。因此,后三种方案中,以取方案 ③ 为好。它表示传动系统由 3 个变速组共七对传动副(不含定比传动副) 组成。

3. 定传动结构式或结构网

这一步的实质是安排扩大顺序,即安排这三个变速组的哪一个作基本组,哪一个作第一扩大组等。对于 $12 = 3 \times 2 \times 2$ 的传动方案,可能有的传动结构式和结构网有 6 个。如图 8.4 所示。

对上述 6 种方案都应验算每个变速组的变速范围。如前述,只验算每种方案的最后一个扩大组即可。在(a)、(b)、(c)、(d) 方案中,最后一个扩大组是 2_6,在(e)、(f) 方案中,最后一个扩大组是 3_4。对于 2_6,$r_2 = \varphi^{(p_2-1)x_2} = \varphi^{(2-1)6} = \varphi^6 = 8$,故满足要求。对于 3_4 组,$r_2 = \varphi^{(p_2-1)x_2} = \varphi^{(3-1)4} = 1.41^8 = 16 \gg 8$,因此,只有在(a)、(b)、(c)、(d) 四方案中选择一个最好的方案。其原则是,选择中间轴(Ⅱ、Ⅲ) 变速范围最小的方案。因为如果同轴号的最高转速相同,则变速范围小的方案最低转速高,可使传动件(轴和齿轮) 的尺寸减小,变速箱的结构紧凑;反之,如果同轴号的最低转速相同,则变速范围小者最高转速低,可减小振动和噪声,提高变速箱的使用质量,或降低制造成本。通过比较,四方案中以(a) 方案的 Ⅱ、Ⅲ 轴的变速范围最小。故以(a) 方案最佳。该方案的特点是扩大顺序与传动顺序一致。因此,在没有特殊要求的情况下,在安排扩大顺序(写结构式或画结构网) 时应尽量与传动顺序一致。

4. 定电动机转速 n_0

普通交流异步电动机在额定功率相同时,其同步转速 n_0 一般有 3 000 r/min(2 级)、1 500 r/min(4 级)、1 000 r/min(6 级) 和 750 r/min(8 级) 等几种。在无特殊要求的情况下,应选成本低、容易购买的 2 极或 4 级电动机,尤为重要的是应使所选电动机的同步转速与主轴最高转速相接近。如果 n_0 远低于主轴最高转速 n_{max},则升速多,会使变速箱的振动和噪声增加;如果 n_0 远高于主轴最高转速 n_{max},则传动链太长,会使变速箱结构庞大,同时,增加了空载功率。对于本例,选电动机的转速为 1 500 r/min(满载时为 1 440 r/min)。

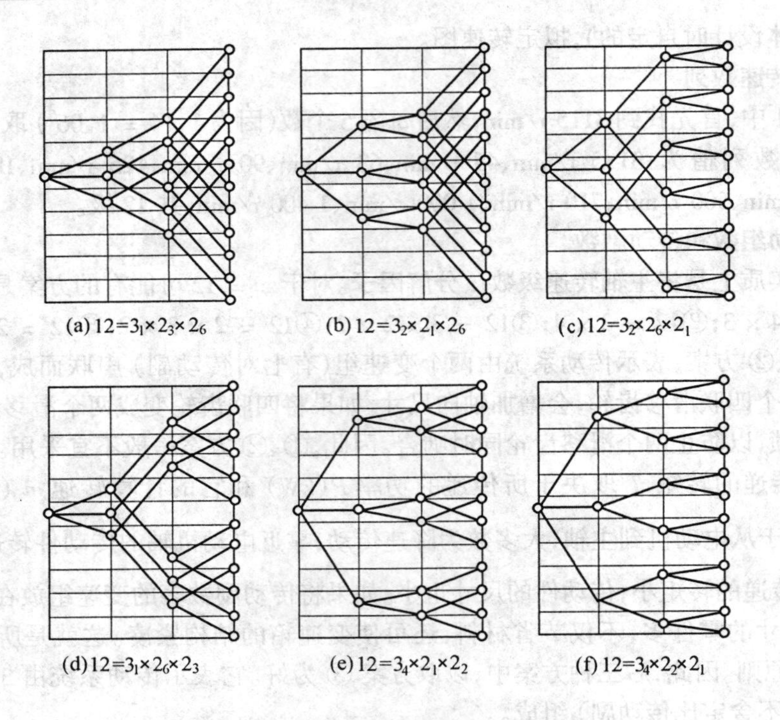

图 8.4 12 级的 6 种结构式和结构网

5. 定中间轴转速

这一步的实质是在升速 $i_{max} \leqslant 2$、降速 $i_{min} \geqslant \frac{1}{4}$(直齿轮传动)的条件下,分配各传动组的传动比,以确定中间轴的转速。由于从电动机轴到主轴的总趋势是降速传动,如果中间轴的转速定得高一些,会使传动件的尺寸小一些。因此,在分配传动比时,按传动顺序,前面变速组的降速要慢些,后面变速组的降速要快一些,即所谓的降速要“前慢后快”。故要求 $i_{a\,min} \geqslant i_{b\,min} \geqslant i_{c\,min} \geqslant \cdots$ 但是,如果中间轴的转速过高,将会引起过大的振动、发热和噪声。通常,希望齿轮的线速度不超过 12 ~ 15 m/s。对于中型车、钻、铣等机床,中间轴的最高转速不宜超过电动机转速。对于小型机床和精密机床,由于功率较小,传动件不会太大,这时振动、发热和噪声是要考虑的主要问题。因此,更要注意限制中间轴的转速不要过高。有时,从电动机到主轴是升速传动,在分配变速组的传动比时,也应采用“前慢后快”的原则。即按传动顺序,在前面的变速组的传动比升得慢一些(传动比小),后面的变速组升得快一些(传动比较大)。这样可压低中间轴的最高转速,以降低中间轴传动件的精度等级。对于中间轴转速不是太高时,基于减小传动件尺寸的要求,则升速宜采用“前快后慢”的原则来分配传动组的传动比。

对于上例所定的传动结构式共有三个传动组,变速系统共需 4 根轴,加上电动机轴共 5 根。这样,在电动机轴到 Ⅰ 轴间可有一级定比传动,不仅为本设计提供方便,也为变型机床的设计提供了灵活性。因为只要改变该定比传动的传动比,在其他三个传动组的传动比不变的情况下,就可将主轴的 12 级转速同时提高或降低,以满足不同用户的需要。由于有 5 根轴,故需画 5 条间距相等的竖线来表示轴;主轴有 12 级转速,故需画 12 条间距相等的水平线表示转速的对数坐标,在 Ⅳ 轴(主轴)与水平线交点上画 12 个圆点(或圆圈)表示主轴的 12 级

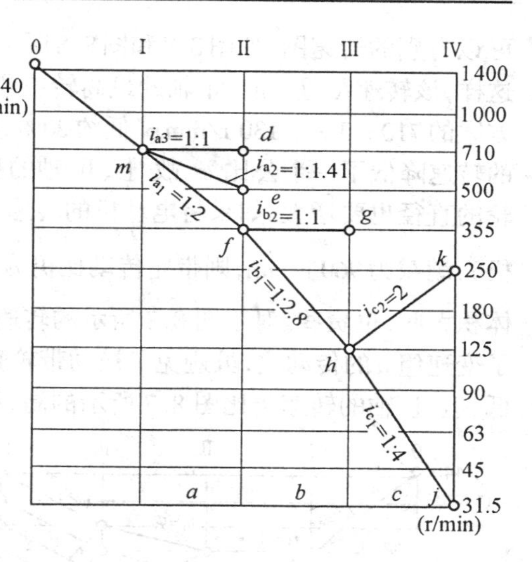

图 8.5 转速图拟定

转速，并注明转速值，在电动机轴（O 轴）相应位置画一圆点（或圆圈）并注明 1 440 r/min。如图 8.5 所示。

定中间各级转速时，可以从电动机轴（O 轴）开始往后推，也可以从 Ⅳ 轴（主轴）开始往前推。通常以往前推比较方便，即首先定 Ⅲ 轴的转速（首先分配第二扩大组 c 的传动比）。由于传动组 c 的变速范围 $r_c = \varphi^{(p_c-1)x_c} = \varphi^6 = 8$，故这两对传动副的传动比必然是

$$i_{c_1} = \frac{1}{4} = \frac{1}{\varphi^4} \qquad i_{c_2} = \frac{2}{1} = \varphi^2$$

于是确定了 Ⅲ 轴的 6 级转速只能是：125 r/min、180 r/min、250 r/min、355 r/min、500 r/min、710 r/min。

可见，Ⅲ 轴的最低转速是 125 r/min。两对传动副的连线如图中 hj 和 hk 所示。

然后确定 Ⅱ 轴的转速。传动组 b 是第一扩大组，级比指数 $x_1 = 3$。可知，Ⅱ 轴的最低转速可以是 180 r/min（$i_{max} = 2, i_{min} = 1/\varphi$）；250 r/min（$i_{max} = \varphi, i_{min} = 1/\varphi^2$）；355 r/min（$i_{max} = 1, i_{min} = 1/\varphi^3$）；500 r/min（$i_{max} = 1/\varphi; i_{min} = 1/\varphi^4$），为避免升速，同时不使最小传动比太小，并满足降速符合递减原则，因此取

$$i_{b\,min} = i_{b1} = 1/\varphi^3; \quad i_{b\,max} = i_{b2} = 1$$

即 Ⅱ 轴的最低转速定为 355 r/min。两对传动副的连线如图中 fh 和 fg 所示。Ⅱ 轴的三级转速分别为：355 r/min、500 r/min、710 r/min。

在 Ⅰ – Ⅱ 轴间的变速组 a 是基本组，级比指数 $x_0 = 1$，根据升 2 降 4 的原则，则 Ⅰ 轴的转速可以是：355 r/min（$i_{max} = 2, i_{min} = 1$）；500 r/min（$i_{max} = \varphi, i_{min} = 1/\varphi$）；710 r/min（$i_{max} = 1, i_{min} = 1/\varphi^2$）；1 000 r/min（$i_{max} = 1/\varphi; i_{min} = 1/\varphi^3$）、1 400 r/min（$i_{max} = 1/\varphi^2, i_{min} = 1/\varphi^4$）。基于同样理由，确定 Ⅰ 轴的转速为 710 r/min。三对传动的连线如图 8.5 中的 mf、me、md 所示。电动机轴（O 轴）与 Ⅰ 轴之间可采用带传动，传动比 $i_{定} = 1/\varphi^2 = 1/2$，最后，分别在 Ⅱ – Ⅲ 轴间，过 Ⅱ 轴转速点 e、d 分别画 fh 和 fg 的平行线。同样，在 Ⅲ – Ⅳ 轴间，过 Ⅲ 轴转速点画 hj 和 hk 的平行线，并在转速图上写出电机轴和主轴的转速、传动比连线上写出传动比。这样，转速图最终完成，其结果如图 8.6 所示。

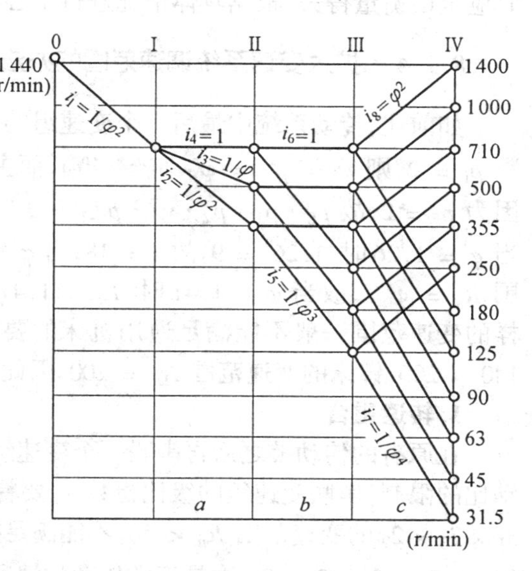

图 8.6 12 = $3_1 \times 2_3 \times 2_6$ 的转速图之一

当然，对应于 12 = $3_1 \times 2_3 \times 2_6$ 的结构式还

可以有别的转速图，如图8.7和图8.8所示。图8.7是将Ⅰ和Ⅱ轴的转速都降低一个公比 φ。这样，该转速图Ⅰ、Ⅱ、Ⅲ轴的最高转速和为(500 + 500 + 710) = 1 710 r/min，比图8.6所示方案的710×3 = 2 130 r/min降低约20%，有利于降低噪声和减少发热。缺点是由于Ⅰ、Ⅱ轴的转速降低了一个公比 φ，故Ⅰ、Ⅱ轴的直径和a、b两组齿轮的模数都要增大，同时被动带轮的直径也要增大。如果将电动机的转速1 500 r/min(4级电动机)改为1 000 r/min(6级电动机)，满载为960 r/min，则带轮传动比仍为 $i_{定} = \dfrac{1}{2}$，如图8.7中的虚线所示。缺点是电动机的体积大些，也贵些。对于图8.8所示的转速图，皮带传动副的传动比 $i_{定} = 1/\varphi^2$，只重新分配了变速组a的传动比，虽避免了被动带轮直径的加大，并使Ⅱ轴的最高转速比图8.6所示的低，但Ⅰ轴的转速仍比图8.7所示的高，使变速组a的被动齿轮增大。

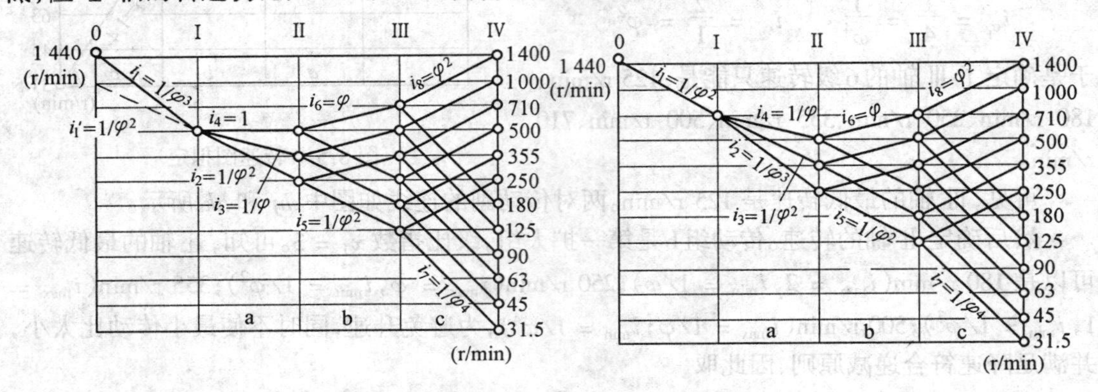

图8.7 $12 = 3_1 \times 2_3 \times 2_6$ 转速图二　　图8.8 $12 = 3_1 \times 2_3 \times 2_6$ 转速图三

综上述，对应于同一传动结构式(或结构网)有多种不同的转速图，它们各有利弊。设计时应全面衡量得失，根据具体情况进行精心选择。

8.1.4 扩大变速系统调速范围的办法

如前述，传动系统中最后一个变速组的变速范围 $r_i = \varphi^{(p_i-1)x_i}$，如果该变速组的传动副数 $p_i = 2$，则 $r_i = \varphi^{x_i} = \varphi^{p_0 \cdot p_1 \cdot p_2 \cdot \cdots \cdot p_{i-1}}$，而主轴的转速级数 $z = p_0 \cdot p_1 \cdot p_2 \cdot \cdots \cdot p_{i-1} \cdot p_i$。因为 $p_i = 2$，故 $p_0 \cdot p_1 \cdot p_2 \cdot \cdots \cdot p_{i-1} = z/2$，因此，$r_i = \varphi^{x_i} = \varphi^{z/2}$。由于极限传动比的限制，当 $\varphi = 1.26$ 时，$1.26^9 = 9$，故 $z = 18$；当 $\varphi = 1.41$ 时，$1.41^6 = 8$，故 $z = 12$。而主轴的变速范围 $R_n = \varphi^{z-1}$，故当 $\varphi = 1.41$ 时，$R_n = 1.41^{11} = 43.8$，当 $\varphi = 1.26$ 时，$R_n = 1.26^{17} = 50$。这样的变速范围一般不能满足通用机床的要求。例如，要求中型通用车床的变速范围 $R_n = 140 \sim 200$，镗床的变速范围 $R_n = 200$。因此，必须采取措施来扩大主轴的变速范围。

1. 转速重合

在原有的传动链之后再串联一个变速组是扩大变速范围最简便的办法。但由于极限传动比的限制，串联变速组的级比指数 x_i 要特殊处理。如 $\varphi = 1.26$，如果要求 $R_n > 50$，由于 $3_1 \times 3_3 \times 2_9$ 的变速范围 $R_n < 50$，不能满足要求。这时可在后面串联一个传动副为2的变速组，即 $3_1 \times 3_2 \times 2_9 \times 2_{18}$ 这是正常传动的情况。但因最后一个变速组的 $r_3 = \varphi^{18} = 64 \gg 8$，故只有将 $x_3 = 18$ 改为 $x_3 = 9$ 才行，于是变成 $3_1 \times 3_3 \times 2_9 \times 2_9$。这时，主轴转速重合了9级，主轴的实际转速 $z = 3 \times 3 \times 2 \times 2 - 9 = 27$ 级。但主轴的变速范围 $R_n = 1.26^{26} = 407$。由此例

可看出，设计转速重合传动系统的方法是减小扩大组的级比指数 x_i。转速重合的方法还可用于主轴转速级数不便分解因子等情况。如主轴转速级数 z 为 17、19、23、27 等。

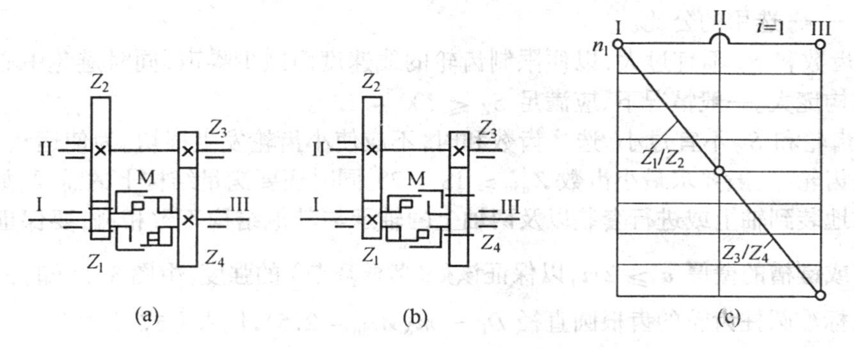

图 8.9 背轮机构

2. 背轮机构

采用背轮机构（又称双回曲机构）可以扩大传动系统的变速范围。其原理如图 8.9 所示。图中 Ⅰ 轴为运动输入轴，Ⅲ 轴为运动输出轴，二轴同心，可经离合器 M 直接传动 Ⅲ 轴，$i=1$。也可经 $Z_1/Z_2 \times Z_3/Z_4$ 传动 Ⅲ 轴，Ⅲ 轴经两次降速，最小传动比 $i_{\min} = \frac{1}{4} \times \frac{1}{4} = \frac{1}{16}$。因此，背轮机构这个变速组的极限变速范围 $r_{背\max} = \frac{i_{\max}}{i_{\min}} = \frac{1}{\frac{1}{4} \times \frac{1}{4}} = 16$。其转速图如图(c) 所示。背轮机构仅占用两排孔的位置，可减小变速箱的尺寸，而镗孔数目少，故工艺性好。不过当离合器接通直接驱动 Ⅲ 轴时，应使齿轮 Z_3 与 Z_4 脱离啮合，以减小空载损失、噪声和避免超速现象。图8.9(b) 方案因 Z_4 为滑移齿轮，可避免超速现象。(a) 方案是 Z_1 为滑移齿轮，Z_4/Z_3 出现了超速现象。用在 CM6132 精密卧式车床上的背轮机构，在离合器 M 接通直接驱动主轴时，将 27 与 63、17 与 58 均脱开。其原理如图 8.10 所示。

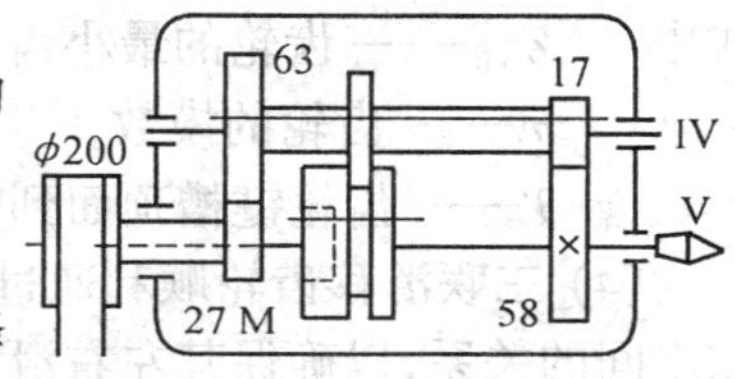

8.10 CM6132 精密卧式车床主轴箱

扩大变速系统调速范围的办法还有分枝传动（如 CA6140 型卧式车床主传动系统（图 3.8））和混合公（比如 Z3040 摇臂钻床等）。

8.1.5 齿轮齿数的确定

转速图拟定以后，要根据每对传动副的传动比，确定齿轮的齿数和带轮的直径等。对于定比传动，满足传动比的要求即可。对于变速组内有若干对传动副时，迁涉的问题较多，在此作一简述。

1. 确定齿轮齿数要注意的问题

(1) 应满足转速图上传动比的要求。所确定的齿轮齿数之比为实际传动比，它与理论传动比（转速图给定的传动比）一般存在误差，因而造成主轴转速的误差，只要转速误差不超过 $\pm(\varphi-1)\%$ 是允许的，即

$$\left|\frac{n'-n}{n}\right| \leqslant (\varphi-1)\% \tag{8.9}$$

式中 n'—— 主轴实际转速(r/min);

n—— 主轴标准转速(r/min);

φ—— 选用的公比。

(2) 齿数和 S_Z 不宜过大,以便限制齿轮的线速度而减少噪声,同时避免中心距增加而使机床结构庞大。一般情况下,应满足 $S_Z \leqslant 100 \sim 120$。

(3) 齿轮和 S_Z 不宜过小。选择齿数和时,不应使小齿轮发生根切。为使运动平稳,对于直齿圆柱齿轮,一般要求最小齿数 $Z_{min} \geqslant 18 \sim 20$。同时还要满足结构上的需要。如最小齿轮能够可靠地装到轴上或进行套装以及两轴上的轴承与其他结构不致相碰;要保证齿轮的齿根到孔壁或键槽的壁厚 $a \geqslant 2m$,以保证该处(薄弱环节)的强度。由图 8.11 知,$a = \frac{1}{2}D_i - T \geqslant 2m$。标准圆柱齿轮的齿根圆直径 $D_i = m(Z_{min} - 2.5)$,代入上式得

$$Z_{min} \geqslant 6.5 + \frac{2T}{m} \tag{8.10}$$

式中 Z_{min}—— 齿轮的最小齿数;

m—— 齿轮的模数;

T—— 齿轮键槽顶面到轴心线的距离(可由齿轮孔径在手册中查得)。

(4) 三联滑移齿轮顺利通过的条件。变速组内有三对传动副时,应检查三联滑移齿轮齿数之间的关系,以确保其左右滑移时能顺利通过,如图 8.12 所示。当三联齿轮从中间位置向左滑移时,齿轮 Z'_2 要从固定齿轮 Z_1 上面通过,为避免 Z'_2 与 Z_1 齿顶相碰,必须使 Z'_2 与 Z_1 两齿轮的齿顶圆半径和小于中心距 A。当从左位滑移至右位时也有同样要求。如果齿轮的齿数 $Z'_1 > Z'_2 > Z'_3$,只要 Z'_2 不与 Z_1 相碰,则 Z'_3 必然顺利通过。若 $Z'_2 > Z'_3$,该传动组齿轮模数相同,且是标准齿轮时,则

$$\frac{1}{2}m(Z'_2 + 2) + \frac{1}{2}m(Z_1 + 2) < A$$

将 $A = \frac{1}{2}m(Z_1 + Z'_1)$ 代入上式,得

$$Z'_1 - Z'_2 > 4 \tag{8.11}$$

即三联滑移齿轮中,最大和次大齿轮的齿数差应大于 4。当二者齿数差正好等于 4 时,可将 Z'_2(或 Z_1) 的齿顶圆直径取为负偏差。如果二者的齿数差小于 4 时,可适当增加齿数和来增加齿数差或采用变位齿轮,避免 Z'_2 与 Z_1 相碰,或者改变齿轮的排列方式,使 Z'_2 不越过 Z_1。

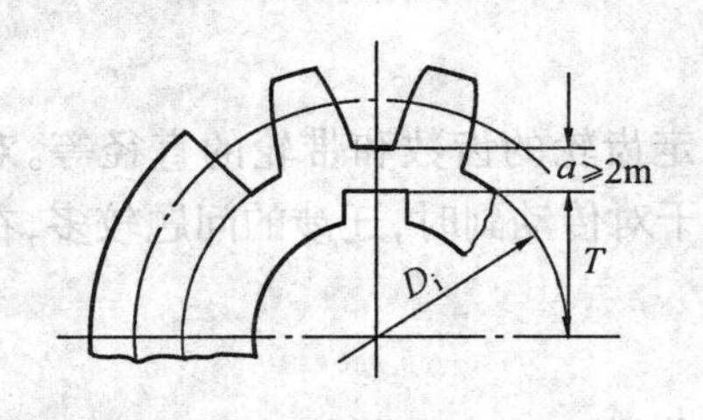

图 8.11 齿轮的壁厚

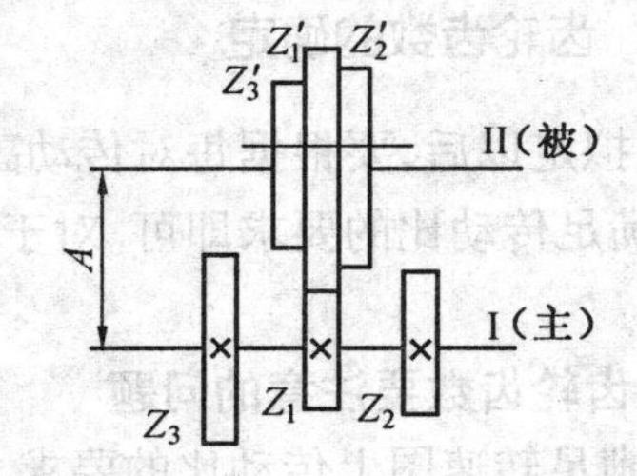

图 8.12 三联滑移齿轮齿数关系

2. 变速组内模数相同时齿轮齿数的确定

在确定齿轮齿数之前,最好初步计算出各变速组内齿轮副的模数,以便根据结构要求判

断所确定的最小齿轮齿数或齿数和是否恰当。在同一变速组内的齿轮可取相同 模数或不同的模数。后者常用于最后一个扩大组或背轮机构中，因为在这两种情况下，各齿轮副受力状况悬殊。在一般情况下，主传动链中所采用模数的种类应尽可能少些，以便给设计、制造和管理提供方便。

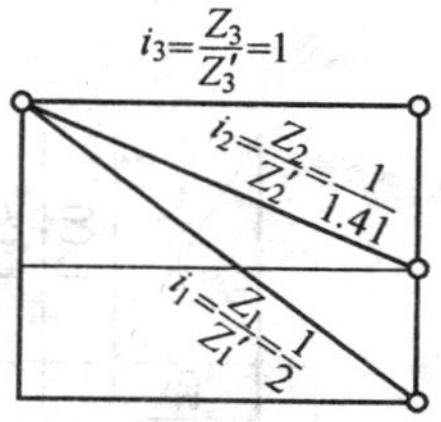

对于外联传动链，如果传动比 i 采用标准公比 φ 的整数次方时，可用查表法(表8.1)来确定齿数和 S_Z 及小齿轮齿数。例如图8.6中的基本组(图8.13)的传动比为

$i_3=\frac{Z_3}{Z_3'}=1$ $i_2=\frac{Z_2}{Z_2'}=\frac{1}{1.41}$ $i_1=\frac{Z_1}{Z_1'}=\frac{1}{2}$

图8.13 基本组转速图

$$i_1 = 1/\varphi^2 = 1/2 \qquad i_2 = 1/\varphi = 1/1.41 \qquad i_3 = 1$$

查传动比 i 为2、1.41和1的三行，有数字者即为可能的方案。结果为

$i_1 = \frac{1}{2}, S_Z = \cdots, 57, 60, 63, 66, 69, 72, 75, \cdots$

$i_2 = 1/1.41, S_Z = \cdots, 58, 60, 63, 65, 67, 68, 70, 72, 73, \cdots$

$i_3 = 1, S_Z = \cdots, 58, 60, 62, 64, 66, 68, 70, 72, 74, \cdots$

从以上三行中可挑出 $S_Z = 60$ 和72是共同适用的，再根据前述应注意的问题，取 $S_Z = 72$，则从表中查出各对齿轮副中小齿轮的齿数，分别为24、30和36。即 $i_1 = Z_1/Z'_1 = 24/48$；$i_2 = Z_2/Z'_2 = 30/42$；$i_3 = Z_3/Z'_3 = 36/36$。$Z_{min} = Z_1 = 24 > 17, S_Z = 72 < 100 \sim 120$，$Z'_1 - Z'_2 = 48 - 42 = 6 > 4$，故满足要求。

对于传动比要求准确的传动链(如内联传动链)，可通过计算法确定各变速组内齿轮副的齿数。当各对齿轮的模数相同，且不变位，则各对齿轮副的齿数和必然相等。可写出

$$i_i = \frac{Z_i}{Z'_i} \qquad S_{Zi} = Z_i + Z'_i \tag{8.12}$$

式中 Z_i、Z'_i——第 i 对齿轮副的主、从齿轮齿数；

i_i——第 i 对传动副的传动比。

由上式可得

$$Z_i = \frac{i_i}{1+i_i}\cdot S_Z \qquad Z'_i = \frac{1}{1+i_i}\cdot S_Z \quad 或 \quad Z'_i = S_Z - Z_i \tag{8.13}$$

首先，根据前述应注意的问题来确定齿数和 S_Z，或先试定最小齿轮的齿数 Z_{min}，再根据传动比算出齿数和，最后按其余齿轮副的传动比分配其余齿轮副的齿数。如果所得齿数的传动比误差不能满足要求，则应重新调整齿数和，再由传动比分配齿数。

例如，拟确定图8.13变速组内齿轮的齿数。

由转速图可知，该变速组内三联齿轮的传动比分别为：$i_1 = 1/2, i_2 = 1/1.41, i_3 = 1$，最小齿轮在 i_1 中，基于前述理由，确定 $Z_1 = 24, Z'_1 = Z_1/i_1 = 24 \times 2 = 48$，则齿数和 $S_Z = Z_1 + Z'_1 = 24 + 48 = 72$。由式(8.13)可计算出其余两对齿轮副的齿数。$Z_2 = \frac{i_2}{1+i_2}\cdot S_Z = \frac{1/1.41}{1+1/1.41}\cdot 72 = 30, Z'_2 = S_Z - Z_2 = 72 - 30 = 42, Z_3 = \frac{i_3}{1+i_3}\cdot S_Z = \frac{1}{1+1}\cdot 72 = 36$，$Z'_3 = S_Z - Z_3 = 72 - 36 = 36$。

该例经过验算满足要求。但是，在许多情况下，要经过反复计算才会得到满意的结果。

表 8.1 各种常用传动比的适用齿数

S_Z / i	40	41	42	43	44	45	46	47	48	49	50	51	52	53	54	55	56	57	58	59	60	61	62	63	64	65	66	67	68	69	70	71	72	73	74	75	76	77	78	79	S_Z / i
1.00	20		21		22		23		24		25		26		27		28		29		30		31		32		33		34		35		36		37		38		39		1.00
1.06		20		21		22		23									27		28		29		30		31		32		33		34		35		36		37		38		1.06
1.12	19							22		23		24		25		26		27		28			29		30		31		32		33		34		35		36	36	37	37	1.06
1.19					20		21		22		23					25		26		27		28		29			30		31		32		33		34	34	35	35		36	1.19
1.26		18		19		20					22		23		24		25			26		27		28		29	29		30		31		32		33	33		34		35	1.26
1.33	17		18		19			20		21		22			23		24		25			26		27		28			29		30		31			32		33		34	1.33
1.41		17					19		20			21		22		23			24		25			26		27		28	28		29		30	30		31		32		33	1.41
1.50	16					18		19			20		21			22		23			24		25			26		27	27		28		29	29		30		31	31		1.50
1.58		16			17					19			20		21			22		23	23		24			25		26			27		28	28		29		30	30		1.58
1.68	15			16					18			19			20		21			22			23		24			25		26	26		27	27		28		29	29		1.68
1.78			15					17			18			19			20		21			22			23			24		25	25		26			27			28		1.78
1.88	14			15			16			17			18			19			20		21	21		22	22		23			24			25			26			27		1.88
2.00			14			15			16			17			18			19			20			21			22			23			24			25			26		2.00
2.11					14			15			16			17			18			19			20			21	21		22	22		23	23		24	24			25		2.11
2.24						14				15			16			17			18			19	19			20			21			22	22		23	23		24	24		2.24
2.37								14				15			16			17				18			19			20	20			21			22			23	23		2.37
2.51							13			14				15			16				17			18			19	19			20	20		21	21			22	22		2.51
2.66												14				15			16	16			17				18			19	19			20	20			21			2.66
2.82														14	14			15				16				17			18	18			19	19			20	20			2.82
2.99																	14				15				16			17	17			18	18			19	19			20	2.99
3.16																			14				15	15			16	16			17	17				18				19	3.16
2.35																						14				15	15			16	16				17				18	18	3.35
3.55																								14	14				15	15			16	16				17	17		3.55
3.76																											14	14				15	15				16	16			3.76

续表 8.1

S_Z \ i	80	81	82	83	84	85	86	87	88	89	90	91	92	93	94	95	96	97	98	99	100	101	102	103	104	105	106	107	108	109	110	111	112	113	114	115	116	117	118	119	120	S_Z \ i
1.00	40		41		42		43		44		45		46		47		48		49		50		51		52		53		54		55		56		57		58		59		60	1.00
1.06	39		40	40	41	41	42	42	43	43	44	44	45	45	46	46		47		48		49		50		51		52		53	53	54	54	55	55	56	56	57	57	58	58	1.06
1.12	38	38		39		40		41		42		43		44	44	45	45	46	46	47	47		48		49		50		51	51	52	52	53	53	54	54	55	55	56	56	57	1.12
1.19		37		38		39	39	40	40	41	41		42		43		44	44	45	45	46	46		47		48		49	49	50	50	51	51	52	52		53		54	54	55	1.19
1.26		36	36	37	37		38		39		40	40	41	41		42		43		44	44	45	45		46		47	47	48	49	49	50	50		51	51	52	52	53	53		1.26
1.33	34	35	35		36		37	37	38	38		39		40	40	41	41		42		43	43	44	44		45		46	46	47	47		48		49	49	50	50		51		1.33
1.41	33		34		35	35		36		37	37	38	38		39		40	40		41		42	42	43	43		44	44	45	45	46	46		47	47	48	48		49	49	50	1.41
1.50	32		33	33		34		35	35		36		37	37		38		39	39	40	40		41	41	42	42		43	43	44	44		44	45	46	46		47	47	48	48	1.50
1.58	31		32	32		33	33		34		35	35		36		37	37		38	38	39	39		40	40		41		42	42		43	43	44	44		44	45	46	46	46	1.58
1.68	30	30		31		32	32		33	33		34		35	35		36	36		37	37	38	38		39	39		40	40	41	41		42	42		43	43	44	44	44	45	1.68
1.78	29	29		30	30		31			32		33	33		34	34		35	35		36		37	37		38	38		39	39		40	40	41	41	42	42		43	43		1.78
1.88	28	28		29	29		30	39		31	31		32	32		33	33		34	34	35	35		36	36		37	37		38	38		39	39		40	40		41	41	42	1.88
2.00		27			28		29	29		30	30		31	31		32	32		33	33		34	34		35	35		36	36		37	37		38	38		39	39	39	40	40	2.00
2.11		26			27			28	28		29	29		30	30		31	31		32	32		33	33		34	34		35	35	35	36	36	36		37	37		38	38		2.11
2.24		25			26	26		27	27		28	28		29	29			30	30		31	31		32	32		33	33	33	34	34	34		35	35		36	36		37	37	2.24
2.37		24			25	25		26	26			27	27		28	28		29	29			30	30		31	31		32	32	32		33	33		34	34		35	35	35		2.37
2.51	23	23			24	24		25	25			26	26		27	27			28	28		29	29			30	30		31	31	31		32	32		33	33	33		34	34	2.51
2.66	22	22			23	23		24	24			25	25			26	26		27	27			28	28		29	29	29		30	30	30		31	31		32	32	32		33	2.66
2.82	21	21			22			23	23			24	24			25	25			26	26		27	27	27		28	28	28		29	29			30	30			31	31		2.82
2.99	20			21	21			22	22			23	23			24	24			25	25			26	26			27	27			28	28			29	29			30	30	2.99
3.16	19			20	20			21	21			22	22			23	23			24	24	24		25	25	25		26	26	26			27	27			28	28			29	3.16
3.35			19	19			20	20	20			21	21			22	22			23	23	23			24	24			25	25	25		26	26	26			27	27			3.35
3.55	18	18				19	19			20	20	20			21	21			21		22	22			23	23			24	24	24			25	25	25		26	26	26		3.55
3.76	17	17				18	18				19	19				20	20			21	21	21			22	22				23	23			24	24	24			25	25	25	3.76
3.98	16				17	17				18	18				19	19				20	20				21	21				22	22				23	23				24	24	3.98
4.22				16	16				17	17				18	18	18			19	19	19			20	20	20				21	21				22	22	22			23	23	4.22

3. 变速组内模数不同时齿轮齿数的确定

设变速组内有两对齿轮副 Z_1/Z'_1 和 Z_2/Z'_2，齿数和分别为 S_{Z_1} 和 S_{Z_2}，采用的模数分别为 m_1 和 m_2，齿轮不变位时，必有

$$\frac{1}{2}m_1(Z_1 + Z'_1) = \frac{1}{2}m_2(Z_2 + Z'_2)$$

所以得

$$m_1 S_{Z_1} = m_2 S_{Z_2} \quad 或 \quad m_1/m_2 = S_{Z_2}/S_{Z_1}$$

设

$$\frac{S_{Z_2}}{m_1} = \frac{S_{Z_1}}{m_2} = E$$

可得

$$S_{Z_1} = m_2 E \qquad S_{Z_2} = m_1 E \tag{8.14}$$

式中　E—— 正整数。

在齿轮模数已定的情况下，选择 E 值，利用式(8.14)可算出齿数和 S_{Z_1}、S_{Z_2}，再根据各对齿轮副的传动比分配齿数。如果不能满足转速图上传动比的要求，需重新调整齿数和再分配齿数。有时，为获得要求的传动比，常采用变位齿轮使两齿轮的中心距相等。

8.2　计算转速的确定

机床传动件(如轴、齿轮)的尺寸主要根据它们所传递的最大转矩来计算，而转距又与它所传递的功率和转速有关。机床传动件的转速有的是恒定的，有的是变化的。对于转速变化的传动件应根据哪个转速来进行动力计算的问题，必须讨论清楚。

8.2.1　机床的功率和转矩特性

由于切削速度对切削力和进给速度对进给力的影响不大，因此，对于直线运动的执行件，可以认为在任何速度下都有可能承受最大切削(或进给)力，也就是说，对于直线运动的执行件，在任何转速下都有可能承受最大转矩，即可以认为是恒转矩传动。如龙门刨床工作台和拉床(均是主运动)以及进给直线运动的执行件等。

回转运动的执行件则不同。对于回转主运动，主轴转速不仅取决于切削速度，还取决于工件(如车床)或刀具(如钻床、铣床等)的直径。而作回转运动的进给运动(如圆台铣床)，工作台的转速不仅取决于进给速度，还取决于回转半径。较低转速多用于加工大直径工件或采用大直径刀具，这时要求输出的转矩增加。反之，要求的转矩减小。因此，回转运动传动链(主运动和进给运动)内的传动件，输出转矩与转速成反比。可以认为，基本是恒功率传动。但是，值得注意的是，对于回转主运动的通用机床，由于主轴最低几级转速常用于宽刀光车、车大直径螺纹、铰大直径孔、成形铣削或精镗等。这些工序的切削用量都不大，并不需要传递全部功率。即使将低转速用于

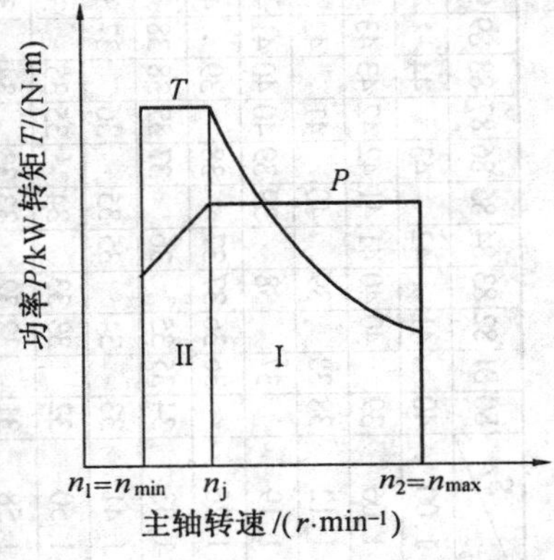

图 8.14　通用机床主轴的功率和转矩特性

粗加工，由于受刀具、夹具和工件刚度的限制，不可能采用大的切削用量，也不会使用到电动机的全功率。使用全功率时的最低转速，其转矩也最大。通用机床主轴所传递的功率或转矩与转速之间的关系称为机床的功率和转矩特性，如图 8.14 所示。机床主轴从 n_{max} 到某一级转速 n_j 之间，主轴传递了全部功率，称为恒功率区 Ⅰ。在这区间，转矩随转速的降低而增大。从 n_j 到 n_{min}，转矩保持不变，仍为 n_j 时的转矩，而功率却随转速的降低而变小，称该区为恒转矩区 Ⅱ。可见 n_j 这个转速是传递全功率的最低转速，该转速的功率达最大而转矩也达最大，称 n_j 为机床主轴的计算转速。

8.2.2 主轴计算转速的确定

机床主轴的计算转速值因机床不同而异。对于大型机床，因其工艺范围大、变速范围宽，计算转速可取大一些；对于精密机床、钻床、滚齿机等，因工艺范围较窄，变速范围较小，计算转速可取小一些。表 8.2 列出了几类机床主轴计算转速的统计公式。使用时，轻型机床的计算转速可比表中推荐的高，而数控机床要切轻金属，变速范围又比通用机床宽，计算转速可比表中推荐的高。

表 8.2 几类通用机床的主轴计算转速

机床类型		计算转速 n_j 等公比传动	计算转速 n_j 混合公比或无级调速
中型通用机床和用途较广的半自动机床	车床、升降台铣床、仿形车床、多刀车床、单轴自动车床、多轴自动车床、立式多轴半自动车床 卧式镗铣床(φ63 ~ 90)	$n_j = n_{min}\varphi^{(\frac{Z}{3}-1)}$ n_j 为主轴第一个(低的)1/3 转速范围内的最高一级转速	$n_j = n_{min}\left(\frac{n_{max}}{min}\right)^{0.3}$
	立式钻床、摇臂钻床、滚齿机	$n_j = n_{min}\varphi^{(\frac{Z}{4}-1)}$ n_j 为主轴第一个(低的)1/4 转速范围内的最高一级转速	$n_j = n_{min}\left(\frac{n_{max}}{n_{min}}\right)^{0.25}$
大型机床	卧式车床(φ1 250 ~ 4 000) 单柱立式车床(φ1 400 ~ 3 200) 单柱移动立式车床(φ1 400 ~ 1 600) 双柱立式车床(φ3 000 ~ 12 000) 卧式铣镗床(φ 110 ~ 160) 落地铣镗床(φ 125 ~ 160)	$n_j = n_{min}\varphi^{(\frac{Z}{3})}$ n_j 为主轴第二个 1/3 转速范围内的最低一级转速	$n_j = n_{min}(\frac{n_{max}}{n_{min}})^{0.35}$
高精度和精密机床	落地镗铣床(φ160 ~ 260) 主轴箱可移动的落地镗铣床(φ125 ~ 300)	$n_j = n_{min}\varphi^{(\frac{Z}{2.5})}$	$n_j = n_{min}(\frac{n_{max}}{n_{min}})^{0.4}$
	坐标镗床 高精度车床	$n_j = n_{min}\varphi^{(\frac{Z}{4}-1)}$ n_j 为主轴第一个(低的)1/4 转速范围内的最高一级转速	$n_j = n_{min}(\frac{n_{max}}{n_{min}})^{0.25}$

8.2.3 传动件计算转速的确定

如前述，主轴从计算转速 n_j 到最高转速之间的全部转速都传递全部功率。因此，使主轴获得上述转速的传动件的转速也应该传递全部功率。传动件的这些转速中的最低转速，就是传动件的计算转速。当主轴的计算转速确定后，就可以从转速图上确定各传动件的计算转速。确定的方法，一般是先确定主轴前一轴或前一轴上传动件的计算转速。再按顺序往前推，逐步确定其余传动轴和传动件的计算转速。在确定传动件计算转速的操作中，可以先找出该传动件有几级转速，再找出哪几级转速传递了全功率，最后找出传递全功率的最低转速就是该传动件的计算转速。

例 2 试确定图 8.6 所示的主轴、传动轴和各对齿轮副的计算转速。

为了叙述方便，先将图 8.6 所示的转速图画出，如图 8.15 所示。

1. 确定主轴的计算转速

由于图 8.15 所示的是一台中型卧式车床的转速图，故用表 8.2 中相应公式计算主轴的计算转速

$$n_j = n_{min}\varphi^{(\frac{Z}{3}-1)} = n_1\varphi^{(\frac{12}{3}-1)} = n_1\varphi^3 = n_4 = 90 \text{ r/min}$$

2. 确定传动轴的计算转速

Ⅲ 轴共有 6 级转速：125 r/min、180 r/min、250 r/min、355 r/min、500 r/min、710 r/min。主轴由 90 ~ 14 000 r/min 的 9 级转速都传递全功率。Ⅲ 轴若经传动副 Z_6/Z'_6 传动主轴，则只有 355 r/min、500 r/min、710 r/min 才传递全功率；若经传动副 Z_7/Z'_7 传动主轴，则 125 ~ 710 r/min 皆传递全功率，其中 125 r/min 是传递全功率的最低转速，故 $n_{Ⅲj}$ = 125 r/min；因为 125 r/min 已传递了全功率，故 Ⅱ 轴的三个转速 355 r/min、500 r/min、710 r/min 无论经过哪对传动副都应传递全功率。因此，$n_{Ⅱj}$ = 355 r/min，不言而喻，$n_{Ⅰj}$ = 710 r/min。

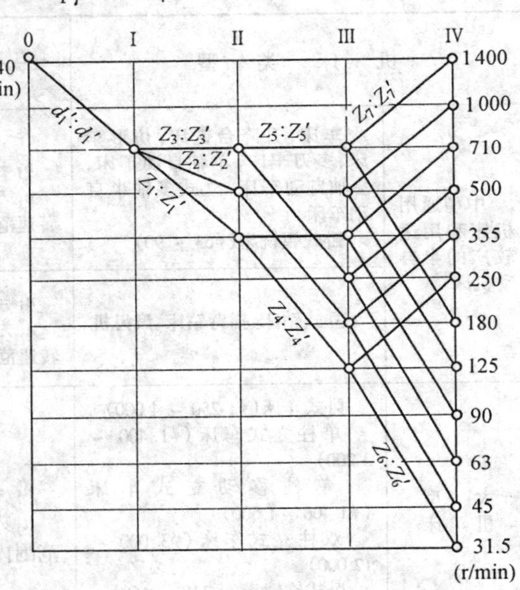

图 8.15 中型卧式车床转速图

3. 确定齿轮副的计算转速

齿轮 Z'_7 装在主轴上并具有 250 ~ 14 000 r/min 共 6 级转速，它们都传递全功率，故 $n_{Z'_7j}$ = 250 r/min。

齿轮 Z_7 装在 Ⅲ 轴上并具有 125 ~ 710 r/min 共 6 级转速，由于经 Z_7/Z'_7 传动主轴的转速都传递全功率，故 n_{Z_7j} = 125 r/min。

齿轮 Z'_6 装在主轴上并具有 31.5 ~ 180 r/min 共 6 级转速，但只有 90 r/min、125 r/min、180 r/min 传递全功率，故 $n_{Z'_6j}$ = 90 r/min。

齿轮 Z_6 装在 Ⅲ 轴上并具有 125 ~ 710 r/min 共 6 级转速，但经齿轮副 Z_6/Z'_6 传动主轴的转速中，只有 355 r/min、500 r/min、710 r/min 传递全功率，故 n_{Z_6j} = 355 r/min。

其余齿轮的计算转速可用上述方法得出。现将各齿轮的计算转速列于表 8.3 中：

表 8.3

齿轮序号	Z_1	Z'_1	Z_2	Z'_2	Z_3	Z'_3	Z_4	Z'_4	Z_5	Z'_5	Z_6	Z'_6	Z_7	Z'_7
$n_j/(r \cdot min^{-1})$	710	355	710	500	710	710	355	125	355	355	355	90	125	250

8.3　无级变速传动链设计

数控机床和重型机床执行件的转速或速度是要求无级变速的。执行件若为旋转运动(主运动和进给运动)，则要求从计算转速到最高转速是恒功率，从最低转速到计算转速则为恒转矩。执行件若为直线运动，由于其牵引力基本是恒定的，因此，可以认为所有的速度都是恒转矩的，拖动它的电动机也应该是恒转矩的。

目前，广泛用直流或交流调速电动机作为机床的动力源，以实现执行件的无级调速。直流并激电动机从额定转速 n_r 向上至最高转速 n_{max} 是用调节磁场电流(调磁)的办法来调速，属于恒动率调整；从额定转速 n_r 向下至最低转速 n_{min} 是用调节电枢电压(调压)的办法调速，属于恒转矩调速。而交流调速电动机是靠调节供电频率调速，因此，常称为“调频主轴电动机”。不论是直流并激电动机或是交流调频主轴电动机，恒功率调速的范围都比较窄，前者约为 2 ~ 4，后者约为 3 ~ 5。然而它们的恒转矩调速范围则很宽，通常达几十到一百或一百以上。这两种电动机的功率、转矩特性如图 8.16 所示。伺服电动机和步进电动机都是恒转矩的，而且功率也不大，一般常用于数控机床直线进给运动和辅助运动。

由上述分析可知，如果由直流或交流调速电动机驱动直线运动执行件，可直接利用调速电动机的恒转矩调速范围，将电动机直接或通过减速装置与执行件连接，如龙门刨床的工作台(主运动)或立式车床的刀架(进给运动)。如果驱动进给运动，电动机的额定转速即为执行件的最高进给速度，而电动机的最高转速用于执行件的快移。如果电动机驱动的是旋转运动(如机床主轴)，由于机床主轴要求的恒功率调速范围远比电动机所能提供的恒功率调速范围大，因此，常用串联有级变速机构来扩大恒功率调速范围。有级变速机构的公比 φ_u 原则上与电动机的恒功率调速范围 R_P 相等。如果取 $\varphi_u > R_P$，虽可简化有级变速机构，但电动机的功率必须选得比要求的功率大。

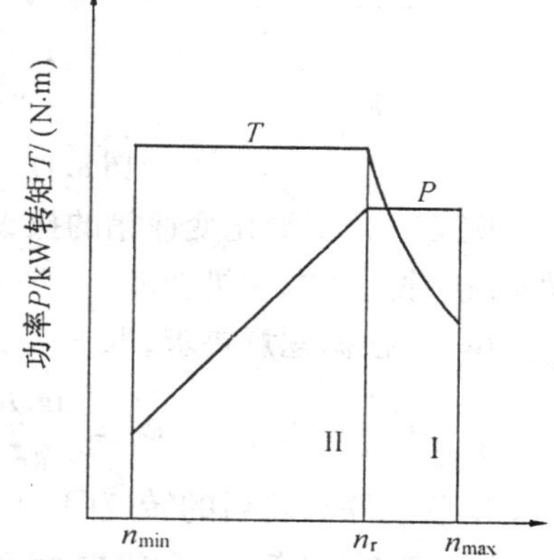

图 8.16　直流和交流调速电动机的功率转矩特性

Ⅰ—恒功率区域；Ⅱ—恒转矩区域

例3　欲设计一台数控车床。主轴的最高转速为 4 000 r/min，最低转速为 30 r/min，计算转速为 145 r/min，最大切削功率为 5.5 kW。拟采用交流调频主轴电动机，额定转速为 1 500 r/min，最高转速为 4 500 r/min，试拟定主传动有级变速传动系统并选择电动机(功率、型号)。

解　主轴要求的恒功率调速范围为

$$R_{nP} = \frac{4\,000}{145} = 27.56 \approx 27.6$$

电动机的恒功率调速范围为

$$R_P = \frac{4\ 500}{1\ 500} = 3$$

由于电动机所提供的恒功率调速范围远小于主轴所要求的调速范围,故应在电动机后面串联有级变速机构来扩大恒功率调速范围。如果有级变速机构的公比 $\varphi_u = R_P = 3$,则主轴的无级调速范围为

$$R_{nP} = r_{有} \cdot R_P = \varphi_u^{z-1} R_P = \varphi_u^z$$

由此得出有级变速机构的级数 z

$$z = \frac{\lg R_{np}}{\lg \varphi_u} = \frac{\lg 27.6}{\lg 3} = 3.0$$

在交流主轴电动机后串联一个三对传动副的变速组,其转速图如图 8.17(a) 所示。图(b) 为主轴的功率特性。由图(a) 看出,电动机经 34/66 定比传动降速后,如经 76/44 传动主轴,则当电动机的转速从 4 500 r/min 降到 1 500 r/min(恒功率区)时,主轴转速从 4 000 r/min 降到 1 330 r/min,在图(b) 中的 AB 段。主轴还需降速时,滑移齿轮变为经 44/76 传动主轴。此时,电动机又恢复从 4 500 r/min 降至 1 500 r/min,则主轴从 1 330 r/min 降至 440 r/min,如图(b) 中的 BC 段所示。同样,当经 19/101 传动主轴时,主轴转速为 440 ~ 145 r/min,功率特性如图(b) 中的 CD 段所示。主轴从 145 r/min 降至 30 r/min,电动机应从 1 500 r/min,降至 310 r/min,属恒转矩区,如图(b) 中 DE 段所示。如果取总效率为 $\eta = 0.75$,则电动机的功率为 $P = 5.5/0.75 = 7.3$ kW。可选北京数控设备厂的 BESK – 8 型交流主轴电动机,其额定输出功率为 7.5 kW。

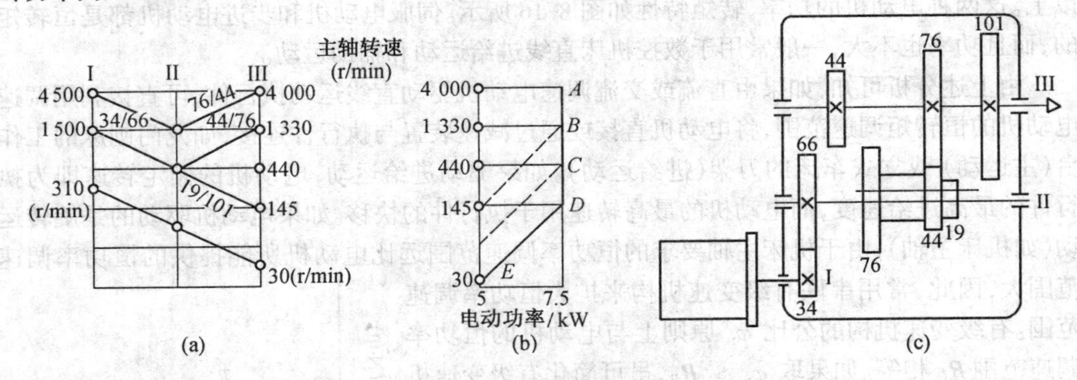

图 8.17　串联三联齿轮的无级变速主传动链

例 4　为了简化变速箱的操纵机构,对于上例,拟串联的滑移齿轮为双联,试设计其传动系统,并选择电动机功率。

解　根据题意要求,取 $z = 2$,则串联双联滑移齿轮的公比为

$$\lg \varphi_u = \frac{\lg R_{nP}}{z} = \frac{\lg 27.6}{2} = 0.72 \qquad \varphi_u = 5.25$$

串联双联齿轮后的转速图、主轴功率特性图和传动系统图如图 8.18 的(a)、(b)、(c) 所示。由转速图(a) 知,电动机由 45 00 r/min 降至 1 500 r/min 并经齿轮副 76/44 传动主轴时,主轴转速由 4 000 r/min 降至 1 330 r/min,为恒功率区,如图(b) 的 AB 段。由于 $\varphi_u > R_P$,电动机转速为 4 500 r/min,并经齿轮副 30/90 传动主轴时,主轴的转速为 773 r/min,即图(b) 的点 C'。而主轴转速由 1 330 r/min 降至 773 r/min 是电动机由 1 500 降至 870 并经齿轮副 76/44 传

至主轴得到的。由于电动机从 1 500 降至 870 是恒转矩区，其功率将随转速的下降而降低，如图(b) 中的 BC' 所示。同样，主轴转速从 257 降至 145 r/min 时，电动机也处于恒转矩范围内，故功率也随转速的下降而降低，如图(b) 中的 DE 段所示。也就是说，在主轴最高转速 4 000 r/min(点 A) 至计算转速 145 r/min(点 E) 的范围内，主轴的最大输出功率是变化的，在 BC 段出现了"缺口"，为了使 BC 之间和 DE 之间能得到要求的切削功率，只能将电动机的最大输出功率选大一些。由于要求电动机在 870 r/min 时能输出的切削功率为 $P_{切} = 5.5/0.75 = 7.3$ kW，故在电动机为 1 500 r/min 时所具有的输出功率(即最大输出功率) 应为

$$7.3 \times 1\,500/870 = 12.6 \text{ kW}$$

只能选 BESK-15 型变流变频主轴电动机，它的最大输出功率为 15 kW。

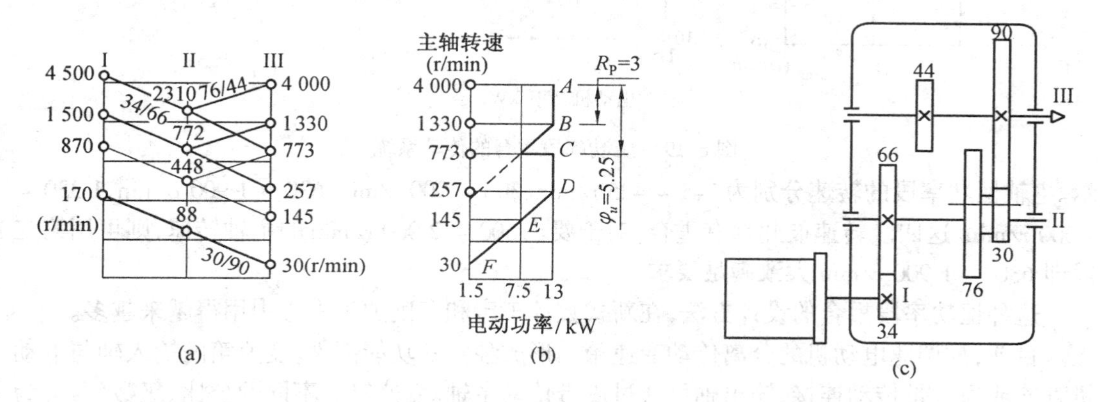

图 8.18　串联双联齿轮的无级变速主传动链

由此看出简化串联有级变速机构是以选用较大功率的电动机为代价的。

对于数控车床，由于在切台阶或端面时，常要求恒速切削。这时，主轴必须在运转中连续变速而不允许停车变换齿轮。例如车削端面。当车刀在外缘时，主轴转速为 500 r/min，随着车刀向中心进给，切削半径逐渐减小，则转速应逐渐增加。设转速最后要求用到 2 000 r/min。如采用图 8.17 所示的传动系统，通过齿轮副 76/44 传动主轴，只有 1 330 ~ 2 000 r/min 是恒功率段，从 500 ~ 1 330 r/min 为恒转矩区。如果通过齿轮副 44/76 传动主轴，只有 440 r/min 到 1 330 r/min 是恒功率段，要得到更高的转速，必须变换齿轮副，这是不允许的，即实际上得不到高转速。因此，设计数控车床的有级变速机构时，常采用恒功率段重合的办法来解决此问题。

例 5　已选定交流主轴电机为 BESK－8 型，其频定输出为 7.5 kW，其余条件如例 3 所述。试设计一台能在较大范围内(如 500 ~ 2 000 r/min) 连续恒速切削的数控车床主传动系统。

解　根据题意要求，可算出主轴的恒功率调速范围 $R_{np} = 27.6$，如果使有级变速机构的公比 $\varphi_u < R_P$，取 $z = 4$，由于主轴恒功率调速范围为

$$R_{nP} = \varphi_u^{(z-1)} R_P$$

故

$$\varphi_u = \sqrt[(z-1)]{\frac{R_{nP}}{R_P}} = \sqrt[(4-1)]{\frac{27.6}{3}} \approx 2.1$$

由此得出新设计的转速图、主轴功率特性图以及传动系统图，如图 8.19 的(a)、(b)、(c) 所

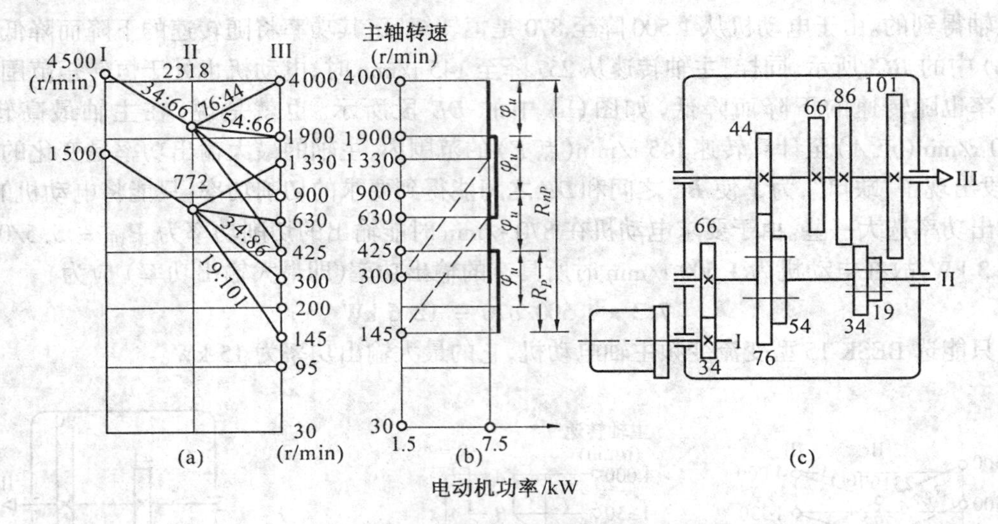

图 8.19　恒功率段重合的传动系统

示。主轴恒功率段的转速分别为 145 ~ 425 r/min、300 ~ 900 r/min、630 ~ 1 900 r/min、1 330 ~ 4 000 r/min。这四段转速彼此都有重合，对于要求 500 ~ 2 000 r/min 的主轴转速，则可用第三段即 630 ~ 1 900 r/min 大致满足要求。

这种恒功率段重合的设计方法，在新式数控车床和车削加工中心中用得越来越多。

目前，配调速电动机的分离传动变速箱已形成独立的功能部件。变速箱的输入轴与电动机直连或通过带传动连接，输出轴可通过皮带传动主轴。变速箱有不同的公比、级数（通常为2、3、4 级）和功率，已形成系列，连同操纵机构和润滑系统均由专门工厂制造，可以选购。

8.4　进给传动设计概述

机床的进给传动系统用于实现机床的进给运动和辅助运动（如快速运动、调位运动、分度运动等）。根据使用要求不同，机床进给量的排列分为等比数列和等差数列两大类。设计进给传动系统时，应选用相应的变速机构。

8.4.1　进给传动的组成

图 8.20 为 CA6140 型卧车床进给传动系统框图。图 8.21 为 X 6132 型卧式升降台铣床进给传动系统框图。从图中看出，进给传动系统一般由动力源、变速装置、换向机构、运动分配机构，安全装置、快速运动传动链、变回转运动为直线运动的机构（对于直线运动进给系统）以及进给运动执行件等组成。

对于转进给量（mm/r）的机床（如通用车床、钻床、镗床等），进给传动一般都与主传动共用一台电动机。对于分进给量（mm/min）的机床（如铣床），一般是用单独电动机驱动进给传动链（与快速运动共用）。对于重型机床，进给传动亦采用单独电动机驱动，而且，每个方向的进给都有相应的驱动电动机。

机床进给量范围都比较大，一般是 R_s = 50 ~ 300，如 CA 6140 型卧式车床的纵、横进给量范围都达 R_s = 256，X 6132 型卧式升降台铣床的 R_s = 100。有些机床的进给量范围更大，

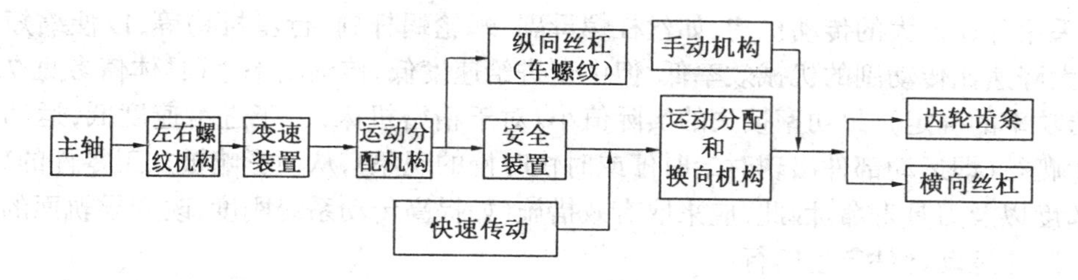

图 8.20　CA6140 型卧式车床进给传动系统框图

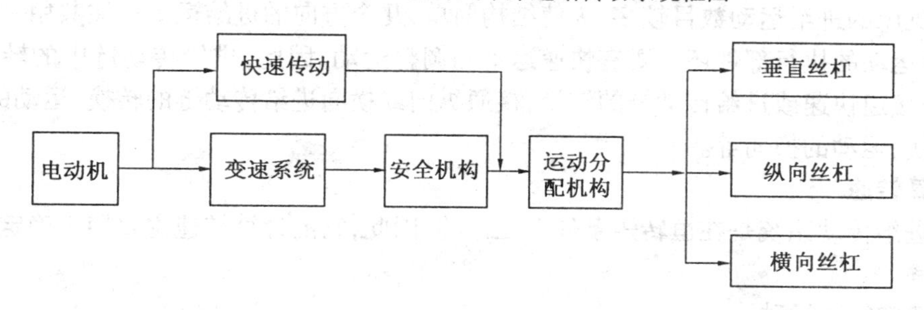

图 8.21　X 6132 型卧式升降台铣床系统进给传动系统框图

如镗床的分进给量范围要求达 $R_s = 1\,500 \sim 3\,000$。进给量的变换是由进给传动链中的变速装置实现。

机床的进给运动一般都不只一个。如卧式车床有纵向、横向进给运动，卧式升降台铣床有纵向、横向和升降运动等。为了简化机床的结构，对于有几个进给运动的机床，一般都共用一个变速装置。此时，进给传动链中应设置运动分配机构，且将它布置在变速装置之后。如 CA 6140 型卧式车床(图 8.20)和 X 6132 型卧式升降台铣床(图 8.21)等。进给量的方向由换向机构提供。CA 6140 型卧式车床的换向机构布置在运动分配之后，以便独立控制纵、横方向的进给运动，而且可缩短换向后的传动链，使其传动件少，传动链的惯性小，可减小换向冲击，使换向平稳、迅速。其缺点是所需的换向机构多，结构复杂。因此，对于换向冲击要求不高的机床，为了简化机床结构，可采用先换向、后分配的布局形式。

进给传动链内还设有安全装置，以防止进给机构的转矩超载。CA 6140 型卧式车床采用的是安全离合器，X 6132 型卧式升降台铣床采用了片式电磁离合器(图 6.7 中的 M_2、M_3)。一般将安全装置布置在变速装置与运动分配机构之间，这样可使各传动链共用一个安全装置。为了使它的结构紧凑，通常将其布置在转速较高的轴上，并尽可能靠近变速装置。

8.4.2　进给运动特点

1. 载荷性质

对于直线进给运动的粗加工，当采用大的切削深度时，则采用小的进给量，用大进给量时，则用小的切削深度，而进给速度对切削力的影响不太大。因此，在各种不同进给量的情况下，切削力大致不变，就加工某道工序的机床而言，其结构已定(如丝杠直径或齿轮的分度圆等)，故进给运动链输出轴的转矩不变，即属于恒转矩传动。对于圆周进给运动，则属于恒功率传动(如前述)。

2. 进给速度和受力

机床的进给速度一般都比较小，最小进给量可小到 0.01 mm/r。为了得到如此小的进给速度,常采用降速比大的传动机构,如丝杠螺母副、蜗轮蜗杆副、行星机构等,以便缩短传动链。这些大降速比传动副的机械效率低,但由于进给速度低,传动功率小(具体值参见7.3节中的进给功率的确定),故功率损失的实际值小。对于精密机床,由于进给速度低,运动部件容易产生爬行(即运动部件出现时走时停或时快时慢的现象),从而影响被加工零件的精度、表面粗糙度以及刀具寿命。因此,应采取有效措施(如提高传动系统刚度,改变导轨面的摩擦性质等),防止运动部件产生爬行。

3. 运动转换

通用机床的进给运动数目较多,为使结构简单,几个方向的进给运动往往共用一个变速装置。进给运动的执行部件还需要有快速运动和调整运动。因此,进给传动链中的转换要求比较多。如接通快速或进给传动链的转换,接通纵向或横向进给传动链的转换,运动的停止、启动的转换,运动的换向等。

4. 计算转速

直线进给传动系统是在恒转矩条件下工作的,因此,它的计算转速主要用于确定进给传动所需功率。

5. 快速空行程运动

为了缩短辅助时间和减轻工人的劳动强度,常在进给传动链中设置空行程传动链,使机床的工作台、刀架、主轴箱等移动部件实现快速移动或快速返回等。快速传动可与进给运动共用一台电动机,如X 6132卧式升降台铣床。但要注意快速运动与进给运动的互锁。快速传动链也可用单独电动机驱动,如CA 6140型卧式车床。此时,应注意将快速电动机与进给传动链连接点选在进给变速装置之后,并力求靠近执行件,以便缩短快速传动链和减小惯性。快速运动与工作进给的转换,一般都在工作过程中进行,而这两种运动的速度不同,方向也可能不一致,设计时可选用超越离合器、差动螺母或差动机构等来避免两个运动的干涉。

8.4.3 数控机床的进给传动

数控机床的进给运动是由加工程序指令经数控装置控制伺服系统实现的,属于伺服进给传动。所谓伺服,就是执行件迅速而准确地跟踪加工程序的控制指令。伺服进给传动不仅对进给运动的速度实现自动控制,而且还要对刀具相对工件的位置实现自动控制。因此,与通用机床相比,其进给系统的设计要求更高,难度更大,涉及的问题也更广。不仅要满足调速范围宽、传动精度高的要求,而且还要满足动态响应速度快和稳定性好等要求。数控机床的进给传动有如下特点:

(1) 数控机床的进给传动都是由伺服电动机经简单的齿轮降速传动或直接驱动运动转换机构来实现,对于闭环系统还有位移检测装置。伺服电动机在加工程序指令经数控系统的控制下,完成执行件进给运动的速度、方向、行程和位置等的动作。机械结构简单。

(2) 在数控机床进给运动转换的机构中,一般采用滚珠丝杠副将回转运动转换为直线运动。执行件(如工作台)的导轨往往要用滚动导轨、静压导轨或贴塑导轨等,以减少运动件的摩擦力和动静摩擦系数之差,从而保证运动的灵活性并避免爬行。

(3) 为了避免伺服系统的失步和执行件的反向死区,应尽可能消除传动齿轮副、丝杠螺母副和联轴器等的间隙。

(4) 进给传动机构应有足够的刚度,特别是扭转刚度,同时要尽可能减小运动部件的质量。

8.5　内联传动链的设计原则

保证传动精度是设计机床内联传动链的基本出发点。所谓传动精度是指机床内联传动链各末端执行件之间的协调性和均匀性。例如，用范成法加工齿轮轮齿时，范成链（内联传动链）应保证滚刀每转 1 r，工件转 K/Z 转（K 为滚刀头数，Z 为工件齿数）。这就是滚刀与工作台运动的协调性；这种关系在整个加工过程中应保持始终，这就是运动的均匀性。研究传动精度的目的在于分析传动链中误差产生的原因及其传递规律，找出提高传动精度的途径，以便采取措施减少误差对加工精度的影响，从而确保机床的加工质量。

8.5.1　误差的来源

在机床的传动件中，各传动件在制造和装配中都会有误差；而机床在工作时，传动件在力的作用和温度的影响下，会产生变形，这些都会引起传动误差。这里只分析传动件制造误差对传动精度的影响。

传动件的径向跳动和轴向窜动是传动件误差的主要来源。

(1) 齿轮副。在圆柱齿轮的加工误差中，由于齿距分布不均匀而形成的齿距累积总偏差 F_p 是造成齿轮在一转过程中，产生转角误差，使速比发生变化，是传递运动不准确的主要因素。齿距累积总偏差 F_p 是指在分度圆上同侧齿面间任意弧段内实际弧长与公称弧长之差的最大绝对值，如图 8.22(a) 所示。它实质是反映齿轮在一周内齿距误差的最大累积值，是一种线值误差，如图 8.22(b) 中的 $\widehat{PP_1}$。

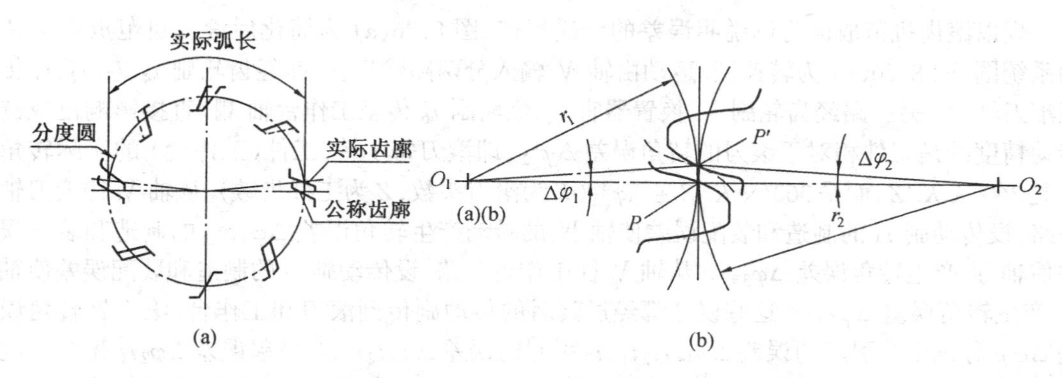

图 8.22　齿距累积误差

如果主动齿轮的齿距累积总偏差为 F_p，则主动齿轮的转角误差为 $\Delta\varphi_1 = \dfrac{F_p}{r_1}$，从而使从动齿轮（设它的齿距累积总偏差为零）多转或少转一个角度 $\Delta\varphi_2 = \dfrac{F_p}{r_2}$，这将引起传动比的变化。

斜齿圆柱齿轮的轴向窜动 Δb（见图 8.23）也将引起周向线值误差 Δl

$$\Delta l = \Delta b \tan \beta \tag{8.15}$$

式中　β—— 斜齿圆柱齿轮的螺旋角。

齿轮在轴上或轴在轴承中的装配误差，以及轴承的误差等，将引起齿圈的附加径向跳动和轴向窜动。对于斜齿圆柱齿轮，附加轴向窜动可用式(8.15)计算。

由装配误差造成的附加齿圈径向跳动 $\Delta\delta$(图 8.24)，在齿轮周向引起的线值误差 Δl 为

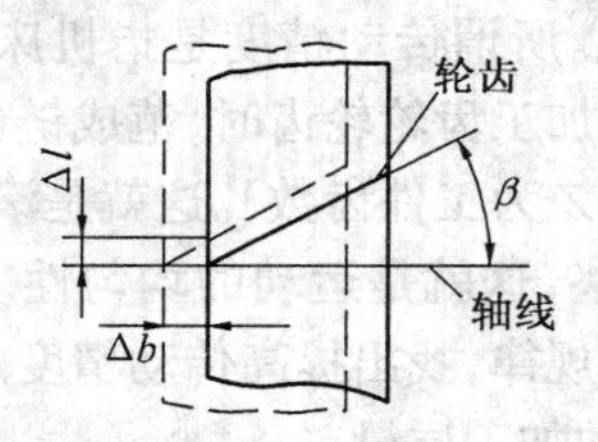

图 8.23　轴向串动

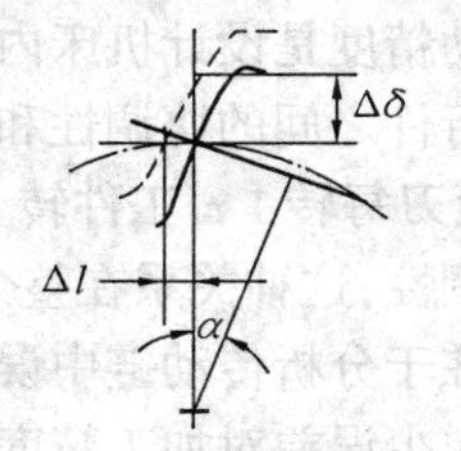

图 8.24　齿圈径向跳动

$$\Delta l = \Delta\delta \tan\alpha \tag{8.16}$$

式中　α——齿轮压力角，α 越大，对传动精度的影响越严重。

(2) 丝杠螺母副。丝杠的螺距误差和螺距累积误差以及轴间窜动都会使螺母的移动产生误差。而梯形螺纹的径向跳动 $\Delta\delta$(图 8.25)也会使螺母的轴向移动产生误差 Δl

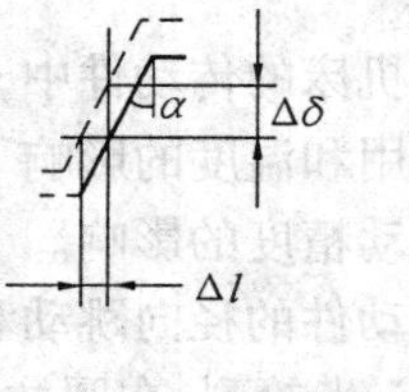

$$\Delta l = \Delta\delta \tan\alpha$$

图 8.25　螺纹径向跳动

式中　α——螺纹半角。

(3) 蜗杆蜗轮传动副。蜗杆的误差分析与丝杠相同；而蜗轮的误差计算与斜齿圆柱齿轮相同。

8.5.2　误差的传递规律

现以滚齿机范成链为例说明误差的传递规律。图 8.26(a)为简化后滚齿机范成链的传动系统图，图 8.26(b)为转速图。运动由轴 Ⅴ 输入分两路输出，一路经齿轮副 i_4、i_3、i_2、i_1 传至滚刀轴 Ⅰ，另一路经齿轮副 i_5、换置器官 i_x、蜗轮副 i_6 传至工作台轴 Ⅷ。直接影响范成链传动精度的是工件相对于滚刀的转角误差 $\Delta\varphi°_\Sigma$，即滚刀每 1 转，工件(工件台)的实际转角不是 $360° \times K/Z$，而是 $360° \times K/Z \pm \Delta\varphi°_\Sigma$($K$ 为滚刀头数，Z 为工件齿数)。从轴 Ⅴ 往滚刀轴一路，设传动副 i_4 的制造和装配误差使轴 Ⅳ 的转动产生转角误差 $\Delta\varphi_4$，i_3 的制造和装配误差使轴 Ⅲ 产生转角误差 $\Delta\varphi_3$，… 从轴 Ⅴ 往工作台一路，设传动副 i_5 的制造和装配误差使轴 Ⅵ 产生转角误差 $\Delta\varphi_5$，… 这些误差都经过其后的传动副传到滚刀和工作台。滚刀轴转角误差 $\Delta\varphi_刀$ 分别由 i_4 引起的误差 $\Delta\varphi_4 i_3 i_2 i_1$、$i_3$ 引起的误差 $\Delta\varphi_3 i_2 i_1$、i_2 引起误差 $\Delta\varphi_2 i_1$ 和 i_1 引起的误差 $\Delta\varphi_1$ 等组成。这些转角误差都是向量，滚刀轴的总转角误差 $\Delta\varphi_刀$ 应为各组成分量的向量和。在各组成分量的方向未知情况下，可取均方根值。因此，滚刀轴的总转角误差为

$$\Delta\varphi_刀 = \sqrt{(\Delta\varphi_4 i_3 i_2 i_1)^2 + (\Delta\varphi_3 i_2 i_1)^2 + (\Delta\varphi_2 i_1)^2 + \Delta\varphi_1^2} \tag{8.17}$$

同理，得出工作台的总转角误差 $\Delta\varphi_工$

$$\Delta\varphi_工 = \sqrt{(\Delta\varphi_5 i_x i_6)^2 + (\Delta\varphi_x i_6)^2 + \Delta\varphi_6^2} \tag{8.18}$$

滚刀轴与工作台之间的相对转角误差是滚刀轴总转角误差 $\Delta\varphi_刀$ 与工作台总转角误差 $\Delta\varphi_工$ 的合成，即

$$\Delta\varphi_\Sigma = \sqrt{(\Delta\varphi_刀 K/Z)^2 + (\Delta\varphi_工)^2} \tag{8.19}$$

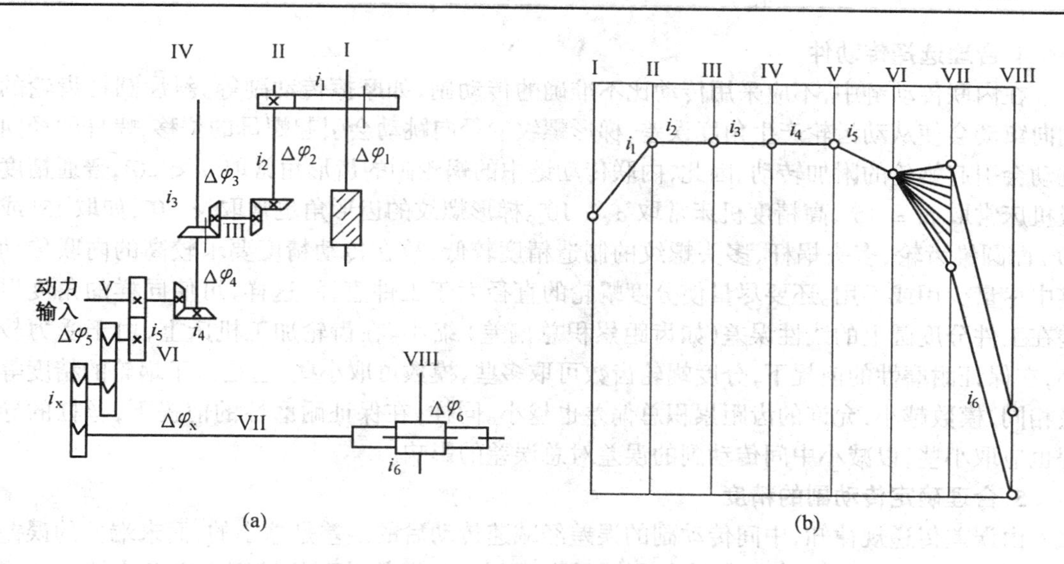

图 8.26　滚齿机范成链

任意一对齿轮每转的转角误差为

$$\Delta\varphi_i = \sqrt{(F_{p_1}/r_1)^2 + (F_{p_2}/r_2)^2} \tag{8.20}$$

式中　F_{p_1}、F_{p_2}—— 主、被动齿轮的齿距累积总偏差。根据齿轮第 Ⅰ 公差组(即传递运动的准确性)的精度等级和分度圆直径定,查齿轮公差表。

r_1、r_2—— 主、被动齿轮的分度圆半径,注意 F_p 与 r 的单位必须一致。

8.5.3　提高传动精度的措施和内联传动链的设计原则

通过以上分析,可得出提高传动精度的措施,这也是内联传动链设计的原则。

1. 缩短传动链

由式(8.17)和式(8.18)可知,内联传动链两末端件之间的传动件越少,则总的传动误差越小。因此,缩短传动链对提高传动精度的效果是十分显著的。

2. 采用降速传动

由误差传递规律可知,如果采用降速传动,即每对传动副的传动比都小于 1。前面传动副的误差传到被动轴时,由于降速传动而减小;反之,如果采用升速传动,则将前面传动副的误差放大。因此,在设计内联传动链时,如使运动从某一中间轴输入,在向两末端件传递的过程中,均应采用降速传动。如图 8.26(b) 所示,由于中间各轴的转速较高,确保了两末端件均为降速传动。可见,内联传动链的转速图与前述外联传动链的转速图在形式上是不同的。

3. 合理分配各传动副的传动比

在分配内联传动链各对传动副的传动比时,应使末端传动副的传动比最小。这不仅是由于它对前面所有传动副的误差均起减小作用,而且由于它本身直接参与总误差的合成(如式(8.17)和式(8.18))。如图 8.26(b) 中的 i_1 和 i_6 都达最小。在传递旋转运动时,末端件常采用蜗杆蜗轮副,而传递直线运动时,末端件常采用丝杠螺母副。如图 8.26(a) 中的工作台所采用的即是蜗杆蜗轮副(常称该蜗轮为分度蜗轮),其传动比 $i_6 = 1/96$。滚刀轴的转速较高,不宜采用蜗杆蜗轮副,而是采用齿轮副,其传动比也达最小值,即 $i_1 = 1/4$。

4. 合理选择传动件

在内联传动链中,不应采用传动比不准确的传动副,如摩擦传动副等。斜齿圆柱齿轮的轴向窜动会使从动齿轮产生角度误差,梯形螺纹的径向跳动会引起螺母的位移,蜗杆的径向跳动会引起蜗轮的附加转动。因此,内联传动链中的蜗轮副的齿形角常取 $\alpha < 20°$,普通精度级机床常取 $\alpha = 15°$,高精度机床常取 $\alpha = 10°$。梯形螺纹的齿形角也常取 $< 30°$,如取 15° 或 10°。而圆锥齿轮、多头蜗杆、多头螺纹的制造精度较低,故在传动精度要求较高的内联传动链中尽量少用或不用。还要尽量使分度蜗轮的直径大于工件直径,这样,可使同样的角度误差在工件分度圆上的线性误差(如齿距累积总偏差)缩小。在齿轮加工机床上,由于受力较小,在保证耐磨性的前提下,分度蜗轮齿数可取多些,模数可取小些。这是由于蜗轮的精度等级相同,模数越小,允许的齿距累积总偏差也越小。同样,在保证耐磨性的前提下,丝杠的导程也应取小些,以减小中间传动副的误差对总误差的影响。

5. 合理确定传动副的精度

由误差传递规律知,中间传动副的误差经减速传动后的误差是缩小的,而末端件的误差则直接复印给执行件,对加工精度的影响最大。因此,末端传动副的精度应高于中间传动副的精度。在滚齿机范成链的两个末端传动副中,分度蜗轮的误差 $\Delta\varphi_6$ 直接影响相对转角 $\Delta\varphi_\Sigma$(见式(8.19)),而滚刀轴传动副误差 $\Delta\varphi_1$ 则要乘以 K/Z 而缩小。因此,常使传往滚刀轴的齿轮副 i_1 的精度比中间传动副高 1 级,而分度蜗轮副 i_6 的精度则高 2 级。以上所说的精度等级是第 Ⅰ 公差组(即传递运动的准确性),第 Ⅱ、Ⅲ 公差组(传动平稳性和载荷分布均匀性)可比第 Ⅰ 组低 1 级或相同。

6. 采用校正装置

在内联传动链中,采用校正装置可进一步提高机床的加工精度。校正装置有机械的、光电的或数控的。如光学校正装置、感应同步器装置、激光 - 光栅反馈校正装置以及数控校正装置等。例如,图 8.27 所示的是精密蜗轮滚齿机校正装置原理图。由传动误差实测值制成的校正凸轮 1 安装在工作台下(也可安装在其他位置,通过传动机构使其与工作台同步转动),当蜗杆 3 驱动蜗轮 2 转动时,工作台便带动凸轮 1 同步转动,校正凸轮曲线通过杠杆 4、齿条 5、齿轮 6、差动挂轮 i_y、合成机构 7 将校正运动附加到范成链的传动误差。也可分别在滚刀轴和工作台装圆光栅,根据滚刀轴转角可以计算出工作台的理论转角,而工作台的圆光栅可测出工作台的实际转角。二者比较,根据该误差通过差动机构使工作台获得补偿运动。又如,在

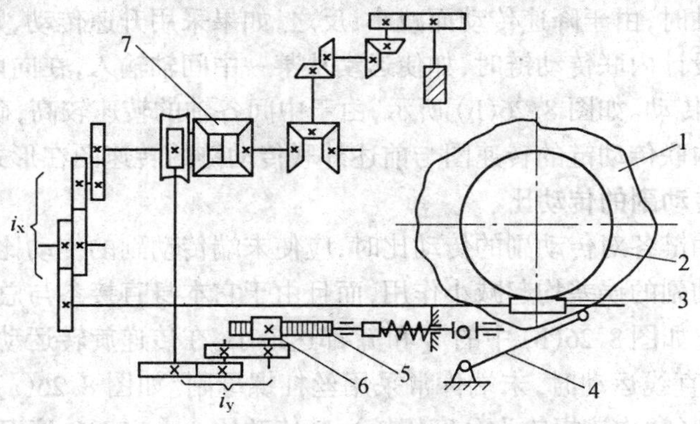

图 8.27　精密蜗轮滚齿机校正装置原理图

加工螺纹时,在主轴上装圆光栅,根据主轴的理论转角可计算出刀架的理论移距,再用长光栅、感应同步尺或激光干涉仪测出刀架的实际移距。两者比较,根据该误差使刀架获得补偿运动以消除其误差。

习题与思考题

1. 试述转速图的组成、内容和画法。

2. 试分析转速图和结构网的相同点与不同点。

3. 画出结构式 $12 = 2_3 \cdot 3_1 \cdot 2_6$ 的结构网,并分别求出当 $\varphi = 1.41$ 时,第二变速组和第二扩大组的级比、级比指数(传动特性)和变速范围。

4. 判断下列结构式,哪些满足传动比分配方程(或称符合级比规律)?并说明其扩大顺序与传动顺序的关系;不满足时,输出轴转速排列有何特点?

(1) $8 = 2_1 \cdot 2_2 \cdot 2_4$; (2) $8 = 2_4 \cdot 2_2 \cdot 2_1$; (3) $8 = 2_2 \cdot 2_1 \cdot 2_3$; (4) $8 = 2_1 \cdot 2_2 \cdot 2_5$。

5. 写出采用二联、三联滑移齿轮时,输出轴具有 18 级转速的所有可能的结构式;确定出一个合理的结构式,并说明其合理性的理由,画出对应的结构网。

6. 根据传动比分配方程(级比规律),完成下列结构式(设各传动系统的输出轴转速均为不重合、不间断的单一公比的标准等比数列)。

(1) 18 = 3[3] [ ] [9]

(2) 16 = [1] [2] [4] [8]

(3) 12 = 3[ ] 2[3] [ ]

7. 欲设计一台卧式车床的主传动系统。给定条件为:主轴转速范围为 37.5 ~ 1 700 r/min,从结构及工艺考虑,要求 $Z = 12$ 级机械有级变速。试完成下述内容:

(1) 求出机床主轴的变速范围 R_n;

(2) 确定主轴转速公比 φ;

(3) 查题表 8.1 确定主轴各级转速(参考附表 $\varphi = 1.06$)

题表 8.1

1	1.06	1.12	1.18	1.26	1.32	1.4	1.5	1.6	1.7
1.8	1.9	2	2.2	2.24	2.36	2.5	2.65	2.8	3
3.15	3.35	3.55	3.75	4	4.25	4.5	4.75	5	5.3
5.6	6	6.3	6.7	7.1	7.5	8	8.5	9	9.5

(4) 写出 3 个不同的结构式;

(5) 确定一个合理的结构式,并说明理由;

(6) 拟定一合理的转速图;

(7) 根据转速图计算基本组、第一扩大组的各传动比;

(8) 用计算法确定基本组各齿轮的齿数。

8. 已知有如题图 8.1 所示的某卧式车床的传动系统图。齿轮的齿数、带轮的直径以及布置情况如图所示。离合器右侧的 $Z = 40$ 齿轮为反向齿轮,在本题中不考虑。齿轮 28 可与 56 啮合,主轴转速为标准的等比数列。

试完成下列内容:

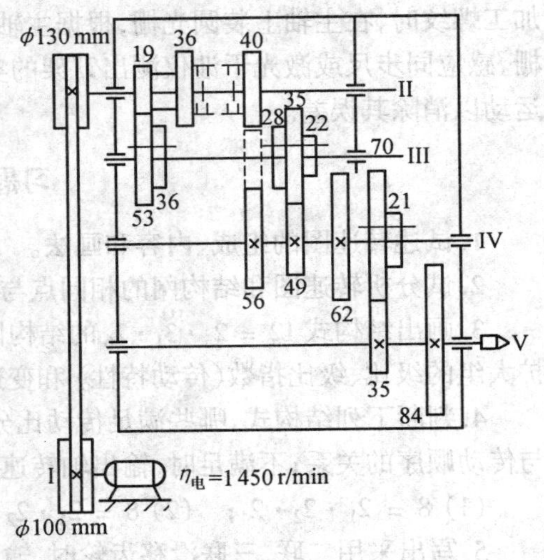

题图 8.1

(1) 计算出带轮副及各齿轮副的传动比;

(2) 计算出主轴的最高转速和最低转速;

(3) 通过计算各变速组的级比,说明哪个变速组是基本组、第一扩大组、第二扩大组;

(4) 求出主轴转速的公比 φ;

(5) 求出主轴的变速范围及各变速组的变速范围,验证主轴变速范围与各变速组的变速范围之间的关系;

(6) 写出该主传动系统的传动结构式,讨论该结构式有何特点;

(7) 参阅题表 8.1 中的 $\varphi = 1.06$ 的标准数列表,写出主轴的各级标准转速;

(8) 画出对应于该传动系统图的转速图;标出相应的轴号、电动机转速、主轴各级转速及各齿轮齿数等。

(9) 试确定该车床主轴的计算转速,并写出各传动轴及齿轮的计算转速。

9. 已知某卧式铣床的主轴转速为 45,63,90,125,180,…,1 400 r/min,转速公比为 $\varphi = 1.41$,求主轴的计算转速。

10. 已知某卧式车床的主轴转速为标准等比数列,其变速级数为 $Z = 12$,其中,$n_8 = 400$ r/min,且主轴的计算转速为 $n_j = 100$ r/min。参考 $\varphi = 1.06$ 标准数列(见题表 8.1),求该车床主轴的各级转速。

11. 已知某中型卧式铣床主轴转速级数 $Z = 18$,且为单一公比,无转速重合的标准转速数列。该系统采用二联、三联滑移齿轮变速,完全符合机床主传动设计的基本规律、限制和原则。还知道主轴的计算转速为 $n_j = 100$ r/min,转速公比为大于 1.12 的某个标准公比。试参照题表 8.1 的标准数列表,求出该铣床主轴的各级转速。

12. 某机床主传动的转速图如题图 8.2 所示,已知主轴的计算转速为 $n_j = 63$ r/min,试确定:

(1) 第二变速组和第二扩大组的级比、级比指数、变速组的变速范围(以 φ^x 的形式表示);

(2) 各中间传动轴的计算转速;

(3) 各齿轮的计算转速。

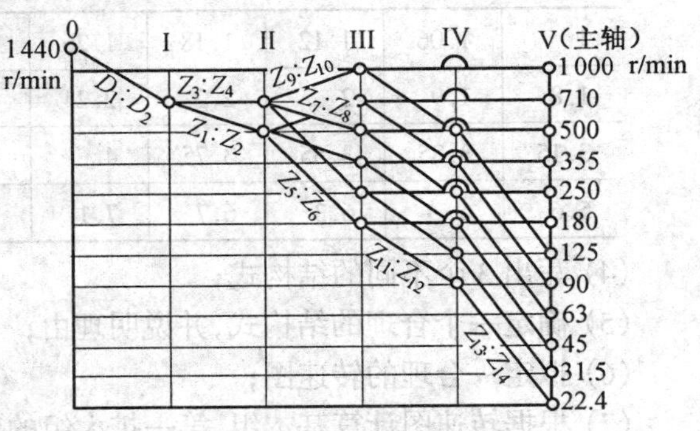

题图 8.2

13. 为什么数控车床和车削加工中心的主传动系统常采用恒功率段重合的设计方法?其设计要点是什么?

14. 什么是机床的传动精度?举例说明。

15. 简述提高传动精度的措施。

第九章 主轴组件

9.1 对主轴组件的基本要求

9.1.1 主轴组件的组成

大多数机床都有主轴组件。有的机床只有一个主轴组件，有的则有多个。如外圆磨床有砂轮主轴组件和头架主轴组件。又如组合机床，具有多至几十个主轴组件。主轴组件由主轴、主轴轴承和安装在主轴上的传动件、密封件以及轴承间隙调整、固定元件（螺母）等组成。对于钻镗类机床，还包括主轴套筒和镗杆等。

主轴组件是机床的执行件。它的功用是支承并带动工件或刀具旋转，完成表面成形运动，同时还起传递运动和转矩、承受切削力和驱动力等载荷的作用。由于主轴组件的工作性能直接影响到机床的加工质量和生产率，因此它是机床中的关键组件之一。

主轴和一般传动轴的相同点是，两者都传递运动、转矩，并承受传动力，都要保证传动件和支承的正常工作条件。但主轴直接承受切削力，还要带动工件或刀具旋转，实现表面成形运动。因此对主轴组件有较高的要求。

9.1.2 主轴组件的基本要求

对主轴组件总的要求是，保证在一定的载荷与转速下，带动工件或刀具精确而稳定地绕其轴心线旋转，并长期地保持这种性能。为此对主轴组件提出如下几方面的基本要求：

1.旋转精度

主轴作旋转运动时线速度为零的某两点的连线，称为主轴的理想旋转中心线。该线在空间的位置不应随时间的变化而变化。但实际上由于制造和装配等种种原因，主轴的实际旋转中心线的空间位置在每一瞬间都是变化的。这些实际旋转中心线的平均空间位置，称为瞬时旋转中心线，瞬时旋转中心线相对于理想旋转中心线的空间的位置偏离，就是主轴在旋转时的瞬时误差（旋转误差）。这些瞬时误差的范围就是主轴的旋转精度。如图 9.1 所示（图中实线为理想中心线），可把主轴的旋转误差分成纯径向跳动 Δr、纯轴向窜动 ΔS、纯角度摆动 $\Delta\alpha$ 来进行分析。但主轴实际上的旋转误差是这三者的综合反映。

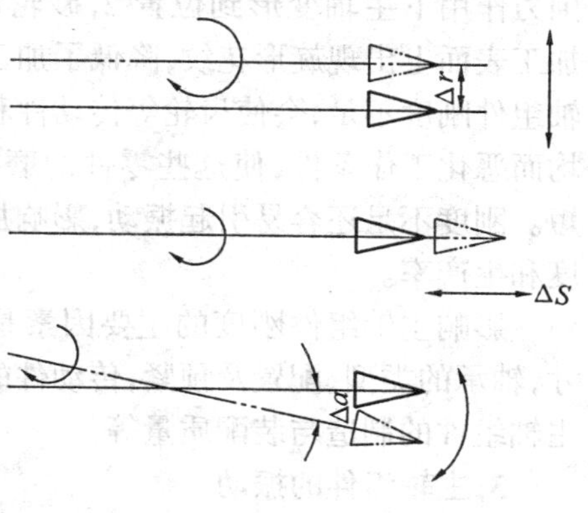

图 9.1 主轴的旋转误差

在生产实践中，主轴部件的旋转精度是用主轴前端安装刀具或工件部位定位面的径向跳动、端面跳动和轴向窜动值的大小来衡量的。测试是在无载荷、手动或低速转动主轴的条件下进行的。

当主轴以工作转速旋转时，由于有切削力的作用、润滑油膜的产生以及不平衡力的扰动，其旋转精度与低速、无载荷测量出的值是不同的，这对于精密和高精度机床绝不能忽略。此时，还应测定它在工作转速时的旋转精度（运动精度）。

我国已制订了有关通用机床统一的旋转精度检验标准。专用机床主轴组件的旋转精度则根据工件精度要求确定。

主轴组件的旋转精度取决于组件中各主要件（如主轴、轴承等）的制造精度和装配、调整精度。运动精度还取决于主轴的转速、轴承的设计和性能以及主轴组件的动态特性。

2. 静刚度

主轴组件静刚度简称主轴刚度。是指主轴组件抵抗外力引起变形的能力。由于主轴组件刚度是随外力作用点的位置和方向而异的，同时为便于不同结构型式的主轴组件的刚度性能进行比较，所以，主轴组件的刚度（弯曲刚度）K（N/μm）是指在主轴前端施加一个作用力 F 时，主轴在 F 力作用方向上所产生的变形 Y 之比，即

$$K = \frac{F}{Y}\ \mathrm{N/\mu m}$$

如图 9.2 所示。

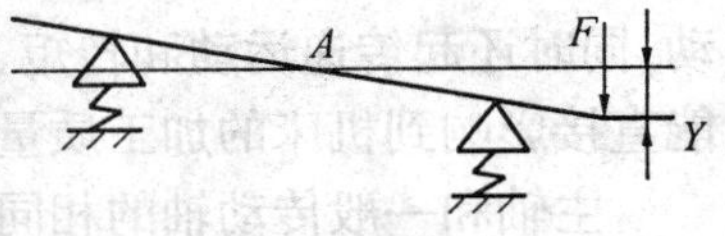

如果作用在主轴组件工件端的是静转矩 T，θ 为该转矩作用下的主轴组件工作端的扭转角，L 为转矩 T 的作用距离，主轴组件的扭转刚度为

$$K_T = \frac{TL}{\theta}(\mathrm{N \cdot m^2})/\mathrm{rad}$$

图 9.2 主轴静刚度

一般情况下，如保证了主轴组件的弯曲刚度，其扭转刚度基本上也能得到保证。但对以承受转矩为主的主轴（如立式钻床、摇臂钻床），则对扭转刚度应进行计算。

主轴组件的刚度不足，直接影响机床的加工精度。图 9.3 表示外圆磨床主轴组件刚度不足时，在磨削力作用下主轴变形到位置 2，砂轮母线偏移，使被加工表面上出现旋形花纹，降低了加工表面质量。主轴组件刚度不足，会使齿轮等传动件和轴承因受力不均而恶化工作条件，使这些零件的磨损加剧，寿命缩短。刚度不足还容易引起振动，影响加工表面的粗糙度和生产率。

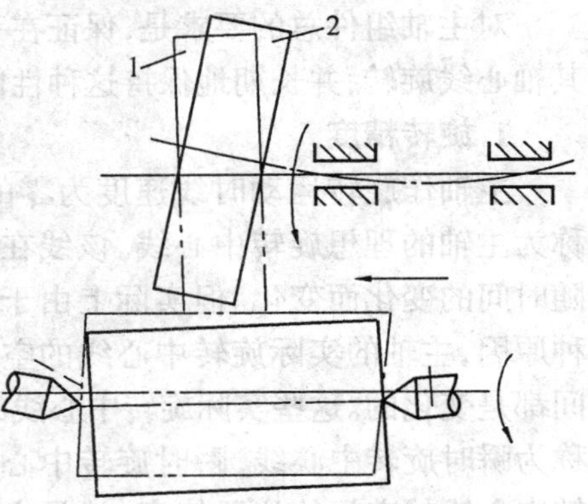

图 9.3 砂轮轴刚度不足的影响

影响主轴组件刚度的主要因素是主轴的结构尺寸，轴承的类型、配置及预紧，传动件的配置方式以及主轴组件的制造与装配质量等。

3. 主轴组件的振动

主轴组件工作时发生的振动有受迫振动和自激振动两种。主轴组件抵抗振动的能力差，会严重影响工件的表面质量，限制机床的生产率；此外，还降低刀具的耐用度和主轴轴承的寿命，发出噪声影响工作环境等，严重时会使机床不能正常工作，因此，提高抵抗振动并保持平稳运转的能力对主轴组件是十分重要的。

理论分析和试验结果表明，影响主轴组件抗振性的主要因素是主轴组件的静刚度、阻尼

特性和固有频率等。刚度和阻尼比越大,越不易产生振动。

4.温升和热变形

主轴组件工作时,由于摩擦和搅油等而发热,产生了温升。温升使主组组件因热膨胀而变形,称为热变形。热变形会使主轴旋转轴线与机床其他组件间的相对位置发生变化,直接影响加工精度;有时热变形也会造成主轴弯曲,使传动齿轮和轴承的工作状态恶化;热变形还会改变已调好的轴承间隙和使主轴与轴承、轴承与支承孔之间的配合发生变化,影响轴承的正常工作,加快磨损,严重时甚至发生轴承抱轴现象。

影响主轴组件温升、热变形的主要因素是:轴承的类型和布置方式;轴承预紧力的大小;润滑方式和散热条件等。

一般规定,用滑动轴承时,主轴轴承温度不得超过60℃,对特别精密的机床则不得超过室温10℃。用滚动轴承时,允许的温度可参考表9.1(在室温为20℃的条件下)。

表9.1 主轴滚动轴承的允许温度(℃)

机床精度等级	普通机床	精密机床	高精度机床	特高精度机床
轴承外圈允许温度	<50~55	<40~45	<35~40	<28~30

5.耐磨性

主轴组件的耐磨性是指其长期保持原始精度的能力,即精度的保持性。磨损后对精度有影响的元件首先是轴承。其次是安装夹具、刀具或工件的定位面和锥孔。如果主轴装有滚动轴承,则支承处的耐磨性决定于滚动轴承,而与轴颈无关。如果是滑动轴承,则轴颈的耐磨性对精度保持性影响很大。

为了提高耐磨性,要正确地选择主轴的材料及其热处理方法。一般机床上的上述部位都必须经过热处理,使之具有一定的硬度。要合理调整轴承间隙,保证良好的润滑和可靠的密封。

9.2 主轴组件的布局

9.2.1 两支承主轴轴承的配置形式

机床的主轴有前、后两个支承和前、中、后三个支承两种类型,以前者较多见。两支承主轴轴承的配置形式包括主轴轴承的类型、组合以及布置,主要根据对所设计主轴组件在转速、承载能力、刚度以及精度等方面的要求,并考虑轴承的供应、经济性等具体情况,加以确定。

下面以常见的主轴滚动轴承的配置形式(表9.1)为例,介绍确定两支承主轴轴承配置形式的一般原则。

1.适应刚度和承载能力的要求

所谓承载能力是指主轴在保证正常工作并在额定寿命时间内,所能承受的最大负荷。在径向承载能力和刚度方面,线接触的圆柱或圆锥滚子轴承比点接触的球轴承好,双列滚动轴承比单列的好。在轴向承载能力和刚度方面,以推力球轴承为最好,其次是圆锥滚子轴承和角接触球轴承。深沟球轴承也可以承受一些轴向力,但轴向刚度较差。

因此,径向载荷较大时,一般应选用双列圆柱滚子轴承和圆锥滚子轴承(如表 9.2 中序号 1 和 5);较小时可选用角接触球轴承(表 9.2 中序号 6)。通常前支承所受载荷大于后支承,而且前支承变形对主轴轴端位移影响较大,故一般要求前支承的承载能力和刚度应比后支承大。

表 9.2　几种常用主轴滚动轴承配置形式及其工作性能

序号	轴承配置形式	前支承		后支承		前支承承载能力		刚度		振摆		温升		极限转速	热变形前端位移
		径向	轴向	径向	轴向	径向	轴向	径向	轴向	径向	轴向	总的	前支承		
1		NN3000K	234400	NN3000K	—	1.0	1.0	1.0	1.0	1.0	1.0	1.0	1.0	1.0	1.0
2		NN3000K	50000(两个)	NN3000K	—	1.0	1.0	0.9	3.0	1.0	1.0	1.15	1.2	0.65	1.0
3		NN3000K	—	70000AC(二个)	—	1.0	0.6	0.8	0.7	1.0	1.0	0.6	0.5	1.0	3.0
4		30000	—	30000	—	0.8	1.0	0.7	1.0	1.0	1.0	0.8	0.75	0.6	0.8
5		35000	—	30000	—	1.5	1.0	1.13	1.0	1.0	1.4	1.4	0.6	0.8	0.8
6		70000AC(三个)	—	70000AC(二个)	—	0.7	0.7	0.45	1.0	1.0	1.0	0.7	0.5	1.2	0.8
7		70000AC	—	70000AC(二个)	—	0.7	1.0	0.35	2.0	1.0	1.0	0.7	0.5	1.2	0.8
8		60000(两个)	50000	60000	50000	0.7	1.0	0.35	1.5	1.0	1.0	0.85	0.7	0.75	0.8
9		RNA0000	50000	RNA0000	50000	0.6	1.0	1.0	1.5	1.0	1.0	1.1	1.0	0.5	0.9

注:工作性能指标用相对值表示(第一种为 1.0);这些主轴组件结构尺寸大致相同。

2.适应转速要求

不同型号、规格和精度等级的轴承所允许的最高转速是不同的,在相同条件下,点接触的比线接触的高,圆柱滚子轴承比圆锥滚子轴承高。因此,应综合考虑对主轴组件刚度和转速两方面的要求来选择轴承的配置形式。

3.适应精度的要求

主轴组件中承受轴向力的推力轴承配置方式直接影响主轴的轴向位置精度,表 9.3 列出了常用的三种配置形式的工作性能和应用范围。前端定位时,主轴受热变形向后延伸,不影响加工精度,但前支承结构复杂,调整轴承间隙不方便,且前支承处发热量较大。后端定位的特点与上述相反。两端定位时,主轴受热伸长后,轴承轴向间隙的改变较大;若止推轴承布置在径向轴承内侧,主轴可能因热伸长而引起纵向弯曲。

表 9.3 推力轴承配置型式的比较

形式	示意图	承载支承	变形情况		间隙调整	主轴前端悬伸量	支承结构		应用范围
			发热变形	承载变形			前支承	后支承	
前端定位		前支承	前支承发热大、温升高,但主轴受热后向后伸长,不影响轴向精度	主轴承受轴向载荷部分较短,变形小,精度高	受前支承结构限制,间隙调整较为不便	推力轴承在前支承两侧的较长,在同一侧的可短	复杂	简单	对轴向精度和刚度要求较高的精密机床,如精密车床、铣床、坐标镗床及落地镗床等。但对前支承结构要求散热性能良好
后端定位		后支承	前支承发热小、温升低,但主轴受热向前端伸长,影响轴向精度	主轴受压段较长,对细长主轴易引起纵向弯曲变形,精度较差	调整间隙较方便	较短	简单	复杂	用于普通精度机床
两端定位		前后支承	支承跨距较大时,主轴受热伸长后有纵向弯曲,影响轴承间隙和精度	受轴向载荷较均匀,与热变形方向相反时较好,在间隙变化时,承载能力降低	可在后端一起调整整两个轴承的间隙,尚方便	推力轴承在前支承外侧时较长	较简单	较简单	用于较短主轴、轴向间隙变化不影响正常工作的机床(如钻床等);有自动补偿轴向间隙装置的机床

9.2.2 三支承主轴组件

某些机床由于结构原因,导致主轴箱长度较长,使得主轴两个支承之间的支承跨距远大于最佳跨距或合理跨距(详见 9.6),此时应考虑增加支承即采用三支承主轴组件来提高主轴组件的刚度和抗振性。

由于制造工艺上的限制,要使箱体中三个主轴支承座孔中心完全同轴是很困难的,为了保证主轴组件的刚度和旋转精度,通常只有两个支承(其中一个为前支承)起主要作用,而另一个支承(中间支承或后支承)起辅助作用。

辅助支承常采用刚度和承载能力较小的轴承,其外圈与支承座孔的配合比主要支承松 1~2 级,保证有一定的间隙,以解决三孔不同轴的问题。

统计结果表明,采用三支承结构的主轴,以前、中支承为主要支承的约占 80%;以前、后支承为主要支承的约占20%。

三支承主轴轴承配置形式与两支承主轴相类似,两个主要支承的配置基本上与表9.2所述的情况相同。辅助支承通常选用深沟球轴承或圆柱滚子轴承。

9.2.3 主轴组件的典型结构

1.双列圆柱滚子轴承主轴组件

选用双列圆柱滚子轴承主轴组件,由于NN3000 K(旧标准3182100)系列轴承的刚度和转速均较高,故适用于要求高刚度、高转速及各种精度等级的机床主轴。如车床、铣床、镗床等机床。

图9.4所示为原CA 6140型卧式车床主轴组件的配置形式。由于箱体长度较长,故采用了以前、后支承为主要支承的三支承结构,中间支承选用了一个刚度低的NU216/P6(旧标准E32216)圆柱滚子轴承作为辅助支承,前、后径向支承(主要支承)分别采用NN3021K/P5(旧标准D3182121)型和NN3015K/P5(旧标准D3182115)型双列圆柱滚子轴承。承受两个方向轴向力的双向推力角接触球轴承(234421/P5(旧标准D2268121))布置在前支承,属前端定位式。用螺母1和2来调整前支承中两个轴承的间隙,螺母3调整后轴承的间隙。目前,CA 6140型卧式车床的主轴组件,已改为二支承结构。详见图3.9。

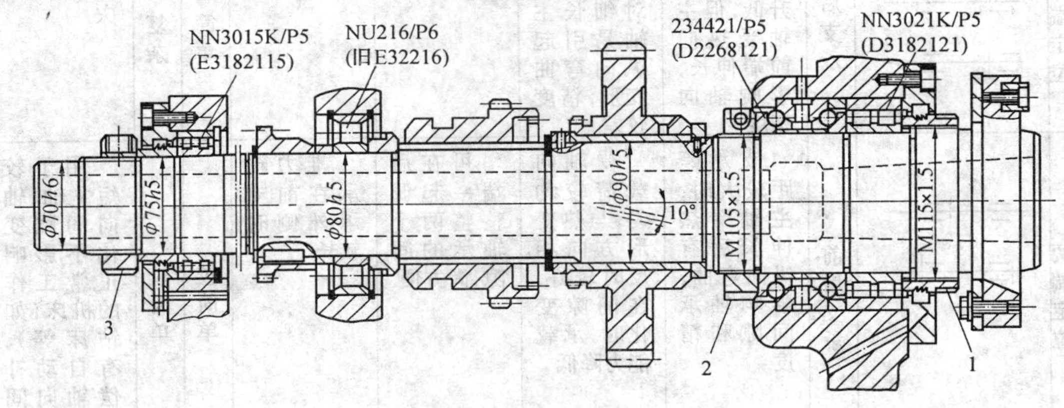

图9.4 CA 6140型卧式车床主轴组件

这种配置形式的结构较简单,刚度(特别是径向刚度)较高,前支承内的两个轴承的极限转速相同,所能适应的转速也较高。其缺点是前支承内轴承数量多,发热量较大,长时间运转后前支承温度高,易使主轴轴线上抬。

2.圆锥滚子轴承主轴组件

采用单个圆锥滚子轴承作为主轴组件的支承布置形式,被称为圆锥滚子轴承主轴组件。它的刚度和极限转速均低于上述采用NN3000K(旧标准3182100)系列轴承的主轴组件。但因这类轴承能同时承受径向和轴向载荷,当成对使用时(常常如此),具有轴承数量少、支承结构简单、轴承间隙调整方便等特点。

图9.5是日本MAZAK车床的主轴部件,采用前、中支承为主,后支承为辅的三支承结构。用中支承左侧的螺母1同时调整前、中支承中两个轴承的间隙,既简单又方便。但这种配置属两端定位式,故在主轴受热伸长后,会使两个圆锥滚子轴承的间隙有所增加,影响支

承刚度和旋转精度,但该机床应用蝶形弹簧 2 克服了这一不足。

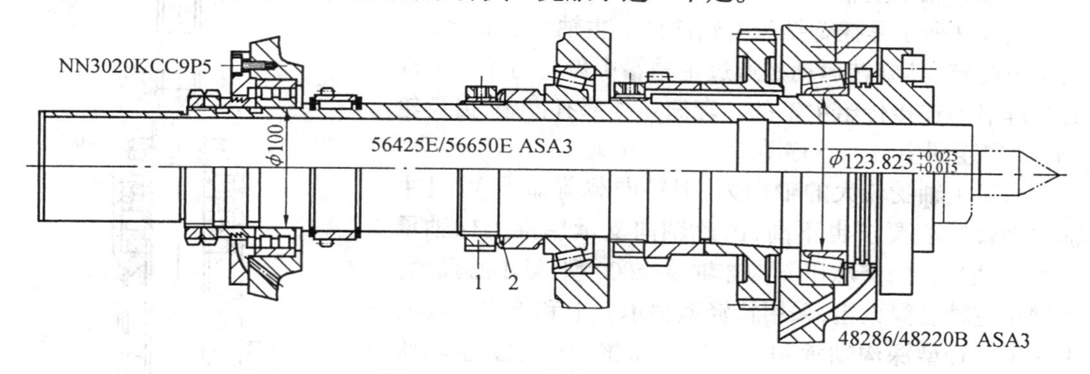

图 9.5　MAZAK 车床主轴部件

3. 角接触球轴承主轴组件

角接触球轴承主轴组件适用于高转速、轻载荷的机床。为了提高支承刚度,常在一个支承中采用多个相同的轴承。径向尺寸小、结构紧凑是这种配置形式的一个特点。如图 9.6 所示的齿条磨床砂轮主轴组件,其前、后支承分别配置 四个和两个角接触球轴承,前端采用背对背(大口朝外)的安装方式。其中,1、2 轴承同向组合,2、3 轴承亦为同向(与 1、2 相反)组合。属前端轴向定位。

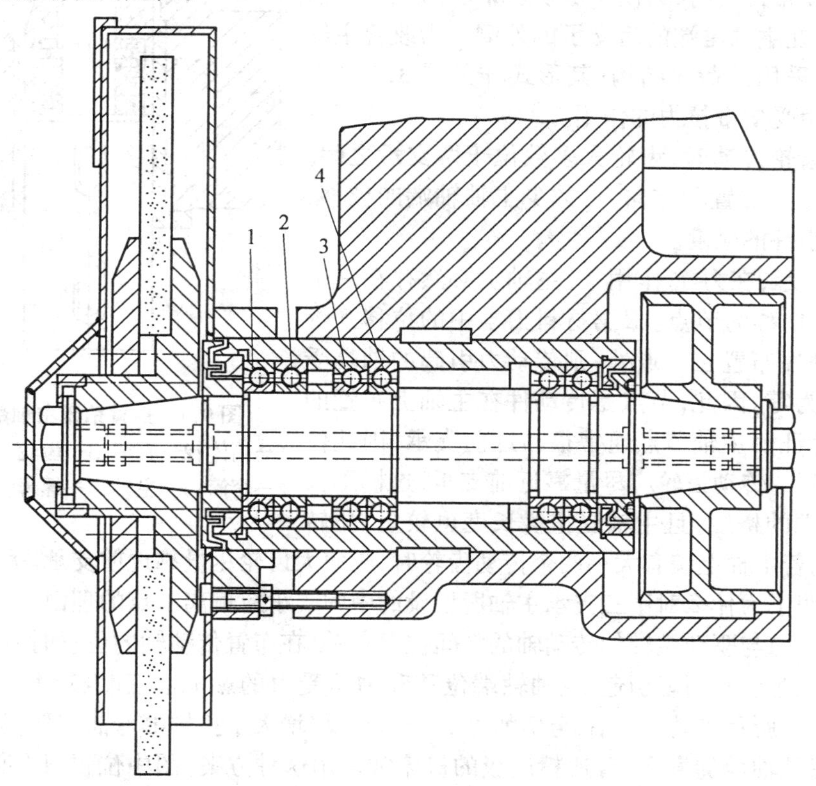

图 9.6　齿条磨床砂轮主轴组件

4.推力轴承主轴组件

图 9.7 所示是摇臂钻床主轴部件。主轴 5 在支承套筒 4 内旋转,其旋转运动是通过主轴箱中齿轮与主轴上部的花键滑动连接传给主轴的。套筒 4 外部有齿条,由齿轮 3 带动它连同主轴上下移动。

由于主轴受较大的轴向力,但径向载荷却不大,且主轴的旋转精度要求也不高,因此轴向支承用推力球轴承(50000 型),径向支承用深沟球轴承(6000 型)且不必预紧。为避免主轴套筒太粗,采用特轻型轴承。上和下支承径向用两个特轻型深沟轴承和一个特轻型推力轴承。主轴所受的轴向力经垫片、深沟轴承的内环、垫圈、推力轴承传到主轴套筒 4 上,再经齿条、齿轮作用到箱体上。推力轴承用两个螺母 6 来调整间隙并预紧,卸下螺母即可拆卸主轴。

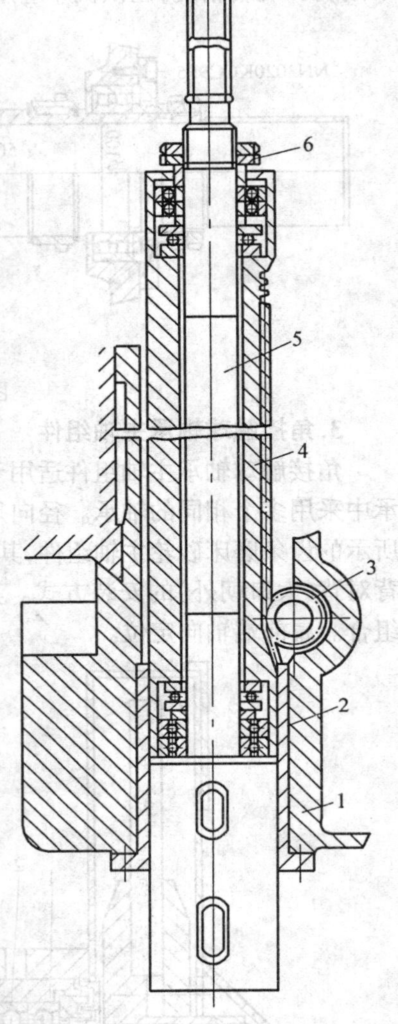

图 9.7　摇臂钻床主轴部件

1—箱体;2—套筒;3—齿轮;4—套筒;5—主轴;6—螺母

9.2.4　传动件的合理布置

主轴采用皮带传动时,为便于更换皮带和防止皮带沾油,带轮通常装在主轴尾端的后支承的外侧。为改善主轴的受力情况,可采用卸荷式结构(其形式详见图 3.9 轴Ⅰ左端),使主轴免受皮带拉力的作用。

主轴采用齿轮传动时,齿轮大多数位于两支承之间。合理布置传动力的位置和方向,可减少主轴轴端的位移,从而提高主轴组件的刚度。

如图 9.2 所示,在力 F 作用下,主轴上必然存在一个挠度为零的点 A,称为节点。根据材料力学中的位移互等定理,若将传动件布置在节点处,则传动力引起的轴端受 F 力处的挠度为零。因此,节点是传动件在主轴上布置的最佳位置。计算证明主轴节点通常很靠近前支承,因此位于前后支承之间的传动齿轮应尽量靠近前支承,这样不仅可减小主轴轴端的挠度,且主轴受扭段长度也较短,扭转变形也能减小。若主轴上装有大小两个传动齿轮时,应使大齿轮尽量靠近前支承。另外,根据节点的概念说明了为什么对于三支承主轴所增设的中间支承应偏离节点的理由。

传动力的方向与驱动主轴的传动轴的空间位置有关,在布置传动轴的位置时,应尽量使传动力 F_Q 与切削力 F 两者引起 主轴轴端位移和轴承受力的影响能互相抵消一部分。图 9.8(a) 中位置 Ⅰ 所示传动力 F_{QI} 与切削力 F 方向相反,增大了主轴的弯曲变形,但前支承受力减小,提高了轴承的寿命,普通精度级的机床常采用这种方案。图中位置 Ⅰ′ 所示传动力 $F_{QI'}$ 与切削力 F 方面相同,能减小主轴的弯曲变形,但前支承受力较大,需选用承载能力和刚度较大的轴承。这种方案适用于受力较小而精度较高或前支承刚度较大的机床。但是,传动轴的空间位置往往受主轴箱结构的限制,所以必须全面考虑。

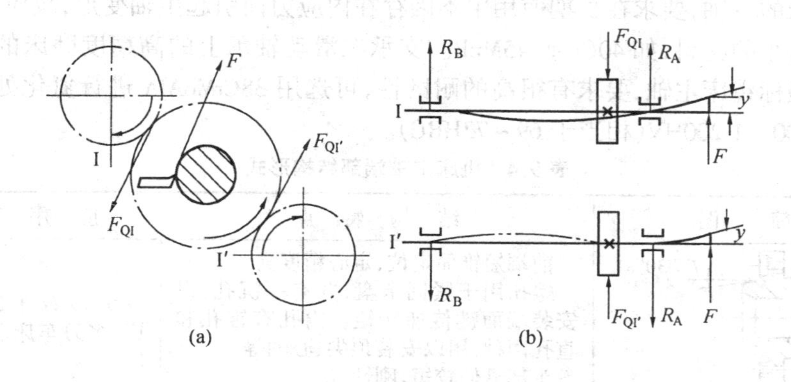

图 9.8　传动力方向对主轴变形及支承受力的影响

9.3 主　轴

本节主要介绍主轴的结构、合理选择主轴的材料与热处理方法以及对主轴的技术要求等。

9.3.1　主轴的结构

主轴的结构主要取决于机床的类型、主轴上所安装的传动件、轴承和密封件等零件的类型、数目、位置和安装定位方法等，同时还要考虑主轴加工和装配的工艺性。为了便于装配和满足轴承、传动件等轴向定位的需要，主轴一般作成阶梯形的，其直径从前端向后或者是从中间向两端部逐段缩小。为了与齿轮等传动件周向连接以传递转矩，在一般情况下，主轴上经常带有键槽或花键。

主轴的轴端结构应保证夹具或刀具安装可靠、定位准确、连接刚度高、装卸方便和能传递足够的转矩。由于夹具和刀具已标准化，因此通用机床主轴端部的形状和尺寸也已标准化。表 9.4 给出了通用机床主轴端部结构形式。

9.3.2　主轴的材料与热处理

主轴的载荷相对来说不大，引起的应力通常远小于钢的强度极限。因此，强度一般不是选材的依据。当主轴的几何形状和尺寸已定，主轴的刚度主要取决于材料的弹性模量 E。但是各种钢材的 E 值基本相同，而且与热处理无关，因此，在没有什么特殊要求时，应选用价格便宜的中碳钢，常用的如 45 钢。

主轴的材料，主要应根据耐磨性、热处理方法和热处理后的变形选择。

一般机床主轴常用45钢或60优质中碳钢，调质到220 ~ 250HBS左右，主轴端部锥孔、定心轴颈或定心圆锥面等部位局部淬硬到 50 ~ 55HRC。若支承采用滚动轴承，则轴颈可不淬硬，但是不少主轴为了防止嗑碰损伤轴颈的配合表面，轴颈处仍然进行淬硬。

若支承用滑动轴承，则轴颈处需高频淬硬，以保证耐磨性。若为重负荷，为提高抗疲劳性能，可选用 40Cr 或 50Mn2 钢。对受冲击载荷较大的主轴或轴颈处需要更高的硬度时，可选用低碳合金钢 20Cr、16MnCr5、12CrNi2A 进行渗碳淬火处理至≥60HRC。

精密机床的主轴，要求在长期使用中不因存在内应力而引起主轴变形，故应选用在热处理后残余应力小的材料，如 40Cr 或 45MnB。支承在滑动轴承上的高精度磨床的砂轮主轴，以及镗床和坐标镗床主轴，要求有很高的耐磨性，可选用 38CrMoAlA 进行氮化处理，使表面硬度达到 1 100 ~ 1 200HV（相当于 69 ~ 72HRC）。

表 9.4 机床主轴端部结构形式

序号	简图	结构特点	应用范围
1	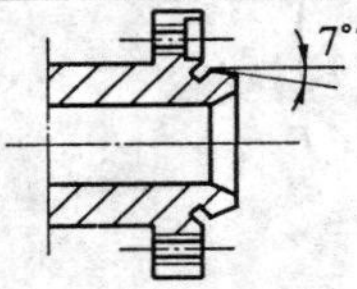 7°7′30″	前端短锥面定位，定心精度高 螺孔用于紧固卡盘，并有一沉孔，以安装端面键传递转矩。内孔有锥孔和直孔两种，用以安装顶尖、心轴等 头部悬伸较短，刚性好 装卸卡盘方便	大多数车床、六角车床、多刀车床和磨床的主轴
2	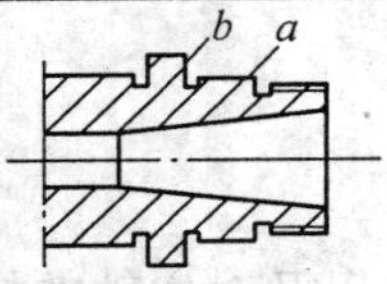 b a	a、b 为定位面，与卡盘配合有间隙，定位面易磨损，定心精度低 螺纹用于锁紧卡盘，内锥孔用于安装顶尖、心轴和弹簧夹头等 轴端悬伸长，刚性差 装拆卡盘较方便	车床、仪表机床（在新设计的车床上已逐渐淘汰）
3	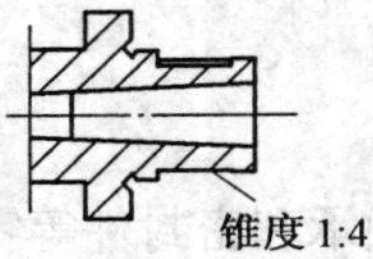 锥度 1:4	长锥为定位面，定心精度高 与卡盘连接时用套在主轴上的螺母拉紧，长锥上的键用以传递转矩 轴端悬伸较长，刚性较差 装卸卡盘较方便	车床
4	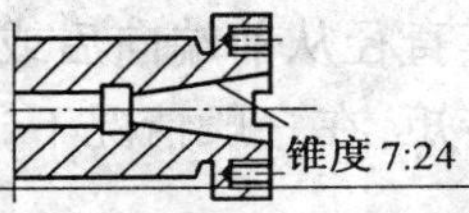 锥度 7:24	7:24 锥孔作定位面，供安装铣刀或铣刀心轴的尾锥，再用拉杆从主轴后端拉紧，四个螺孔供安装端铣刀用，两个长槽供安装端面键以传递转矩	铣床
5	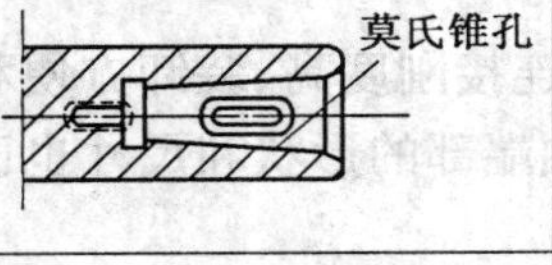 莫氏锥孔	莫氏锥孔作定位面并传递一定的转矩 锥孔中部的挂锥槽，借助楔铁使刀具安装可靠，尾部的退锥槽便于拆卸刀具，并与刀具扁尾一起传递转矩	钻床、镗床
6	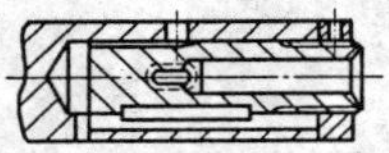	圆柱孔作为定位面，带锥孔的接套利用右端的螺母可在主轴孔内轴向移动，以调整刀具的轴向位置	多轴钻床、组合机床
7	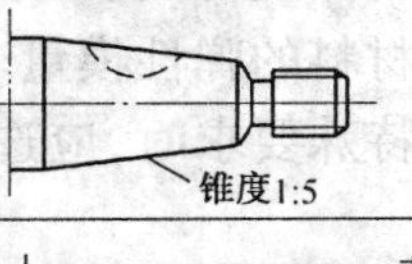 锥度1:5	1:5 的锥体用于安装砂轮夹紧盘，定位可靠，定心精度高 月牙键传递转矩	外圆磨床砂轮主轴
8	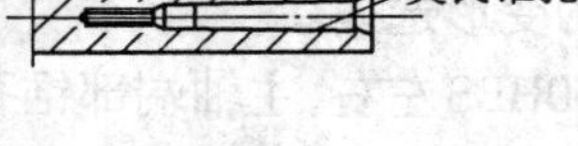 莫氏锥孔	莫氏锥孔用于砂轮连接杆定位，定心精度高，不易产生振动 锥孔底部螺孔用于拉紧砂轮连接杆	内圆磨床砂轮主轴
9	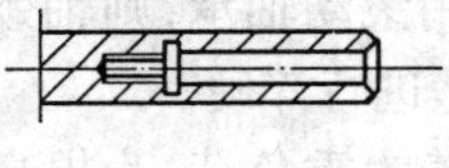	圆柱孔用于砂轮连接杆定位，定心精度不高 螺孔用于拉紧砂轮连接杆 加工较为方便	小孔内圆磨床

机床主轴常用的材料和热处理要求可参考表 9.5。

表 9.5 主轴常用材料和热处理

钢 材	热 处 理	用 途
45	调质 22~28HRC,局部高频淬硬 50-55HRC	一般机床主轴、传动轴
40Cr	淬硬 48~55HRC	载荷较大或表面要求较硬的主轴
40Cr	高频淬硬 55~62HRC	滑动轴承的主轴轴颈
20Cr	渗碳淬硬 56~62HRC	轴颈处需要高硬度或冲击性较大的主轴
9Mn2V	淬硬 59~62HRC	高精度机床主轴,热处理变形较小
38CrMoAlA	氮化处理 1 100~1 200HV	高精度机床主轴,保证热处理变形小
50Mn2	调质 28~35HRC	载荷较大的重型机床主轴
65Mn	淬硬 52~58HRC	高精度机床主轴

对于高速、高效、高精度机床的主轴组件,热变形和振动等一直是国内外研究的重点课题,特别是对于高精度、超精密加工机床的主轴更是如此。据资料介绍,目前出现一种叫做玻璃陶瓷材料(Zerodur),又称微晶玻璃的新材料,其线膨胀系数几乎接近于零,是制作高精度机床主轴的理想材料。

9.3.3 主轴的技术要求

主轴的精度直接影响到主轴部件的旋转精度。主轴的轴承、齿轮等零件相连接处的表面几何形状误差和表面粗糙度,关系到接触刚度。因此,设计主轴时,必须根据机床精度标准有关的项目制定合理的技术要求。

支承轴颈是主轴的工作基面、工艺基面和测量基面。主轴工作时,以轴颈作为工作基面进行旋转运动。加工主轴时,为了保证锥孔中心和轴颈中心的同轴度,一般都以轴颈作为工艺基面来精磨锥孔。检查主轴精度时,以轴颈作为测量基面来检查各部分的同轴度和垂直度。轴颈及其定位轴肩的技术要求应满足主轴旋转精度的要求。普通精度级机床主轴,其支承轴颈的尺寸精度为 IT5,轴颈的几可形状允许差通常应小于其尺寸公差的 1/4~1/2。滑动轴承轴颈的表面粗糙度 Ra 为 0.2 μm,安装滚动轴承处的 Ra 为 0.4 μm。

内锥孔是安装刀具或顶尖的定位基面。在检查主轴与其他部件的相互位置精度时,内锥孔是代表主轴中心线的基准。因此,锥孔除要求一定的几何形状允差、表面粗糙度和硬度外,与支承轴颈之间还有同轴度要求。

主轴上的内、外锥面的锥度应采用量规或标准检查棒涂色检查,其接触面积要大于等于75%,以大端接触密合为宜。

安装卡盘、刀盘和传动件的定位基面,必须要有与卡盘、刀盘和传动件相适应的技术要求,包括:尺寸公差、表面粗糙度以及和前、后支承轴颈的同轴度允差等。

定位轴肩是轴承和其他零件的轴向定位面,与支承轴颈之间有垂直度要求。

键槽与花键的制造精度影响传动件的定心和移动是否轻便,因此除保证键槽与花键公差中所规定的要求外,还要规定键槽与主轴中心线的平行度和对称度。

用于压紧轴承和传动件的螺纹部分,为防止将轴承和传动件压偏斜,除规定螺纹精度外,还应规定在装上螺母后检验螺母端面对轴线的垂直度。

主轴技术要求的项目和具体数值,设计时可参考《机床设计手册》(第三册),第一章。

9.4 主轴滚动轴承

轴承是主轴组件的重要组成部分,它的类型、配置、精度、安装、调整和润滑等都直接影响主轴组件的工作性能。主轴组件的旋转精度在很大程度上由其轴承决定,轴承的变形量约占主轴组件总变形量的30%~50%,轴承的发热量占的比重也较大。因此主轴轴承应具有:旋转精度高、刚度大、承载能力强、抗振性好、速度性能高、摩擦功耗小、噪声低和寿命长等基本要求。

主轴轴承可分为滚动轴承和滑动轴承两大类。表9.6根据对轴承的基本要求将两大类三种轴承作了比较。在使用中,应根据主轴组件工作性能要求、制造条件和经济效益综合考虑,合理地选用。

表9.6 滚动轴承和滑动轴承的比较

基本要求	滚动轴承	滑动轴承	
		动压轴承	静压轴承
旋转精度	精度一般。可在无隙或预加载荷下工作。高速时精度保持性差	单油楔轴承一般,多油楔轴承较高。精度保持性好	可以很高。精度保持性好
刚度	仅与轴承型号有关,与转速、载荷无关。预紧后可提高一些	随转速和载荷升高而增大	与节流形式有关,与载荷、转速无关
承载能力	一般为恒定值,高速时受材料疲劳强度限制	随转速增加而增加,高速时受温升限制	与油腔相对压差有关,不计动压效应时与速度无关
抗振性能	不好。阻尼比为 $\zeta=0.02\sim0.04$	较好。阻尼比为 $\zeta=0.035\sim0.06$	很好。阻尼比为 $\zeta=0.045\sim0.065$
速度性能	高速受温升、疲劳强度和离心力限制,低中速性能较好	中高速性能较好。低速时形不成油膜,无承载能力	适应各种转速,尤其适用低速和超高速
摩擦功耗	一般较小,润滑调整不当时则较大 $f=0.002\sim0.008$	较小 $f=0.001\sim0.008$	本身功耗很小,但有相当大的泵功耗。$f=0.0005\sim0.001$
噪声	较大	无噪声	本身无噪声,泵有噪声
寿命	受疲劳强度限制	在不频繁启动时,寿命较长	本身寿命无限,但供油系统的寿命有限
货源	轴承厂提供	自制	自制

从表中比较可知,在一般情况下应尽量选用滚动轴承。特别是大多数立式主轴,用滚动轴承可以采用脂润滑(一次装填一直用到修理时才换脂)以避免漏油。只有要求加工表面粗

糙度值较小,主轴又是水平的机床如外圆和平面磨床,高精度车床等才用滑动轴承。而主轴组件的抗振性主要取决于前轴承。因此,也有的主轴组件前支承用滑动轴承,后支承和推力支承用滚动轴承。

9.4.1 常用主轴滚动轴承的类型

机床的主轴较粗,主轴轴承的直径较大。相对来说,轴承的负荷较轻。因此,一般情况下,承载能力和疲劳寿命不是选择主轴轴承的指标。主轴轴承应根据精度,刚度和转速来选择。为了提高精度和刚度,主轴轴承的间隙应可调,这是主轴轴承的主要特点。

机床主轴常用的滚动轴承如图 9.9 所示。

1.角接触球轴承

图 9.9(a)所示为角接触球轴承。这种轴承既能承受径向载荷,又能承受轴向载荷。其接触角 α 常用的有 $\alpha = 15°$ 和 $\alpha = 25°$ 两种。前者编号为 70000C 系列,后者为 70000AC 系列。15°接触角多用于轴向载荷较小、转速较高的地方,如磨床主轴;25°接触角多用于轴向载荷较大的地方,如车床和加工中心主轴。而接触角 $\alpha = 40°$ 的角接触球轴承(编号为 70000B)在机床主轴组件上很少见。将轴承的内、外圈相对轴向移动,可以调整间隙,实现预紧。这种轴承多用于高速主轴。

为了提高支承刚度和承载能力,可以将角接触球轴承多个组合。图 9.9(b)、(c)、(d)为三种基本组合方式:图(b)为背对背(大口朝外)组合,称为 70000C(AC,B)/DB 型(GB/T292),图(c)为面对面(大口朝内)组合,称为 70000C(AC,B)/DF 型(GB/T292),图(d)为同向组合(串联),称为 70000(C)(AC,B)/DT 型(GB/T292),图(b)、(c)可承受双向轴向载荷,图(d)只能承受一个方向的载荷,但承载能力较大,轴向刚度较高。这种轴承还可三联组配,见图(e),或四联组配等。

大多数主轴受弯,希望轴承上产生一个尽量大的支反力矩以抵抗弯曲变形。这个力矩与其倾角之比,称为角刚度。单位为 N·m/rad。支反力矩的力臂就是接触线与轴线交点间的距离 AB。从图可知,背对背(DB 型)组合[图(b)]的力臂 AB 比面对面(DF 型)组合(图(c))的长。前者的支反力矩比者者大。主轴旋轴时,由于轴承的外圈装在壳体内,散热条件比内圈好。所以,内圈的温度将高于外圈,径向膨胀的结果将使过盈增加。但是,背对背组合时轴向膨胀将使过盈减少。因此,过盈的增加比面对面少。基于上述理由,在主轴上,角接触球轴承应为背对背组合。如图 9.6 所示的前支承即为背对背安装方式。

2.双列圆柱滚子轴承

图 9.9(f)、(g)所示为 NN3000K(旧标准 3182100)型轴承和 NNU4900K(旧标准 4382900)型轴承,内圈有锥度为 1:12 的锥孔与主轴的锥形轴颈相配。通过轴向移动内圈,改变其在主轴上的位置来调整轴承的间隙。两排直径和长度相等的短圆柱滚子交错排列,滚子数量为 50 ~ 60 个,载荷均布。保持架一般用铜或塑料制成,以适应滚子在高速下运转。

两型号轴承区别在于滚道环槽开的位置不同,滚道环槽开在内圈上,工艺性好,但调整间隙时易使内圈滚道畸变。滚道环槽开在外圈上,调整间隙时内圈滚道不会发生畸变,但工艺复杂,不适于小规格的轴承。因此,NNU4900K 只有大型,最小内径为 100 mm。前者(NN3000K)的滚动体,保持架与内圈成为一体,外圈可以分离;后者相反。即滚动体、保持架、外圈为一体,内圈可以分离。这样,可以将内圈装上主轴后再精磨滚道,以便进一步提高

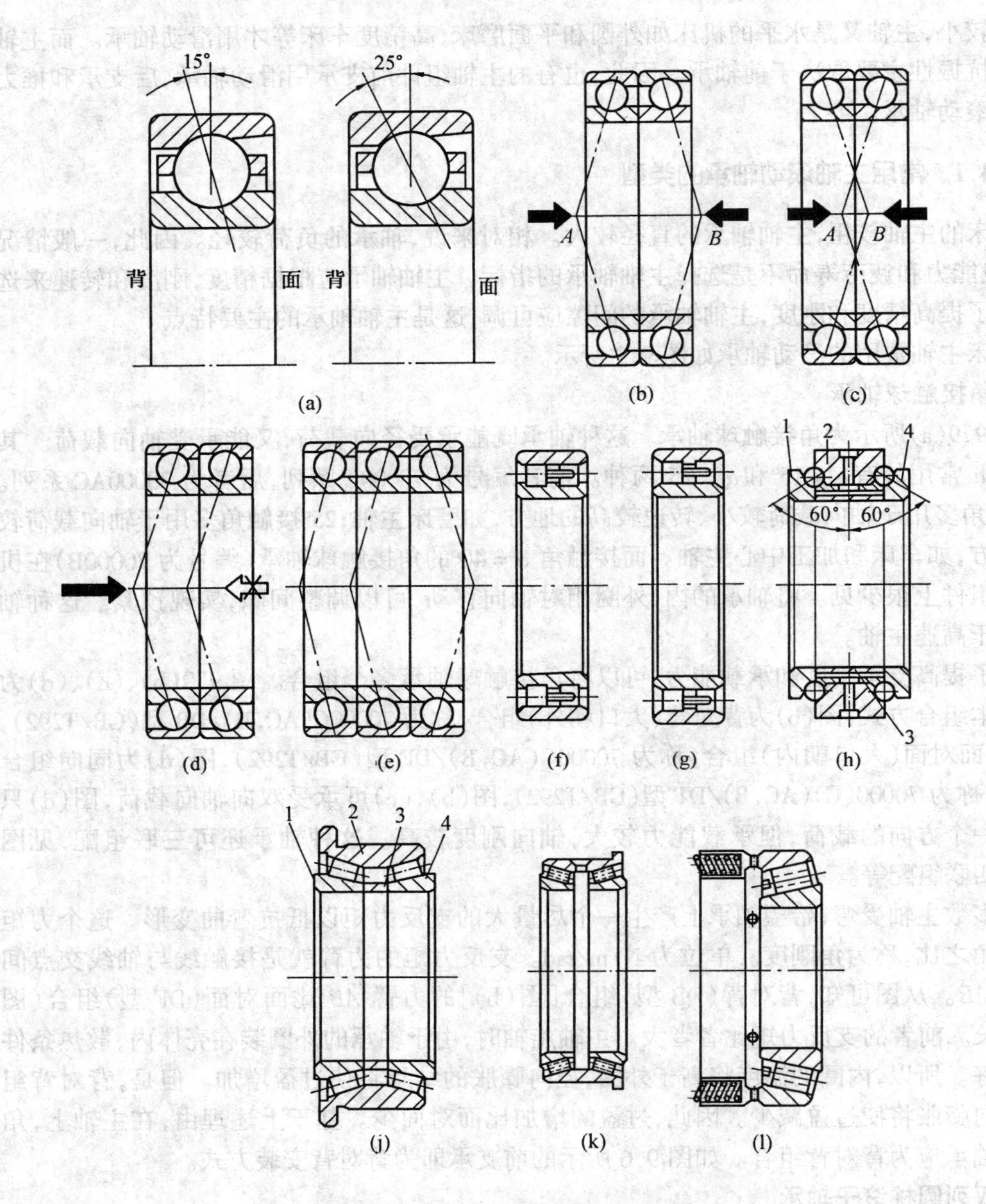

图 9.9　常用的主轴滚动轴承

精度。

这种轴承的特点是径向刚度和承载能力较大,旋转精度高,径向结构紧凑和寿命长,故在主轴组件中广泛应用。但是它不能承受轴向载荷,而需配用推力轴承。

3.双向推力角接触球轴承

图 9.9(h)所示为 234400(旧标准 2268100)系列 60°双向推力角接触球轴承,它与双列圆柱滚子轴承配套使用,以承受双向轴向载荷。该轴承由外圈 2、内圈 1 和 4 以及隔套 3 等组成。修磨隔套 3 的厚度,便可消除间隙和预紧。外圈 2 的外圆基本尺寸与同孔径的双列圆柱滚子轴承相同,但外径为负公差,与箱体孔之间有间隙,所以不承受径向载荷,仅作为推力

轴承使用。外圈 2 开有槽和油孔,润滑油由此进入轴承。

这种轴承特点是接触角大,钢球直径较小而数量较多,轴承承载能力和精度较高。极限转速比一般推力球轴承高出 1.5 倍。适用于高转速、较大轴向力、中等以上载荷的主轴前支承处。

SFK 公司还有窄形的双向推力角接触球轴承,它的内、外径和公差均与 234400 系列相同,但宽度较窄。接触角 $\alpha = 40°$,称为 BTA - B 系列。日本的 NSK 公司还有单向推力角接触球轴承,形状与图 9.9(a)相同,但略窄,外径公差带在零线的下方。一对轴承背对背配套使用。$\alpha = 30°$的为 BA10X 系列;$\alpha = 40°$的为 BT10X 系列。α 越小,允许的转速越高,但轴向刚度越低。

4.双列圆锥滚子轴承

双列圆锥滚子轴承由外圈 2、两个内圈 1 和 4 以及隔套 3 组成,见图 9.9(j)。用修磨隔套 3 的厚度可调整间隙或预紧。外圈有轴肩,一端抵住箱体或套筒的端面,另一端用法兰压紧,以实现轴向定位。因此,箱体孔可做成通孔,便于加工。它既可以承受径向载荷,又可以承受双向轴向载荷。由于滚子数量多,承载能力和刚度都高,轴承制造精度较高,因此适用于中低速、中等以上载荷的机床主轴的前支承。但设计时,应考虑给于充分的润滑和冷却。

5.加梅(Gamet)轴承

图 9.9(k)为 H 系列,用于前支承。它的两列滚子数目相差一个,使两列的刚度变化频率不同,以抑制振动。图 9.9(l)为 P 系列,用于后支承,与 H 系列配套使用。它的外圈上有弹簧,用做预紧。弹簧数为 16 ~ 20,视直径而定。加梅轴承与一般圆锥滚子轴承不同之处是采用空心滚子及整体式铝质保持架,后者把滚子之间的间隙占满,迫使大部分油通过滚子的中孔,以冷却不易散热的滚子,小部分油通过滚子与滚道之间,起润滑作用(图中外圈上的径向小孔为进油孔),改善了散热条件,克服了原老式圆锥滚子轴承不能在高速下使用的缺点。为了保证制造精度,与所有精密的圆锥滚子轴承一样,加梅轴承的内圈滚道锥面的小直径端没有挡边。由于这种轴承必须用油润滑,限制了它的使用,如难以用于立式主轴。

9.4.2　滚动轴承间隙的调整和预紧

滚动轴承通常应在过盈条件下工作。使轴承滚道与滚动体之间有一定的过盈量,称为预载荷或预紧。

滚动轴承在有间隙的情况下工作时,会使载荷集中作用在处于受力方向的一个或几个滚动体上,使这几个滚动体和内、外圈滚道之间产生很大的接触应力和接触变形。从而降低了轴承的寿命和刚度。当滚动轴承略有过盈时,可使受载的滚动体增多,滚动体的受力就均匀很多,还可均化误差。因此,适当预紧可以提高轴承的精度和寿命。

当对轴承进行预紧而调整到过盈时,由于有预加载荷,滚动本已有变形,和滚道的接触面积加大了,因此刚度也增加了。但是,预紧后,实际载荷已经增大。如预紧量过大,则刚度提高已不显著,而轴承的磨损和发热量将显著增大,从而降低轴承的使用期限和恶化使用条件。因此,预紧量应根据试验和生产经验,适当地选择。

机床不仅在装配时需要调整轴承间隙,当使用一段时间后,轴承有了磨损,也需要重新调整。调整间隙常用拧紧螺母或修磨垫圈的方法。

带内锥孔的双列圆柱滚子轴承通常有图 9.10 的三种调整方法。这三种结构的左边都由螺母经套筒压在内环的端面上。图(a)的结构最简单,但控制调整量较困难。图(b)所示轴承右侧也有调整螺母,调整方便,但主轴的右端要加工螺纹,工艺较复杂。图(c)所示将垫圈 1 做成两半,可取下修磨,以控制调整量。套环 2 用以防止垫圈 1 松脱。

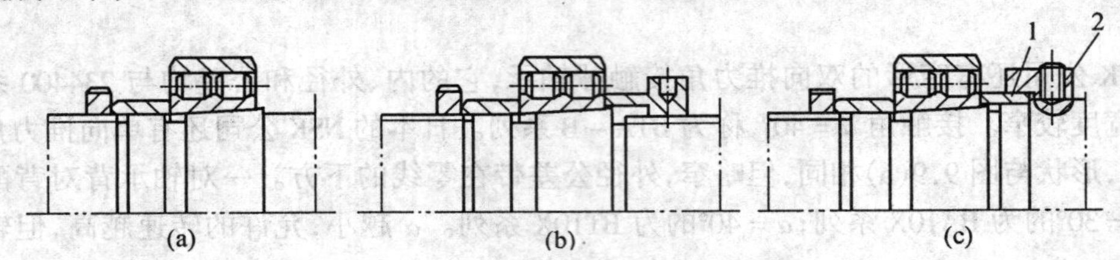

图 9.10 双列圆柱滚子轴承间隙的调整

角接触球轴承调整间隙的方法如图 9.11所示。图(a)是将内圈相靠的侧面磨去厚度 δ,然后用螺母将两个内圈夹紧;图(b)是在两个轴承之间装两个套筒,内套比外套的长度短 2δ。以上两种方法的 δ 值是根据要加的预紧量确定的,调整时需要拆卸轴承。图(c)是用弹簧保持一个基本不变的预紧力,轴承磨损后能自动补偿,并且不受热膨胀的影响。弹簧常用数根,圆周均匀分布。

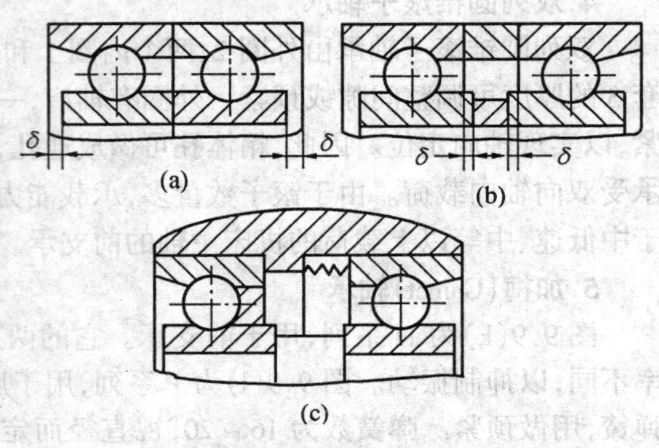

图 9.11 角接触球轴承的预紧

轴承厂根据预紧力对多联角接触球轴承进行了组配,并规定了轻预紧、中预紧、重预紧三种级别,定货时可指定其级别,但各厂家规定的预紧力是不同的。选用时应查产品样本。通常,轻预紧用于高速主轴;中预紧用于中、低速主轴;重预紧用于分度主轴。

9.4.3 滚动轴承的精度与配合

主轴轴承的精度,应该是 P_2、P_4、P_5(旧标准 B、C、D)三级。相当于 ISO 标准的 2、4、5 级。此外,又规定了 SP 级和 UP 级作为补充。SP 级和 UP 级的旋转精度,分别相当于 P_4 级和 P_2 级,内、外圈尺寸精度则分别相当于 P_5 级和 P_4 级。

轴承的精度不但影响主轴组件的旋转精度,而且精度越高,各滚动体受力越均匀,有利于提高刚度和抗振性,减少磨损,提高寿命。目前普通机床主轴轴承都有取 P_4(SP)级的趋势。P_6(旧 E)级轴承在机床主轴上已很少用。

向心轴承(指接触角小于 45°的轴承)的精度等级,主要考虑机床工作性能和加工精度要求,按主轴组件的径向跳动的允差选择,推力轴承的精度等级,按主轴组件轴向窜动允差选择。

如图 9.12 所示,若轴承内圈的偏心量为一定值时,即 $\delta_a=\delta_b$,图(a)是前轴承轴心偏移为 δ_a,后轴承偏移为零时,反映到主轴端部轴心的偏移为 δ_1,其值为 $\delta_1=\dfrac{L+a}{L}\delta_a$。

图(b)表示后轴承轴心偏移为 δ_b,前轴承心的偏移为零时,反映到主轴部的偏移为 δ_2,

其值为 $\delta_2=\frac{L}{a}\delta_b$，可见，$\delta_1>\delta_2$。这就表明了前轴承内圈的偏心量对主轴端部精度的影响较大，后轴承的影响较小。因此，前轴承的精度应当选得高些，通常要比后轴承的精度高一级。各类机床主轴组件中滚动轴承精度等级的选择可参考表 9.7。数控机床可按精密级或高精度级选用。

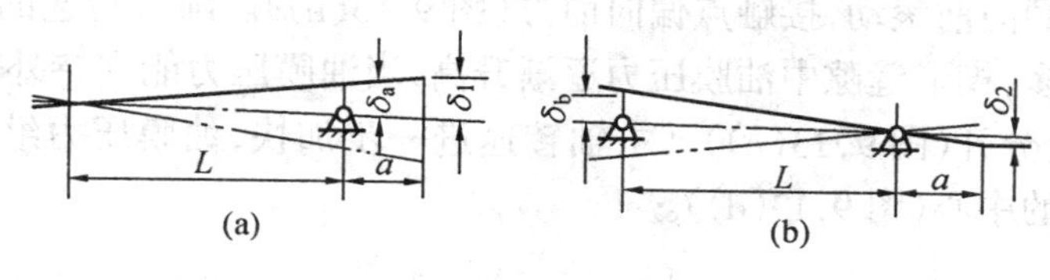

图 9.12 前后轴承内圈偏心量对主轴旋转精度的影响

表 9.7 滚动轴承精度等级选择

机床种类	向心轴承精度等级		推力轴承精度等级
	前 支 承	后 支 承	
普通精度机床	P5 或 P4(SP)	P5 或 P4(SP)	P6
精密机床	P4(SP)或 P2(UP)	P4(SP)	P5
高精度机床	P2(UP)	P2(UP)	P4
高精度精密机床	P2(UP)	P2(UP)	P2(UP)

滚动轴承的配合对于主轴组件的精度有很大的影响。轴承内圈与轴颈、外圈与轴承座孔的配合必须适当。过松，则配合处受载后会出现松动，影响主轴组件旋转精度和刚度，缩短轴承的使用寿命；过紧，则会使内、外环变形，同样会影响主轴组件的旋转精度，加速轴承的磨损，增加主轴组件的温升和热变形，并给装配带来困难。根据各类机床设计制造的经验，滚动轴承的配合可参考表 9.8。

表 9.8 滚动轴承的配合

配合部位	配 合			
主轴轴颈与轴承内圈	m5	k5	j5 或 js5	k6
座孔与轴承外圈	K6	J6 或 Js6	或规定一定过盈量	

轴颈与轴承内圈的配合用 m5，紧固性较好，但不易装拆。用 k5 则平均过盈接近于零，易装拆，受冲击载荷不大时同轴度较好，轴承外圈与支承座孔的配合应稍松一点，常用 J6、Js6 或 K6 的配合。对需要调整间隙的轴承，调整时能轴向移动，配合应稍松些。

9.5 主轴滑动轴承

9.5.1 液体动压、静压轴承

液体滑动轴承按其油膜压力形成的方法不同，可分为动压轴承和静压轴承两大类。

1.液体动压轴承

液体动压轴承的工作原理如图 9.13 所示。当主轴静止不转时,由于轴颈与轴承之间存在间隙,在载荷 F(包括主轴重量)的作用下,轴颈偏向下方与轴承表面之间形成楔形缝隙,如图 9.13(a)所示。主轴开始转动时,速度较低,轴颈与轴承仍是金属表面接触(边界润滑),摩擦力使轴颈向前滚动,接触点偏向前方(图 9.13(b))。随着转速的增加,带入楔形缝隙的油量逐渐增多,楔形缝隙中油膜压力逐渐升高,当油膜压力能支持外力 F 时,轴颈被抬起,滑动表面完全分开(图 9.13(c))。主轴转速进一步加快,油膜压力继续增加,使轴颈中心接近于轴承孔的中心(图 9.13(d))。

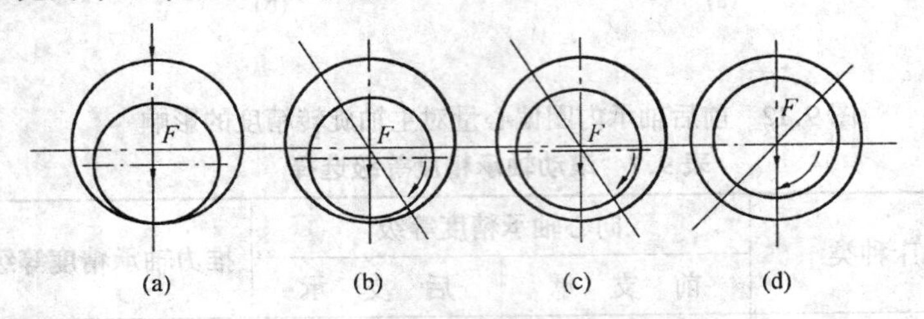

图 9.13　液体动压轴承的工作原理

液体动压轴承按工作时形成油楔数量的不同,可分为单油楔动压轴承和多油楔动压轴承。主轴动压轴承广泛采用多油楔动压轴承。因为多油楔轴承工作时,轴颈周围能产生多个油楔,当转速变化时,各个油楔压力的变化值大体相同,可以互相抵消,不致引起主轴轴心的漂移。当主轴外载荷变化时,轴心稍有偏移,这时如前方的油楔变薄而压力升高,则后方的油楔变厚而压力降低,形成新的平衡。所以,多油楔动压轴承比单油楔动压轴承的刚度大,旋转轴心比较稳定,旋转精度较高。

2.液体静压轴承

动压轴承在转速低于一定值时,无法形成压力油膜。所以当主轴在转速较低或启动、停止过程中,轴颈与轴承直接接触、发生干摩擦。同时,主轴转速变化后压力油膜厚度也随之变化,轴心位置也会改变。而液体静压轴承则是由外界供给一定的压力油于两个相对运动的表面间,不依赖于它们之间的相对运动速度就能建立压力油膜。

图 9.14 为静压轴承的工作原理图。在轴承内圆柱表面上,等间距地开有几个油腔(通常为 4 个)。各油腔之间开有回油槽,用过的油一部分从这些回油槽流回油箱(径向回油),另一部分则由两端流回油箱(轴向回油)。油腔四周形成适当宽度的轴向封油面和周向封油面,它们和轴颈之间保持适当间隙,一般为 0.02～0.04 mm。油泵供油压力为 p_s,油液经节流器 T 进入各油腔,将轴颈推向中央。油液最后经封油面流回油箱,压力降低为零。

当主轴不受载荷且忽略自重时,则各油腔的油压相同,保持平衡,轴在轴承正中心,这时轴颈表面与各腔封油面之间的间隙相等,均为 h_0,当主轴受径向载荷(包括自重)F 作用后,轴颈向下移动产生偏心量 e。这时油腔 3 处的间隙减小为 $h_0 - e$,由于油液流过间隙小的地方阻力大,流量减小,因而流过节流器 T_3 的流量减少,压力损失(压降)也随之减小。供油压力 p_s 是一定的,所以油腔 3 内的油压 p_3 就升高。同时,油腔 1 处的间隙增大为 $h_0 + e$,由于油液流经间隙大的地方阻力小,流量增加,因而流过节流器 T_1 的流量增加,压力损失亦随着增加,所以油腔 1 内的油压 p_1 就降低。这样油腔 3 与油腔 1 之间形成了压力差 $\Delta p = p_3 - p_1$,产生与载荷方向相反的托起力,以平衡外载荷 F。

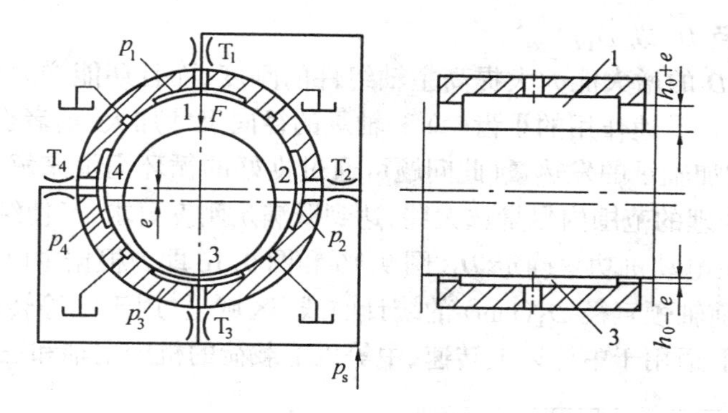

图 9.14　静压轴承工作原理

9.5.2　空气静压轴承

静压轴承除了用液体作流体介质以外,还可以用空气作流体介质。由于空气的粘度比液体小得多,故所消耗的功率也很小,可适应的温度和线速度都很高。主轴回转精度能达到较高水平。但承载能力较低,轴承的刚度较差。

目前在超精密加工机床上广泛应用空气静压轴承。

9.5.3　磁悬浮轴承

磁悬浮轴承是用磁力将轴悬浮起来的一种新型轴承。由于轴和支承间没有任何机械接触,所以没有机械磨损,机械能耗极低,无噪声、无需润滑、无油污染、寿命长,特别适合于高速、真空等特殊环境。

9.6　主轴组件计算

根据机床的要求确定了主轴组件的结构形式(包括轴承)后,应进行必要的计算来决定其主要尺寸。设计计算可按下列步骤进行:

① 根据统计资料或计算,确定主轴的直径;

② 通过计算确定主轴的跨距;

③ 参考上述数据进行结构设计,根据结构上的要求,对上述数据进行修正;

④ 验算;

⑤ 根据验算结果对设计进行必要的修改。

9.6.1　主轴组件结构参数的确定

主轴组件的结构参数主要包括:主轴的平均直径 D(初选时常用主轴前轴颈处的直径 D_1 来表示);主轴内孔直径 d;主轴前端部的悬伸量 a;主轴支承跨距 L 等。一般步骤是:首先根据机床主电动机功率或机床的主参数来选取 D_1;在满足主轴本身刚度的前提下按照工艺要求来确定 d(对于空心主轴而言);根据主轴前端部结构形状和前支承的结构形式来确定 a;最后,根据 D、a 和主轴前后支承的支承刚度 K_A、K_B 来确定 L。

1. 主轴平均直径 D(或 D_1)

主轴平均直径 D 的增大能大大提高主轴组件的刚度,而且还能增大孔径,但也会使主轴上的传动件(特别是升速作用的小齿轮)和轴承的径向尺寸加大。前者会使整个变速箱结构增大,后者虽会增加轴承的发热量(此问题可通过良好的循环润滑来解决)。因此,主轴直径 D(或 D_1)应在合理的范围内尽量选大些,达到既满足刚度要求,又使结构紧凑。

(1) 根据机床主电动机功率确定 D_1。图 9.15 和图 9.16 即为根据主电机功率 P(kW) 来确定车床和铣床的前轴颈直径 D_1(mm) 的统计曲线。区域 Ⅰ 用于中等转速、中等以上载荷的机床主轴;区域 Ⅱ 适用于中等以上转速、中等以下载荷的机床主轴和三支承主轴。

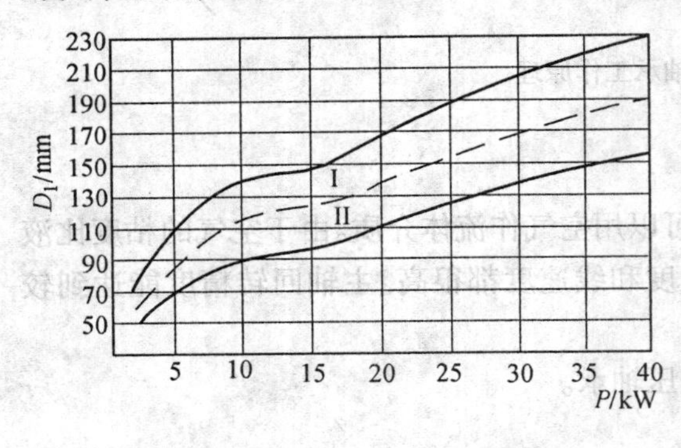

图 9.15　车床 $P-D_1$ 的关系曲线

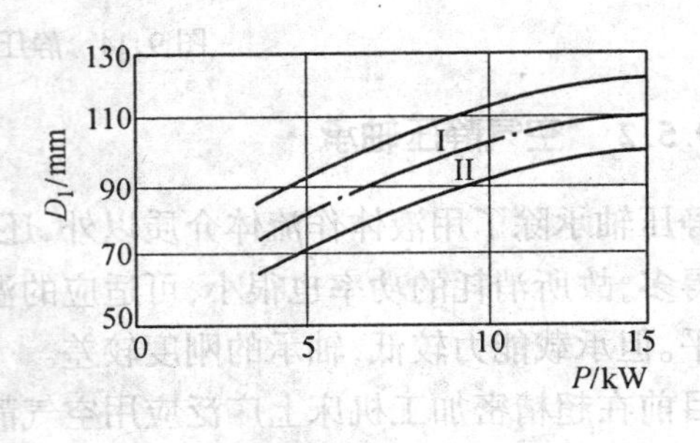

图 9.16　升降台铣床的 $P-D_1$ 曲线

(2) 根据机床主参数确定 D_1。表 9.9 给出了卧式车床的 D_1 和主参数(床身上最大加工直径)D_{max} 的关系。

表 9.9　卧式车床 D_1 和 D_{max} 的关系

D_{max}	200 ~ 250	315 ~ 400	500	630 ~ 1 000
D_1	$0.27D_{max} \pm 120$	$0.25D_{max} \pm 15$	$0.22D_{max} \pm 15$	$0.2D_{max} \pm 15$
$D_1 = D_{max}^{0.76} \pm (10 \sim 15)$				

表 9.10 是外圆磨床砂轮主轴前轴颈 D_1 和主参数 D_{max}(最大磨削直径)的关系。

表 9.10　外圆磨床 D_{max} 和 D_1 的关系

D_{max}	200	320		500	大型专用外圆磨床	大型曲轴磨床
		万能	普通			
D_1	50 ~ 65	65	80	100	120	150

由于主轴是一阶梯轴,其平均直径 D 与前轴颈直径 D_1 和后轴颈直径 D_2 有如下关系

$$D_1 = (1.1 - 1.15)D$$

$$D_2 = (0.85 - 0.9)D \quad 或 \quad D_2 = (0.7 - 0.8)D_1$$

主轴平均直径 D 的计算应在主轴设计完成之后才能进行。

以上是根据目前已有机床进行统计总结的资料,可供设计时参考。不过目前新设计的机床主轴有加大主轴直径的趋势。

2. 主轴内孔直径 d

很多机床的主轴具有内孔，主要用来通过棒料或安装工具，主轴内孔直径在一定范围内，对主轴刚度的影响很小，可以不计，若超过此范围，则会使主轴刚度急剧下降。主轴内孔直径与机床类型有关，一般主轴内孔直径受主轴后轴颈的直径限制。

由材料力学知，轴的刚度 K 与抗弯截面惯性矩 I 成正比，与直径之间有下列关系

$$\frac{K_{空}}{K_{实}} = \frac{I_{空}}{I_{实}} = 1 - \left(\frac{d}{D}\right)^4 \tag{9.1}$$

由上式可知，当 $d/D \leqslant 0.5 \sim 0.6$ 时，空心主轴的刚度 $K_{空}$ 与实心主轴的刚度 $K_{实}$ 相差很小，即内孔直径 d 对主轴的刚度降低的影响很小；当 $d/D = 0.7$ 时，刚度降低约 25%。因此，为了不至于过分地削弱主轴刚度，一般应使 $d/D < 0.7$。另外，还应考虑主轴后轴颈处壁厚是否足够。推荐：普通车床 d/D（或 d/D_1）$= 0.55 \sim 0.6$；转塔车床和自动半自动车床，$d/D = 0.6 \sim 0.65$；铣床，$d =$ 拉杆直径 $+ (5 \sim 10)$mm。

对于卧式车床（包括数控车床）的内孔，目前有增加孔径趋势，以满足扩大工艺范围的需要。但在设计时，随主轴内孔直径 d 的增大，主轴的 D_1 和 D 也必须相应增大，以确保主轴组件的刚度。

3. 主轴前端悬伸量 a

主轴悬伸量 a 是指主轴前支承支反力的作用点到主轴前端受力作用点之间的距离。理论计算和实际测试均已证实，小的 a 值对提高主轴组件的旋转精度、刚度和抗振性有显著效果。因此，确定 a 的原则是：在结构许可的条件下，a 值越小越好。表 9.11 是现有机床的统计资料，初选 a 值时，可参考此表。

表 9.11　主轴悬伸量与前轴颈直径之比

机床和主轴的类型	a/D_1
通用和精密车床，自动车床和短主轴端铣床，用滚动轴承支承，适用于高精度和普通精度要求	0.6 ~ 1.5
中等长度和较长主轴端的车床和铣床，悬伸不太长（不是细长）的精密镗床和内圆磨床，用滚动轴承和滑动轴承支承，适用于绝大部分普通生产的要求	1.25 ~ 2.5
孔加工机床，专用加工细长深孔的机床，由加工技术决定需要有长的悬伸刀杆或主轴可移动，因切削较重而不适用于有高精度要求的机床	> 2.5

在具体设计时，a 值的大小与主轴端部的形状和尺寸有关，而主轴端部形状和尺寸一般应按标准选取。只在特殊情况下，如为了提高主轴刚度或定心精度时，才允许自己设计。同时，a 值还与前支承的轴承类型、配置方式、工件或工夹具的装夹方法以及前支承的润滑与密封装置的结构形状有关。因此，在主轴端部形状和尺寸一定的情况下，只要对后者精心设计，仍可使 a 值缩小。

4. 主轴合理跨距的选择

如图 9.17 所示，主轴轴端受力 F 作用后，其轴端的弹性变形 y 由 y_1、y_2 两部分组成。

(1) 刚性支承上弹性主轴端部的位移 y_1。假设支承为刚体时，主轴弹性变形引起的主轴轴端位移 y_1（图 9.17(a)）可按两支点梁的挠度公式计算

$$y_1 = \frac{Fa^3}{3EI}\left(\frac{L}{a}+1\right) \tag{9.2}$$

式中 F—— 主轴受端部所受的力(N)；

a—— 主轴悬伸量(mm)；

L—— 主轴两支承间的跨距(mm)；

I—— 主轴截面的平均惯性矩(mm^4)。

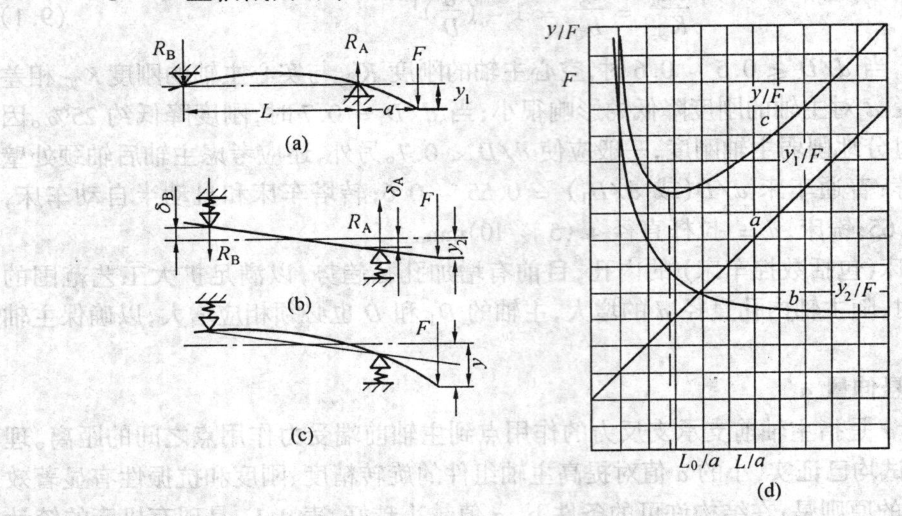

图 9.17 主轴最佳跨距分析简图

当主轴平均直径为 D，内孔直径为 d 时，$I=\pi(D^4-d^4)/64$；E 为主轴材料的弹性模量，各种钢材的 E 均在 2.1×10^5 MPa 左右。

(2) 弹性支承上刚性主轴端部的位移 y_2。假设主轴为刚体时，设前后支承的刚度分别为 K_A、K_B，前后支承的弹性变形分别为 δ_A、δ_B，引起的主轴轴端位移 y_2 可根据图 9.17(b) 所示的几何关系求出

$$y_2 = \delta_A\left(1+\frac{a}{L}\right)+\delta_B\frac{a}{L} \tag{9.3}$$

考虑到支承的变形不大，近似地可以认为支承受力后作线性变形。如前、后支承的支承反力分别为 R_A、R_B，则

$$\delta_A = R_A/K_A, \delta_B = R_B/K_B$$

式中 $R_A = F\left(1+\frac{a}{L}\right) \qquad R_B = F\frac{a}{L}$

因此 $\delta_A = \frac{F}{K_A}\left(1+\frac{a}{L}\right) \qquad \delta_B = \frac{Fa}{K_B L}$ (9.4)

将式(9.4) 代入式(9.3) 得

$$y_2 = \frac{F}{K_A}\left(1+\frac{a}{L}\right)^2+\frac{F}{K_B}\left(\frac{a}{L}\right)^2 = \frac{F}{K_A}\left[\left(1+\frac{K_A}{K_B}\right)\left(\frac{a}{L}\right)^2+\frac{2a}{L}+1\right] \tag{9.5}$$

(3) 主轴组件的刚度 K。主轴组件的刚度 $K=\frac{F}{y}$，其倒数 $\frac{y}{F}$ 称为柔度。$y=y_1+y_2$ 即将式(9.2) 和式(9.5) 相加得 y，再代入得

$$\frac{1}{K}=\frac{y}{F}=\frac{a^3}{3EI}\left(1+\frac{L}{a}\right)+\frac{1}{K_A}\left[\left(1+\frac{K_A}{K_B}\right)\left(\frac{a}{L}\right)^2+\frac{2a}{L}+1\right] \tag{9.6}$$

由式(9.6)可知,当主轴各结构参数一定时,其刚度 K 应为一常量。

(4) 最佳跨距和合理跨距。若将式(9.2)、(9.5)、(9.6)以 y_1/F、y_2/F、y/F 为纵坐标,以 L/a 为横坐标来作图,则可得图9.17(d)所示的直线 a、双曲线 b 和曲线 c。由图可知,y_1/F 随 L/a 的加大而呈线性增加,y_2/F 随 L/a 的增加而减小。当 L/a 较小时,y_2/F 随 L/a 的增加而急剧减小,而当 L/a 较大时,则减小较慢。因此 y/F 与 L/a 的关系随着 L/a 的增加,y/F 先是减小而后加大,如图中曲线 c。

由此可知,当主轴组件的 D、a、K_A 和 K_B 为定值时,必存在一个能使主轴轴端挠度 $y=y_{min}$ 的跨距 L_0(对应于曲线 c 的最低点),当所设计的主轴支承距,$L=L_0$ 时,可使主轴组件的刚度 $K=K_{max}$,L_0 称为"最佳跨距"。

根据式(9.6),轴端最小位移的条件为 $\frac{dY}{dL}=0$,这时的 L 应为 L_0,即

$$\frac{dY}{dL}=\frac{Fa^3}{3EI}\cdot\frac{1}{a}+\frac{F}{K_A}\left[\left(1+\frac{K_A}{K_B}\right)\left(-\frac{2a^2}{L_0^3}\right)-\frac{2a}{L_0^2}\right]=0$$

整理后得

$$L_0^3-\frac{6EI}{K_A a}L_0-\frac{6EI}{K_A}\left(1+\frac{K_A}{K_B}\right)=0 \tag{9.7}$$

可以证明,式(9.7)存在惟一的正实根。直接求解此方程可得最佳跨距 L_0,亦可用图9.18所示的计算线图法求解。设 $\eta=\frac{EI}{K_A a^3}$,代入(9.7),可解得

$$\eta=\left(\frac{L_0}{a}\right)^3\frac{1}{6(\frac{L_0}{a}+\frac{K_A}{K_B}+1)} \tag{9.8}$$

式中　η——无量纲量,是 L_0/a 和 K_A/K_B 的函数,故可用 K_A/K_B 为参变量,作出 $\eta-L_0/a$ 计算线图,如图9.18所示。计算单位:长度为m;力为N;刚度为N/m;弹性模量为N/m²。

使用该线图时,先计算出变量 η,在横坐标轴上找到 η 值的位置,然后向上作垂线与相应 K_A/K_B 的斜线相交,再从交点作水平线与纵坐标轴相交得 L_0/a,因为 a 已知,便得最佳跨距 L_0。

设计时,常由于结构的限制,使实际跨距 $L_实\neq L_0$,则主轴组件的综合刚度达不到最大值。从图9.17(d)中的曲线线 c 中看出,在 L_0/a 附近,曲线较平坦,如果在其附近取值,仍可使主轴组件的综合刚度接近最大值。在实际跨距 $L_实$ 取值后,如果 $L_实<L_0$,可提高支承刚度,使曲线 b 下移,从而使曲线 c 下移,则使 $L_实$ 接近 L_0;如果 $L_实>L_0$,可提高主轴刚度,使曲线 a 变平,则使 L 实接近 L_0,但实际跨距 $L_实$ 仍不等于 L_0,这二者的差值即为刚度损失。当 $L_实/L_0=0.75\sim1.5$ 时,则刚度损失不超过5% ~ 7%。在工程上认为是合理的刚度损失。故在该范围内的跨距称为"合理跨距"$L_合$。可见,$L_合=(0.75\sim1.5)L_0$,它是一个区间,这给设计带来了方便。而最佳跨距 L_0 是一个点,在实际中往往很难得到。图9.19给出了刚度损失的曲线。

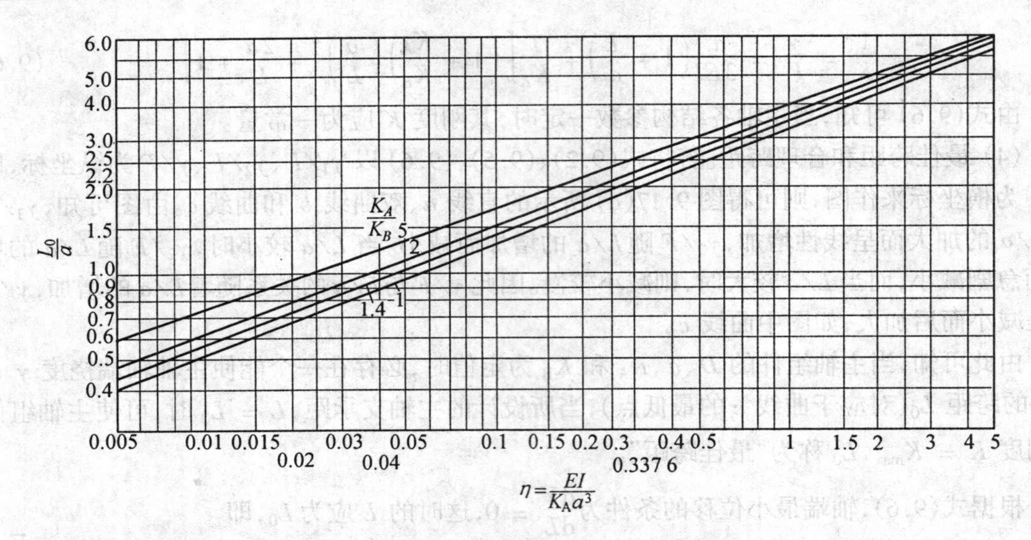

图 9.18 主轴最佳跨距计算线图

9.6.2 主轴组件的验算

普通机床的主轴组件通常只进行刚度验算，对粗加工、重负荷机床的主轴组件还要进行强度验算，对高速主轴组件必要时还要进行临界转速验算，以防止发生共振。

对于普通车床、六角车床和铣床主轴组件，一般是进行弯曲刚度验算，对钻床主轴组件则进行扭转刚度验算。

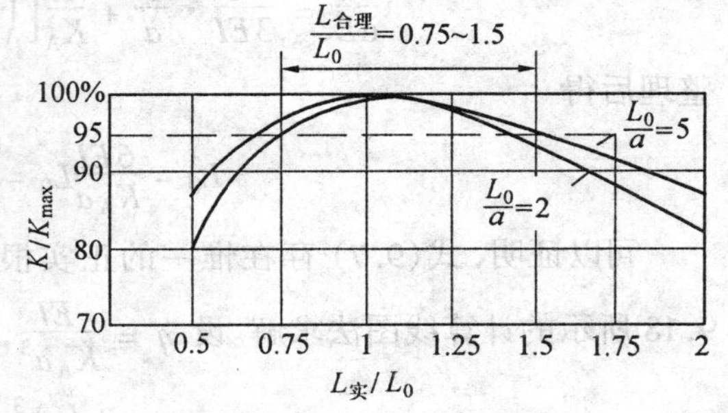

图 9.19 $L_{实}\neq L_0$ 时主轴部件刚度损失曲线

1. 主轴组件的弯曲刚度验算

对一般受弯矩作用的主轴组件，需进行弯曲刚度验算。主要验算主轴轴端的位移 Y、轴承处的倾角 θ_A 和装齿轮处的倾角 θ_B。如果切削力 F 和传动力 Q 不在同一平面内，应将其分解在相互垂直的两个平面内分别求出数值，再按向量进行合成，即

$$y=\sqrt{y_H^2+y_v^2}$$

$$\theta=\sqrt{\theta_H^2+\theta_v^2}$$

式中 y_H、θ_H——水平平面内的位移和倾角；

y_v、θ_v——垂直平面内的位移和倾角。

粗略计算时，可将阶梯形主轴近似简化为等直径的光轴，其直径 D 称为平均直径，按下式计算

$$D=\frac{\sum D_i L_i}{\sum L_i} \tag{9.9}$$

式中 D_i、L_i——主轴上第 i 段的外径和长度。

支承简化情况如下：对于两支承主轴，若每个支承只有一个单列或双列滚动轴承，则可

简化为简支梁，如图9.20(a)所示。若前支承有两个以上滚动轴承，则可简化为固定端梁，如图9.20(b)所示。若前支承为滑动轴承，则也简化为简支梁，但在前支承处加一个阻止截面转动的反力矩 $M=(0.3\sim0.35)Fa$，如图9.20(c)所示。若前后支承均为滑动轴承，则按简支梁和固定端梁分别计算轴端位移，再取其平均值。支承简化还有其他的方法，以上介绍的方法是其中的一种，计算时可参考其他资料。

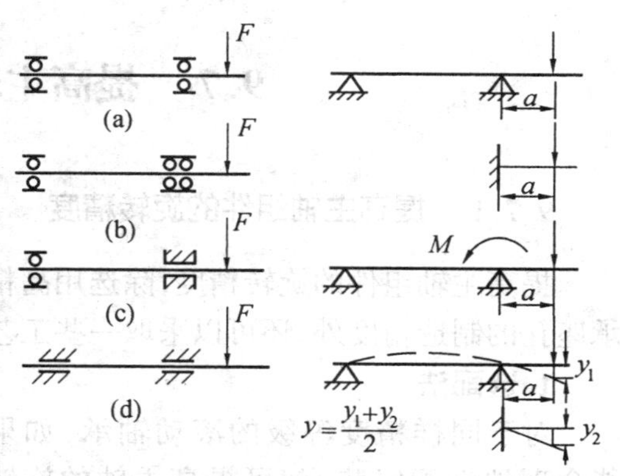

图9.20 两支承主轴支承简化

主轴轴端位移的允许值[Y]通常应根据机床所能达到的加工精度来确定。对精加工机床，通常取主轴轴端径向跳动允许值的1/3，对一般机床，取(0.000 2)L，L为支承跨距。

前支承处倾角的允许值[θ_A]与轴承类型有关，可按表9.12选取。建议[θ_A] = 0.001 rad。

表9.12 几种轴承的允许倾角(θ/rad)

主轴变形部位	倾角允许值[θ]	主轴变形部位	倾角允许[θ]
装角接触球轴承处	0.002 5	装圆锥滚子轴承处	0.006
装球面球轴承处	0.005	装动压滑动轴承(自位瓦)处	0.001
装圆柱滚子轴承处	0.001	装动压滑动轴承(整体瓦)处	0.000 5

为简化计算，验算时，可假设支承是刚性体，仅计主轴本身弯曲变形引起的轴端的挠度和倾角。

为保证齿轮正常啮合，要验算传动件处的倾角 θ_B

$$\theta_B \leqslant \frac{cF_x}{10^4 b^2}\text{rad}$$

式中 c—— 系数，$c=5\sim15$，齿轮宽度 b 较大或对主轴工作性能要求较高时取小值

F_x—— 齿轮圆周力(N)。

2. 主轴部件的扭转刚度验算

对钻床等以扭转变形为主的主轴，还要验算其扭转刚度。通常要求其扭角 φ 在(20 ~ 25)D 的长度内不超过1°，即

$$\varphi=\frac{M_nL}{GI_R}\cdot\frac{180°}{\pi}\leqslant 1°$$

式中 M_n—— 主轴传递的最大转矩(N·mm)；

L—— 计算长度，取(20 - 25)D (mm)；

G—— 剪切弹性模量，(7.9×10^4MPa)；

I_R—— 轴截面极惯性矩(mm^4)；

D—— 主轴直径(mm)。

9.7 提高主轴组件性能的措施

9.7.1 提高主轴组件的旋转精度

提高主轴组件的旋转精度，除选用高精度轴承并合理调整轴承间隙、提高主轴轴颈和支承座孔的制造精度外，还可以采取一些工艺上的措施。

1.选配法

对于同样精度等级的滚动轴承，如果能合理地选配安装，就可提高主轴的旋转精度。如图 9.21 所示，主轴端部锥孔中心 O，相对于主轴轴颈中心 O_1 的偏心量为 δ_1。安装在轴颈上的轴承内圈内孔的中心亦为 O_1，它相对于内圈滚道的中心 O_2 的偏心量为 δ_2。装配后的主轴组件的旋转中心为 O_2。若两个偏心的方向相同(图 9.21(a))，则主轴锥孔中心的偏心量为 $\delta = \delta_1 + \delta_2$；若方向相反(图 9.12(b))，偏心量为 $\delta = |\delta_1 - \delta_2|$，故后者的主轴组件旋转度较高。

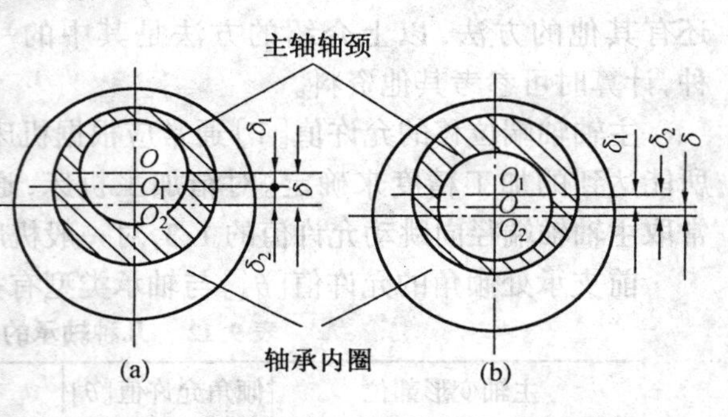

图 9.21 径向跳动量的合成

减小主轴端部的径向跳动量，还须合理地选配前、后轴承。如图 9.22(a) 所示，前、后轴承的偏心量分别为 δ_A、δ_B，主轴端部的偏心量为 δ_1，利用相似三角形关系，可得

$$\frac{\delta_A + \delta_B}{L} = \frac{\delta_1 + \delta_B}{L + a}$$

即

$$\delta_1 = \delta_A\left(1 + \frac{a}{L}\right) + \delta_B \frac{a}{L} \tag{9.10}$$

若 δ_A、δ_B 位于主轴轴线的同侧(图 9.22(b))，则

$$\frac{\delta_A - \delta_B}{L} = \frac{\delta_B - \delta_2}{L + a}$$

即

$$\delta_2 = \delta_A\left(1 + \frac{a}{L}\right) - \delta_B \frac{a}{L} \tag{9.10}$$

可见，当 $\delta_B > \delta_A$ 时，$\delta_2 < \delta_A$，轴端的径向跳动减小。如能选择 $\delta_A/\delta_B = a/(L + a)$，则可使 $\delta_2 = 0$，即通过轴承的选配，可以使低精度等级的轴承装配出高旋转精度的主轴组件。

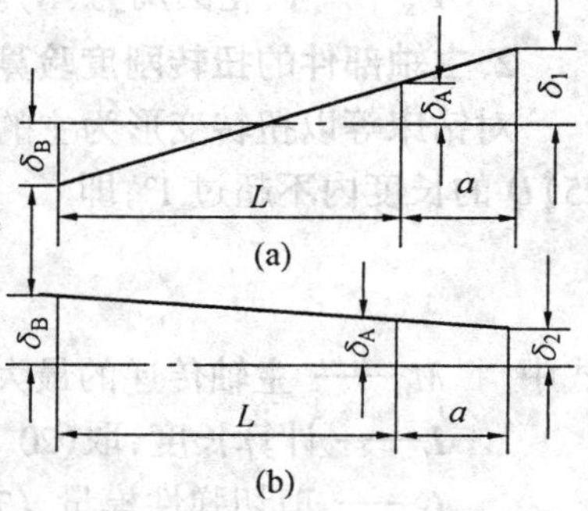

图 9.22 轴承径向跳动对主轴端部的影响

2.装配后精加工

特别精密的主轴组件，如坐标镗床的主轴部件，主轴轴承装在套筒内，主轴锥孔的跳动允差只有 1 ~ 2 μm。为了保证主轴组件的精度，可采用装配后精加工的方法。即先将主轴组件装配好，以主轴两端锥孔为基准精磨主轴套筒的外圆，再以套筒外圆为基准，精磨主轴锥孔。

当采用这些方法提高旋转精度后，在修理时如需拆卸轴承，拆卸之前，在轴承内圈与主轴之间、外圈与箱体（或主轴套筒）之间应打上标记，装配时按相应标记装配，否则重装后精度难以保证。

9.7.2　提高主轴组件的刚度

提高主轴组件刚度的措施为：首先加大主轴直径 D；其次是缩短悬伸量 a；第三是提高前、后支承的刚度 K_A、K_B。

在提高前、后支承刚度 K_A、K_B 时，除了选用高刚度的轴承、减小轴承内孔与轴颈以及轴承外圈与支承座孔的接触变形外，还应考虑支承座的结构形式对主轴刚度的影响。

由于主轴所受载荷集中作用在支承座上，使支承座产生变形。而支承座的刚度大小与其结构形式有关。图 9.23 所示为三种不同的支承结构。在图 9.23(a) 中，轴承直接装在箱体座孔中，使轴承对箱体的作用力通过箱壁的中间部位作用在箱壁上，刚度高；在图 9.23(b) 中，轴承通过中间衬套装在箱体中，增加了接触变形，刚度次之；在图 9.23(c) 中，轴承有部分悬伸，载荷偏离箱壁的中间部位，对箱壁形成了弯矩，造成箱体变形，是这三种布置方案中刚度最低的一种。

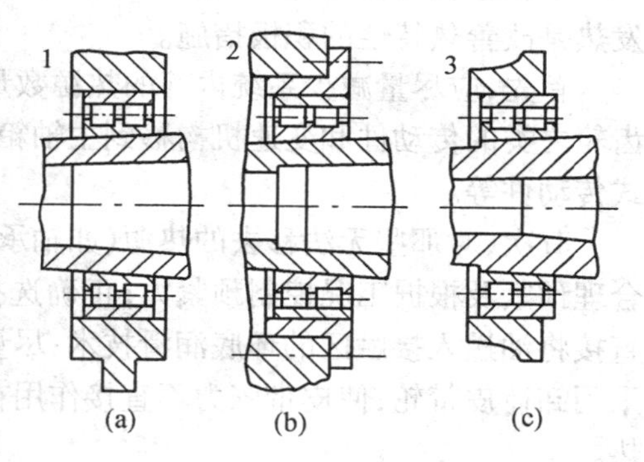

图 9.23　支承座结构形式

为了提高支承座的刚度，一般支承座都做有凸台。凸台直径通常为孔径的 1.4 倍左右，凸台的高度最好不小于箱壁厚度的 2.5 倍。

9.7.3　提高主轴组件的抗振性

一般说来，静刚度好的主轴组件抗振性也好。所以有关提高主轴组件静刚度的一些措施，对提高抗振性也同样有效。此外，还可采取下列措施：

1. 增加阻尼

动压、静压滑动轴承的阻尼值均大于滚动轴承，故其抗振性也高于滚动轴承。对滚动轴承施加适当的预紧可增加阻尼。

在主轴上径向振幅最大处设置阻尼器，可得到较好的减振效果。

有的精密车床，在主轴轴承与座孔配合面处注入粘性油脂，可增加支承阻尼，振幅明显下降。试验结果表明，阻尼提高 25% ~ 40%，主轴振幅降低 60% 左右，使加工表面的粗糙度减小 40% 左右。

2. 增加平衡装置

对于铣床、滚齿机等断续切削机床，应在主轴上设置飞轮，吸收存储和释放振动能量，以提高主轴组件的抗振性。

对于高速主轴，在主轴组件组装完成后，要进行动平衡试验，消除因主轴上零件质量分布不均或材质不匀而使其在转动时产生的不平衡现象。为此应考虑在主轴上相距最远的两个齿轮中，设置有质量和位置均可调的平衡块装置。

对于外圆磨床的砂轮主轴，除砂轮本身应进行严格的静平衡外，整个主轴组件还应进行动平衡。

3. 采用消振器

在机床主轴上设置消振器，能有效地吸收振动能量，以减小振动。

9.7.4 控制主轴组件的温升和热变形

1. 减少发热

主轴系统工作时，发热是不可避免的。热又是产生温升和热变形的根本原因。因此，减少发热是改善热特性的积极措施。

首先，应尽量减少系统内部的热源数量。如用非接触式密封件代替接触式密封装置；将齿轮之类的传动件和变速机构移到主轴箱的外部，即采取分离式传动方案。尽量不采用摩擦式传动件等。

其次，对那些无法移去的热源（如轴承），应尽量设法降低它们的发热强度。对轴承进行合理预紧及根据工况控制预紧力；正确选择润滑剂；采用先进的润滑手段（如微量润滑）和直接将油送入接触区的环底润滑技术；尽量避免轴承内存留过量的润滑剂等等。有条件时可采用卸荷皮带轮，使皮带张力不直接作用在主轴上，使后轴承的负荷减少，从而减少轴承发热。

2. 加强散热

如果主轴箱用做润滑油池，则油液吸收轴承、齿轮和离合器等产生的热量，形成一个次生热源。如在箱外另用独立油箱强制润滑，不仅消除了次生热源，而且使油箱也起到了散热作用。对于高精度机床的主轴组件，油液用专用冷却器冷却，使润滑油温度降低。有的还采用恒温装置，可使轴承温升低，主轴热变形小而均匀。

3. 补偿热变形

近来，随着传感技术和自动控制技术的提高，用补偿手段来改善系统热特性的实例越来越多。其中一类为热位移补偿。检测装置随时将主轴轴端的热位移和轴线的热角位移与允许值进行比较。一旦超差，伺服机构就开始动作，给工件或刀具一个相应的补偿运动，以抵消主轴热位移所造成的误差。另一类为热对称补偿。温度传感器对系统各典型区域的温度进行工况测量，当温度场的不对称性太大时，便在相应的位置借助外部热源加热（或冷却），使系统温度场保持对称，以减少热位移。

4. 热对称结构设计

影响主轴组件工作精度的关键因素之一是组件温度场的分布形状和温度梯度。对主轴轴线呈对称分布的温度场使主轴产生偏斜的可能性较小。反之，即使温升不是很高，也有可能使主轴产生较大的偏斜，从而降低工作精度。因此，应特别注意热源、导热途径、散热面积以及零件的热容量等对主轴轴线对称性的影响。

习题与思考题

1. 主轴组件一般由哪些元件组成？各元件的功用是什么？
2. 主轴组件推力支承的布置形式有哪几种？各适用于什么场合？
3. 两支承主轴组件的传动件应如何布置，才可提高主轴组件的刚度？
4. 试分析题图 9.1 所示 3 种主轴轴承的配置形式的特点和适用场合。
5. 车、铣类机床主轴为何做成空心的，而钻床主轴却是实心的？为什么前者的直径较大，而悬伸量小；后者的直径较小，而悬伸量大？

6. 试设计卧式车床的主轴组件，已知主轴受较大的径向和轴向载荷，主轴最高转速比较高，规定从下列型号中选择轴承，作为主轴前、后支承：NN3000K、234400、70000AC、35000、50000、32000 和 60000。要求：

(1) 画出主轴中心线一侧的结构草图，其中包括箱体与轴承连接部分的结构和主轴上的传动件；

(2) 标出径向力和轴向力的传递路线；

(3) 简要说明选择该型号轴承的理由；

(4) 说明该主轴轴承间隙的调整(包括预紧)方法；

(5) 说明传动件布置的理由。

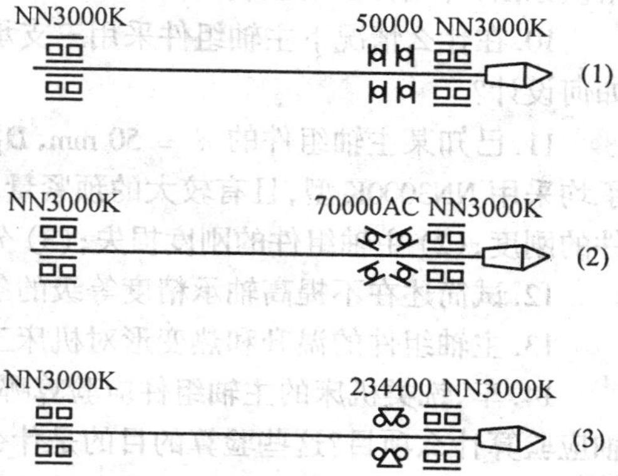

NN3000K　50000 NN3000K　(1)

NN3000K　70000AC NN3000K　(2)

NN3000K　234400 NN3000K　(3)

题图 9.1　主轴轴承的配置形式

7. 主轴技术条件的制定与标注应满足哪些要求？一般机床主轴应选用何种材料和提出热处理要求？

8. 说明题图 9.2 所示主轴部件的轴向力如何传递，间隙如何调整？

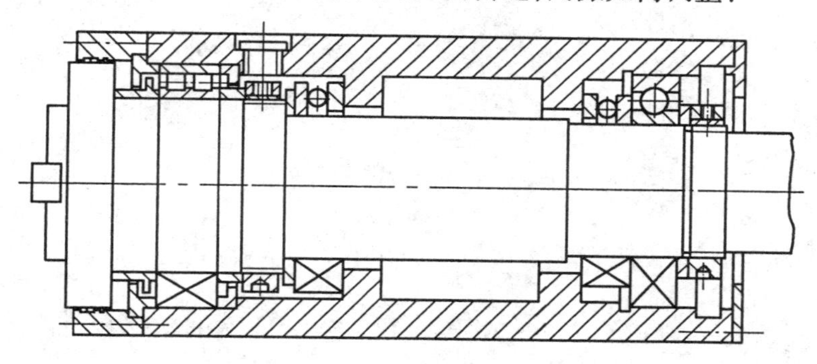

题图 9.2

9. 试检查题图 9.3 所示的主轴部件是否有错误。如有，请指出错误之处并改正之，说明

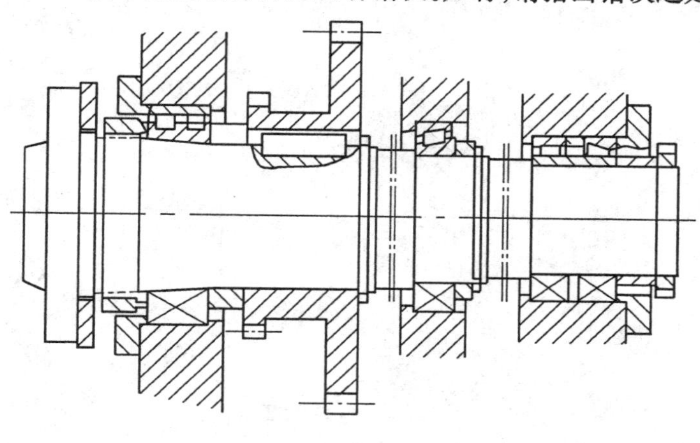

题图 9.3

错误原因,并用另画的正确简图表示。

10. 在什么情况下主轴组件采用三支承较为合适,其支承跨距应如何确定,辅助支承应如何设计?

11. 已知某主轴组件的 $d = 50$ mm, $D_1 = 100$ mm, $D_2 = 80$ mm, $a = 100$ mm。其前、后支承均采用 NN3000K 型,且有较大的预紧量。受机床结构限制, $L = 500$ mm。试求:(1) 主轴组件的刚度;(2) 主轴组件的刚度损失;(3) 分析是否须要采用三支承结构。

12. 试简述在不提高轴承精度等级的条件下,如何用选配法提高主轴组件的旋转精度?

13. 主轴组件的温升和热变形对机床工作性能有何影响,可采用哪些措施加以控制?

14. 车、铣类机床的主轴组件应验算哪些内容?钻床类主轴组件应验算什么项目?高速主轴应验算什么项目?这些验算的目的是什么?

15. 试分析表 9.4 中各种机床主轴的端部结构,指出其安装刀具或工具的定位基准、装夹方式、传递转矩的方式等。

第十章 支 承 件

10.1 支承件的功用和对它的基本要求

机床的支承件包括床身、立柱、横梁、底座、刀架、工作台、升降台和箱体等。它们是机床的基础件，一般都比较大，故也称为“大件”。支承件的作用是支承零、部件，并保持被支承零、部件间的相互位置关系及承受各种力和力矩。一台机床的支承件往往不只一个，它们有的相互固定连接，有的在导轨上运动。在切削加工时，刀具和工件间的作用力都要通过支承件逐个传递，故支承件会变形。而机床所受的动态力（如变化的切削力、旋转件的不平衡等）会使支承件和整个机床振动。严重的变形和振动会破坏被支承零、部件的相互关系。因此，支承件也是机床十分重要的构件。支承件的种类很多，但可根据其形状分为三类：

(1) 一个方向的尺寸比另外两个方向的尺寸大得多的零件，如床身、立柱、横梁、摇臂、滑枕等。可将其视为梁类零件。

(2) 一个方向的尺寸比另外两个方向的尺寸小得多的零件（如底座、工作台、刀架等），可视为板类零件。

(3) 三个方向的尺寸大致一样的零件（如箱体、升降台等），可视为箱类零件。

根据支承件的功用可知，对支承件的基本要求是：

1.足够的静刚度

支承件在静载荷作用下抵抗变形的能力称为支承件的静刚度。要求支承件在额定载荷作用下，变形不超过允许值。同时，支承件还应具有大的刚度——质量比，这在很大程度上反映了设计的合理性。

2.较好的动特性

机床应具有抵抗强迫振动和自激振动的能力，而且不应产生薄壁振动。

3.良好的热特性

机床工作时，切削过程、电动机、液压系统、机械摩擦等的发热，以及环境温度的变化都会使支承件产生不均匀的变形，以致破坏被支承零、部件的相互位置关系，降低机床的工作精度。

4.小的内应力

支承件在焊接或铸造和粗加工过程中，材料内部都会形成内应力。如不消除，在使用过程中，内应力会重新分布和逐步消失，引起支承件的变形。因此，在设计时要从结构和选材上保证支承件的内应力最小，并在铸造或焊接和粗加工后进行时效处理。

5.其他

在设计支承件时，应考虑便于冷却液、润滑液的回收、排屑方便、吊运安全。液压、电器布置合理以及便于加工和装配等。

支承件的重量往往占机床总重量的80%以上，它的性能对整机的性能影响很大。因此，要精心设计，并对主要支承件进行必要的验算或试验，使其在满足基本要求的同时，尽量节省金属，以提高刚度 - 质量比。目前，支承件的设计步骤是，首先进行受力分析，再根据受力和其他要求(如排屑、安装其他零件等)参考同类机床设计支承件的形状和尺寸，然后，在计算机上用有限元法进行验算，求出它的静、动态特性。经多次修改，并从几个方案中选出最好的方案。这样，可在设计阶段预测支承件的性能，从而避免盲目性，尽量做到一次成功。

10.2 支承件的静刚度

10.2.1 支承件的受力与变形分析

机床工作时，支承件要受切削力、重力(工件和本身自重)和运动部件的惯性力等的作用。为了保证支承件具有足够的刚度，必须对这些力(包括力的性质、大小和作用位置)以及由它们引起的支承件变形对加工精度的影响进行分析。这是设计合理支承件结构的出发点。现以卧式车床床身的受力与变形的分析为例，说明支承件受力与变形分析的目的和方法。

图 10.1所示为工件直径为 d、长度为 L 的顶尖加工的床身受力情况。在图 10.1(a)中，切削力分解为 F_c(切削力)、F_f(进给力)、F_p(背向力)，它们作用在离主轴端部 x 处的工件上。通过力的平衡方程式可分别求出床头顶尖上的支反力 F'_c、F'_f、F'_p 和尾座顶尖上的支反力 F''_c、F''_p 及主轴拨盘上的转矩 T_n。由于工件的已加工面和待加工面的直径差很小，故可以认为工件的质量 W 均布在全长上。因此，两顶尖的支反力为 $W/2$。为了顶紧工件，两顶尖对工

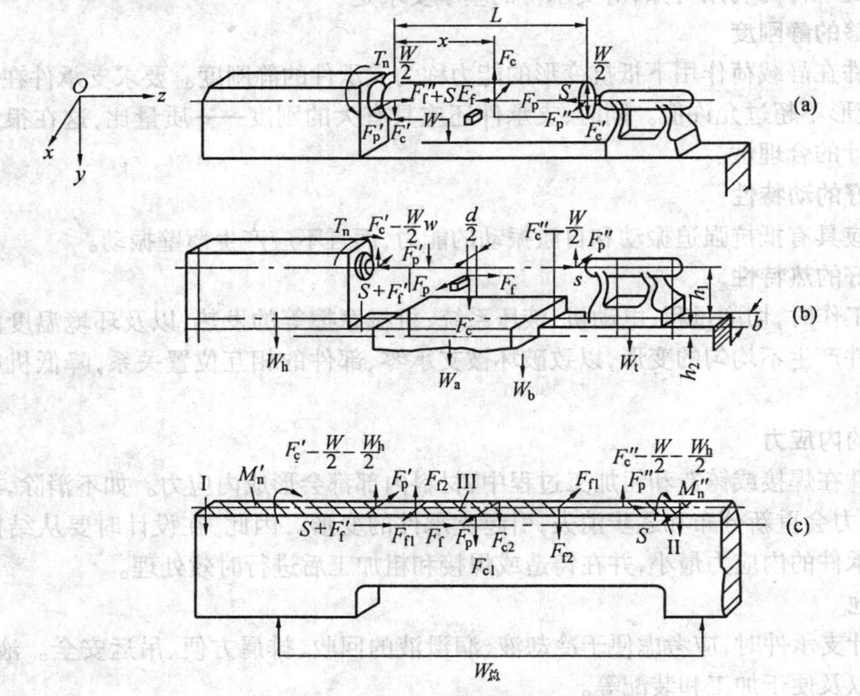

图 10.1 卧式车床床身受力分析

件施加了大小相等方向相反的预加力 S。作用在主轴箱、尾座、刀架上的力、转矩(图(b))与作用在工件上的力、转矩大小相等,方向相反。因此,在床面上形成了三个受力区 Ⅰ、Ⅱ、Ⅲ。这些力和力矩构成一平衡力系,在床面内封闭,如图 10.1(c) 所示。由于床身两端固定在床腿上,且呈箱形,故受力区 Ⅰ、Ⅱ 内的力和力矩使床身的变形很小,主要分析受力区 Ⅲ。

由于床身结构复杂,很难准确地简化成"工程力学"中的简单梁。但为了便于分析,当工件的两端分别支承在主轴顶尖和尾座顶尖上时,可近似地将床身的弯曲变形按简支梁简化,而扭转变形按两端固定梁简化。

在受力区 Ⅲ 内,作用在刀架上的力通过刀架与溜板作用在床身上,再加上 W_a 和 W_b 的作用使床身上受的力为 F_{c1} 和 F_{c2};又由于进给力 F_f 不作用在受力区中心线上,故在受力区 Ⅲ 两端有 F_{f1} 和 F_{f2}。为方便起见,现简要分析如下:在竖直平面内(yOz 平面),因受 F_c 和力矩 $F_f \cdot h$ 的作用产生弯曲变形 δ_y,如图 10.2(b) 所示。在水平面内(zOx 平面),因受 F_p 和力矩 $F_f \cdot \dfrac{d}{2}$ 的作用产生弯曲变形 δ_{x2},如图 10.2(c) 所示。在横截面内,则受扭矩 $T = F_c \cdot \dfrac{d}{2} + F_p h$ 的作用,产生扭转变形,扭转角为 θ(图(d))。

床身的弯曲和扭转变形,使在床身上的溜板连同刀具一起相对于工件发生位移,从而引起加工误差。

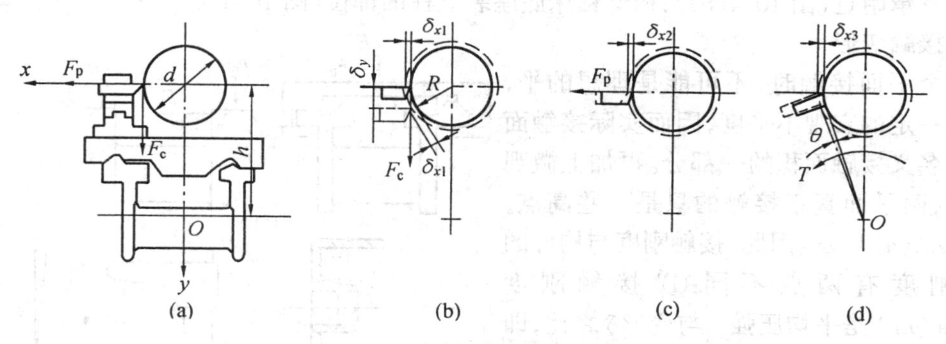

图 10.2 车床床身变形引起的加工误差

在竖直面内的变形 δ_y,使工件半径的增加值为 $\Delta R = \delta_{x1}$,由图(b) 可知:$\Delta R = \delta_{x1} = \sqrt{\delta_y^2 + R^2} - R$,故床身在竖直面内的变形 δ_y 引起的加工误差比较小。在水平面内,因为变形引起的半径增加值正好与水平面变形值相等,即 $\Delta R = \delta_{x2}$。床身在横截面内的变形引起的半径增加值 $\Delta R = \delta_{x3} = \theta h$。可见,这两项变形值都直接复印给工件,影响十分显著。由于 $\delta_{x2} \propto F_p$ 和 $F_f \dfrac{d}{2}$,$\delta_{x3} \propto T(= F_c \cdot \dfrac{d}{2} + F_p h)$,故误差随被加工工件的直径 d 增大而增大。

进给力 F_f 与床身平行,使床身拉伸变形,但影响较小,可忽略。

10.2.2 支承件的静刚度

支承件的变形一般包括自身变形、局部变形和接触变形三部分。例如,卧式车床的床身,载荷通过导轨面作用到床身上,使其产生如前述的变形,均属自身变形;导轨与床身连接过渡处的变形为局部变形;两导轨配合面的变形为接触变形。局部变形和接触变形有时还占主要地位。例如,床身与导轨的连接处过于单薄,则会使该处的局部变形很大。又如,车床刀架和升降台铣床的工作台,由于层次较多,接触变形有可能占相当大的比重。设计时应注意这三类变形的匹配,并加强薄弱环节。

1. 自身刚度

支承件抵抗自身变形的能力称为支承件的自身刚度。支承件所受的载荷主要是拉压和弯扭,其中弯扭是主要的。因此,支承件的自身刚度,主要考虑的是弯曲刚度和扭转刚度。例如,卧式车床的床身,主要是水平面 x 方向的弯曲刚度、竖直面内 y 方向的弯曲刚度和横截面内的扭转刚度。值得注意的是,如果支承件的壁较薄,而在支承件内部布置的肋板不足或不合理,则支承件在受力后会发生截面形状的畸变,如图 10.3 所示。因此,在设计支承件时,为提高其自身刚度,不仅要慎重选择材料和决定尺寸,而且更应注意截面形状的合理设计和肋板的合理布置。

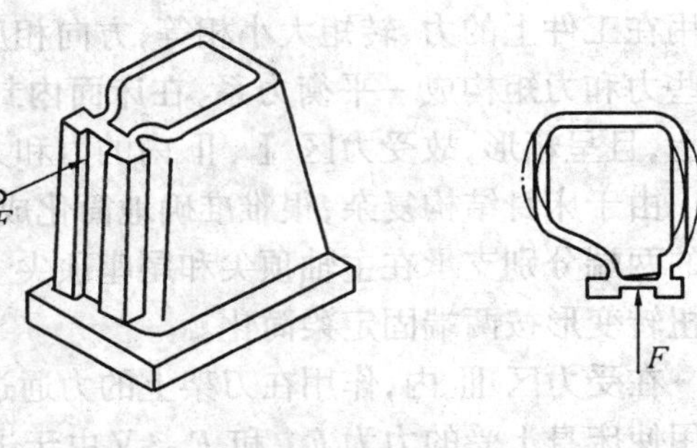

图 10.3　截面畸变

2. 局部刚度

局部变形发生在载荷集中之处。如卧式车床导轨与床身的连接处(图 10.4(a)),主轴箱的主轴支承附近(图 10.4(b)),摇臂钻床底座装立柱的部位(图 10.4(c))等。

3. 接触变形

两个平面接触时,不可能是理想的平,而是有一定的宏观不平度,因而实际接触面积只是名义接触面积的一部分。再加上微观的不平,两平面真正接触的只是一些高点,如图 10.5(a) 所示。因此,接触刚度与构件的自身刚度有两点不同:① 接触刚度 K_j(MPa/μm)是平均压强 p 与变形 δ 之比,即

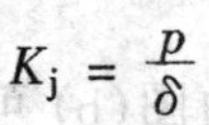

$$K_j = \frac{p}{\delta}$$

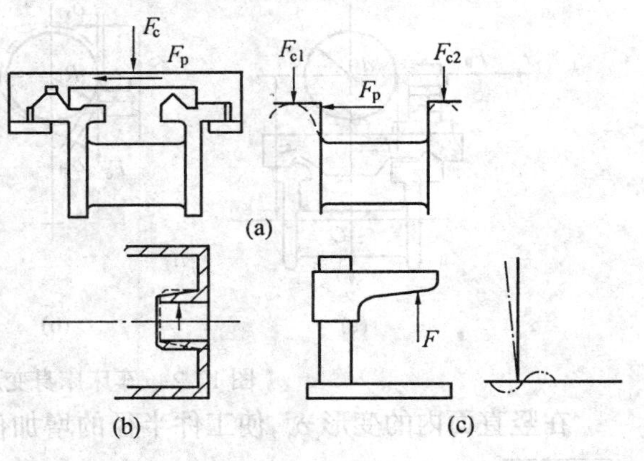

图 10.4　局部变形

当进行接触刚度对比时,如各试件的面积相同,也可用力与变形之比来代表。② 接触刚度 K_j 不是一个固定值,即 p 与 δ 呈非线性关系,如图 10.5(b) 所示。这是因为 K_j 与接触面之间的压强有关。当压强很小时,两面之间只有少数高点接触,接触刚度较低;当压强较大时,这些接触高点产生了变形,使实际接触面积扩大,接触刚度也随之提高。因此,接触刚度 K_j 应更准确地定义为

$$K_j = \frac{dp}{d\delta} \quad 或 \quad K_j = \frac{\Delta p}{\Delta \delta}$$

为了提高固定接触面(如主轴箱与床身的接触面)之间的接触刚度,应预先施加一个载荷(如拧紧固定螺钉),使两接触面之间在承受外载荷之前已有一个预加压强 p_0(图(c))。为了使外载荷的作用不引起接触面之间压强有大的变化,所施加的载荷应远大于外载荷。这样,可在 $p-\delta$ 曲线上确定出 K_j 值。确定的方法是,在对应于 p_0 的点 C 处作 $p-\delta$ 曲线的切线,切线与水平轴夹角的余切即为接触刚度,即

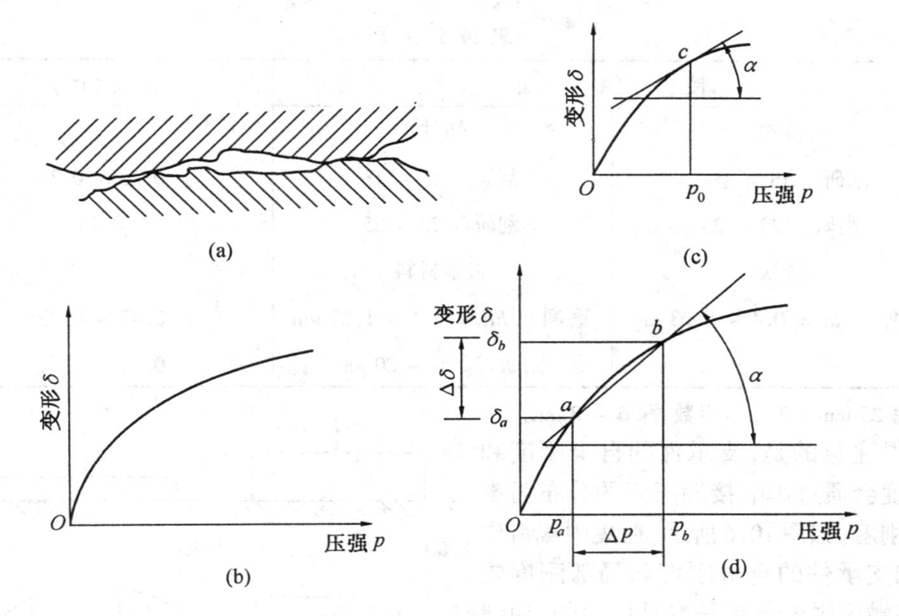

图 10.5 接触刚度

$$K_{\mathrm{j}} = \cot \alpha$$

当两接触面为活动接触(如导轨面)时,情况有所不同,如图 10.5(d) 所示。由于它的预载荷等于滑动件(如工作台或床鞍以及装在上面的工件、夹具或刀具等)的质量,预载与外载(主要是切削力 F_c)一般处于同一数量级,甚至预载会低于外载荷。因此,活动接触面的接触刚度 K_{j} 是以预载点 a(对应接触压强 p_a)至最大载荷点 b(载荷为预加载荷与最大切削力之和,接触面压强为 p_b)的连线与水平轴夹角 α 的余切表示

$$K_{\mathrm{j}} = \frac{\Delta p}{\Delta \delta} = \frac{p_b - p_a}{\delta_b - \delta_a}$$

由此看出,同样的接触面,固定接触的接触刚度比活动接触的高。

目前,尚无公认的接触刚度数据。尽管各种文献发表了不少试验结果和根据试验数据得出的经验公式,但结果相当分散。这是由于接触面的表面粗糙度和宏观不平度、材料的硬度、预压强等因素对接触刚度的影响很大。试验时,上述条件不同,其结果相差很大。这里仅介绍一种试验结果,以供参考。

对于名义接触面积不超过 100 ~ 150 cm^2、配合较好、宏观不平可以忽略的表面,钢和铸铁的接触变形 δ μm 可按下面试验公式近似地估算

$$\delta = c\sqrt{p} \tag{10.1}$$

$$K_{\mathrm{j}} = \frac{\mathrm{d}p}{\mathrm{d}\delta} = \frac{2\sqrt{p}}{c}\,\mathrm{Pa/\mu m} = \frac{2\sqrt{p}}{c} \times 10^{-6}\,\mathrm{MPa/\mu m} \tag{10.2}$$

式中 p—— 接触面之间的平均压强(Pa);

c—— 系数,根据表 10.1 确定。

表 10.1 c 值

接触面		$c(\times 10^{-2})$
铸铁	铸铁	
刮研 15 ~ 18①	刮研 15 ~ 18	0.25 ~ 0.32
刮研 20 ~ 25	刮研 20 ~ 25	0.16
铸铁	氟系材料	
磨削 $Ra = 0.4 \sim 0.63\ \mu m$	磨削 $Ra = 0.4 \sim 1.25\ \mu m$	0.47 ~ 0.79
	刮研,深 10 ~ 20 μm	0.95 ~ 1.58

① 每 25 mm × 25 mm 点数,深 6 ~ 8 μm。

值得注意的是,支承件的自身刚度和局部刚度会通过影响接触压强的分布而影响接触刚度,如图 10.6 所示。在集中载荷作用下,如支承件的自身刚度和局部刚度较高,则接触压强的分布基本是均匀的,如图 10.6(a) 所示,接触刚度也较高;反之,由于构件变形造成接触压强分布不均,如图 10.6(b) 所示,使接触压强分布不均,降低了接触刚度。

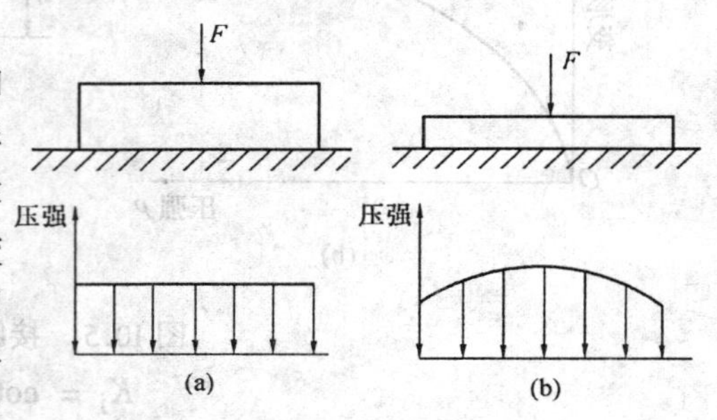

图 10.6 自身刚度和局部刚度对接触压强分布的影响

10.3 支承件结构设计中的几个问题

10.3.1 正确选择支承件的截面形状

如前述,支承所承受的载荷主要是弯矩和扭矩,其变形主要是弯曲和扭转,这与截面形状(惯性矩)有密切的关系。表 10.2 列举了常见的 8 种截面形状和它们的抗弯、抗扭惯性矩。为便于比较,截面积皆为 1×10^4(10 028)mm^2。从表中可看出,在截面积相同的条件下:

1. 空心截面惯性矩比实心的大

如表中的 2 与 1 比较,3 与 2 比较等。因此,加大轮廓尺寸、减小壁厚可大大提高刚度,在设计支承件时,总是使壁厚在工艺可能的前提下尽量薄一些。通常尽量不用增加壁厚的办法来提高支承件的自身刚度。

2. 方形截面抗弯能力大,圆形截面抗扭能力强,矩形截面抗弯能力更好

可由表中 5 号与 1 号比较、6 号与 2 号比较、8 号与 7 号比较得出上面的结论。因此,如果支承件所受的主要是弯矩,则截面形状以方形和矩形为佳,矩形截面在其高度方向的抗弯刚度比方形截面高,但抗扭刚度则低(如 8 号与 7 号比较)。当支承件以承受一个方向的弯矩为主时,截面形状常取为矩形,并以高度方向为受弯方向。如龙门刨床的立柱、立式车床的立柱等。如果弯矩和扭矩都相当大,则截面形状常取为正方形。例如,镗床加工中心和滚齿机的立柱等。

3. 封闭截面比非封闭截面的刚度大得多

表 10.2 截面形状和惯性矩的关系

序号		1	2	3	4
截面形状		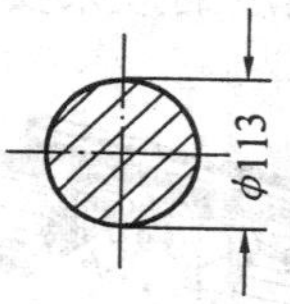	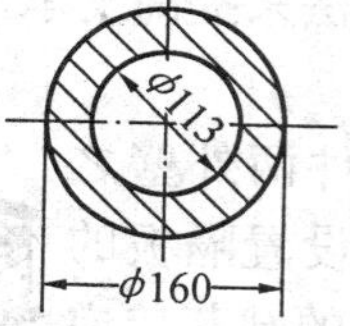	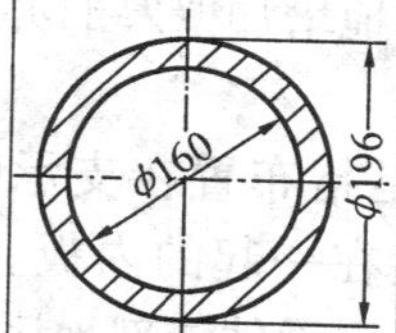	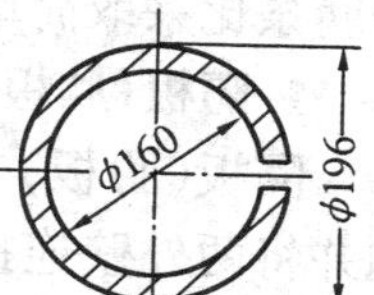
抗弯惯性矩	cm^4	800	2 416	4 027	—
	%	100	302	503	—
抗扭惯性矩	cm^4	1 600	4 832	8 054	—
	%	100	302	503	—

序号		5	6	7	8
截面形状		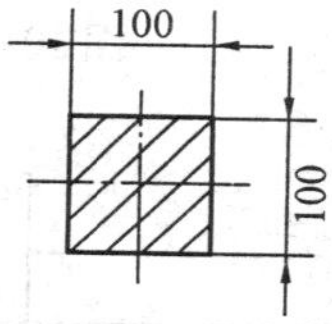	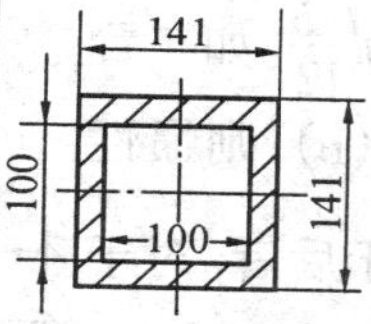	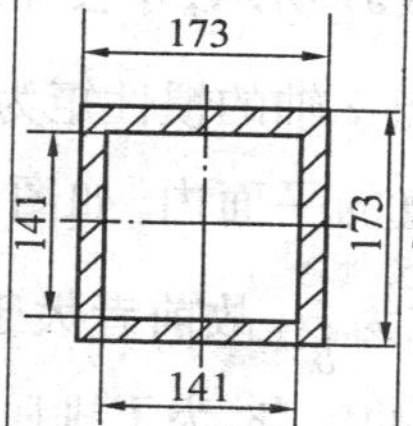	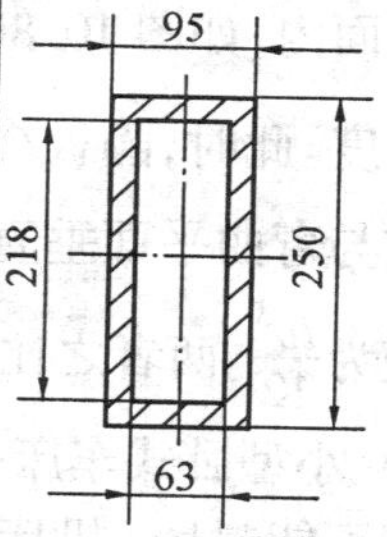
抗弯惯性矩	cm^4	833	2 460	4 170	6 930
	%	104	308	521	866
抗扭惯性矩	cm^4	1 406	4 151	7 037	5 590
	%	88	259	440	350

表中 4 号所示的为截面断开的情况，它的抗弯惯性矩和抗扭惯性矩的值几乎为零。因此，在可能的条件下应尽量把支承件的截面做成封闭的框形。但是，由于排屑、清砂、安装电器、液体和传动件等，往往很难做到四面封闭，有时连三面封闭都难做到。例如，卧式车床床身因排屑的需要，中间部分往往上下不能封闭，如图 10.7(a)、(b) 所示。因此，水平面内的弯曲刚度往往低于竖直面内的弯曲刚度。由前述可知，水平面内的变形对加工精度的影响又很严重，设计时必须设法提高水平面内的弯曲刚度。对于长床身，扭转变形造成刀尖与工件间的位移相当大，甚至占主要地位。因此，必须注意提高长床身的扭转刚度。主轴箱和尾座对床身作用有较大的弯矩，也绝不可忽视床身两端的刚度。不过，床身左端装主轴箱处可以做成四面封闭、上下开出砂口、刚度容易保证的形式。而主轴箱和尾座也可做成箱形，自身刚度较易满足，此时应注意提高受力处的局部刚度。如主轴箱前支承处箱壁的刚度。对于数控车床，由于不需要手工操作，又必须排除大量切屑，导轨常做成倾斜状，只需在床身左下方安装切屑传送链即可。因此，床身可设计成四面封闭，如图(c) 所示，其刚度比图(a)、(b) 的高得多。

10.3.2　合理设置肋板和肋条

肋板又称隔板，肋条又称加强肋。对于封闭和非封闭的薄壁支承件，采用合理布置隔板和肋条比采取简单地增加壁厚的办法来提高支承件刚度的效果要好得多。

1. 隔板（肋板）

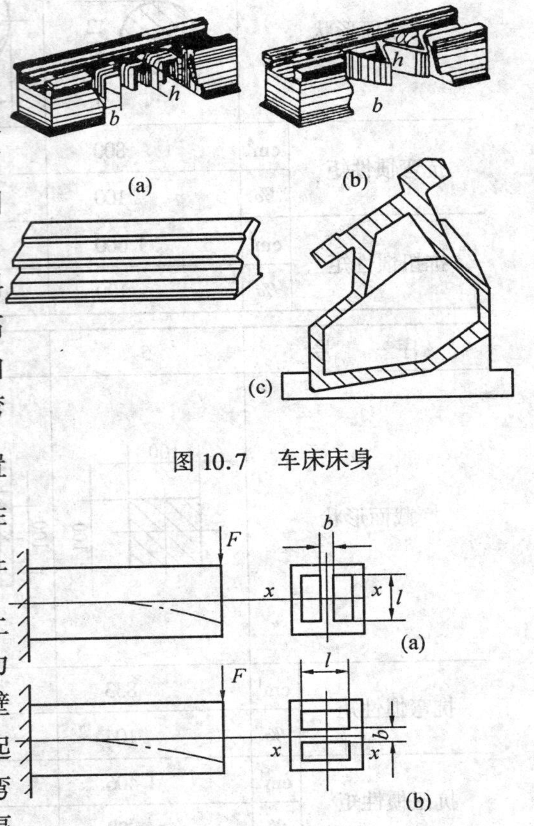

图 10.7　车床床身

图 10.8　纵向隔板布置方式与刚度的关系

隔板（肋板）是指布置在支承件两外壁之间并将两外壁连接在一起的内板。设置隔板的目的在于把作用于支承件局部地区的载荷传递给其他壁板，从而使整个支承件承受载荷。可见，隔板的作用主要用来提高支承件的自身刚度。纵向隔板主要用来提高支承件的抗弯刚度，横向隔板主要用来提高支承件的抗扭刚度，斜向隔板既可提高支承件的抗弯刚度，又可提高抗扭刚度。纵向隔板必须布置在支承件的弯曲平面内，如图 10.8(a) 所示，才会显著提高抗弯刚度。此时，隔板绕 x 轴的惯性矩为$\frac{l^3b}{12}$。如布置在与弯曲平面垂直的平面内，如图(b)，则惯性矩为$\frac{lb^3}{12}$。两者之比为$\frac{l^3}{b^2}$。故前者大于后者。对于中、小型卧式车床的床身，为了排屑，如前述，上下不能封闭。机床工作时，水平方向的背向力 F_p 由刀架经导轨作用于床身的前壁板。由于壁板较薄，刚度很低。故用隔板将前后壁连接起来，通过隔板将载荷传给后壁。于是把前壁的弯曲转化为整个床身的弯曲。即转化为前壁对隔板的拉伸和后壁对隔板的压缩。如图 10.7(a) 所示的“┌┐”形隔板。它具有一定的宽度 b 和高度 h，故在竖直平面和水平平面的抗弯刚度都较高。同时，它具有一定的铸造工艺性，故常在大多数中型卧式车床上采用。图 10.7(b) 所示的为斜向隔板（又称对角隔板），它在床身的前后壁间呈“W”形布置，能较大地提高水平面内的抗弯刚度，对于扭转刚度的提高更为明显。尤其是中心距超过 1 500 mm 的长床身，效果更好。当卧式车床的中心距为 750 ~ 1 500 mm 时，斜隔板的刚度与“┌┐”形隔板的差不多，而铸造却困难。故斜隔板只在长床身上才采用，相邻两斜隔板间的夹角 α 一般为 60° ~ 100°。此外，各种立柱和其他类型支承件都布置有各种隔板，详见《机床设计手册》第二册（下）。

2. 肋条

肋条是指配置在支承件内壁上的条状全属，它不连接支承件的整个断面。主要是为了减少支承件的局部变形和薄壁振动。肋条也有纵向、横向和斜向几种形式。如前述，肋条也必须布置在支承件的弯曲平面内。图 10.9(a) 所示的是直字形肋条，结构最简单，常用于窄壁和受载荷较小的床身内壁上；图 10.9(b) 的十字形肋条是呈直角交叉布置，结构也简单，但易产生内应力，广泛用于箱形截面的床身和平板上；图 10.9(c) 的三角形肋条可保证足够的刚度，多用于矩形截面床身的宽壁上。图 10.9(d) 的交叉形肋条有时会与床身壁的横隔板结合在一起来有效地提高其刚度，常用于重要床身的宽壁和平板上；图 10.9(e) 的蜂窝形肋条常用于平板上。由于它在各方向能均匀收缩，不会在肋条连接处堆积全属，故内应力小。图 10.9(g) 的井字形肋条，单元壁板的抗弯刚度接近图 10.9(f) 的米字形肋条，但抗扭刚度是米字形肋条的$\frac{1}{2}$。米字形肋条制造困难，铸造时金属堆积严重。因此，铸造床身一般用井字形肋条，而焊接床身用米字形肋条。肋条的高度一般不大于支承件壁厚的 5 倍，厚度一般是床身壁厚的 0.7 ~ 0.8 倍。隔板和肋条的厚度可按壁厚从表 10.3 中选取。

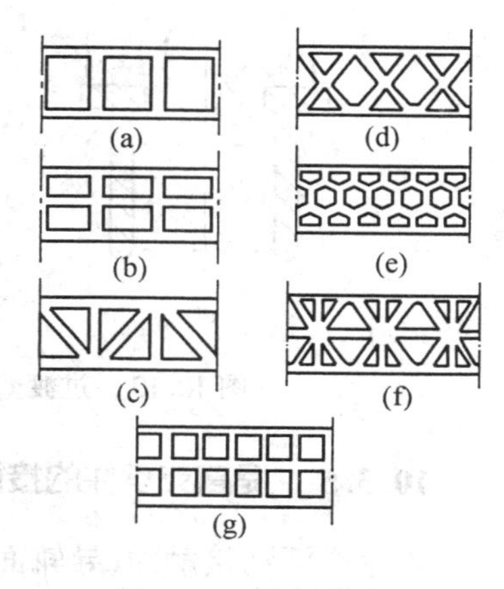

图 10.9 肋条形式

表 10.3 支承件隔板和肋条的厚度

支承件质量 /kg	外形最大尺寸 /mm	壁厚 /mm	肋板厚 /mm	肋条厚 /mm
< 5	300	7	6	5
6 ~ 10	500	8	7	5
11 ~ 60	750	10	8	6
61 ~ 100	1 250	12	10	8
101 ~ 500	1 700	14	12	8
501 ~ 800	2 500	16	14	10
801 ~ 1 200	3 000	18	16	12
> 1 200	> 3 000	20 ~ 30		

10.3.3 合理开孔和加盖

为了安装机件或清砂，床身或立柱上常需开孔。开孔对刚度的影响取决于孔的大小和位置。在与弯曲平面垂直的壁上开孔时，由于这些壁受拉或受压，开口后将减少受拉、压的面积，故大大削弱了抗弯刚度。对于抗扭刚度的影响，开在较窄壁上的也比开在较宽壁上的为大。故矩形截面的立柱尽量不要在前后壁上开孔，开孔宽度尽量不要超过立柱空腔的 70%，高度不超过空腔的 1 ~ 1.2 倍。在开孔四周翻边(厚一些) 并加盖(加嵌入盖比面覆盖好)，然后拧紧螺钉，可补偿一部分刚度损失。

10.3.4 提高支承件的局部刚度

在设计支承件时，应采取必要措施提高其局部刚度。例如，卧式车床床身如设计成图 10.10(a) 的形状，则在载荷 F_c 作用下，导轨与床身连接的局部区域会产生变形。如果使导轨与壁板基本对称，适当加厚过渡壁并加肋条(图 10.10(b)) 便可显著地提高导轨与床身连接处的局部刚度。如前述，合理布置肋条是提高支承件局部刚度的有效措施。如图 10.11(a) 是用肋条来提高轴承处的局部刚度。图 10.9 所示为当壁板面积大于 400 mm × 400 mm 时，为避免薄壁振动和提高壁板局部刚度而在壁板内表面加的肋条。图 10.11(b) 为立柱内的环形肋，主要用来抵抗截面形状的畸变，前面的三条竖直肋主要用来提高导轨处的局部刚度。

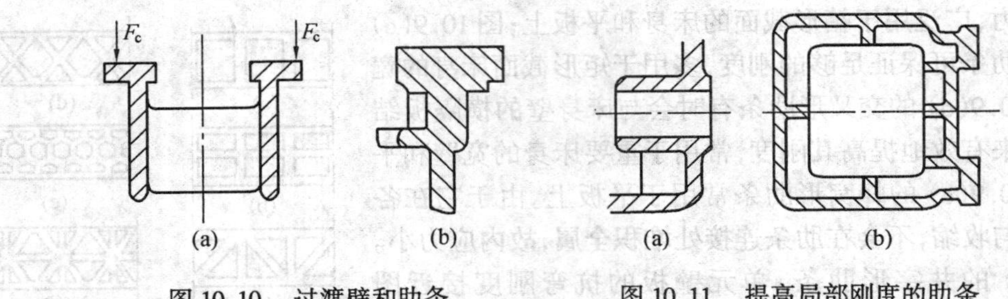

图 10.10 过渡壁和肋条　　图 10.11 提高局部刚度的肋条

10.3.5 提高支承件的接触刚度

不论是活动接触面(导轨面)或是重要的固定接触面,都必须配磨或配刮,以增加实际的接触面积,从而提高其接触刚度。固定结合面配磨时,表面粗糙度不得大于 $Ra = 1.6\ \mu m$;配刮时,每 25 mm × 25 mm,高精度机床为 12 点以上,精密机床为 8 点,普通机床为 6 点,并应使接触点均匀。一般用力矩扳手拧紧固定螺钉,在两接触面上施加预压力,使接触面间的平均压强约为 2 MPa。在确定螺钉的尺寸和分布螺钉的位置时,既要考虑施加预压力的需要,又要注意支承件的受力状况。从抗弯刚度考虑,在受拉一侧应布置较多一些的螺钉。从抗扭刚度考虑,螺钉应均布在四周。如在连接螺钉轴线平面内布置肋条,则可适当提高接触刚度。

10.3.6 材料的选择和时效处理

当导轨与支承件做成一体时,按导轨的要求来选择材料;当采用镶装导轨或支承件上无导轨时,则仅按支承件的要求选择材料。支承件的材料有铸铁、钢和非金属。

1. 铸铁

灰铸铁的流动性好,具有良好的铸造性能,容易铸造成形状复杂的各种构件。同时,它的阻尼系数大,抗振性能好。但铸造时必须制作木模,制造周期长。铸造还容易产生缩孔、气泡和砂眼等缺陷(当然,如果用呋喃树脂砂并采用窄缝喷射造型法基本可克服上述缺陷,但在机床行业尚未推广),而这些缺陷往往要在机械加工中才能发现。支承件常用的铸铁有 HT 100、HT 150、HT 200、HT 250、HT 300、HT 350 等。HT 100 为 Ⅲ 级铸铁,它的机械强度差,只用于镶装导轨的床身和一些不重要的、形状简单的支承件,一般都很少用。HT 150 为 Ⅱ 级铸铁,它的流动性好,铸造性能也好,但机械性能稍差。适用于镶装导轨和一些形状复杂而无导轨的支承件。HT 200 为 Ⅰ 级铸铁,它可承受较大的抗压和抗拉应力,常用于导轨与支承件铸成一体的支承件。当需要淬硬,采用这种材料的效果较好。HT 250、HT 300 的强度和耐磨性都很好,抗拉、压的强度大,多用于导轨与床身铸成一体的支承件。如六角车床、自动车床和其他重负荷机床的床身等。对于特别重要的支承件,也可用球墨铸铁(QT 450 – 10,QT 800 – 2)及耐磨铸铁等。

2. 钢

支承件用钢板或型钢焊接成形时,常用碳素结构钢 Q 235、低合金结构钢 Q 345、Q 390 以及 20、25 钢等。用钢材焊接支承件的优点是:① 不需制作木模和浇铸,生产周期短,且不易出废品。② 质量轻。因为钢的弹性模量约为铸铁的 1.5 ~ 2 倍,在形状和轮廓尺寸相同的条件下,如果要求支承件的自身刚度与铸铁支承件的刚度相同,则前者的壁厚可比后者薄。③ 可以采用全封闭的箱形结构,而铸造工艺必须留出砂孔。④ 结构有缺陷容易补救。如发现刚度不足,可加焊隔板和肋条。但焊接结构在中、小型机床的成批生产中,成本较高,这时以铸造为宜。值得一提的是,虽然钢材的内摩擦阻尼约为铸铁的 1/3,但是,整机的阻尼主要由支承件间的结合面决定。即振动能量主要消耗在结合面的摩擦和粘滞上。仅此一点,钢材焊接结构和铸铁结构并无明显差别。差别在于支承件自身振动(如床身的弯曲和扭转振动等)的阻尼和薄壁振动的阻尼低于铸铁。不过,可以用在支承件内部浇注混凝土和采取减振措施(如采用预加载荷的减振接头焊接结构,如图 10.15(a) 所示)来补偿。基于上述原因,焊接支承件在大型、重型和专用机床等单件、小批生产中得到了广泛的应用。在国外,大型、重型和组合机床的支承件采用焊接结构的方式越来越多。

3. 钢筋混凝土

混凝土的比重是钢的 1/3,弹性模量是钢的 1/10 ~ 1/5,它的阻尼比铸铁还大。因此,对于受载均匀、截面积较大、抗振性要求高的支承件可以采用。但混凝土性能不够稳定,会产生蠕变,而且本身较脆又不耐油。因此,需要进行处理。如:固性处理;把短纤维材料均匀地渗入混凝土中,以克服其脆性,这种处理后的复合材料称为纤维增强混凝土;在表面喷涂塑料以防止油的侵蚀。由于混凝土的弹性模量小,为提高其抗弯能力,必须在混凝土中加钢筋。

4. 花岗岩

以各种大小的花岗岩块为骨料,以环氧树脂为粘接剂,混合后放入模内,经振动捣实,然后固化形成所需要的支承件,它是近年来发展起来的一种人造花岗岩复合材料。目前主要用于高精度机床和三坐标测量机。这种材料有优越的动态特性和抗热变形能力。因此具有广阔的应用前景。

不论是铸造构件或焊接构件,都应在不降低其机械性能的前提下进行时效处理,消除内部的残余应力,以减小机械加工后的变形和保证在使用过程中的尺寸稳定性。时效处理最好在粗加工后进行。时效方法有天然时效、热时效和振动时效三种。普通精度机床的支承件只需一次时效即可,精密机床最好在粗加工前后各进行一次。有的高精度机床在进行两次时效处理后,还要进行天然时效 —— 把构件堆放在露天一年左右,使其充分变形。铸件的热时效处理在 530 ~ 550℃ 范围内进行,而焊接钢件则在 600 ~ 650℃ 范围内进行。

10.3.7 结构工艺性

设计支承件的结构必须重视它的工艺性,包括铸造或焊接以及机械加工的工艺性。例如,铸件的壁厚应尽量均匀而且截面变化平缓,要有出砂孔便于水爆清砂或机械化清砂(风轮能进入铸件内),要有起吊孔等。结构工艺性不单是个理论问题,因此,除要学习现有理论(可参阅《机床设计手册》第二册第十五章)外,还要注意在实践中学习,注重经验累积。

10.4 支承件的动态特性

机床的支承件除要满足静刚度外,还要满足动态特性的要求。动态特性主要指支承件的固有频率不能与激振频率重合;具有较高的动刚度(共振状态下,激振力的幅值与振幅之比)和较大的阻尼,使支承件在受到一定幅值的周期性激振力的作用下受迫振动的幅值较小。

10.4.1 固有频率和振型

单自由度振动系统只有一个固有频率和一个振型，其力学模型如图 10.12(a) 所示。二自由度振动系统的力学模型如图 10.12(b) 和(c) 所示。前者的集中质量(将系统质量简化为集中质量) m 装在无质量的弹性杆上，刚度为 K，振动的两个极限位置在图中用双点划线表示；后者的两个集中质量 m_1 和 m_2 装在两根无质量的弹性杆上，刚度分别为 K_1 和 K_2。它有两个振型：第一个振型是 m_1 和 m_2 同时向上或向下，如图(b) 所示；第二个振型是 m_1 和 m_2 的相位差 180°，如图(c) 所示。这两个振型各有自己的固有频率。振型和固有频率合称为模态。一般把各模态按固有频率从小到大排列，其序号称为“阶”。图(b) 的固有频率比图(c) 的低，因此，称图(b) 为第一阶振型，其固有频率为第一阶固有频率，合称第一阶模态。图(c) 为第二阶振型，其固有频率为第二阶固有频率，合称第二阶模态。

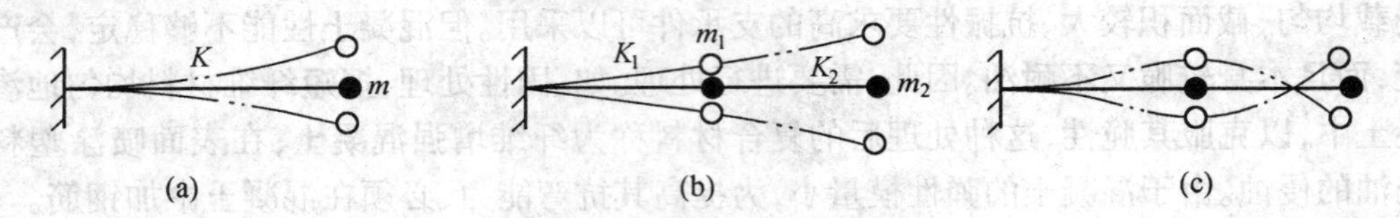

图 10.12 单自由度和二自由度振动模型

支承件是一个连续体，质量和弹性都是连续分布的，所以它有无穷多个自由度，也就有无穷多阶模态。然而，由于机床上激振力的频率一般都不太高，因而只有最低几阶模态的固有频率才有可能与激振力频率重合或接近。高阶模态的固有频率已远高于可能出现的激振力频率，一般不可能发生共振，对加工质量的影响也不大，因此，只需研究最低几阶模态即可。现以某卧式车床床身的水平方向的振动为例说明它的最低几阶模态。

1. 第一阶模态 —— 整机摇晃振动

床身作为一个刚体在弹性基础上作摇晃振动，其振型如图 10.13(a) 所示。主振系统是床身和底部的连接面。振动的特点是床身各点的振动方向一致，同一水平线上各点的振幅相差不大，离结合面越远的点振幅越大。整机摇晃的固有频率取决于床身的质量、固定螺钉和接触面处的刚度。其值较低，大约在 15 ~ 30 Hz 范围内。常见的是 20 ~ 25 Hz。

2. 第二阶模态 —— 一次弯曲振动

振动的特点是各点的振动方向一致，上下振幅相差不大，但沿床身纵向(其振型如图 10.13(b)) 越接近中部的振幅越大，越接近两端的振幅越小，其固有频率约为 110 Hz，一般在 80 ~ 140 Hz。

3. 第三阶模态 —— 一次扭转振动

主振系统仍是床身本体，其振型如图 10.13(c) 所示。振动的特点是床身两端的振动方向相反，振幅值分布呈两端大中间小。而且，在靠近中部有一条线 AB，在这条线上及附近，振幅等于零或接近于零。在这条线的两侧，振动方向相反，称该线为节线。点 A、B 称为上、下节点。频率范围约在 30 ~ 120 Hz，常见的是 40 ~ 70 Hz。

4. 第四阶模态 —— 二次弯曲振动

主振型仍是床身本体，其振型如图 10.13(d) 所示。振动的特点是有两条节线 AB 和 CD，在两条节线上，振幅为零。两端的振动方向相同，但与两节点线间的振动方向相反。

此外，还有二次扭转、三次弯曲、纵向振动等。这些模态的固有频率一般都较高，已远离可能出现的激振频率,因此,一般不予考虑。

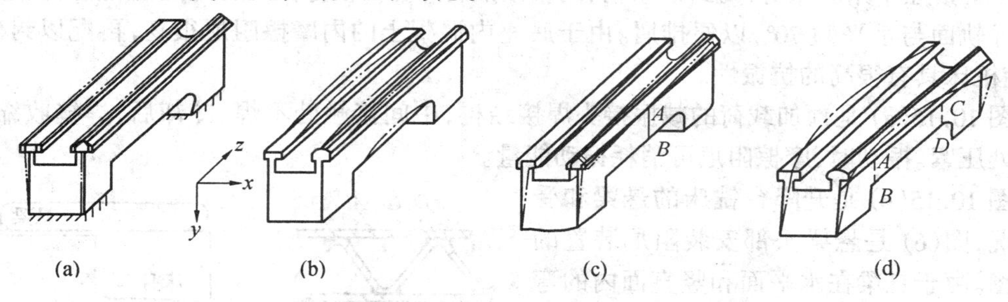

图 10.13　车床床身的振型

5. 薄壁振动

对于某些面积较大而又较薄的壁板,以及罩、盖等容易发生所谓的薄壁振动。这类振动的主振系统是薄壁,振动的固有频率较高,振动的幅值不大,属于局部振动。因此,对加工精度影响不大,但却是噪声源或噪声的传播媒介,必须足够重视。

在上述四阶模态中,二、三、四阶模态将引起执行件的相对位移,对加工精度和表面粗糙度的影响较大。第一阶模态虽然在同一水平面内的加速度相差不大,但上面所装部件(如床头、尾座、刀架等)的质量各不相同,因而作用在这些部件上的惯性力也不同,也会引起这些部件的相对位移而影响加工精度。对于上述的振型,当外界激振力的频率与其固有频率一致时,振幅将剧增,即产生共振,这是不允许的。

10.4.2　提高动刚度的措施

改善支承件的动态特性,提高抗振性的关键是提高动刚度。动刚度是共振状态下激振力幅值与振幅之比,可按下式计算

$$k_d = 2\zeta k \tag{10.3}$$

式中　k_d—— 动刚度;

ζ—— 阻尼比;

k—— 静刚度。

由式(10.3)看出,提高静刚度 k 和阻尼比 ζ,可以提高动刚度。换言之,在相同幅值激振力的作用下,可以降低受迫振动的幅值。

提高静刚度的途径是合理设计支承件的截面形状和尺寸,合理布置隔板和肋条,注意整体刚度、局部刚度和接触刚度的匹配等。

提高阻尼可能采取保留砂芯(常称封砂结构)、在结构中灌注混凝土、采用具有阻尼性能的焊接结构或安装阻尼装置等办法。图 10.14(a)是一种 ϕ1 000 mm 卧式车床的床身,

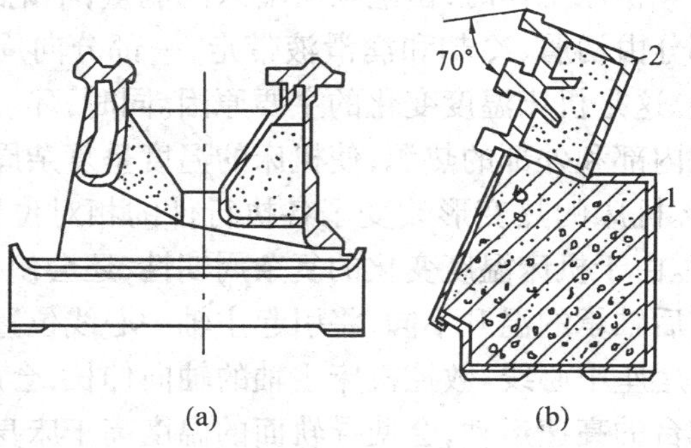

图 10.14　提高阻尼的办法

型砂不清除,依靠型砂与铸件壁和型砂与型砂之间的摩擦来消耗振动能量,提高阻尼。有资料介绍,结构相同、尺寸相同的两种车床床身,封砂结构的三阶模态(一次弯曲、一次扭转、二次弯曲)比不封砂的阻尼分别提高约 40%、78%、214%,效果十分显著。图 10.14(b)是一种

ϕ480 mm数控车床的床身，为封砂结构，用粘接剂将床身2粘合在钢筋混凝土底座1上。床身上的导轨面与水平倾 70°，以便排屑。由于底座内混凝土的内摩擦阻尼很高，再配以封砂床身，使机床具有很高的抗振性。

图 10.15(a) 是预加载荷的减振接头焊接结构，中间接触处不焊。冷却后，焊缝收缩，使中间处压紧。振动时，摩擦阻尼可消耗振动能量。

图 10.15(b) 是升降台铣床的悬梁和受力情况，图(c) 是悬梁头部安装阻尼装置的结构图。由于悬梁在水平面和竖直面内的弯曲振动、扭转振动的最大振幅均在悬梁的头部，因此，将阻尼装置放在该处。悬梁头部是一个封闭的箱形铸件，空腔内装几块铸铁并充满钢珠，再灌注高粘度油。振动时，油在钢珠间隙之间运动，产生粘性摩擦，再加上钢珠间的碰撞，可在较宽的频率范围内消耗振动能量。据资料介绍，竖直平面一次弯曲振动的固有频率，不装阻尼装置时为 170 Hz，安装阻尼装置后降为 150 Hz。由于阻尼装置使其阻尼提高，在此频率下的动刚度为不安装阻尼装置时的 3 倍。还有资料介绍，为了提高升降台铣床的动刚度，采用钢材焊接结构(钢的弹性模量比铸铁高)，加大截面积，把悬梁做成全封闭的框形结构，以提高静刚度。同时在空腔内灌注混凝土或型砂，或装前述阻尼装置以提高阻尼。

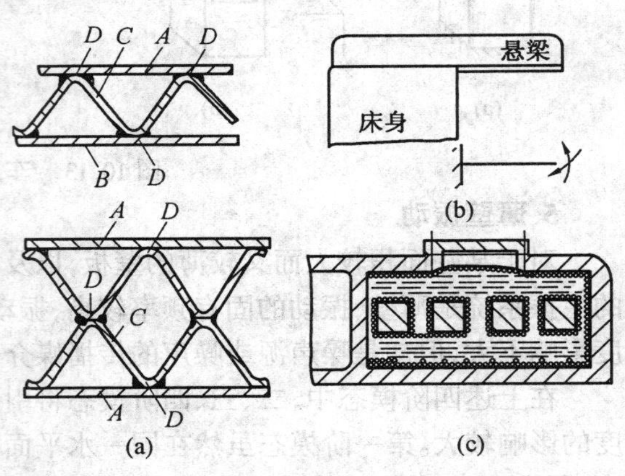

图 10.15　提高阻尼的办法

10.5　支承件的热特性

10.5.1　机床和支承件的热变形

机床工作时，由电动机输入的能量，不论通过什么途径，最后都变成了热。这些热量，一部分由切屑、冷却和润滑液带走，一部分向周围发散，一部分使工件升温，一部分使机床升温。这是机床温度变化的主要原因。同时，环境温度的变化和阳光的照射也会使机床升温，这些内部和外部的热源，使机床的温度呈复杂周期性变化。因此，机床的热变形也不是一个定值。机床的热变形改变了各执行件的相对位置和移动件的位移轨迹，会降低机床的加工精度。由于机床温度变化的复杂周期性，还会使机床加工精度不稳定。例如，卧式车床主轴部件前后轴承的温升不同，将引起主轴中心线位置的偏移。主轴箱的热膨胀又将使主轴中心线高于尾座中心线。数控机床主轴的轴向伸长，会改变机床的坐标原点。龙门铣床和龙门刨床工作台的高速运动，会使导轨面的温度高于床身温度，引起导轨中凸等。

热变形对自动机床、自动线、数控机床、精密和高精度机床的影响尤为明显。自动机床和自动线是在一次调整后大批地加工工件，数控机床的坐标原点是预先设定的(详见数控机床一章)。调整机床和设定坐标原点都是在温升前的冷态下进行。在加工过程中，加工精度随着温度的升高而变化，当温度升到某一值后，可能使加工件不合格。对于精密机床和高精度机床，其几何精度的公差很小，热变形的位移很可能使热检时几何精度不合格。因此，热变形已成为进一步提高机床精度的主要限制条件。

一般情况下，支承件的结构比较复杂，质量不均，各处的受热情况不同，因此，支承件的热变形往往是不均匀的。这种不均匀的热变形比均匀的热变形的影响要有害得多。

10.5.2　提高支承件热特性的措施

提高支承件热特性就是设法减少热变形，特别是不均匀的热变形，以及降低热变形对加工精度的影响。

1. 散热和隔热

如果及时将机床工作时产生的热量扩散到周围环境中，则机床的温度不会很快升高。适当加大散热面积，增设与气流方向一致的散热片，或采用风扇或人工制冷等都可加快散热。后两种办法在数控机床、加工中心和精密机床的主轴箱中已有成功的应用。另外，将电动机、液压油箱、变速箱等热源移到与机床隔离的地基上，也是常用的隔热办法。有时，在隔热的同时也考虑散热。

在设计时应注意气流方向问题。应有进风口和出风口。有时还要在内部加某些隔板，引导气流流经温度高的地方，以加强冷却。

2. 均热

影响机床加工精度的不仅仅是温升，更重要的是温度不均。因此，使支承件的热变形均匀也是减小加工误差的一种措施。例如，可以用改变传热路线的办法来减小床身的温度不均。图 10.16 是在床身 B 处开一个浅缺口，装主轴箱的 A 处是主要热源，C 处是导轨。这样可使从 A 处传来的热量分散传至床身各处（如箭头所示）。床身的温度就比较均匀。

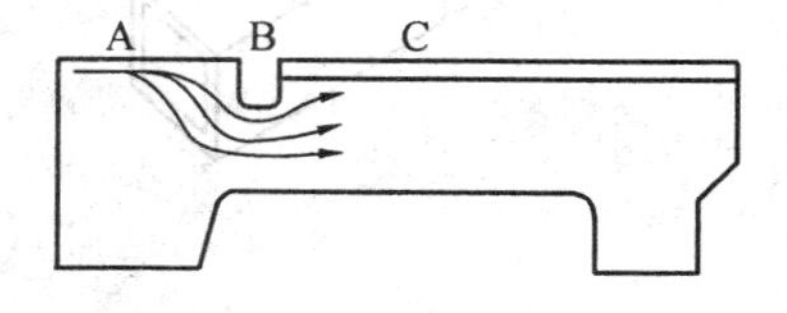

图 10.16　车床床身的均热

图 10.17 是改变传热路线使均匀热变形的又一例子。图(a) 是一台立式矩台平面磨床，由于砂轮电动机的热量经砂轮架接合面使立柱前壁的温度高于后壁，造成立柱后倾，使磨出的工件表面与安装基面不平行。图(b) 是在磨头侧面装一条管子，将从电动机出来的热风引向后壁，提高了后壁的温度，使前后壁的温差缩小，这样，加工面的平行度大为提高。

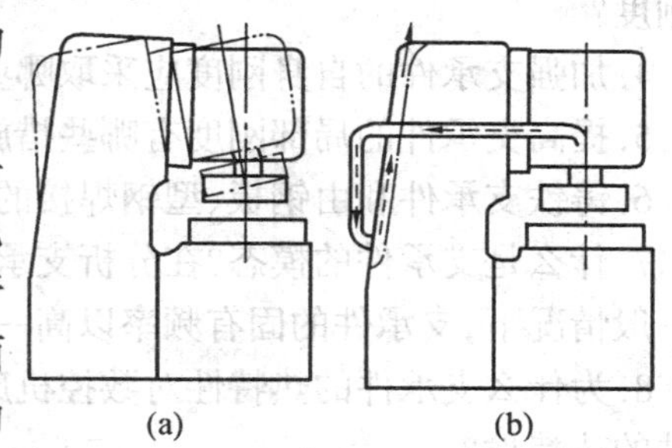

图 10.17　立式矩台平面磨床立柱的均热

3. 使热变形对加工精度的影响较小

同样的温升，由于结构不同，热变形对加工精度的影响也不同。采用通常所说的“热对称”结构，可使热变形后对称中心线的位置不变，从而减小对加工精度的影响。例如，车床采用对称的双三角形导轨，可减小溜板在水平面内的位移和倾斜。再如，卧式升降台铣床的床身，如采用图 10.18(a) 所示的结构，由于后支承内装的轴承多，后支承的温度高于前支承，使主轴端部向下倾斜。如改为图(b) 所示结构，将后支座在横向与两侧壁相连，则把由上下热膨胀变为水平热膨胀，床身在水平方向是对称的，因此，可保持温升前后支承处中心的位置不变。

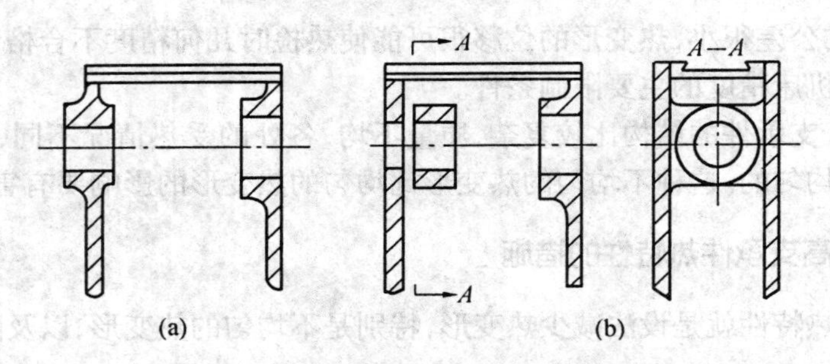

图 10.18　卧式铣床床身的“热对称”结构

习题与思考题

1. 试分析在卧式车床上车削外圆柱面时床身的变形情况，并说明其对加工精度的影响。

2. 支承件受力如附图 5.10.1 所示，需加肋板以提高其自身刚度，试以简图表示肋板的合理布置。

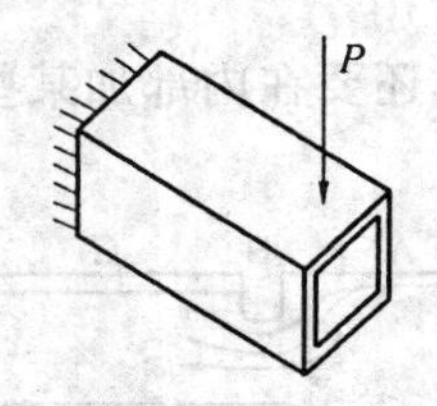

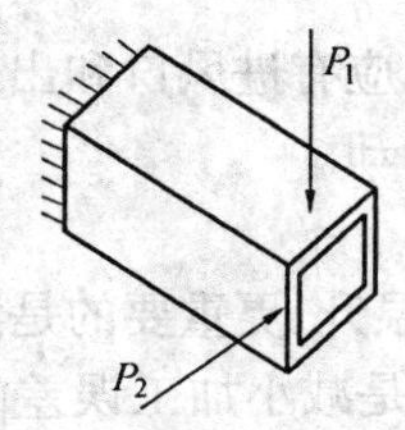

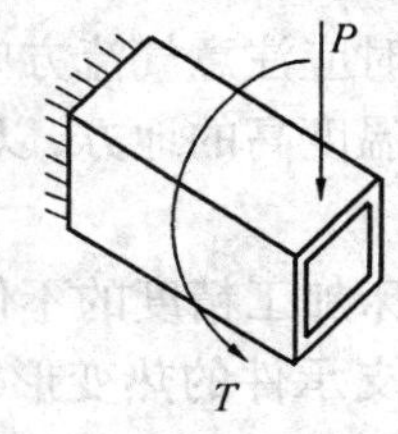

附图 10.1　支承件受力情况

3. 何谓支承件的接触刚度？接触刚度与构件自身的刚度有何不同，如何提高支承件的接触刚度？

4. 加强支承件的自身刚度应采取哪些措施？

5. 提高支承件的局部刚度有哪些措施？

6. 铸铁支承件和由钢板、型钢焊接的支承件各有何优缺点？各用于什么场合？

7. 什么是支承件的模态？在分析支承件模态时，为什么主要考虑其低阶模态？为什么说，在一般情况下，支承件的固有频率以高一些为好？

8. 为什么支承件的热特性对数控机床、自动化机床、高精度机床尤为重要？如何提高支承件的热特性？

第十一章　导　　轨

11.1　导轨的功用、分类和应满足的基本要求

11.1.1　导轨的功用和分类

在机床上,有相对运动的两部件之间的配合面,称为导轨并组成一对导轨副。其中,运动的配合面(如工作台导轨)称为运动导轨,简称动导轨;不动的配合面(如床身导轨)称为支承导轨或固定导轨。一般来说,作直线运动的部件,只允许沿某一直线方向运动,其余五个自由度均应消除。因此,只要导轨的截面形状呈任意封闭的多边形即可。

导轨主要用来承载和保证运动部件沿一定的轨迹运动。

按运动轨迹可分为直线运动导轨和圆周运动导轨。直线运动导轨是指动导轨和支承导轨之间的相对运动轨迹为一直线。如卧式车床的床鞍和床身之间的导轨。圆周运动导轨是指动导轨和支承导轨之间的相对运动轨迹为一圆。如立式车床的工作台与底座之间的导轨。

按运动性质可分为主运动导轨、进给运动导轨和移置(调整)导轨。主运动导轨的动导轨和支承导轨之间,相对运动速度较高,例如,立式车床、龙门刨床和龙门铣床的工作台和底座(床身)之间的导轨。进给运动导轨的动导轨和支承导轨之间,相对运动速度较低。机床中多数导轨属于此类。例如,卧式车床的床鞍和床身之间的导轨。移置导轨仅用于调整部件之间的相对位置,调整后固定,在机床工作时没有相对运动。例如,卧式车床的尾座导轨等。

按摩擦性质可分为滑动导轨和滚动导轨。滑动导轨是指两导轨面之间的摩擦性质为滑动摩擦。在滑动导轨中又有静压导轨、动压导轨和普通滑动导轨之分。静压导轨的工作原理与静压滑动轴承相同,在两导轨面之间有一层静压油膜,把两导轨面完全隔开,摩擦性质属于纯液体摩擦,多用于进给运动导轨。动压导轨的工作原理与动压轴承相同。当两导轨面之间的相对滑动速度达到一定值后,液体的动压效应使导轨油腔处产生压力油楔,把两导轨面分开,形成纯液体摩擦,这种导轨只适合于高速运动,故仅用于主运动导轨。例如,龙门刨床的工作台导轨副。普通滑动导轨的摩擦状态有的为混合摩擦,有的为边界摩擦。对于大多数普通滑动导轨,在两导轨面之间虽有一定的动压效应,但由于动导轨的运动速度不够高,压力油楔不足以将导轨面隔开,两导轨面仍是直接接触。有的普通滑动导轨的运动速度很低,两导轨面之间不能产生动压效应,属于边界摩擦。精密进给运动导轨可能属于此类。滚动导轨是在两导轨面之间装有滚动元件(如球、圆柱体、滚针等),使导轨具有滚动摩擦性质。它广泛地应用于进给运动和回转主运动导轨中。目前,在机器人(如焊接机器人工作站等)、数控缠绕机和微机控制纤维缠绕机的相应坐标上的应用也很普遍。

按承受载荷的性质可分为开式导轨和闭式导轨。在图 11.1(a)中,由于导轨的截面积

不封闭，在颠覆力矩的作用下，运动部件会翻转，即不能承受颠覆力矩。它是靠运动部件的自重和非偏载的作用力 F 使导轨面 a 和 b 在导轨的全长上贴合，即靠力来封闭，称为开式导轨。在图 11.1(b)中，加了压板 1，形成辅助导轨面 c，使导轨的截面形状封闭，可以承受较大的颠覆力矩 T，称为闭式导轨。

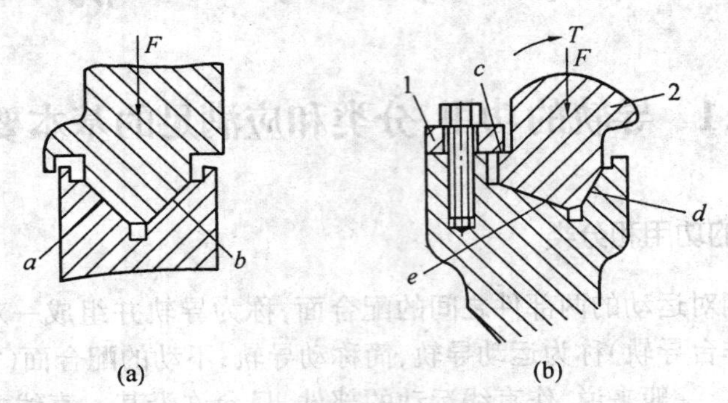

图 11.1　开式导轨和闭式导轨

11.1.2　导轨应满足的基本要求

1. 导向精度

导向精度是指运动部件沿支承导轨运动的直线度(直线运动导轨)或圆度(圆周运动导轨)以及两导轨面的接触精度。前者一般由导向面的几何精度保证；后者一般由两导轨面接触面积的比例或 25 mm × 25 mm 面积内的接触点数衡量。

直线运动导轨的几何精度一般包括在垂直面内的直线度(简称 A 项精度)、导轨在水平面内的直线度(简称 B 项精度)，两导轨面间的平行度(简称 C 项精度)也叫扭曲。这三项精度的公差在有关机床精度检验标准中都规定了在每米长度上和全长上的误差值。如对于导轨全长为 20 m 的龙门刨床，导轨在垂直面和水平面内直线度的误差，每米长度的允许值为 0.02 mm，导轨全长的允许值为 0.08 mm。

圆周运动导轨的几何精度检验内容与主轴回转精度的检验内容相类似，用动导轨回转时的端面跳动和径向跳动表示。如对于最大切削直径为 ϕ4 000 mm 的立式车床，规定工作台的端面跳动和径向跳动允差为 0.05 mm 等。

对于磨削和刮研的导轨面，按 JB 2278 规定，接触精度用着色法进行检查。

2. 精度保持性

对于两导轨面直接接触的导轨副，运动导轨沿固定导轨运动，必然会使导轨面磨损，特别是不均匀的磨损，破坏了导轨的导向精度，同时也破坏了相关零部件的正确关系。在一般情况下，机床大修时，修复导轨的工作量约占总工作量的 30% ~ 50%，因此，提高导轨的耐磨性、保持导轨的导向精度是提高机床质量的主要内容之一，也是科学研究的一个重大课题。在设计导轨时，必须采取措施提高导轨的耐磨性，减小不均匀的磨损，并使均匀磨损后能自动补偿或调整。

3. 刚度

导轨除起导向作用外，还要承受力和力矩，因此，必须使导轨在工作时有足够大的刚度，减小变形，以保持机床各部件之间的相互位置关系和导轨副的导向精度。导轨的刚度一般包括接触刚度、弯曲刚度、扭转刚度。还要注意提高支承件的刚度。

4.低速运动的平稳性

当运动导轨作低速运动或微量进给时，应保证运动部件的运动平稳性，即不产生爬行。否则，会影响机床的工作精度、定位精度和增大被加工零件表面的粗糙度，甚至使机床不能正常工作。低速运动平稳性，对于高精度机床、数控机床、重型机床尤为重要。关于对爬行机理的认识，到目前为止尚未完全一致。一种较为普遍的看法是，爬行是一个复杂的摩擦自激振动现象。产生这一现象的主要原因在于，导轨面上摩擦系数的变化和传动机构的刚度不足。关于爬行机理的理论分析和消除爬行的措施可参阅有关文献。

5.结构简单，工艺性好

大多数机床的支承导轨都要淬硬，因此，导轨的精加工主要是磨削，而运动导轨常用刮研进行精加工。在设计时，应使导轨的制造和维护方便，刮研量要小。对于镶装导轨，应容易更换。

11.2 滑动导轨

滑动导轨的结构是各种导轨的基本形式。其他各种类型的导轨都是在它的基础上发展起来的。普通滑动导轨面之间是混合摩擦，它与纯液体摩擦和滚动摩擦相比，虽有摩擦系数大、磨损快、低速运动易产生爬行等缺点。但由于它的结构简单、工艺性好、容易保证刚度和精度，故广泛应用于对低速运动平稳性和定位精度要求不高的机床中。

11.2.1 直线滑动导轨的基本截面形状

由导向原理知，直线运动导轨的截面形状应是封闭的多边形。从制造、装配和检验的方便性而言，多边形的边数应尽可能少。因此，常用的直线滑动导轨的截面形状有矩形、三角形、燕尾形和圆形四种(图 11.2)。导轨截面的每条边沿运动方向形成一个导向面。矩形导轨(图 11.2(a))的 E、G 面保证运动部件在垂直面内的直线移动精度，E 面又是承受载荷的主要支承面，G 面是防止运动部件抬起的辅助支承面，由它承受颠覆力矩。F 面是保证运

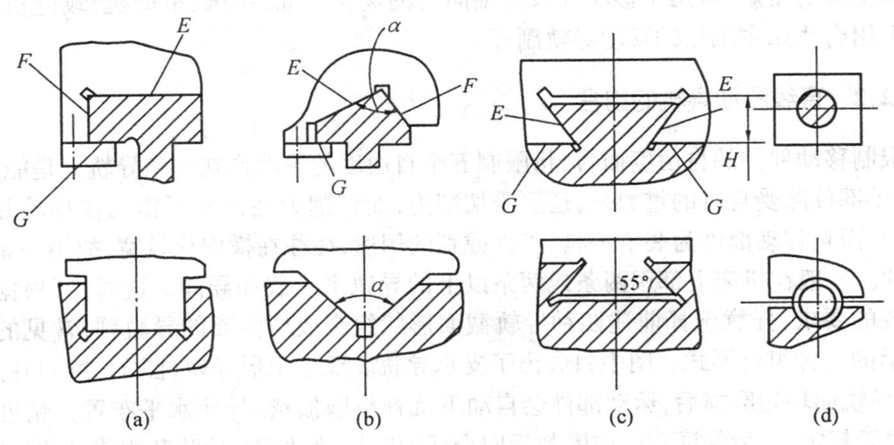

图 11.2　直线滑动导轨的截面形状

动部件在水平面内的直线移动精度的导向面。三角形导轨(图 11.2(b)上排)的 E、F 面兼导向和承载二职,G 面的作用与矩形导轨的 G 面相同。燕尾形导轨(图 11.2(c)上排)的双 E 面兼导向和承受颠覆力矩二职,G 面为支承面。

根据支承件上或固定件上支承导轨的凸凹状况,每种导轨又有凸(图 11.2 上排)、凹(图 11.2 下排)之分。其中凸三角形又称山形,凹三角形又称 V 形。当导轨水平布置时,凸形导轨不易积存铁屑和脏物,但也不易贮存润滑油,因此,常用于不易防护、速度较低的进给运动导轨。反之,凹形导轨易存润滑油,但必须有较好的导轨防护装置,除用于进给运动导轨外,还可用于主运动导轨,如龙门刨床的支承导轨等。

矩形导轨(图 11.2(a))的刚度高、承载能力大、工艺性好。但 F 面磨损后不能自动补偿,因此,需要有间隙调整装置。如果矩形凸导轨只有一个水平面 E 起承载和导向作用,则称为平导轨。

三角形导轨(图 11.2(b))水平布置时,在竖直载荷作用下,磨损后能自动补偿,不会产生间隙,因此导向性好。但 G 面仍需要间隙调整装置。此外,当导向面 E、F 上受力不对称,且受力相差较大时,可采用不对称导轨(图 11.2(b)上图),以使两导轨面上的压强分布均匀。三角形导轨的顶角 α 一般取 90°;在重型机床上,为增大承载面积,提高承载能力,可取顶角 $\alpha = 110° \sim 120°$,但导向精度变差。在精密机床上,常采用小于 90°的顶角 α,以提高导向精度。由于导向面 E、F 均同时限制水平和垂直两方向的自由度(导轨水平布置),属于超定位,故加工、检验和维修都比较困难,工艺性不好,而且当量摩擦系数也大。

燕尾形导轨(图 11.2(c))的高度 H 较小,由 G 面承受垂直方向的载荷(导轨水平布置时),由 E 面承受颠覆力矩。E、G 面的夹角常取 55°,用一根镶条可同时调节两个 E 面的间隙,且调整间隙方便,是闭式导轨中接触面最少的一种结构。但是,它承受颠覆力矩的能力较低,加工、检验和维修都不大方便,工艺性较差,适用于承受颠覆力矩不特别大、层次多、要求间隙调整方便的地方。例如,牛头刨床和插床的滑枕导轨副、升降台铣床的床身导轨副、悬梁导轨副、工作台导轨副以及车床刀架和仪表机床导轨副等。

截面为圆形的圆柱形导轨(图 11.2(d))的结构简单、制造方便。内孔可珩磨、外圆磨削后可与内孔精密配合。但间隙调整困难。为防止转动,可在圆柱面上开键槽或加工出平面,但不能承受大的扭矩,常用于移动件只受轴向力的场合。如,拉床、珩磨机、攻丝机、机械手以及小型组合机床主轴箱的移动导轨副等。

11.2.2 直线滑动导轨的组合

从限制移动部件的自由度而言,将限制五个自由度的导轨作在一条导轨上是能胜任的。但是,移动部件除受自身的重力外,还要受切削力,而切削力往往并不作用在移动部件的对称中心上,而且移动部件为装卡夹具、工件或别的用途,往往在横向比较宽,故用一条导轨是不稳定的。一般在机床上都用两条或两条以上的导轨来承载和导向。这时,可根据机床导向和承载的要求,任意选择前述四种导轨截面形状组合成所需要的导轨副,常见的有如图 11.3 所示的几种组合形式。图中只画出了支承导轨。双三角形导轨(图 11.3(a))的导向精度高,当导轨面均匀磨损后,运动部件会自动下沉补偿磨损量(导轨水平布置),精度保持性好。但由于超定位,为保证刮研或磨削后四个面同时接触,加工、检验和维修都比较困难,当量摩擦系数大,故多用于精度要求较高的机床,如丝杠车床、单柱坐标镗床、高精度车床等。

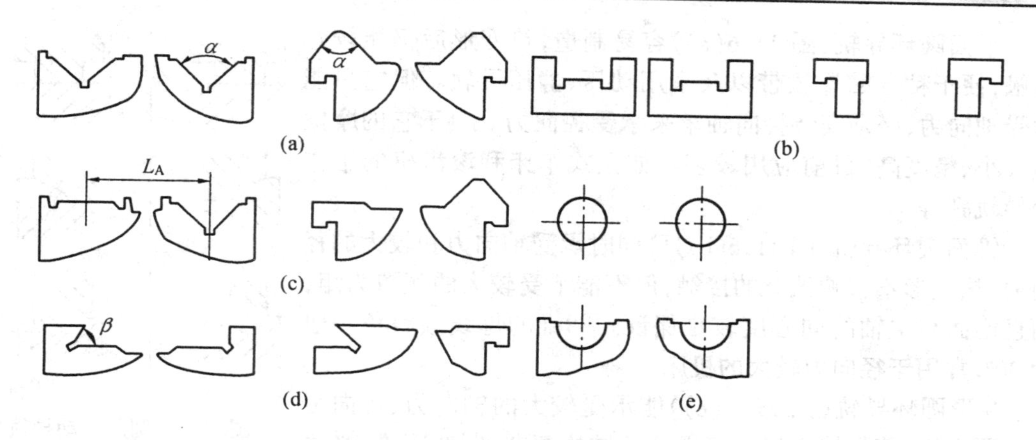

图 11.3 直线滑动导轨的组合

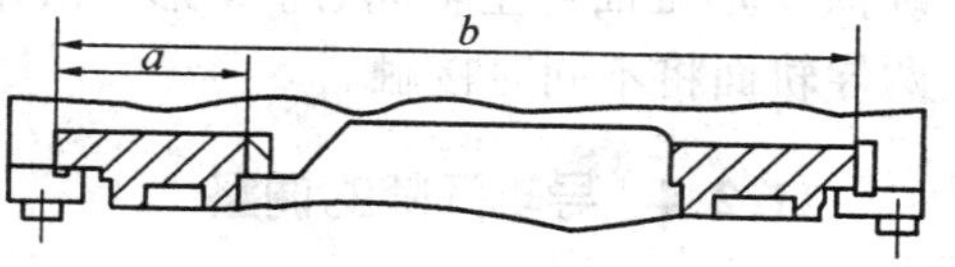

双矩形导轨(图 11.3(b))的刚度高,承载能力强,当量摩擦系数比双三角形导轨低,加工、检验和维修都比较方便,因而被广泛地用于普通精度机床。特别是数控机床,目前的趋势是采用双矩形、动导轨贴塑软带,已成为滑动导轨的主要形式。

图 11.4 窄导向与宽导向

双矩形导轨存在侧向间隙,必须用镶条进行调整。同时,在双矩形导轨中,由于侧导向的位置不同,存在窄导向和宽导向两种形式。当用一条导轨的两侧面为导向面时,导向面间的距离为 a,称为窄导向;当用两条导轨各一侧为导向面时,两导向面之间的距离为 b,称为宽导向。如图 11.4 所示。由于窄导向对制造、检验和维修均有利,热变形对间隙的影响也较小,可用较小的间隙来提高导向精度。对于宽导向,当运动部件变形较大时,不仅使导轨面的压强分布不均,而且容易卡住,故需要有较大的间隙,势必造成导向精度下降。在一般情况下,双矩形导轨的侧导向应取窄导向的方案。

三角形和矩形导轨的组合(图 11.3(c))兼有导向性好、制造方便和刚度高的特点,因而应用很广。如,车床、磨床、龙门刨床、龙门铣床、滚齿机和坐标镗床的导轨副等。

燕尾形和矩形导轨的组合(图 11.3(d))兼有调整方便、承载能力大和能承受一定颠覆力矩的优点,多用于横梁、立柱和摇臂的导轨副等中。

还有双圆形导轨的组合,如图 11.3(e)所示。

当工作台的宽度大于 3 000 mm 时,可采用 3 条或 3 条以上的导轨组合,图 11.5 所示的是重型龙门铣床的工作台床身导轨副。三角形(V 形)导轨布置在中间,主要起导向作用,两条平导轨(矩形导轨的一种)分别布置在两边,主要起承载作用,不需用镶条调整间隙。工作台采用双齿条传动,使偏转力矩小。

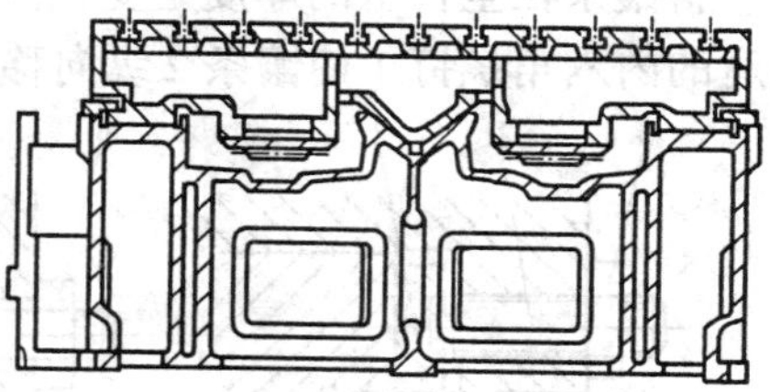

图 11.5 三条导轨的组合

11.2.3 圆周运动导轨

主要用于圆形工作台、转盘和转塔头架等回转运动部件的导轨副,常用的结构形式有:

平面圆环导轨(图 11.6(a))容易制造,热变形后仍能较好接触,便于粘合贴塑软带以及采用动压、静压导轨。但它只能承受轴向力,必须安装径向轴承来承受径向力。由于它的摩擦损失小、精度高,目前应用较多。如立式车床和滚齿机的工作台导轨副等。

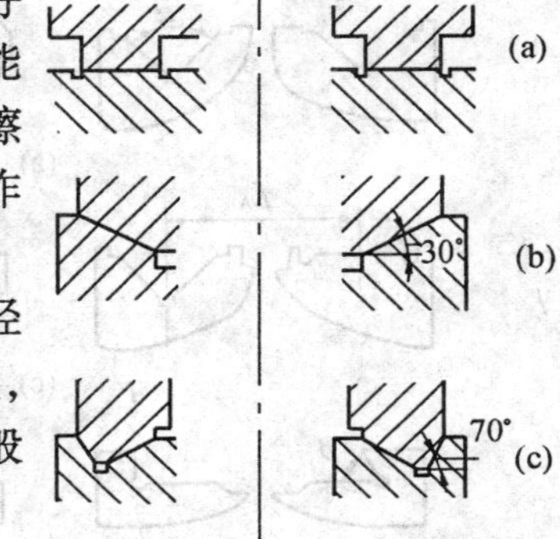

图 11.6　圆周运动导轨

锥面圆环导轨(图 11.6(b))可同时承受轴向力和较大的径向力,热变形不影响彼此的接触,但不能承受较大的颠覆力矩,而且锥面与主轴的同心度较难保证。圆锥的母线倾斜角一般为 30°,常用于径向力较大的机床。

V 形圆环导轨(图 11.6(c))能承受较大的轴向力、径向力和颠覆力矩,能保持良好的润滑。但结构复杂、制造困难,必须确保 V 形锥面与主轴同心。V 形一般采用非对称结构,以便当床身和工作台热变形不同时,两导轨面将不同时接触。

11.2.4　导轨间隙的调整

导轨面之间的间隙必须合理,否则会影响机床的工作性能。如果间隙过小,会增加运动部件的阻力和加剧导轨面的磨损。如果间隙过大,会降低运动部件的运动精度,甚至会产生振动。因此,必须有相应的间隙调整装置,以便在装配时调出合理的间隙。同时,在导轨使用一段时间后,用同一装置调小因磨损而增加的间隙,使导轨面之间的间隙总处于合理值。常用的导轨间隙调整装置为镶条和压板。

1. 镶条

镶条用来调整矩形导轨和燕尾形导轨的间隙,常用的有平镶条和斜镶条两种。

平镶条在全长上厚度相等,常用的横截面为矩形或平行四边形。通过螺钉 1 使平镶条 2 横向移动调整间隙,调整好后,用螺母 3 锁紧。如图 11.7(a)、(b)所示。平镶条制造容易,但镶条较薄,刚度低,而且只有螺钉接触处的几个点受力,磨损较快。此外,调整也不方便,不容易使每个螺钉处的受力一致,故目前应用较少。

图 11.7(c)所示的是一种特殊形状的平镶条,用于调整燕尾形导轨的间隙,刚度好,用螺钉 1 调整好后,用螺钉 3 紧固。

斜镶条在全长上的厚度是变化的,斜度为 1:100 ~ 1:40。镶条越长,斜度越小。通过带凸肩的内六角螺钉 1 使镶条 2 纵向移动调整间隙(图 11.8(a))。

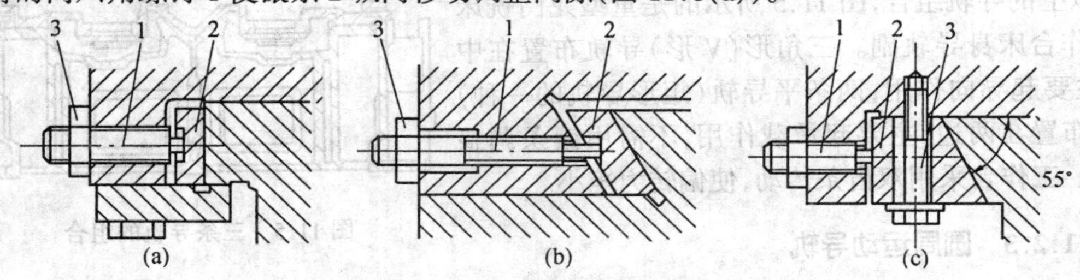

图 11.7　平镶条

由于镶条 2 的斜面与动导轨均匀接触,平面与支承导轨均匀接触,刚度较高。但镶条和与之接触的动导轨面加工比较难一些。镶条上的沟槽 a(图 11.8(a))在刮配好后加工。这

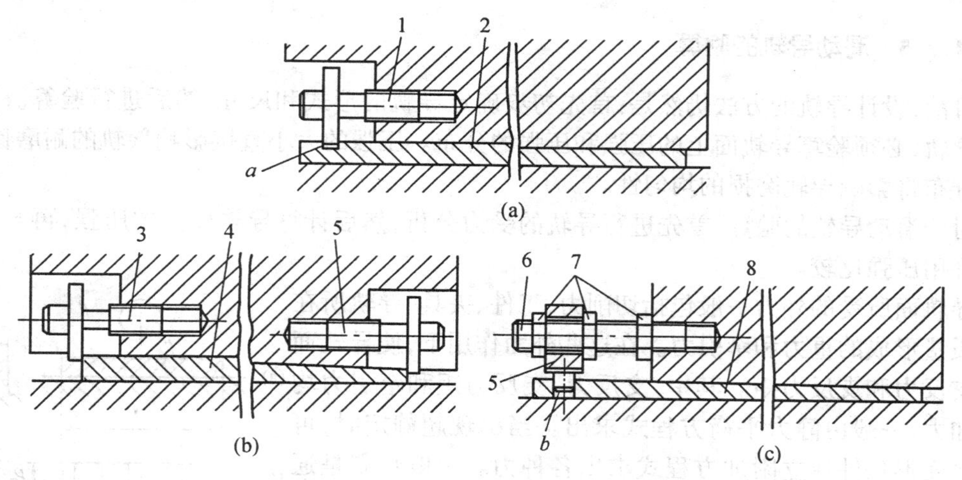

图 11.8　斜镶条

种只用一个螺钉调整间隙的方法，结构简单，但螺钉头凸肩与镶条的沟槽之间存在间隙，会使镶条在运动中窜动。图(b)在镶条 4 两端分别用带凸肩的内六角螺钉 3 和 5 调整，避免了镶条的窜动。图(c)是通过螺柱 6、螺母 7 和件 5 使斜镶条 8 纵向移动调整间隙，镶条 8 与件 5 配合的圆孔 b 在刮配好后再加工，这种方法，调整方便，也能防止镶条 8 窜动。斜镶条在下料时应取长一些，刮配好后再将两端多余部分截去。

镶条安放的位置很重要。从提高接触刚度考虑，镶条应放在不受力或受力较小的一侧。但移动镶条后，运动部件有较大的侧移，影响加工精度。对于精密机床，因导轨受力较小，为保证机床的加工精度，镶条应放在受力一侧或两边都放镶条。对于普通精度机床，保证接触刚度更为重要，镶条应放在不受力一侧。

2.压板

压板 3(图 11.9)用于调整辅助导轨面 c 的间隙和承受颠覆力矩。图 11.9(a)为用磨或刮压板 3 的 c 和 d 面调整间隙，c、d 面用空刀槽分开，间隙大磨 d 面，太紧时则修刮 c 面。这种方法结构简单，接触刚度高，但调整麻烦。图(b)是在压板与床鞍(或溜板)的结合面间设置垫片 4，它由多层薄铜片叠在一起，一侧用锡焊住，调整时根据需要增减。这种方法调整方便，但调整量受垫片厚度的限制，而且结合面的接触刚度低。

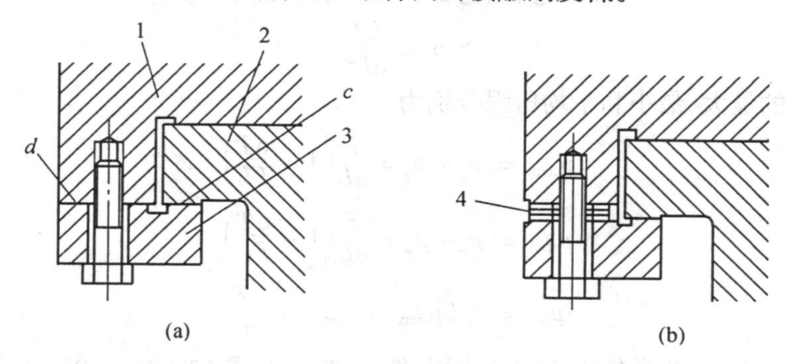

图 11.9　压板

11.2.5 滑动导轨的验算

目前,设计导轨的方法仍然是:首先初步确定导轨的形式和尺寸,然后进行验算。对于滑动导轨,必须验算导轨面上的压强和压强的分布。压强的大小直接影响导轨的耐磨性,压强的分布将影响导轨磨损的均匀性。

对于滑动导轨的验算,首先进行导轨的受力分析,然后计算导轨面上的压强,再与导轨面的许用压强比较。

导轨面所受的外力一般包括切削力、工件、夹具、导轨所在部件质量形成的重力和牵引力。在这些外力作用下,使导轨面产生支反力和支反力矩。其中,支反力、支反力矩和牵引力均属未知力,一般由静力平衡方程式求出。当出现超静定时,可由接触变形条件建立附加方程式求出各种力。一般步骤是通过建立外力矩方程式来依次求支反力、支反力矩和牵引力。

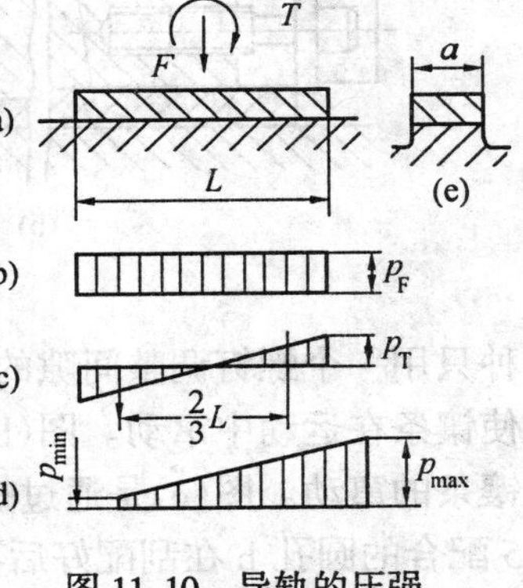

图 11.10 导轨的压强

由于导轨面的宽度远小于它的长度,因此,可以认为在导轨的宽度方向压强分布是均匀的,可按一维问题处理导轨面的压强计算。沿导轨面长度的压强分布比较复杂一些。如果导轨的刚度比较高,它自身的变形远小于导轨面的接触变形,则只考虑接触变形对压强分布的影响,沿导轨长度的接触变形和压强均可视为线性分布。不论何类机床,通过受力分析,每条导轨面上所受的载荷,都可归结为一个集中力 F 和一个颠覆力矩 T(11.10(a))。由 F 在导轨上引起的压强 p_F(MPa)为

$$p_F = \frac{F}{aL} \tag{11.1}$$

式中 F—— 导轨所受的集中力(N);

a—— 导轨的宽度(mm);

L—— 动导轨的长度(mm)。

由颠覆力矩 T(N·mm) 在导轨上引起的压强 p_T(MPa) 可通过 p_T 与 T 的关系求出

由于
$$T = \left[\frac{1}{2}p_T\left(\frac{L}{2}\right)a\right]\frac{2}{3}\cdot\frac{L}{2}\cdot 2 = \frac{p_T a L^2}{6}$$

所以
$$p_T = \frac{6T}{aL^2} \tag{11.2}$$

导轨所受的最大、最小和平均压强分别为

$$p_{max} = p_F + p_T = \frac{F}{aL}\left(1 + \frac{6T}{FL}\right) \tag{11.3}$$

$$p_{min} = p_F - p_T = \frac{F}{aL}\left(1 - \frac{6T}{FL}\right) \tag{11.4}$$

$$p_{av} = \frac{1}{2}(p_{max} + p_{min}) = \frac{F}{aL} \tag{11.5}$$

由上面三式看出,当导轨上无颠覆力矩,即当 $T = 0$(或 $6T/FL = 0$) 时,导轨上的压强 $p = p_{max} = p_{min} = p_{av}$,压强按矩形分布(图 11.11(a))。这时,导轨受力状况最好,它表示导轨所受合力通过动导轨的中心,但是,这种情况在实际上几乎是不存在的。

当$0 < 6T/FL < 1$，即$T/FL < 1/6$时，$p_{min} > 0$，$p_{max} < 2p_{av}$，压强按梯形分布（图11.11(b)），它的合力作用点偏离动导轨中心的距离$Z < L/6$，这是一种较好的受力情况。

当$6T/FL = 1$，即$T/FL = 1/6$时，$p_{min} = 0$，$p_{max} = 2p_{av}$（图11.10(c)），压强按三角形分布，合力作用点偏离动导轨中心的距离$Z = L/6$，这是动导轨与支承导轨在全长的距离上接触的一种临界状态。如果压强分布属上述三种情况，均可采用开式导轨。

当$6T/FL > 1$，即$T/FL > 1/6$时，主导轨上将有$(L - L_j)$段长度不接触，即实际接触长度为L_j，如图11.11(d)，这种情况表明，在导轨一端已出现间隙，这是无法工作的。一旦出现这种情况，必须采用闭式导轨。

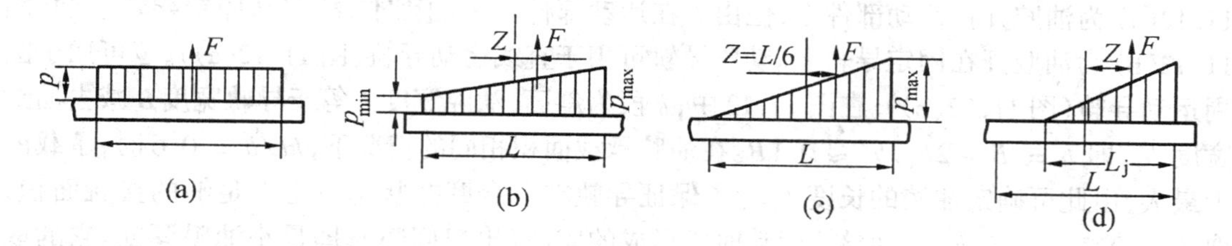

图 11.11　导轨压强的分布

如果导轨及所在支承件的刚度较低，在计算沿导轨长度方向的压强分布时，要同时考虑导轨本身的弹性变形和导轨面的接触变形对压强分布的影响。这时压强的分布是非线性的。一般要用有限元法计算。属于这类导轨的有：立式车床的刀架、牛头刨床和插床的滑枕、龙门刨床的刀架以及长工作台的导轨等。

设计导轨时，必须使导轨面上的压强小于许用压强。因此，导轨许用压强的取值是很重要的。如果许用压强取得过大，会加快导轨的磨损；如果取得过小，会加大导轨的尺寸。对于铸铁－铸铁、铸铁－钢的导轨副，且是中等尺寸的通用机床，主运动导轨和运动速度较高的进给导轨，平均许用压强$[p_{av}] = 0.4 \sim 0.5$ MPa，最大许用压强$[p_{max}] = 0.8 \sim 1.0$ MPa；运动速度较低的进给导轨$[p_{av}] = 1.2 \sim 1.5$ MPa，$[p_{max}] = 2.5 \sim 3.0$ MPa。对于重型机床，由于尺寸大，加工和维修都比较费时费钱，许用压强应取小些，大约是中等尺寸通用机床的一半。对于精密机床，为了保证它具有较高的精度保持性，许用压强应取得更小一些。如磨床，$[p_{av}] = 0.025 \sim 0.04$ MPa，$[p_{max}] = 0.05 \sim 0.08$ MPa。对于专用机床，由于经常在固定的切削条件下工作，负荷比通用机床重得多，许用压强可减小25%～30%。对于动导轨上镶有以聚四氟乙烯为基体的塑料板时，如果运动速度$v \leqslant 1$ m/min时，pv值不得超过0.2 MPa·m/min。如果运动速度$v > 1$ m/min时，$[p] = 0.2$ MPa。

11.3　其他各种导轨的特点

如前述，普通滑动导轨的摩擦力大，动、静摩擦系数差别大，低速时易产生爬行，而且磨损快，精度保持性较差。但由于它的接触刚度大、结构简单、制造方便、抗振性好，因此，广泛地应用于各类机床的进给导轨。如果在动导轨上贴塑料软带（此时接触刚度降低），可基本上克服上述缺点，目前已在数控机床上得到广泛应用。尽管如此，由于普通滑动导轨的固有特点，尚不能完全满足各类机床对导轨的不同要求，于是出现了动压导轨、静压导轨、卸荷导轨和滚动导轨等。

11.3.1 动压导轨

动压导轨的工作原理与固定多油楔动压滑动轴承相同。它借助于动导轨与固定导轨间的相对运动，形成压力油楔将运动部件抬起，使两导轨面完全隔开，形成纯液体摩擦，从而提高导轨的耐磨性。

形成压力油楔的条件是，必须具有一定的相对运动速度和粘度适当的油液以及沿运动方向间隙逐步变化的油腔。动导轨的速度越高，越容易形成压力油楔，承载能力也越大。因此，动压导轨只适用于主运动导轨。例如，立式车床和龙门刨床的工作台导轨副等。图11.12(a)为油腔开在运动部件上，但由于在运动部件上进油困难，故仍从固定导轨进油。图11.12(b)为油腔开在固定导轨上。动压导轨可用于直线运动导轨(图11.12(a))，也可用于圆周运动导轨(图11.12(b))。在图11.12中，k段为斜面，油腔宽度b等于导轨宽度B减去油封宽度b_1，即$b = B - 2b_1$，$b_1 \approx 0.1B$。在油腔承载面积相同的情况下，$kl/b = 0.6$时，承载能力最大，由此可确定油腔的长度l。为了保证导轨在混合摩擦状态下也有足够的接触面积，取$k = 0.3 \sim 0.5$。h_1为动导轨运动时所形成的间隙(出口间隙)，即最小油膜厚度。它的取值，在考虑到导轨面的不平度、热变形和弹性变形以后，还应有0.01 ~ 0.02 mm的油膜厚度。对于立式车床，热变形是影响h_1的主要因素。导轨越宽，线速度越大，热变形所造成的误差也越大，故h_1的取值应越大。$h_2/h_1 = 2.2$时为最佳间隙比。$h_2 = m + h_1$，所以$m = 1.2h_1$。由此确定了油腔的加工深度m。油腔一般用刮研加工。

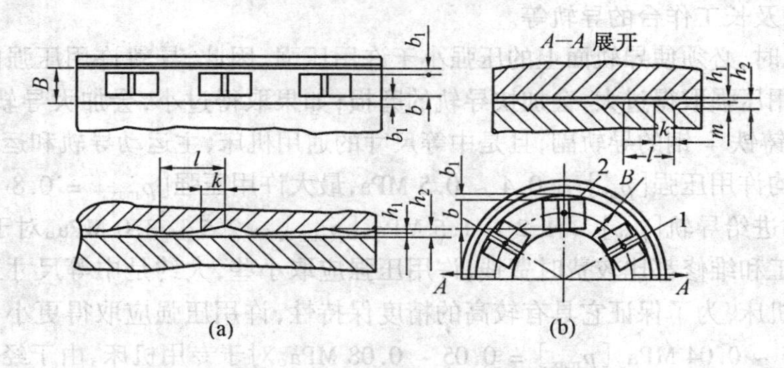

图11.12 动压导轨的油腔

图11.12(b)为目前在较先进的立式车床上广泛采用的油腔。油腔1的油沟横穿导轨面，为开式油腔，油腔2为闭式油腔，两种油腔相间排列。油腔1除供形成动压油楔外，还起冷却作用，对它要供给较多的低压润滑油。而对油腔2要提供压强较高的润滑油，使启动和低速工作时能起到卸荷作用，以改善工作条件和减小磨损。闭式油腔中的油压应能调节，以适应工件质量的变化。

11.3.2 静压导轨

将具有一定压强的油液(或经节流器)输送到导轨面上的油腔中，形成承载油膜，使相互接触的导轨表面隔开，实现纯液体摩擦，这就是液体静压导轨。可见，静压导轨的工作原理与静压轴承相同。这种导轨的摩擦系数小，一般为0.05 ~ 0.001；而滑动静摩擦系数为0.2 ~ 0.4；滑动动摩擦系数为0.1 ~ 0.2)，因此，机械效率高，发热小；在启动和停止阶段也不磨损,精度保持性好;静压油膜不仅可均化误差,而且具有吸振能力,故精度高、抗振性好;低速运动灵活、准确、均匀,运动平稳性好。但这种导轨结构复杂,需要增设一套供油设备,成本较高;对导轨平面度要求高;不仅调整麻烦,而且维护也得精心。因此,多用于精密级和高精度级机床的进给运动和低速运动导轨副中。

静压导轨按结构分为开式静压导轨(图 11.13(a))和闭式静压导轨(图 11.13(b));按供油方式分为定压式静压导轨(图 11.13)和定量式静压导轨(图 11.14)。

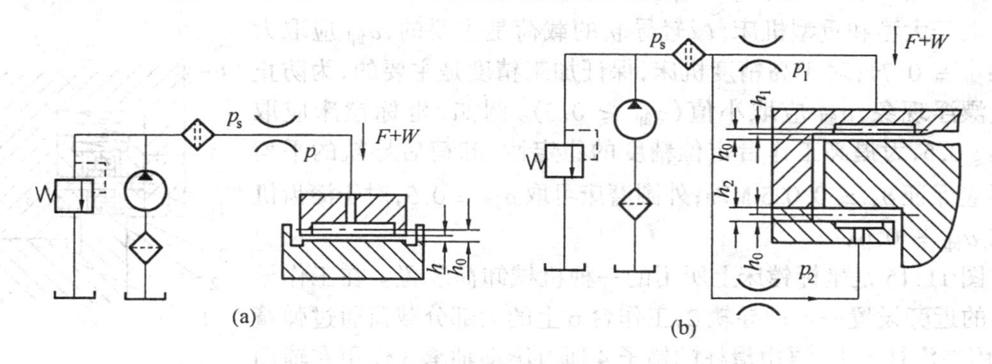

图 11.13 定压式静压导轨

在图 11.13 中,来自油泵的压强为 p_s 压力油液,经节流器后,压强降为 p,进入导轨的各个油腔,在运动导轨和支承导轨之间形成厚度为 h 的压力油膜将动导轨浮起,使二者脱离接触,形成纯液体摩擦。油腔中的压力油不断地穿过油腔的封油间隙流回油箱,压强降为零。由于节流器进口的压强 p_s 是一定的,故称为定压式。当动导轨(如工作台导轨)受到外载荷作用时,动导轨向下产生一个位移,导轨面间的间隙减小,使油腔的回油阻力增大,油腔中的压强也相应增大,以平衡外载,使导轨仍在纯液体摩擦状态下工作。定压式导轨可用固定节流器,也可用可变节流器。

在图 11.14 中,为保证流经油腔的压力润滑油流量为一定值,故每个油腔都需有一个定量油泵供油。为简化机构,常用多联齿轮泵。载荷变化会使导轨间隙变化,由于流量不变,油腔内的压强将随间隙而变。当载荷加大,间隙变小,则油压上升,反之则下降。但是因载荷变化引起间隙的变化很小,故也能得到较高的油膜刚度。这种导轨无节流器,既可减小油的发热,又可避免堵塞,但是需要多联液压泵,结构较复杂。

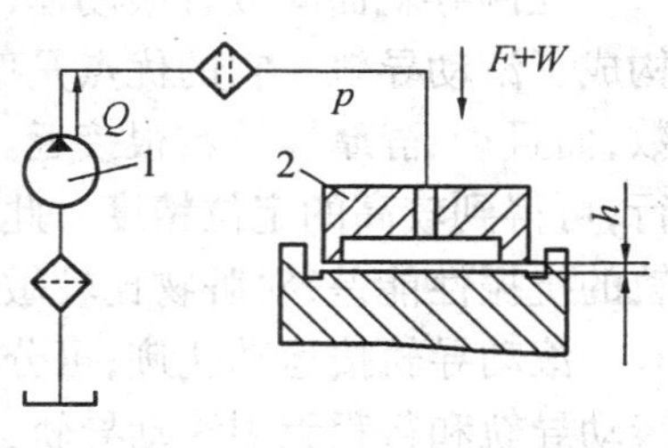

图 11.14 定量式静压导轨

11.3.3 卸荷导轨

重型机床移动部件的质量大,再加上工件质量和切削力,若全部由导轨承受,导轨的面积必须很宽,导轨面上的摩擦阻力也很大,不仅使驱动功率增加,而且会加快磨损,并易产生爬行。为提高导轨的耐磨性和低速运动的平稳性,可采用卸荷导轨。对于一些精密机床,为减少导轨面的摩擦力,提高运动部件的运动灵敏性,也常用卸荷导轨。可见,卸荷导轨多用于运动精度高和承载能力大的机床。

导轨的卸荷方式有机械卸荷、液压卸荷和气压卸荷三种。对于液压传动的机床,一般采用液压卸荷导轨,这样可共用一部分液压元件。对于不宜采用液压强制循环润滑的机床,可采用气压卸荷或机械卸荷导轨。

导轨卸荷量的大小用卸荷系数 $\alpha_{卸}$ 表示

$$\alpha_{卸} = \frac{F_{卸}}{F_{载}} \tag{11.6}$$

式中 $F_{卸}$ —— 导轨上一个支座的卸荷力(N);

$F_{载}$ —— 导轨上一个支座承受的载荷(N)。

对于大型和重型机床,减轻导轨的载荷是主要的,$\alpha_{卸}$ 应取大值($\alpha_{卸}=0.7$);对于高精度机床,保证加工精度是主要的,为防止产生漂浮现象,$\alpha_{卸}$ 应取小值($\alpha_{卸} \leqslant 0.5$)。例如,坐标镗床应取 $\alpha_{卸} \leqslant 0.5$,为提高工作台定位精度的稳定性,卸荷后导轨的平均压强应保证 $p_{av} \geqslant 0.025$ MPa;外圆磨床可取 $\alpha_{卸}=0.5$,对于滚齿机常取 $\alpha_{卸}=0.6$。

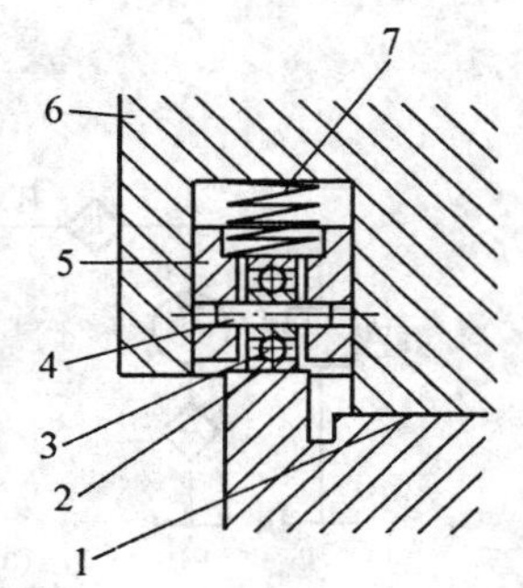

图 11.15 机械式卸荷导轨

图 11.15 是坐标镗床上所用的一种机械卸荷装置。在工作导轨 1 的近旁设置一辅助导轨 2,工作台 6 上的大部分载荷通过弹簧 7 作用在滑柱 5 上,再由滑柱的销子 4 通过滚动轴承 3 作用在辅助导轨 2 上,只有小部分载荷作用在工作导轨 1 上,使工作台移动轻便,保证了良好的移动精度。

液压卸荷导轨是在导轨面上开出油腔,结构与静压导轨相同,只是油腔的作用面积比静压导轨的小,油腔的压力不足以将运动部件浮起。但油腔的压力承受了一部分载荷,减小了滑动导轨面的压强,使滑动导轨卸荷。

11.3.4 滚动导轨

在两导轨面间放置滚动体(滚珠、滚柱、滚针),使导轨面之间具有滚动摩擦的性质,从而构成了滚动导轨。它的优点是摩擦系数小(0.002 5 ~ 0.000 5),远小于滑动导轨的摩擦系数,而且动、静摩擦系数很接近。因此,摩擦力小,摩擦热小,运动轻便,磨损小,不会产生爬行,可得到较高的定位精度。此外,滚动导轨可用油脂润滑,省去了许多麻烦。但是,滚动导轨的抗振性能差,对脏物比较敏感,必须有良好的防护装置。

滚动导轨按运动轨迹,可分为直线滚动导轨和圆周滚动导轨;按行程,可分为行程有限滚动导轨和行程无限滚动导轨;按滚动体形式,可分为滚珠导轨、滚柱导轨和滚针导轨等。

滚动导轨已广泛用于数控机床和机器人。在其他机床和机－电一体化产品上,也用得越来越多。其中,直线运动滚动支承已有各种类型,都已形成系列,并由专业厂家生产。用户可根据精度、寿命、刚度和结构进行选购。在设计时可详查相应的样本。

直线滚动导轨副的结构如图 11.16 所示。导轨条 7 是支承导轨,安装在支承件(如床身)上,滑块 5 装在移动件(如工作台)上,沿导轨条 7 作直线运动。滑块 5 中装有四组滚珠 1,在导轨条 7 和滑块 5 的直线滚道内滚动。当滚珠 1 滚到端点,如图(b)的左端,经端面挡块 4(由合成树脂材料制造)和滑块中的回珠孔 2 回到另一端,经另一端的挡块再进入循环。四组滚珠各有自己的回珠孔,分别处于滑块 5 的四角。四组滚珠和滚道相当于四个直线运动角接触球轴承。接触角 α 常为 45°。滚珠在滚道中的接触情况如图(c)所示。滚道的曲率半径约大于滚珠半径,在载荷作用下,接触区为一椭圆,接触面积随载荷的增加而加大。此类导轨用油脂润滑，定期通过注油嘴6(图(b))注油。用密封垫3和8密封，以防止灰尘进入。

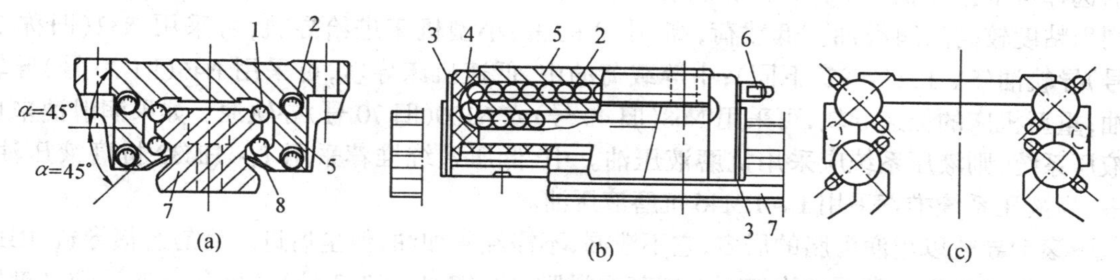

图 11.16　直线滚动导轨副

11.4　提高导轨耐磨性的措施

使导轨耐磨是设计者梦寐以求的目标。从设计角度来说，争取不磨损；在磨损不可避免时，争取少磨损，并力图使磨损均匀；磨损后能够补偿，以延长导轨的使用周期，这是提高导轨耐磨性的基本思路。

11.4.1　争取不磨损

导轨磨损的形式有硬粒磨损、拉伤、冷焊磨损、疲劳和压溃几种。不论以哪种磨损形式为主，磨损的根本原因是，配合面在一定压强作用下直接接触，并有相对运动。因此，不磨损的条件是，在配合面有相对运动时不直接接触，而接触时不作相对运动。

在导轨有相对运动时，使配合面间充满压力油楔，将摩擦面完全隔开，避免了配合面直接接触。如前述的静压导轨和动压导轨是纯液体摩擦。但是，动压导轨的油膜压强与相对运动速度有关。因此，在启动或停止的过程中仍难避免磨损。

11.4.2　争取少磨损

争取不磨损只在少数或特殊情况下才能实现，多数情况只能争取少磨损，以延长导轨的工作周期。

1.降低导轨面的压强

加大导轨面的接触面积和减轻导轨的负荷均可降低导轨面的压强。提高导轨面的直线度和细化表面粗糙度均可增加实际接触面积。加宽导轨面和加长动导轨的长度也可增加接触面积，但要与动导轨的自身刚度相匹配，否则受载后变形增大，使导轨面接触不均匀，面积虽然增大，实际未起作用。采用卸荷导轨是减轻工作导轨负荷、降低压强的好办法。

2.改变摩擦性质

用滚动副代替滑动副可减小磨损。在滑动摩擦副中保证充分润滑，避免出现干摩擦或混合摩擦，也可一定程度地降低磨损。良好的润滑不仅降低了摩擦力、减小磨损，而且能降低温升和防止生锈。导轨的润滑方式很多，应根据不同机床选用相应的润滑方式，对耐磨性要求较高的机床，应尽量采用自动和强制润滑。为使润滑油均匀分布在导轨面上，导轨面上必须开油沟(各种导轨油沟的形式与尺寸请参阅有关资料)。

滑动导轨一般用润滑油，滚动导轨既可用润滑油，又可用润滑脂。滑动导轨润滑油粘度的选择可根据导轨的工作条件和润滑方式选择。高速低载荷可用粘度较低的润滑油，反之，则用粘度较高的润滑油。低载荷，高、中速的中、小型机床进给导轨，可采用 N32(旧称 20 号)导轨油(SY 1227－82，下同)；中等载荷的中、低速机床导轨，可采用 N46(旧 30 号)导轨油；重型机床的低速导轨，可采用 N68(旧 40 号)或 N100(旧 70 号)导轨油。如果润滑油来自液压系统，则液压系统应采用抗磨液压油。中、低压系统推荐采用 L－HM32 抗磨液压油；中、高液压系统推荐采用 L－HM46 抗磨液压油。

滚动导轨以用润滑脂的居多，它不泄漏，不需经常加油；但尘屑进入后易磨损导轨，因此对防护要求较高。常用的为 ZL－2 锂基润滑脂(GB 7324－87，2 号)。只有易被污染又难以防护的地方，才用润滑油润滑。

3. 合理选择材料和热处理

导轨的材料一般有铸铁、钢、有色金属和塑料。在导轨副中，动导轨和支承导轨应分别采用不同的材料，以提高导轨的耐磨性和防止咬焊。如果采用相同的材料，也应采用不同的热处理方法使双方具有不同的硬度。目前，在滑动导轨副中，应用较多的是，动导轨采用镶装氟塑料导轨软带，支承导轨采用淬火钢或淬火铸铁。铸铁淬火有高、中频感应淬火(硬度可达 45～55HRC，淬硬深度为 1.5～3 mm，耐磨性可提高 2 倍)、火焰淬火(淬硬较深，但变形较大，增大了磨削工作量)和电接触淬火(深度可达 0.15～2 mm，硬度达 55HRC 以上，耐磨性可提高 1～2 倍)。用得较少的是，动导轨采用不淬硬铸铁，支承导轨采用淬硬钢或淬硬铸铁。高精度机床，因需采用刮研进行导轨的精加工，可采用不淬硬的耐磨铸铁导轨副。只有移置导轨或不重要导轨，才采用不淬硬的普通灰铸铁导轨副。

在直线运动导轨副中，长导轨(一般是支承导轨)用较耐磨和硬度较高的材料制造。这是因为长导轨各处使用的机会难以均等，磨损往往不均匀，对加工精度影响大。而短导轨磨损往往比较均匀，磨损后对加工精度影响不大，修复劳动量较小，而且容易刮研。长导轨防护也较困难，如裸露，易被刮伤等。

4. 采用合理的表面粗糙度和加工方法

导轨的表面粗糙度取决于导轨的精加工方法(精刨、磨削、刮研)，一般 Ra 在 0.8 μm 以下。精刨导轨由于刀具沿一个方向切削，使导轨表面的组织疏松，容易引起咬焊磨损，降低耐磨性。磨削导轨可将导轨表面疏松组织磨掉，提高耐磨性，一般用于淬硬后加工。刮研的导轨表面接触均匀，不易发生咬焊磨损，磨损均匀，易存油，耐磨性高。但刮研的劳动强度大，一般支承导轨采用精刨或精磨，动导轨采用刮研。对于导轨表面精加工质量要求高的机床，如坐标镗床、导轨磨床等导轨副多用刮研精加工。

5. 加强防护

加强防护可避免灰尘、切屑、砂轮屑等进入导轨副中，是提高导轨耐磨性的保护性措施。据统计，有可靠防护装置的导轨，比裸露导轨的磨损量减少 60%左右。目前，防护装置已有专门厂家生产，可以选购。

11.4.3　争取磨损均匀

磨损是否均匀对零部件的工作期限影响很大。例如，床身导轨，如果磨损均匀，对机床加工精度的影响一般不大，而且可以补偿。磨损不均匀的原因在于各部分使用的机会不均和导轨面上的压强分布不均。因此,争取磨损均匀的措施是:力求使导轨面上压强均匀分布,例如,导轨的形状和尺寸要尽可能对集中载荷对称;尽量减小扭转力矩和颠覆力矩;保证工作台、溜板等支承件有足够的刚度;导轨副中全长上使用机会不均的那一件硬度高一些,例如,车床床身导轨要比床鞍导轨的硬度高。

11.4.4　磨损后应能补偿

导轨磨损后间隙变大了,设计时应考虑在结构上能补偿这一间隙。补偿方法可以是连续的自动补偿,也可以是定期的人工补偿。自动连续补偿可以靠自重,例如卧式布置的三角形导轨。定期的人工补偿,如矩形和燕尾形导轨靠镶条调整,闭式导轨的压板调整等。

习题与思考题

1.下列导轨选择是否合理?为什么?

(1) 卧式车床的床鞍导轨采用 V 形导轨;

(2) 龙门刨床的工作台导轨采用山形导轨;

(3) 拉床采用圆柱形导轨;

(4) 铣床工作台导轨采用滚动导轨;

(5) 组合钻床动力部件的导轨采用静压导轨。

2.已知外圆磨床加工时的切削力为 F_c、F_p,工作台重量为 W,工件直径为 D,机床中心高为 H,导轨间距为 B (题图 11.1),试求作用在前、后导轨面上的力。

3.试述:

(1) 双矩形导轨水平布置时,侧导向面的选择原则;

(2) 镶条位置的选择原则。

(3) 直线运动滑动导轨间隙的调整方法及应用场合。

4.何谓导轨的精度保持性?如何提高导轨精度保持性?

5.动压导轨、静压导轨及滚动导轨各适用于怎样的场合?为什么?

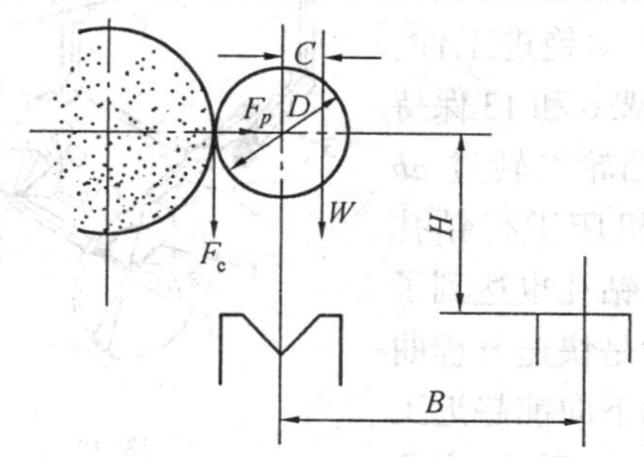

题图 11.1　外圆磨床受力分析简图

6.哪些机床适合采用卸荷导轨?为什么?液体卸荷导轨和液体静压导轨有何区别?

第十二章　机床的控制和操纵

机床通常以电动机、伺服电动机、液压马达为动力，通过机械传动、液压传动或气压传动来实现部件的运动。部件的运动规律由控制系统控制。例如：运动的变速、换向、启动、停止；各部件运动的先后次序，运动轨迹和距离；换刀、测量、冷却液与润滑油的供应和停止等等。

机床的控制按能量可分为机械、电气、液压、气动及其组合，如机－电、机－电－液等控制系统；按指令控制方式可分为时间控制、顺序控制、数字控制。机床的数字控制，在第五章中已有描述，本章只简述时间控制和顺序控制。

12.1　时间控制

机床的时间控制系统常采用凸轮机构，各部件动作的时间分配和运动的行程信息都记录在凸轮上。凸轮控制主要用在机械传动的自动、半自动机床上。凸轮的形状和安装角度的不同，可以控制执行部件的先后动作顺序。凸轮回转一周，完成一个工作循环。改变凸轮的转动速度，可改变工作循环周期。

图 12.1 为凸轮控制原理图，分配轴Ⅰ、Ⅱ上装有凸轮 A、B和 C，同分配轴一起旋转。加工周期从凸轮点 O开始，此时三个杠杆 2、12、8 的滚子都在点 O 与凸轮接触。凸轮转过 α_1 角，杠杆滚子与凸轮在点 a 接触。凸轮 C 的 Oa 段是快速升程曲线，在杠杆 8 的作用下刀架 7 快速移动趋进工件。凸轮 A 和 B 的半径不变，刀架 6 和 13 保持不动。当凸轮转过 α_2 角时，凸轮 C 转过 ab 段，该段是加工升程曲线，机床进行钻孔加工，点 b 是升程的最高点，钻孔也达到了要求的深度。凸轮 B 的 ab 段是快速升程曲线，刀架 13 在杠杆 12 的推动下向前趋近工件。凸轮 A 的半径不变，刀架 6 不动。当凸轮从 b 转到点 c 时，凸轮 C 的 bc 段是回程曲线，凸轮半径减小。杠杆 8 在回程曲线作用下使刀架退回原位。凸轮 B 的 bc 段仍是快速升程曲线，刀架 13 继续趋近工件。凸轮 A 的半径不变，刀架6不动。凸轮与杠杆滚子的触点越过 c 以后，凸轮 B的 cd 段是加工升程曲线，刀架 13 向前作进给运动，刀具进行切削加工。凸轮 A和 C的 cd 段是圆弧，半径不变，刀具 6、7 保持不动。当凸轮转至点 d 与杠杆滚子接触时，凸轮 B 达到了加工升程曲线的最高点，刀架 13 达到了要求的切削深度。凸轮 A 处于升程曲线的起点。当凸轮从点 d 转到点 e 时，凸轮 A 使刀架 6

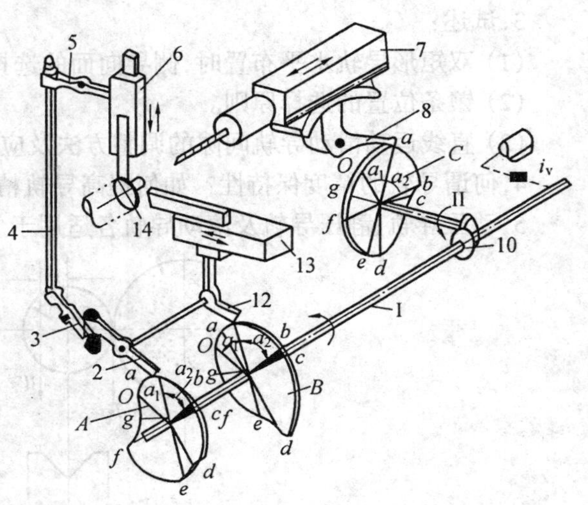

图 12.1　凸轮控制原理图

快速引进；凸轮 B 使刀架 13 快速后退；凸轮 C 的 *defgO* 半径不变，使刀架 7 停留在最后位置，直到下一循环开始。当凸轮转至点 *f* 时，凸轮 A 使刀架 6 完成进给；转至点 *g* 时，完成快退。凸轮 B 的 *efg* 段半径不变，使刀架 13 停在后面位置不动。当凸轮与杠杆滚子的接触点 *g* 到 *O* 时，三个凸轮的半径不变，三个刀架都不动，此时机床进行自动上料、夹紧、换刀等辅助运动。

分配轴 Ⅰ、Ⅱ 旋转一周的时间由换置机构 i_v 控制，改变 i_v 的传动比可改变凸轮的旋转速度，即可调整加工周期。

12.2 顺序控制

顺序控制是指以机械设备的运行状态和时间为依据，在各个输入信号的作用下，使其按预先规定好的动作次序进行工作的一种控制方式。顺序控制使用的装置主要有两种：一种是传统的“继电器逻辑电路”，简称 RLC（relay logic circuit）；另一种是“可编程控制器”（programmable controller），即 PC。机床的顺序控制主要是对机床各个开关量的控制。

12.2.1 继电接触控制

RLC 是将继电器、接触器、按钮、开关等机电式控制器件用导线连接而成的具有顺序控制功能的电路。图 12.2 为某加工生产线——钻孔工序的继电器逻辑控制图。此工序的动作过程要求如下：

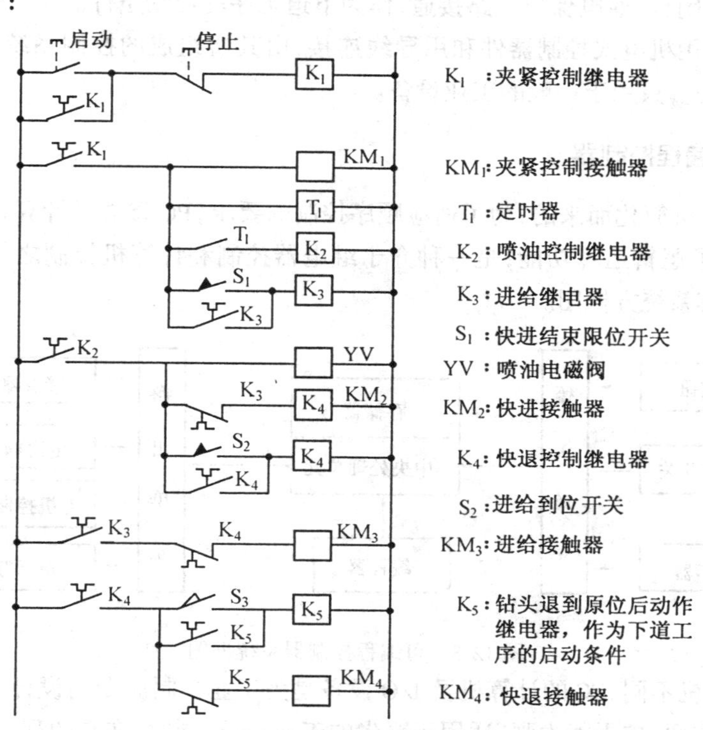

图 12.2　钻孔工序的继电器逻辑控制图

（1）按启动按钮启动后，夹紧控制继电器 K_1 线圈接通，K_1 的两个常开触点闭合。其中第一个常开触点用来保持 K_1 的接通，第二个常开触点用来启动下一个动作。

(2) 控制继电器 K_1 的第二常开触点接通后，下面的四个支路将相继动作。

①夹紧控制接触器 KM_1 线圈接通，则夹紧装置动作，完成工件的夹紧。

②定时器 T_1 开始计时，延时 10 s，等待夹紧动作完成后，T_1 的常开触点闭合。

③T_1 的常开触点闭合后，喷油控制继电器 K_2 线圈接通，K_2 的常开触点闭合，接通控制冷却油的喷油电磁阀 YV 吸合，开始喷射冷却油；同时，快进接触器 KM_2 线圈接通，钻头向工件方向快进。

④当接近工件时，快进结束限位开关 S_1 被压紧闭合，进给继电器 K_3 线圈接通，则进给开始，快进结束。具体动作为：K_3 的一个常开点闭合，使继电器 K_3 的通电保持线路接通；第二个常开点闭合，使进给接触器 KM_3 线圈接通，开始进给运动；K_3 常闭点断开，用来互锁快进接触器 KM_2，结束快进。

(3) 钻削进给开始后，当达到预定深度时，进给到位开关 S_2 被压紧闭合，快退控制继电器 K_4 线圈接通，则进给结束，钻头快速退回。具体动作为：K_4 的第一个常开点闭合，使继电器 K_4 的通电保持线路接通；第二个常开点闭合，使快退接触器 KM_4 线圈接通，钻头开始快速退回；K_4 常闭点断开，用来互锁进给接触器 KM_3，钻削进给结束。

(4) K_4 第二个常开点闭合后，当钻头快速退回到原位时，限位开关 S_3 闭合，控制继电器 K_5 线圈接通。K_5 的常闭点断开，使快退接触器 KM_4 线圈断电，钻头停止移动。钻削工序结束。K_5 的常开点闭合，通电保持线路接通，作为下道工序的启动条件。

由于 RLC 采用机电式控制器件和用导线连接，由其所组成的控制系统体积庞大、功耗高、可靠性差，因此，只用于一般的工业设备。

12.2.2 可编程控制器

PC 是由计算机简化而来的，为了适应顺序控制的要求，PC 省去了计算机的一些数字运算功能，而强化了逻辑运算功能，是一种介于继电器控制和计算机控制之间的自动控制装置。图 12.3 是其系统方框图。

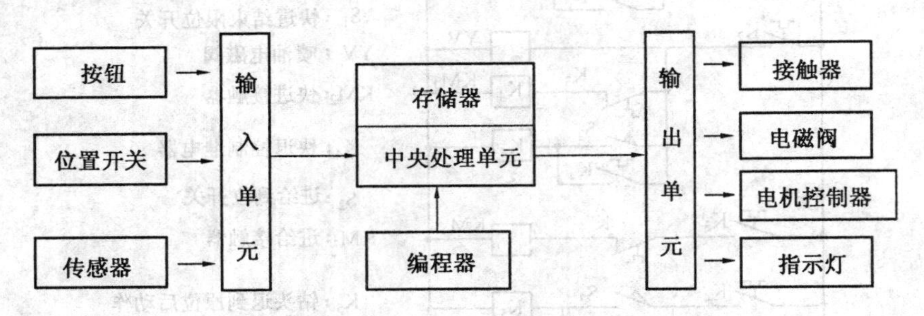

图 12.3　可编程控制器系统框图

与一般计算机不同，PC 的计算机及 I/O 设备是为工业控制而专门设计的，它结构紧凑、安全可靠、使用方便、抗干扰力强，适用于恶劣的工业环境；同时，在它的程序设计语言中，专为工程技术人员提供了“继电器梯形符号语言”，即梯形图，与传统的继电器控制原理图相似，十分易于掌握。

PC 的输入单元有直流和交流两种形式。输出单元有晶体管输出、继电器输出和可控硅输出等形式。

现以前面的钻孔控制系统设计为例，应用 PC 来完成上述钻削控制过程，设计过程常有以下几个步骤：

(1) 按实际加工工艺要求画出加工过程流程图，根据流程图画出逻辑控制图。这里采用前面的继电器逻辑控制图(图 12.2)，另外，也可采用布尔表达式、逻辑方框图等。

(2) 根据逻辑控制图确定输入输出点数和形式，选择功能和容量均满足要求的 PC。

(3) 对应逻辑控制图画出 PC 梯形图。首先把外部输入信号(按钮、限位开关、其他来自现场的控制信号)连接到 PC 的输入口的端子上。再把 PC 的输出信号(控制外部接触器、电磁阀等信号)与外部执行器相连。然后按逻辑控制图应用 PC 内部继电器、计数器/定时器等单元画出梯形图，如图 12.4 所示。PC 中输入/输出线圈、内部继电器及触点、特殊功能单元、计数器/定时器等都有规定的编号和地址。

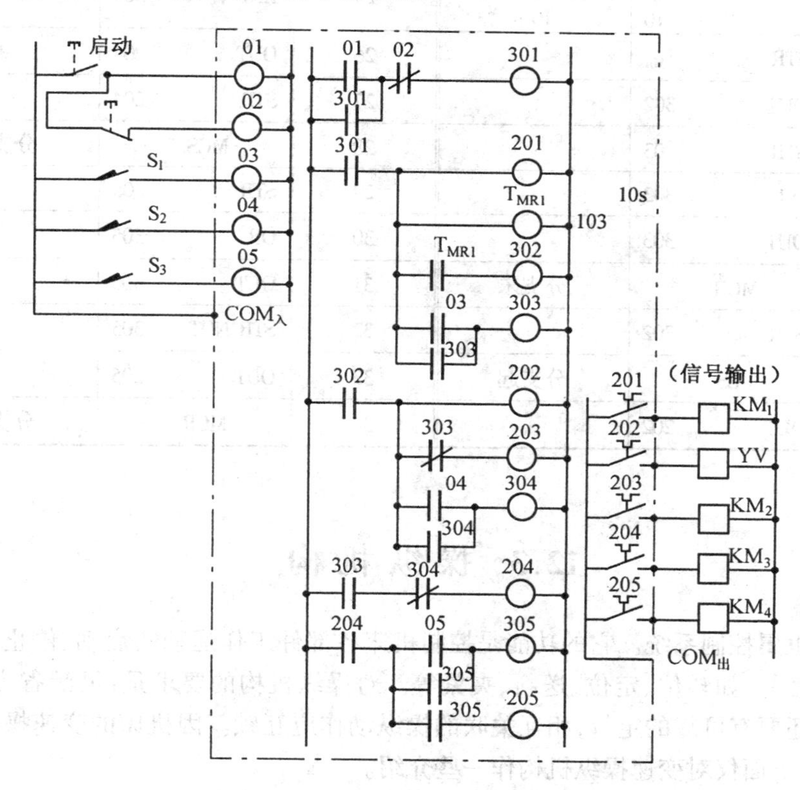

图 12.4　钻孔过程的梯形图

(4) 程序的输入、调试、考核和运行。把编好的程序通过编程器输入到 PC 内(本例中，PC 选用的是美国 GE 公司的 GE－Ⅰ型，输入的钻孔程序清单见表 12.1)。然后，按工艺要求进行离线调机。最后，将现场的输入、输出信号与 PC 相连进行在线调试，直到满足现场要求为止。

表 12.1 钻孔工艺的程序清单

序号	指令		备注	序号	指令		备注
1	SRT	01		18	STR NOT	303	
2	OR	301		19	OUT	203	
3	AND NOT	02		20	STR	04	
4	OUT	301		21	OR	304	
5	STR	301		22	OUT	304	
6	MCS		分支起	23	MCR		分支末
7	OUT	201		24	STR	303	
8	T_{MR}	1 10	1 # 定时器定 10 s	25	AND NOT	304	
9	STR	T_{MR}		26	OUT	204	
10	OUT	302		27	STR	204	
11	STR	03		28	MCS		分支起
12	OR	303		29	STR	05	
13	OUT	303		30	OR	305	
14	MCR		分支末	31	OUT	305	
15	STR	302		32	STR NOT	305	
16	MCS		分支起	33	OUT	205	
17	OUT	202		34	MCR		分支末

12.3 操纵机构

操纵机构也属控制系统。它的功能是控制机床各部件工作运动的启动、停止、变速、换向以及辅助运动等,如转位、定位、送料、夹紧等。对操纵机构的要求是:灵活省力、操纵方便、安全可靠,还要有可靠的定位,相互关联的操纵动作应互锁。因机床的变速操纵机构较为复杂和典型,下面仅对变速操纵机构作一些介绍。

12.3.1 操纵机构的分类

1.单独操纵机构和集中操纵机构

一个手柄只控制一个执行件的称为单独操纵机构。它的特点是结构简单、易于制造,广泛用于执行件少、动作不太频繁的机床上。缺点是当执行件较多时,操纵手柄也相应增多,使用不便。

一个手柄控制两个或两个以上执行件的称为集中操纵机构。这种操纵机构使用方便,操作时间短,但结构较复杂。集中变速操纵机构有顺序变速操纵机构、选择变速操纵机构和预选变速操纵机构三种。

2.移动式操纵机构和摆动式操纵机构

图 12.5 所示的是带导向孔拨叉的移动式操纵机构，手柄 5 经轴 6、齿扇 4、齿条 3，使带导向孔的拨叉 1 在导向杆 2 上移动来控制滑移齿轮，实现变速。轴 6 与拨叉 1 之间的传动也可以采用齿轮、齿条、拨销滑块等实现。这种传动多用于操纵行程较大的滑移齿轮。

摆动式操纵机构是通过摆杆 3、滑块 2 来拨动滑移齿轮 1(图 12.6)。

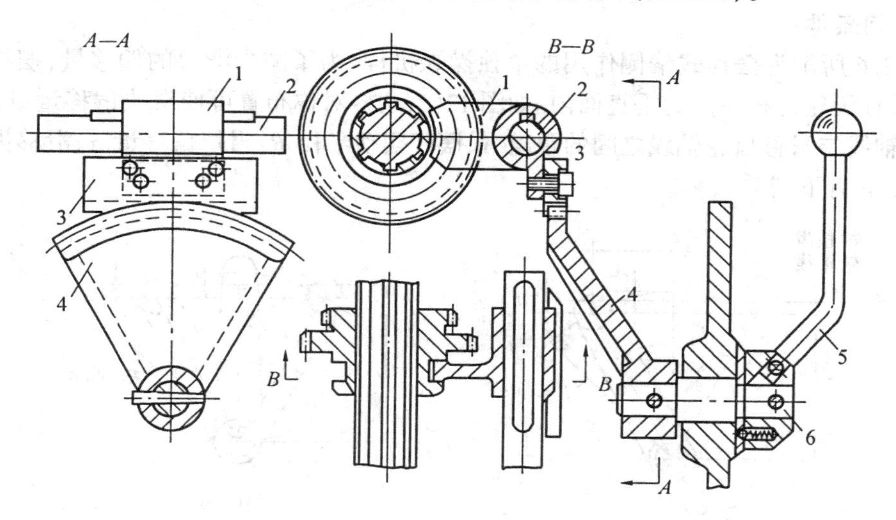

图 12.5　移动式操纵机械

1—拨叉；2—导向杆；3—齿条；4—齿扇；5—手柄；6—轴

3.偏侧作用式操纵机构和对称作用式操纵机构

偏侧作用式操纵机构见图 12.6。滑块 2(或拨叉)是从一边拨动滑移齿轮 1，因此，滑移齿轮被推动过程中受偏转力矩。为防止自锁，可用对称作用式操纵机构(图 12.7)。这时拨动力通过或接近滑移齿轮轴线，改善了受力状况，但装拆不便。

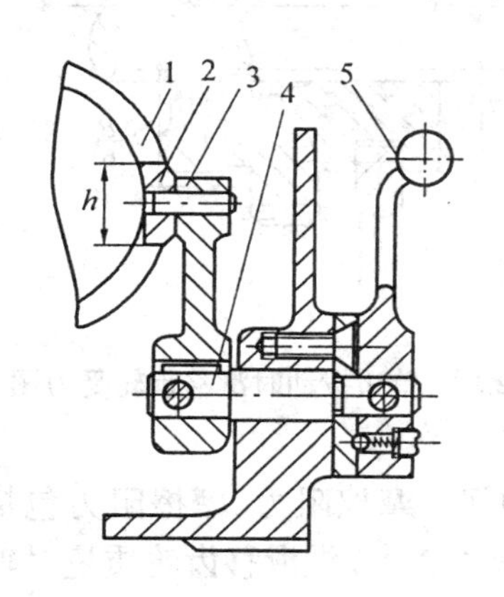

图 12.6　摆动式操纵机构

1—滑移齿轮；2—滑块；3—摆杆；4—轴；5—手柄

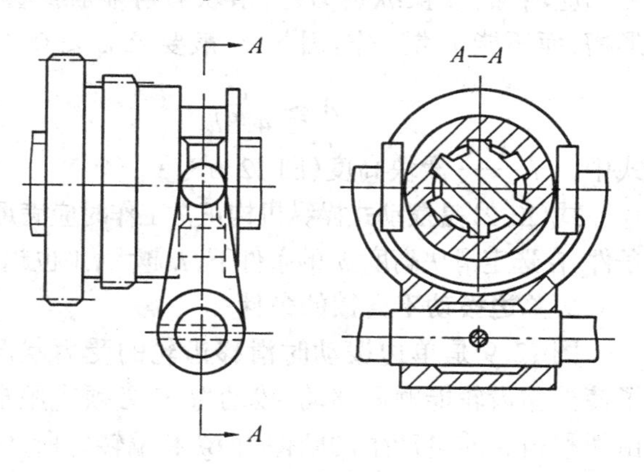

图 12.7　对称作用式操纵机构

4.滑动摩擦式和滚动摩擦式操纵机构

如果操纵件与被操纵件间为滑动摩擦,称为滑动摩擦式操纵机构。反之,称为滚动摩擦式操纵机构。滚动摩擦式操纵机构常用在被操纵件工作过程中客观存在轴向力或装在重直轴上有重力作用的场合,拨叉在受力侧装有推力轴承,以承受轴向力。

12.2.2 变速操纵机构正常工作的两个条件

1.几何条件

图 12.6 所示为摆动式偏侧作用的单独操纵机构。为了减少滑块的偏移量,摆杆轴最好布置在滑移齿轮行程中点的垂直面内。如图 12.8,这样对称布置可使滑块偏移量 a 最小。这时,摆杆轴线与滑移齿轮轴线之间的距离 A、摆杆摆动半径 R、滑块偏移量 a、滑移齿轮总移动量 L 之间有下列关系

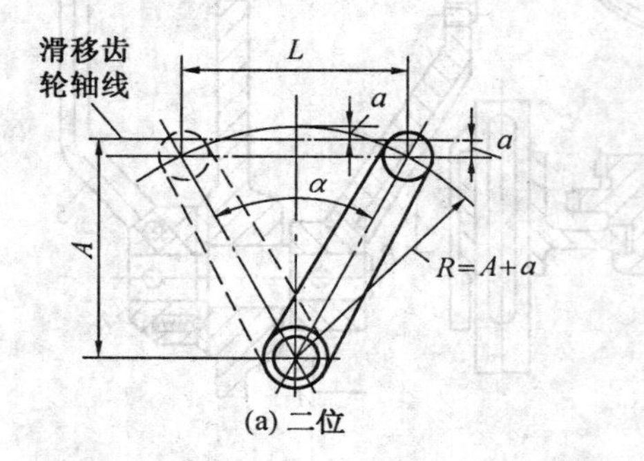

(a) 二位

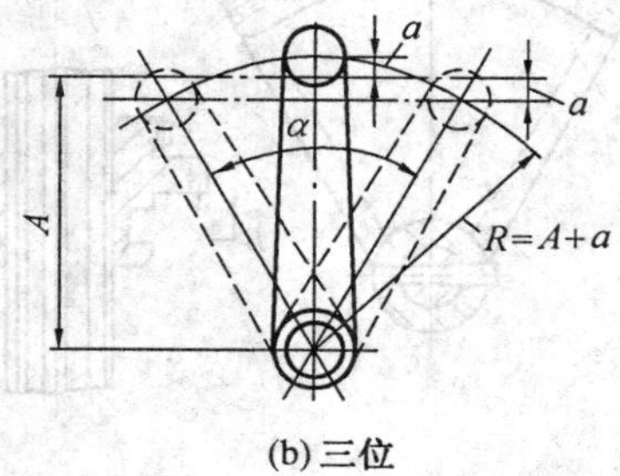

(b) 三位

图 12.8 摆杆轴的布置

$$R = A + a$$

$$A = \frac{L^2}{16a} \tag{12.1}$$

由式(12.1)可知,A 值不宜过小,否则在 L 一定的条件下,a 将增大,使作用在滑移齿轮上的偏转力矩和摩擦力相应增加,使操纵费力,且滑块有可能脱离齿轮的环形槽,而不能正常工作。因此,一般要求 $a \leqslant 0.3\,h$,则

$$A \geqslant \frac{L^2}{4.8h} \tag{12.2}$$

式中 h—— 滑块高度(图 12.6)。

式(12.2)是摆动式操纵机构正常工作时应满足的几何条件。在选定滑块高度 h 的条件下,L 越大,A 也越大。

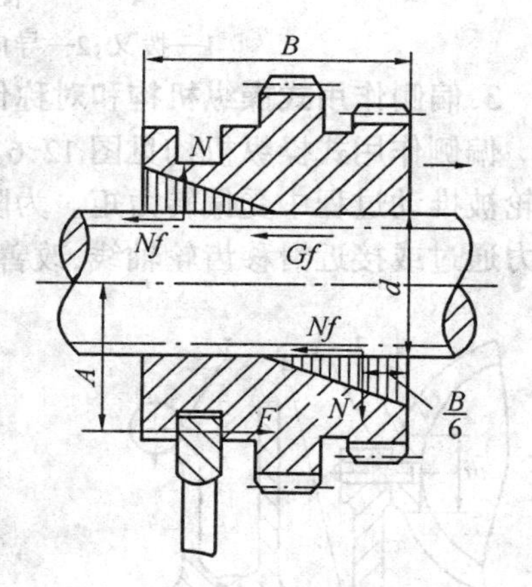

图 12.9 单边拨动时滑移齿轮受力图

2.单边拨动不自锁的条件

图 12.9 是单边拨动时滑移齿轮的受力状况图。为了使滑移齿轮能顺利移动,拨动力 F 必须克服滑移齿轮与轴间的摩擦阻力。摩擦阻力包括由滑移齿轮质量产生的摩擦力 Gf 和偏转力所产生的附加摩擦力 $2\,Nf$。设滑移齿轮质量对轴的正压力 G 是沿接触全长均匀分布,附加正压力 N 是在接触长度一半按三角形分布,不考虑其他阻力,有

$$F = G \cdot f + 2N \cdot f$$

$$F \cdot A = \frac{2}{3} N \cdot B$$

式中 B—— 滑移齿轮长度,一般取 $B \geqslant d$;

f—— 静摩擦力系数,一般取 $f = 0.3$ 左右;

A—— 滑移齿轮中心到拨叉拨动部位的径向距离。

联立上两方程可得

$$F = \frac{Gf}{1 - \frac{3A}{B} f}$$

代入 f 值后,可知当 $\frac{A}{B} \geqslant 1$ 时,会发生自锁,因此设计时应保证使 A 满足下列条件

$$\frac{A}{B} < 1 \quad \text{即} \quad A < B \tag{12.3}$$

12.4 集中变速操纵机构

12.4.1 顺序变速集中操纵机构

顺序变速是指各级转速的变换按一定的顺序进行,即从某一转速转换到按顺序为非相邻的另一种转速时,滑移齿轮必须按顺序经过中间各级转速的啮合位置。

用凸轮机构来实现顺序变速操纵,具有结构简单、工作可靠、操纵方便等特点。

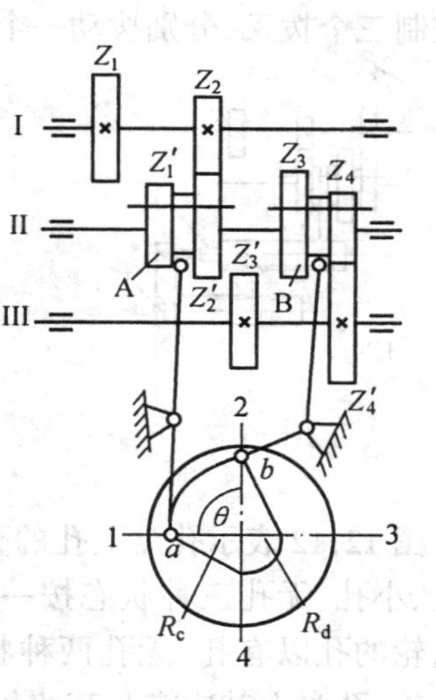

图 12.10 平面凸轮操纵原理

图 12.10 为平面凸轮集中操纵的四级变速传动原理图。轴 Ⅱ 上有两个双联滑移齿轮 A 与 B。这两个滑移齿轮由一个平面凸轮上的一条曲线槽同时控制。该曲线槽称为公用凸轮曲线。图中所示公用凸轮曲线为理论轮廓曲线。a、b 表示两个滚子中心,1、2、3、4表示凸轮上四个变速位置。当转动凸轮时,从动件受凸轮曲线槽的控制,使滑移齿轮移动。滚子中心 a 在凸轮曲线槽中的定位半径为长半径时,滑移齿轮 A 在右位,如图示位置,短半径时在左位;滚子中心 b 定位半径为长半径时,滑移齿轮 B 在右位,短半径时在左位。这样 A 和 B 共有四种不同的位置相组合,若用 R_c 表示长半径,R_d 表示短半径,则按变速顺序把转速与滑移齿轮、定位半径的关系列于表 12.2 中。

表 12.2 转速与齿轮位置、定位半径的关系

转速		n_1	n_2	n_3	n_4
滑移齿轮	A	右	左	右	左
	B	右	右	左	左
滚子中心	a	R_c	R_d	R_c	R_d
	b	R_c	R_c	R_d	R_d

从表中可看出，如果从转速 n_1 变到 n_4，必须经过 n_2、n_3 转速才可得到。

12.4.2 选择变速集中操纵机构

选择变速是指从一个转速换到另一个转速时，各滑移齿轮不经过中间各级转速的啮合位置的变速方式。这样，齿轮顶住的机会减少，齿面磨损小，变速时间缩短，操作省力。但结构稍复杂。下面以孔盘式选择变速集中操纵机构为例，说明其工作原理。

铣床主轴变速操纵机构见图 6.10。在孔盘 6 上分布着两种不同尺寸的孔：大孔和小孔。孔盘可随轴转动，也可由连杆 5 控制作轴向移动。每一对齿条轴带动一个拨叉，齿条轴移动时，即拨动滑移齿轮移动。

图 12.11 为孔盘控制其中一个三联滑移齿轮的变速过程。当处于工作位置 Ⅰ 时，孔盘将拨叉推到左边位置。从工作位置 Ⅰ 变到工作位置 Ⅱ 时，先使孔盘向右退离齿条轴 1 和 1′，然后转动孔盘，进行选速，再将孔盘推向左边，这时一对齿条轴右端小轴均从孔盘小孔中通过，把滑移齿轮推到中间位置。同理，在工作位置 Ⅲ 时，下面齿条轴被孔盘推向左边，上面齿条轴右端直径较大的轴段从孔盘的大孔中通过，使拨叉带动滑移齿轮移动至右面位置。孔盘同时控制三个拨叉，分别拨动一个双联滑移齿轮和两个三联滑移齿轮，可变换 18 种转速。

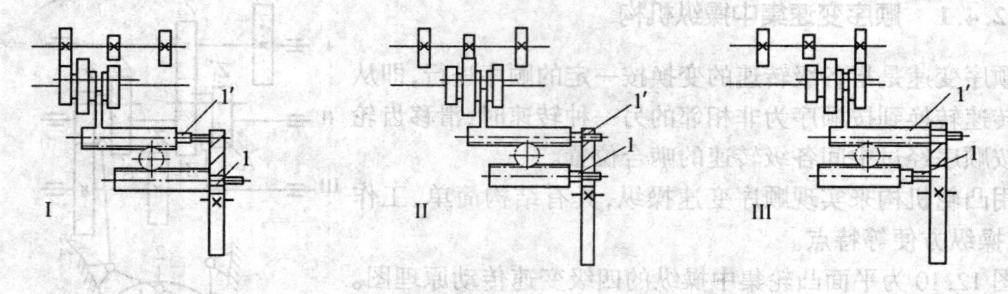

图 12.11 孔盘工作原理

图 12.12 表示孔盘上孔的分布。控制三联滑移齿轮的孔以大孔、小孔、无孔三种状态按一定的变速要求排列；控制双联滑移齿轮的孔以有孔、无孔两种状态排列。一个孔盘控制几个滑移齿轮，孔盘上就应有几套按各自规律排列的孔。

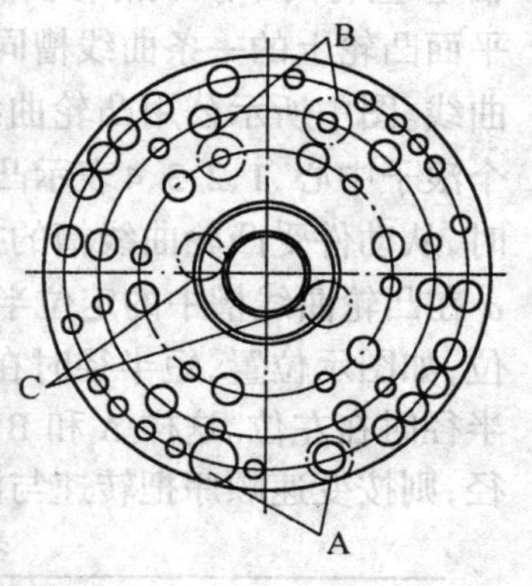

图 12.12 孔盘上孔的分布

12.4.3 预选变速集中操纵机构

预选变速是指机床在加工过程中就预先选好下道工序所需的转速，在完成上道工序停车后，只进行变速而不需选速的一种变速方式。可见，它与选择变速的主要区别在于选速过程和加工过程重合。如果把上述孔盘式选择变速机构中的定位元件安置在滑移齿轮上，就成了预选变速机构。这样，在加工时可把孔盘拨出，转动孔盘预选下道工序的转速，停车后推进孔盘就完成了变速。采用预选变速可缩短辅助时间，提高机床生产率。预选变速机构可分为机械的、液压的和电气的三种。现以某摇臂钻床的液压预选变速集中操纵机构为例，介绍其工作原理。

1.工作原理

某摇臂钻床主传动系统共有四个双联滑移齿轮,可以变换16种转速。与主轴啮合的双联滑移齿轮有三个变换位置,中位为空挡。主轴正反转靠摩擦离合器变换。预选变速的工作原理见图12.13。扳动手柄7,经操纵阀5,可分别控制主轴的变速、空挡、正、反转及停车。下面主要介绍预选变速原理。

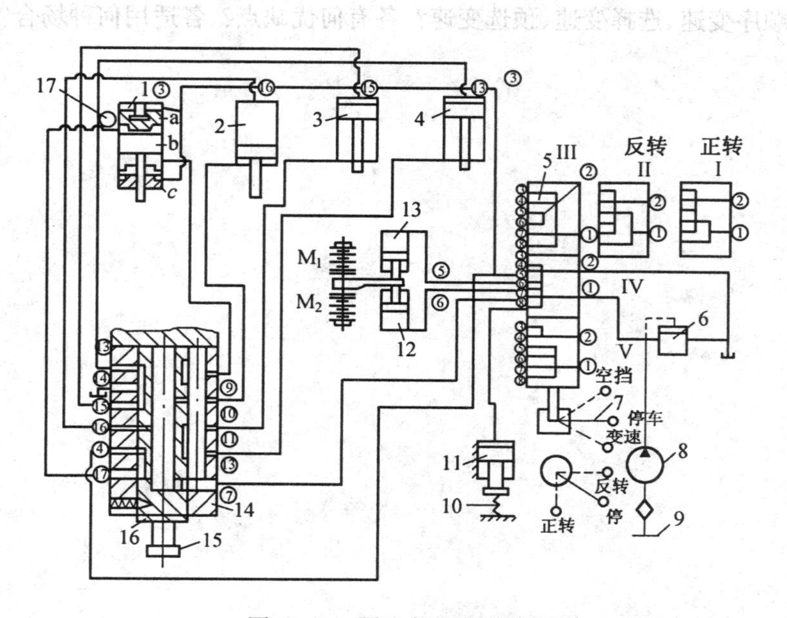

图12.13　预选变速液压原理图

1—三位油缸;2、3、4—变速油缸;5—变速操纵阀;6—溢流阀;7—手柄;
8—油泵;9—油池;10—弹簧;11—制动油缸;12、13—油缸;
14—预选操纵阀;15—预选旋钮;16—阀芯

当手柄7向下扳至变速位置时,将变速操纵阀5的阀芯向上推移,使第V位置与油路接通。这时从油泵打出的压力油通过油路①和变速操纵阀5,再分别经油路⑤、⑥、⑦、⑧进入各油缸。经油路⑧进入制动油缸11,使其活塞下移,从而松开靠弹簧压紧的制动摩擦片;经油路⑤和⑥的油分别进入油缸12和13,因油缸13的活塞直径比油缸12大,故使活塞下移,摩擦离合器M_1轻轻接合,传动轴得到缓慢转动,为滑移齿轮顺利啮合创造了条件;通过油路⑦的油进入预选阀14,其中一部分直接进入各变速油缸的下腔,一部分经阀芯的横向孔进入各变速油缸上腔。油缸2、3、4为双位变速的差动油缸,若上、下腔同时进压力油时,活塞下移,若上腔与阀的回油孔接通时,活塞上移。油缸1为三位油缸,上、下两个位置为变速位置,原理同上。中位为空挡,工作原理为:将手柄7扳到空挡位置时,压力油同时从油缸1的顶部和底部流进上、下两腔,使上腔中的活塞a向下顶活塞b,直到a被限位为止,下腔活塞c向上移动到与活塞b相遇为止,因活塞c的面积比活塞a的面积小,因而不能使活塞b上移,活塞b将停在中位上,此时活塞b拨动的双联滑移齿轮处于脱开位置。

在机床加工过程中进行选速时,转动旋钮15到所要求的转速位置。预选阀芯也随着接通了与需要转速相对应的油路。当上道工序完毕停车后,将手柄7扳到"变速"位置,使压力油按预选阀所接通的油路,推动各变速油缸的活塞。变速油缸均装在滑移齿轮所在轴的上端，活塞经活塞杆及连接销带动滑移齿轮移动变速。变速完毕，将手柄 7 扳回到“停车”位置，切断了通往各变速油缸的油路。这时滑移齿轮由各自的钢球定位，即可开车进行加工。

习题与思考题

1. 机床的单独变速操纵机构和集中变速操纵机构有何区别？举例说明。

2. 什么是顺序变速、选择变速、预选变速？各有何优缺点？各适用何种场合？

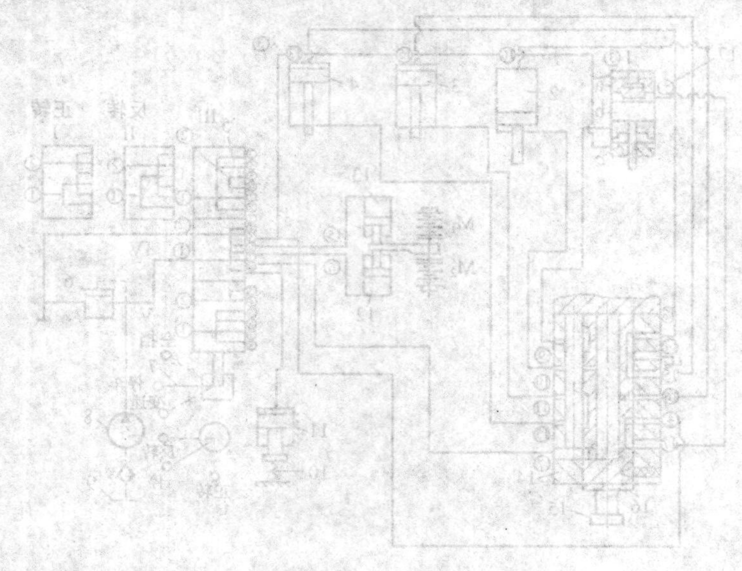

第十三章 总体设计

机床设计和其他产品设计一样,都是根据市场的需求、现有制造条件和可能采用的新工艺以及有关科学技术知识进行的一种创造性劳动。随着科学技术的发展,机床设计工作已由单纯类比发展到分析计算;由单纯静力分析发展到包括静态、动态以及热变形、热应力等的分析;由定性分析发展到定量分析,使机床产品在设计阶段就能预测其性能,提高了一次成功率。特别是在计算机辅助设计的发展和应用以及生产社会化的有利条件下的今天,不仅能提高机床设计的效率,缩短设计周期,而且许多零部件均可外购,缩短了产品的制造周期,可更好地满足市场的需求。

13.1 机床设计应满足的基本要求

评定机床性能的标准是其技术经济指标,具体体现在技术先进、经济合理两方面。只有“质优价廉”的机床产品才会在国际、国内市场的激烈竞争中争得一席之地,也才会受到用户的认可与欢迎。机床设计的技术经济指标一般可以从“性能要求、经济效益和人机关系”等方面进行分析讨论。

13.1.1 性能要求

1.工艺范围

机床的工艺范围是指机床适应不同加工要求的能力。大致包括如下内容:在机床上可完成的工序种类;加工零件的类型;材料和尺寸范围,毛坯的种类等。

专用机床是针对特定工件或特定工序设计的,工艺范围较窄,适用于大批量生产。而通用机床是为适应各种工业部门的需要并完成尽可能多的工序要求而设计的,因此,工艺范围应当宽一些,一般只适用于单件、小批量生产。数控机床的加工范围比传统的通用机床更宽。例如,数控车床可以完成卧式车床、转塔车床、多刀半自动车床和仿形车床等的加工范围的加工。各种加工中心则在数控车床的基础上,进一步拓宽了工艺范围。例如,铣镗加工中心。由于备有刀库,在加工过程中可以自动更换多种刀具,可在一次装夹下完成较多工序的加工。备有可转位工作台的加工中心,还可进行多面加工。此外,还有数控与仿形相结合的加工中心和主轴可立可卧的“五面加工”机床等。因此,加工中心不仅比通用机床的工艺范围宽得多,而且调整方便,又可获得很高的加工精度。又如,车削中心。它是在数控车床的基础上,增加了动力刀具,可以钻、铣,主轴又可作分度运动。主轴旋转与刀架的纵横向移动相配合,可铣削螺旋沟槽等。

2.加工精度和表面粗糙度

机床的加工精度是指被加工零件在尺寸、形状和相互位置等方面所能达到的准确程度。零件的加工精度是由机床、刀具、夹具、切削条件和操作者等多方面的因素决定的。不言而喻,就机床而言,必须具备一定的精度。目前,将机床的精度分三级:普通级、精密级和高精度级。如以普通精度为 1,则这三种精度等级的公差比例是 1:0.4:0.25。机床的精度包括几何精度、运动精度、定位精度和传动精度等。几何精度是指机床在不运转或低速运转时部件间相互位置精度和主要零件的形位精度;运动精度是指在机床的主要零部件以工作速度运动时的几何位置精度(如高速运动的主轴或工作台的几何位置,会随油膜的动压效应及滑动面的形位误差而变化,这种很小的变化对加工精度要求较高的磨床、坐标镗床是不能忽视的,通常用这种变化量的大小来说明机床运动精度的高低);定位精度是指机床主要部件运动到终点所达到的实际位置精度;传动精度是指机床内联传动链各末端执行件之间运动的协调性和均匀性。

机床是在承受一定载荷状态下工作的,为保证加工精度,机床还必须具有足够的刚度,即机床和主要零部件有足够的抵抗外载荷的能力,使其在外载荷作用下保证各主要零部件相互位置的准确性。除此而外,影响加工精度的因素还有机床构件残余应力引起的变形、热变形和磨损等。

机床加工零件的表面粗糙度是机床的主要性能之一。它与被加工零件的材料,刀具的材料、进给量、刀具的几何形状和切削时有无振动等有关。零件表面质量的要求越高,即表面粗糙度要求越小,则对机床的抗振性的要求也越高。机床的抗振性是指抵抗受迫振动和自激振动的能力。如果振动源的频率与机床某一主要部件(如主轴、床身)的某一振型(如弯曲振动、扭转振动)的固有频率一致时,将产生共振。这将使表面粗糙度大大增加,甚至不能正常工作。自激振动则是产生于切削过程中,如果切削不稳定,将使切过的表面波纹度大幅度增加,严重破坏被加工零件的表面质量。

3.生产率

机床的生产率是指在单位时间内,机床所能加工的工件数量。因此,提高机床的生产率就是缩短加工一个零件的平均总时间,包括缩短切削时间、辅助时间以及分摊到每个零件上的准备和结束时间。采用先进刀具,提高切削速度,采用大切深、大进给、多刀多刃和成形切削、以铣代刨等都可缩短切削时间,以提高生产率。例如,有的数控车床的切削速度可达 475 m/min或更高。磨削速度也在 80 m/s 以上。高速滚齿机的切削速度已达 305 m/min。缩短辅助时间的办法有:用高速机动快移实现空行程运动;采用气动或液压夹盘装夹工件;采用自动测量和数字显示等。

4.自动化

机床自动化可减少人对加工的干预,更好地保证被加工零件精度的稳定性,同时还可提高生产率,减轻工人的劳动强度。对于大批大量生产,常采用自动化单机(如自动机床、组合机床)或由它们与相应自动化辅助装置组成的自动生产线来完成。对单件小批生产,常采用数控机床(CNC)、加工中心(MC)或由它们组成的柔性制造系统(FMS)和工厂自动化(FA)来完成。

柔性制造系统是在计算机统一控制下,由多台数控机床、工件自动交换、刀具自动变换储运系统和辅助装置等组成的一组加工设备,可在不停机的情况下完成多种、小批量零件加工,并具有一定的管理功能。因此,柔性制造系统是一种具有较大灵活性,有效地综合了加工、传送和控制功能的高度自动化生产系统。它的出现极大地提高了生产率和自动化程度,并具有极大的灵活性。目前,国外技术先进的国家已普遍使用,我国也有数十套切削加工和磨削加工柔性制造系统在运行和建立中,柔性制造单元(FMC)是 FMS 向小型化、廉价化发展的结果,更具有普遍推广、应用的价值。

柔性制造系统的进一步发展,就出现了自动工厂和由工业机器人服务的无人化工厂,即计算机集成制造系统(CIMS)。

5.可靠性

可靠性是指机床在规定使用期间内,功能的稳定程度,也就是要求机床不轻易发生或尽可能少发生故障。所谓故障是指机床或其零部件失去规定的性能。可靠性对于任何产品都是极其重要的指标。对于纳入自动线、自动化加工系统或自动工厂的机床,可靠性指标尤为重要,否则只要一台机床出现故障,往往会影响全线或部分的自动化生产。因此,必须采取有效措施来保证机床的可靠性。

6.机床寿命

机床寿命是指机床保持它应具有的加工精度的时间。提高机床寿命的关键在于提高关键性零件(如主轴轴承和导轨)的耐磨性,并使主要传动件的疲劳寿命与其匹配。随着技术设备更新的加快,允许机床的寿命也在缩短。中、小型通用机床的寿命约为8年;专用机床随被加工零件的更新而报废,寿命还要短些。因此,设计该类机床时,应突出提高生产率,以期在短期内获得最大的经济效益。大型机床、精密级和高精度级机床的造价高,希望能在较长时间内保持精度,使寿命更长些。

13.1.2 经济效益

在保证机床性能的同时,还必须高度重视机床的经济效益。不仅重视降低机床设计、研制、生产和管理的成本,以提高生产厂的经济效益,而且还应重视提高用户的经济效益。在设计时要提高机床的加工效率和可靠性,还必须减少能耗,提高机床的机械效率。因为机床的机械效率是有效功率与输入功率之比,二者差值就是损失,而且主要是摩擦损失。在这损失的过程中摩擦功转化的热能,将引起机床的热变形,对机床的工作极为不利。因此,要特别注意提高功率较大和精加工机床的机械效率。

提高机床标准化程度不仅在发展机床品种、规格、数量和质量及新产品设计、老产品革新等方面有重要意义,而且在组织生产、降低机床成本和机床的使用、维修等方面也有明显的效益。机床品种系列化、零部件通用化和零件标准化,统称为标准化。系列化的目的是用最少品种规格的机床最大限度地满足国民经济各部门的需要。它包括机床参数标准的制定、型谱的编制和产品的系列设计,主要用于通用机床。零部件通用化是指不同型号的机床要用相同的零部件,一般称这些适用于不同品种机床的零部件为通用件。零件标准化是指在机床设计中应尽量使用国际和国内规定的标准化零件。标准件外购或按规定标准制造,能极大地节省设计和制造工作量。据统计,由专业厂大量生产所提供的紧固件,其成本仅为一般生产的1/8~1/4,材料利用率达80%~95%。通常,用通用零件在零件总数(标准化零件除外)中所占的百分比来表示机床的通用化程度,用标准零件在零件总数中所占的百分比来表示机床的标准化程度。对于生产某一类机床的生产厂家,平均通用化程度一般可达50%左右,而标准化程度可达80%左右。

为了克服通用零部件在性能上难以完全适应不同产品要求的缺点,目前,正在推广模块化设计方法。模块化是指对具有相同功能的零部件,根据不同的用途和性能,设计出多种可以互换的模块供选用。模块化的结果可大大缩短设计和制造的周期,提高多品种生产的能力，能够快速地满足市场的需求。因此，同时兼顾了机床制造厂和用户的利益。模块化方法可应用于一种部件设计或部件中的组件设计，也可应用于某些支承件设计。

13.1.3 人机关系

因为“人机学”是综合研究人－机械－环境的一门新兴科学。因此，设计机床和设计其他产品一样，必须重视应用“人机学”的理论和知识来处理人和机器、环境的关系。

机床的造型要简洁明快、美观大方、使用舒适。简洁的外形便于制造，符合人的视觉特征，看后易于记忆，印象深刻，能防止疲劳，提高效率，少出差错。例如，将操作手柄集中在人的主操作位置，对坐着操作的机床，应设计靠式坐椅，对站着操作的机床，其面板的高度应可调等。机床的色彩应充分表达产品功能的特征，并与使用环境相协调，要符合时代特点，尤其应满足使用对象的审美要求。例如底座，为耐油污和表示稳定，用色宜深沉；面板要醒目，用色的对比度要强又不刺眼；警示部分色调要鲜艳夺目，以引起注意等。

机床的操纵应方便、省力、容易掌握，不易发生操作故障和错误。机床工作时不允许对周围环境污染，渗、漏油必须避免。

机床的噪声要低，噪声级要在规定值以下。不同精度等级的机床，国家有相应的规定标准，噪声不能对人耳有强烈的不适感。

在设计机床时，要对上述各项技术经济指标进行综合考虑，应根据不同的要求，有所侧重。

13.2 机床设计的步骤

机床设计是一种创造性的劳动，创新的目的在于使产品在国内外市场上具有竞争能力。为此，必须做好技术信息和市场的预测工作，掌握机床发展的趋向和动态，拟定产品的长远规划。要加强产品的试验研究工作，使其具有一定技术储备。还要博采众长，注意收集、学习国内外的新技术、新结构、新工艺、新材料，将其及时用于机床设计，以期提高产品水平。为在用户中争得声誉，必须重视坚持为用户服务的原则，一切为用户着想，急用户之所急。因为生产的需求是机床发展的源动力，用户的要求是机床设计的依据。如果用户的经济效益越大，对设计制造单位来说，不仅利润多、声誉好，产品的竞争力也越强，会进一步推动机床产品向更高层次迈进。

机床设计一般按下列步骤进行：

13.2.1 研究设计要求，检索有关资料

对市场和用户的要求仔细研究，对所设计机床的主要功能和辅助功能要胸中有数。并要详细检索国内外有关资料。只有在此基础上拟定的方案才会技术先进、工艺合理，具有较高的经济效益。

13.2.2 拟定方案

一般在与用户共同进行机床的功能设计以后，可拟出几个方案进行分析对比。每个方案都应包括：工艺分析、主要技术参数的确定、总布局、传动系统、液压系统、操纵控制系统、

电气系统、主要部件的结构草图、试验结果和技术经济分析等。有时,还要进行可靠性论证。在拟定方案时,要处理好下面几个关系:① 使用和制造的关系。应首先满足使用要求,其次才是尽可能便于制造。要尽量采用先进工艺和创造新结构。② 理论与实践的关系。设计必须以生产实践和科学实验为依据,凡是未经实践考验的方案,必须经过实验证明可靠后才可用于设计。③ 继承与创新的关系。必须做到继承与创新相结合。要尽量采用先进技术,注意吸收前人和外国的先进经验,在此基础上有所创新和发展。

方案拟定后,一般要举行包括用户在内的专家评审。

13.2.3 技术设计

方案评审通过以后,可进行机床总图和部件装配图的设计。为使各部件能够同时而且较为协调地进行设计,一般应绘制机床总体尺寸联系图。该图确定了各部件的轮廓尺寸和各部件有联系的相关尺寸,以保证各部件在空间不发生干涉并能协调地工作。同时绘制机床的传动系统图、液压系统图、控制系统框图和电气系统图。与此同时,还要进行必要的计算,应尽可能采用计算机辅助设计(CAD)。

13.2.4 工作图设计

绘制机床的全部零件图。

13.2.5 编制技术条件

整理机床有关的部件和主要零件的设计计算书,编制各类零件的明细表,制定精度和其他检验标准,编写机床使用说明书等技术文件。

13.2.6 对图样进行工艺审查和标准化审查

经过上面程序,已形成完善的加工所必须的图样和技术文件,可进行生产。

如果所设计的新机床是成批生产的产品,在工作图完成后,应进行样机的试制以考验设计,然后进行试验和鉴定,合格后再进行小批试制以考验工艺。根据试制、试验和鉴定过程中暴露出的问题,修改图样,直到产品达到使用要求为止。在机床投入使用后,要及时收集使用部门和制造部门的意见,并随时注意科学技术的新发展,总结经验,以便对机床产品的改进和提高做出新贡献。

13.3 机床的总布局

机床总布局是指确定机床的组成部件及其在整台机床中的配置。包括各部件的位置、各部件运动的分配和方向的配置、主轴轴线的配置、操作部件的配置等。因为机床总布局设计对机床的造型、部件设计、制造和使用有较大的影响,因此,是一个带全局性的重要问题。

工件的形状、尺寸、质量和所采用的工艺都在很大程度上左右着机床的布局形式,同时,影响机床总布局的因素还有很多,如机床的性能、操作、观察与调整,数控机床的控制、排屑和防护,加工中心的刀库与机械手等。在总布局时,对牵涉到的每个因素都要认真对待,仔细分析,综合考虑。

综合起来，机床总布局设计的内容主要有：运动的分配、传动形式的选择、支承形式的确定、操作部位的配置等。这些内容彼此间有密切的联系，必要时可相互穿插进行或同时并进。

关于总布局设计的实例分析，机床运动如何分配，传动形式如何选择，支承形式如何确定，操作部位如何配置等，详查有关资料。

参 考 文 献

1《机床设计手册》编写组.机床设计手册[M]:第一~三册.北京:机械工业出版社,1986.

2 戴曙主编.金属切削机床[M].北京:机械工业出版社,1994.

3 顾熙棠等主编.金属切削机床[M]:上、下册.上海:上海科学技术出版社,1993.

4 顾维邦主编.金属切削机床概论[M].北京:机械工业出版社,1992.

5 吴圣庄主编.金属切削机床概论[M].北京:机械工业出版社,1994.

6 贾亚洲.金属切削机床概论[M].北京:机械工业出版社,1994.

7 范俊广主编.数控机床及其应用[M].北京:机械工业出版社,1993.

8 A C 普罗尼科夫等著.数控机床的精度与可靠性[M].北京:机械工业出版社,1987.

9 毕承恩等编著.现代数控机床[M].北京:机械工业出版社,1991.

10 吴祖育等主编.数控机床[M].第2版.上海:上海科技出版社,1996.

11 王永章等主编.数控技术[M].北京:高等教育出版社,2001.

12 孙靖民等编著.现代机械设计方法选讲[M].哈尔滨:哈尔滨工业大学出版社,1995.

13 侯珍秀主编.机械系统设计[M].修订版.哈尔滨:哈尔滨工业大学出版社,2003.

14 冯辛委主编.机械制造装备设计[M].北京:机械工业出版社,2002.

15 贾延林编.金属切削机床试题精选与答题技巧[M].哈尔滨:哈尔滨工业大学出版社,2000.

16 刘品主编.机械精度设计与检测基础[M].哈尔滨:哈尔滨工业大学出版社,2004.